科学出版社“十四五”普通高等教育本科规划教材
民用飞机维修工程系列教材

航空发动机机队管理

主　编　赵洪利
副主编　张　青

科学出版社
北　京

内 容 简 介

本书主要包括发动机在翼可靠性管理和发动机维修管理两大部分内容。在可靠性管理中介绍了部件寿命分布规律、威布尔分布及其在发动机可靠性管理方面的应用和可靠性方案;在发动机维修管理中介绍了发动机运行成本计算、发动机性能分析、发动机下发预测、发动机大修方案制定、优化和大修成本计算,以及服务通告管理和备发计算。

发动机机队管理具有很强的工程应用背景,本书不但可作为航空类院校发动机维修和维修管理方面的本科生或研究生用教材,也可供从事航空发动机维修和管理工作的工程技术人员阅读。

图书在版编目(CIP)数据

航空发动机机队管理 / 赵洪利主编. — 北京:科学出版社, 2021.11

民用飞机维修工程系列教材

ISBN 978-7-03-070289-0

Ⅰ. ①航… Ⅱ. ①赵… Ⅲ. ①航空发动机—故障修复—教材 Ⅳ. ①V263.6

中国版本图书馆 CIP 数据核字(2021)第 220039 号

责任编辑:徐杨峰 / 责任校对:谭宏宇
责任印制:黄晓鸣 / 封面设计:殷 靓

科学出版社 出版
北京东黄城根北街 16 号
邮政编码:100717
http://www.sciencep.com

南京展望文化发展有限公司排版
苏州市越洋印刷有限公司印刷
科学出版社发行 各地新华书店经销

*

2021 年 11 月第 一 版 开本:787×1092 1/16
2021 年 11 月第一次印刷 印张:18 1/4
字数:420 000

定价:80.00 元

(如有印装质量问题,我社负责调换)

民用飞机维修工程系列教材
专家委员会

丛书序

20 世纪 50 年代，随着波音和麦道系列喷气客机开始进入民航运输市场，全球民航业蓬勃兴起，民机制造业逐步形成波音一家独大的局面，此时中国民航主要引进苏式伊尔和安系列飞机，并由空军管理。1987 年，空客 A320 首飞，全球民航快速发展，波音和空客成为航空制造业两大巨头，中国民航购置波音和空客等先进机型，系统地引进欧美规章和标准，实施企业化管理，2005 年航空运输周转量升至世界第二。2010 年以来，全球民航载客量持续快速增长，但全球市场受世界经济格局影响，旅客增长率下降，但亚太地区增长强劲，同时，ARJ21 进入商业运营，C919 首飞成功并启动适航取证工作，国产民机制造业开始崭露头角。今后，世界民航安全水平、管理水平、技术水平将全面提升，尤其在信息化和智能化方面，通用航空快速发展，民航成为旅客长途旅行首选交通工具，全球民机制造业将形成三足鼎立的格局，ARJ21、C919 和 CR929 将逐步成为我国民航市场的主力运输工具，后发优势将突显，航空运输总周转量将超越美国成为世界第一，全面实现民航强国战略目标。

新型国产民机的研制完全遵循国际行业标准，中国航空维修业能够利用自身多年保障欧美飞机运行的丰富经验，为国产民机相关领域提供宝贵经验，为国产民机的设计、制造和运行提供全面支持。然而，我国民航运输工具长期处于波音和空客两强格局下发展，使中国航空维修业严重依赖欧美，尤其是关键核心技术遭到了长期封锁。因此，在贸易战的背景下，中国航空维修业必须快速适应三足鼎立格局，构建独立自主的民机运维支持和设计改进体系，这是推动我国民航产业完全自主发展的迫切需求。

在自主的民机运维支持和设计改进体系中，最为紧迫的工作是高级工程技术人才的培养。一方面，以国产民机设计与制造业为基础，形成具有运维思维的民机设计高级工程人才培养体系，面向民机的设计改进，提升国产民机的安全性和市场竞争力；另一方面，以国产民机维修业为基础，形成具有设计视角的高级维护工程师培养体系，扎根民机运维支持与持续改进，保障国产民机安全、可靠、高效的运行。

民航强国现已上升为国家战略，民航业成为促进我国经济创新驱动与转型升级、构建现代化经济体系的重要引擎。为加快建设创新型民航行业，进一步发挥高等院校对人才培养的支撑作用，民航局提出直属院校要发挥民航专业人才培养的主渠道作用，立足特色优势，拓展新兴领域，坚持内涵发展，夯实学科专业基础。针对新的培养要求和目标，直属院校把“双一流”建设和特色发展引导相结合，实施民航特色学科核心课程体系建设工程，加强以航空器维修工程为主的民航特有专业群建设。

为了不断提高民航专业教学质量，推动民航特色学科核心课程体系和特有专业群建设工程，培养具有扎实理论基础的专业技术人才，引导技术创新，形成一套完善的民用航空运维知识培养体系，为民航事业不断发展奠定坚实基础，并结合中国民航大学飞机维修工程人才培养观念的更新，中国民航大学航空工程学院于2019年上半年提出了集中出版“民用飞机维修工程系列教材”的计划，该系列教材包括：飞机系统基础教材、飞机结构基础教材、发动机基础教材、发动机专业教材、飞机与发动机共用教材，基本覆盖我校飞行器动力工程和飞行器制造工程两个专业所涉及的主要课程。

同时，为了完善国产民机的运营维修人才的培养体系，助力国产民机市场拓展，系列教材的飞机系统与结构方面的编写工作与中国商用飞机有限责任公司携手合作，共同出资编写，实现国产民用飞机入教材、进课堂，为培养国产飞机维修高级技术人才打下坚实基础。

在此，对在民用飞机运维行业默默奉献的从业者和开拓者表示敬意，对为此系列教材的出版奉献时间和汗水的专家、学者表示谢意。

孙毅刚

2021年秋于中国民航大学

前 言

航空发动机为飞机提供动力，是保障飞机安全运行的关键系统。其工作的安全性、可靠性直接影响着飞机的飞行安全。因此，航空器运营单位会对发动机采取一定的维护措施，包括发动机在翼期间的定期维修、排故、状态监控和下发返厂送修，以保障其满足适航要求。高效能地开展维修工作、降低发动机运行成本/维修成本是航空器运行单位追求的目标。这需要航空器运营单位建立一套完整的维修管理系统来管理发动机维修活动，在保障发动机安全可靠的前提下，优化各种维修活动，降低维修成本。发动机机队管理是随着民航工业的发展而出现的一门新技术，最先由欧美国家的发动机生产商和航空公司提出并不断发展而来，其目的是不断优化维修活动，降低维修费用。发动机机队管理是建立在以可靠性为中心的现代维修理论基础上的发动机管理系统，通过收集发动机运行中的可靠性数据和发动机状态监控信息、发动机运行中的故障信息、发动机在翼维护信息、发动机大修数据，分析发动机维修活动的效能和成本，在保障发动机可靠性的前提下，优化发动机在翼和下发后的维修。发动机制造商通过机队管理搜集发动机运行和维修中的各种数据，为其制定发动机日常维修、改装和大修策略提供依据；航空公司通过发动机机队管理，可在保证飞机安全飞行的前提下，降低发动机燃油费用，降低发动机维修成本，提高航空公司的运行能力。

由于我国民航飞机机队以欧美飞机和发动机为主，因此不管是飞机发动机维修，还是维修管理，国内各航空公司都以厂家的技术指导为主，国内在发动机机队管理方面的研究较少，缺少相关研究资料，也没有关于航空发动机机队管理的教材或书籍。本书编写组基于多年来航空发动机机队管理的授课经验和在发动机机队管理方面的研究，从航空公司发动机机队管理的实际内容出发，借鉴了国外飞机厂家和发动机厂家有关发动机管理的技术编写了这本具有民航特色的教材。本书包括发动机可靠性管理和维修管理两方面，全面反映了发动机机队管理所涉及的技术和理论，充分体现了航空公司的发动机实际运行和维修管理所涵盖的内容，具有很好的工程应用参考价值。

本书主编赵洪利，副主编张青，参与编写的还有彭捷和冯正兴。全书共分为 6 章：第 1 章概述、第 2 章发动机可靠性管理和第 5 章发动机维修管理，由赵洪利编写；第 3 章发动机性能分析，由彭捷编写；第 4 章发动机大修方案和大修成本计算，由张青编写；第 6 章服务通告管理，由冯正兴编写。本书主编赵洪利负责确定各章内容和范围，并最终统稿和校对;张青、冯正兴和彭捷负责制作本书的插图和表格。

本书是中国民航大学航空工程学院规划的“民用飞机维修工程系列教材”之一。在编写过程中得到了中国民航大学航空工程学院的大力支持,期间编写组成员到国内各航空公司和发动机大修机构进行了大量调研,得到了相关领导和技术人员的大量支持和很多帮助,他们为本书提供了丰富的与发动机维修和日常运行相关的资料,在此深表感谢。由于编者水平有限,书中可能存在不妥之处,敬请评鉴。

赵洪利

2021 年 3 月

目　录

第1章
发动机机队管理概述

1.1 发动机机队管理的发展和目标

1.1.1 发动机机队管理的发展过程

发动机为飞机提供动力，是保证飞机安全飞行的重要系统，其工作的安全性、可靠性、经济性和可维护性直接影响着飞机的飞行安全和航空公司的运营成本。随着机队规模的不断加大，发动机台数不断增加，如何使用、维护好机队中的每台发动机是航空公司面临的一个重大课题，既要保障发动机在翼工作的安全性与可靠性，尽量避免发动机运行过程中发生故障，同时还要尽量降低发动机的维修成本。飞机、发动机投入运营前，厂商都会制定相应的初始最低维修大纲，以支持飞机服务期的维护任务，保证飞机、发动机持续适航。航空公司应基于自身飞机飞行条件、环境、维修能力和初始最低维修大纲制定适合自己机队的飞机维修方案，以适应飞机的实际运行和维修情况。实际飞机发动机维护和运行中出现的问题也需要反馈给生产厂商，以提高产品的可靠性、可维护性等。发动机维护包括在翼维护和下发返厂修理，航空公司实施具体维修工作时，也不是简单“动手干活”，会涉及其他方面，如维修计划、工程管理、维修方案制定和调整、发动机下发计划、发动机大修方案制定等，所有这些工作如何开展、如何进行都需要一系列工程分析和管理。发动机机队管理包括发动机运行和维护的各个方面，其目标是降低发动机维修成本，提高或保持发动机性能和运行可靠性。

发动机机队管理是建立在以可靠性为中心的现代维修理论基础上的管理体系，其充分利用发动机状态监控信息、发动机性能状态评估信息、发动机日常维护信息、发动机大修出厂试车数据、机队运行可靠性数据和各种视情维修手段管理发动机维修活动，并在维修活动中不断收集上述相关信息，建立发动机信息数据库，为优化维修活动、降低运营成本提供信息。在发动机日常运行监控管理中，通过对这些数据信息的全面分析，根据航空公司实际情况制定相应的发动机工作参数和运行可靠性的警戒值，为发动机日常监控和维修管理提供决策依据，并且根据这些数据判断发动机的健康状态，及时调整维修计划、规划发动机下发时间，确保机队的飞行安全。对于拆换下来的发动机，根据其性能状态、硬件状态和数据库中该机的历史信息，制定合理的单元体的维修级别和发动机维修工作范围，以恢复发动机固有的可靠性水平，恢复或提高发动机性能，并且对发动机的维修成本进行优化。图 1.1 给出了发动机机队管理所涉及的各类信息。

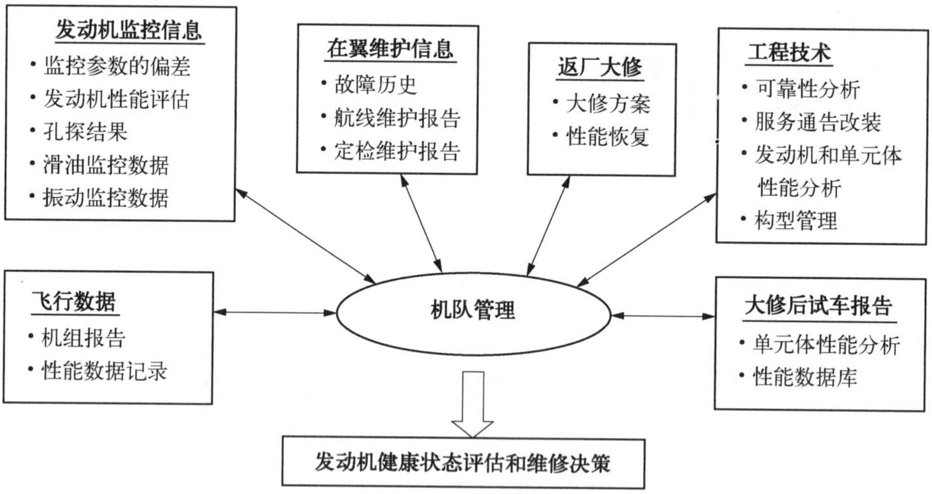

图 1.1　发动机机队管理

基于发动机实际状态采取维护措施是当前民用航空发动机维修的发展方向，是一种面向全寿命周期的，利用实时或接近实时数据，开展以可靠性为中心的维修任务分析并制定维修任务。这种维修理念更需要加强发动机维修管理，充分利用图 1.1 中所涉及的各类信息，制定合理的维修任务，提高发动机可靠性、可用性和可维修性。

纵观民航工业的发展历程，发动机机队管理经历了一个逐步完善的发展过程。在早期采用定期大修方式期间，发动机维修管理的重点是梯次规划发动机的使用，避开发动机集中下发修理，缓解对备发和发动机大修资金的需求，保障飞机机队的运力。20 世纪 70 年代，发动机采用视情维修方式后，发动机故障的随机性与发动机使用的计划性之间的矛盾更加突出，人们才开始系统地研究发动机机队管理的方法，研究主要经历了三个阶段。

起初，主要是为了解决发动机视情维修与发动机下发计划之间的矛盾，保证机队运力，做到发动机合理地梯次使用。为此，欧美发动机制造商研究并开发了发动机性能监控技术，在翼监控发动机气路参数的变化情况，分析所监控参数的变化趋势，预测发动机下发时间，计划发动机下发。

之后，人们认识到仅靠发动机性能监控是远远不够的，性能衰退是发动机下发的原因之一，且只占全部下发的一部分，尤其是现代涡扇发动机，设计额定功率不断提高，而在实际应用中减额定功率的使用和起飞中减推力的应用，使得发动机性能衰退不再是引起发动机下发的绝对因素。而由于发动机在翼时间的延长，使用中的故障、硬件损伤等因素引起的下发占比在不断增加，并且这些问题还会影响发动机运行的可靠性，造成非计划维修和换发，因此，可靠性管理便被引入到机队管理中。美国联邦航空管理局(FAA)在 20 世纪 70 年代末发布了著名的 FAR120－16《持续适航维修大纲》咨询通告和 FAR120－17《以可靠性的方法管理维修》咨询通告，明确提出了对可靠性管理的基本要求，从此可靠性指标和管理成为发动机机队管理的重要内容，也使发动机机队管理走上了程序化的进程。

发动机机队管理中,可靠性管理就是借助现代可靠性分析技术结合发动机监控与健康状态评估技术,来提高机队的维修水平,保证发动机运行的可靠性,其侧重于管理概念的科学化和管理过程的程序化。目前欧美等地区的航空工业先进国家已全面地把可靠性理论和方法应用于发动机维修管理中,并不断开展相关研究,在发动机机队管理方面积累了丰富的经验和技术。

随着维修技术的不断发展,人们进一步认识到控制可靠性不是目的,而是一种手段。对运行可靠性监控是为了改进维修策略和维修方式,降低发动机运行和维修成本。随着大数据和机器学习技术的不断发展,其对发动机健康状态的评估和预测起到了一定的促进作用,相关算法和技术正在被用在机队管理中。

1.1.2　发动机机队管理目标

随着维修技术的不断发展,发动机机队管理涵盖的内容、管理方法、管理技术也在不断发展、进步,人们对发动机机队管理的认识在不断提高,发动机机队管理的目标也逐渐明确,可归纳为以下几点:

(1) 优化发动机的维修成本;

(2) 降低发动机的间接运行成本;

(3) 降低发动机的燃油消耗量;

(4) 提高或保持发动机可靠性。

因此,本书主要从发动机维修管理和可靠性管理方面阐述发动机机队管理涉及的内容。

1.2　飞机运营成本

对于航空公司来说,降低成本、提高经济效益是永恒的主题。要降低成本,就应对飞机的总运营成本的分布情况进行分析,寻找可优化的成本因素,从而研究可降低相应成本的方法。航空公司总运营成本主要包括飞机、发动机采购成本、燃油成本、飞机、发动机维修成本等,图 1.2 给出了运营成本所包含的主要成分和所占比例。飞机维修成本占总运营成本的 10%(包括飞机和发动机的维修成本),与国外航空公司相比,我国航空公司的飞机维修成本占总运营成本的比例更高些,在 13%左右。下面从发动机机队管理的角度出发,分析影响总运营成本的因素。从图 1.2 可见,在这些成本因素中,与发动机相关的成本因素有发动机采购成本、发动机维修成本、间接成本和燃油成本。其中,发动机维修成本、燃油成本和飞机运营的间接成本直接反映了发动机的运行成本。发动机机队管理过程中,优化这三个成本因素,寻找降低相应成本的方法,即可提高发动机运营的经济效益,降低飞机运营的总成本。

发动机维修成本包括日常的航线维修、定检和发动机返厂大修的费用,其中返厂大修成本最高。飞机间接运营成本指那些由于飞机故障而对飞机运行产生影响的事件所产生的成本,如飞机延误、航班取消、空中停车、返航等事件所造成的成本。飞机燃油消耗来自发动机和辅助动力装置,其中发动机是燃油成本的主力。发动机性能衰退会使耗油量增

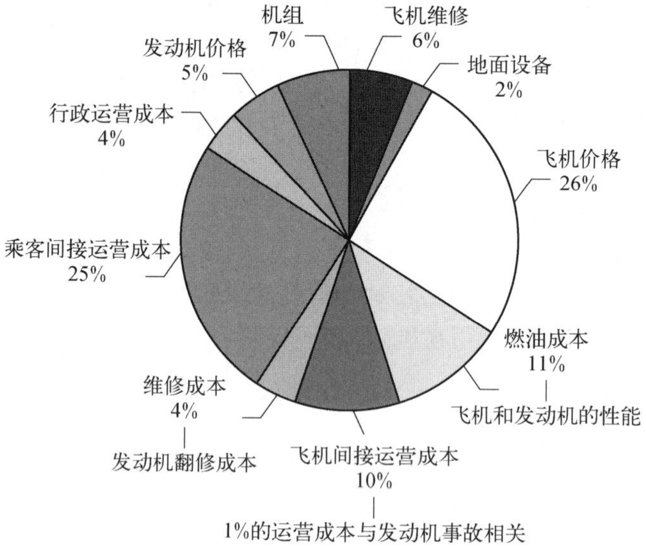

图 1.2　飞机总运营成本

加从而增加燃油成本，飞机自身性能衰退后，飞行阻力增加，相应地对发动机的推力需求增加，从而也会增加发动机耗油量，增加燃油成本。有统计表明飞机维修成本占航空公司运营成本的10%～15%，这其中又有35%～40%与发动机有关。各种维修活动是保障发动机安全可靠运行的前提，而发动机运营可靠性直接影响飞机运营的间接成本。因此，对于航空公司而言，如何管理好发动机机队的日常维护和发动机返厂大修，不但直接影响了公司的运营成本，而且还会影响发动机运行的可靠性，从而影响间接运营成本。另外，若发动机大修管理规划不好，还会导致在较短的时间内多台发动机进厂返修，从而造成资金和备发紧张。返厂大修方案的制定，不仅影响大修费用，而且也直接影响修后发动机性能恢复水平和可靠性水平，因此，良好的发动机管理是保障航空公司持续、稳定运行的重要支柱。

为了衡量成本的高低，比较不同维修活动对维修成本的影响，在民航维修界，通常把维修成本分摊到每个飞行小时，即计算发动机每飞行一小时需要花费多少维修成本。这个参数不但反映了发动机的维修性，还可以反映航空公司维修活动的效率。

从财务的角度看航空公司的运营收益，主要用下面三个参数来反映：单位客座里程成本、收益和客座率。

单位客座里程成本是指航空公司的运营成本除以可获得的座位里程。该成本经常用来比较不同航空公司的运行效率，它是衡量航空公司成本的一个综合指标。总的来说该指标越低，航空公司的收益就越高，效率也越高。

收益是指客运营业总收入除以付费乘客里程（*RPM*），付费乘客里程是指付费乘客的飞行里程。

客座率指付费乘客占飞机可提供座位的比例，客座率是航空公司运营效率指标，如果客座率不高，说明公司的运力和航线资源没有被充分利用，导致业绩不佳。通常客座率在60%以上，航空公司即可盈利。

1.2.1 发动机维修成本

发动机维修成本约占运营总成本的 4%,包括在翼维修成本和返厂大修成本。在翼维修包括航线维修、定期检查等日常维护。在这两部分发动机维修成本中返厂大修成本占大头。发动机的航线维护包括航前检查、过站检查和周检,主要工作是检查、加滑油以及排故等,从工作的内容看维护成本主要是人力成本。发动机大修过程比较复杂,修理流程主要包括分解、清洗、检查、修理、组装和试车。在这一流程中,费用可分为材料成本、修理费用和工时费用。其中材料成本占 60%~70%,修理费占 10%~20%,工时费占 20%~30%。即发动机返厂大修时,多数钱花在零部件更换上。材料成本中叶片又占大头,主要是其片数多,且单价高。例如单片涡轮工作叶片或单个涡轮静子叶片(组)的价格可高达数千至上万美元,而一级涡轮有数十叶片(现代窄体客机装的涡扇发动机一级高压涡轮工作叶片一般在 60~80 片),这样一级涡轮叶片就要几十万美元。在修理费中,叶型修理也是其中重要一部分,不但需要高的修理技术,还需要高端修理设备。另一费用高的部件是寿命件,但寿命件的使用寿命较长,一般在 15 000~30 000 个循环,且并不是每次返厂都要更换寿命件。总体讲,发动机大修成本高,但与机型、大修方案有关,现代民用涡扇发动机返厂大修费用可达到数百万美元,并且多数发动机下发为非计划下发,这不仅影响航空公司的运营,而且对航空公司每年的资金预算影响较大。

发动机的固有可靠性和维修性是影响发动机维修成本的关键因素,但它们都取决于发动机的初始设计和后期的改装,除此之外,下列因素也会影响发动机的维修成本。

(1) 飞行小时/飞行循环比(*FH/FC*),即航程的长短。它对维修成本的影响反映在两方面:一方面是寿命件寿命是按循环数给出的,*FH/FC* 越低,在寿命周期内,由于寿命件到寿而返厂的次数就高或寿命件更换的次数就多,相应大修费用就高,并且寿命件的成本摊到每个飞行小时上的成本也高;另一方面是 *FH/FC* 低,发动机在每个工作循环中高功率占比就高,而高功率对发动机硬件损伤和性能衰退的影响也大,尤其是热端部件,就会相应影响发动机在翼时间,从而影响发动机在寿命周期内的返厂次数,进而影响维修成本。

(2) 发动机减推力使用情况。减推力起飞能延长热端部件的在翼时间,减缓发动机性能衰退,从而降低维修成本。

(3) 发动机大修方案。大修方案决定了发动机返厂修理的范围和内容,相应所需耗材、维修费用和工时也就定了,因此,每次返厂的大修方案直接决定了本次大修的成本。

(4) 发动机下发决策。影响发动机下发的因素很多,如寿命件的剩余寿命、发动机性能衰退情况、硬件损伤情况、适航指令(AD)和服务通告(SB)执行情况等,选择合适的下发时间不但影响发动机在翼性能和可靠性,也影响下发后大修方案的制定,从而影响发动机在翼维修和返厂大修成本。

(5) 发动机日常维修管理。发动机日常维护程序和维修管理是否合理直接影响发动机在翼工作的性能和可靠性,进而影响发动机的下发规划。

发动机单位飞行小时的维修成本(*MC/EFH*)的计算公式如下:

$$MC/EFH = SVC \times SVR + \text{在翼维修成本}/EFH \tag{1.1}$$

在发动机维修成本中，在翼维修只占少部分。在翼维修活动在飞机维修计划文件(MPD)中有具体的维修时间间隔和任务，其费用主要是工时和材料成本。有统计表明，在翼维修成本只占发动机维修成本的6%，且在翼维修费用还取决于各航空公司的维修策略、维修管理效率和维修人员的工作效率等。因此，在本书的计算中，只考虑了返厂大修成本，即

$$MC/EFH = SVC \times SVR \tag{1.2}$$

式中，*SVC* 为发动机返厂大修的平均费用；*SVR* 为发动机平均返厂率。

1. 大修成本影响因素分析

发动机大修费用主要包括维修材料费用、工时费用、部件的修理费用。从式(1.2)可知，*SVC* 和 *SVR* 是影响单位飞行小时维修成本的两个因素。*SVC* 直接受发动机返厂大修方案的影响。发动机修理程度越深，即各单元体的修理级别越高，则相应 *SVC* 就越高。在保证发动机性能和可靠性的前提下，合理制定大修范围，降低大修成本是发动机管理的重要内容。降低返厂率(*SVR*)，增加发动机在翼时间也可降低单位飞行小时的维修成本。但在翼时间越长，发动机硬件损伤就越严重，发动机性能衰退就越多，相应发动机返厂时的修理级别就越高，涡轮叶片的更换数量也会增多，返厂的费用就越大，图1.3给出了发动机在翼时间与维修成本之间的关系。但在保障飞行安全和运行可靠性的前提下，延长发动机在翼时间是降低发动机单位飞行小时维修成本的有效方法。

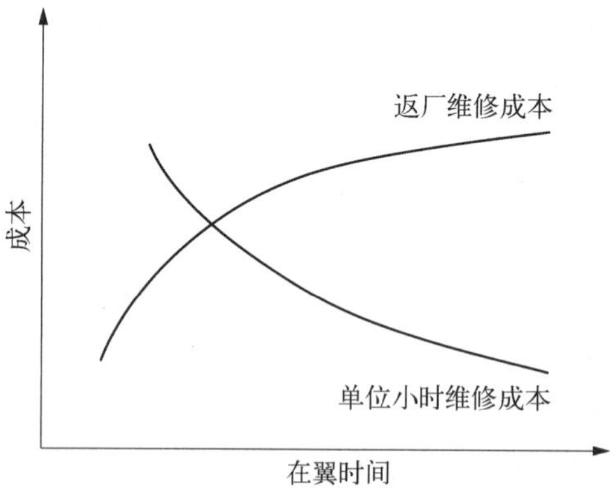

图1.3 发动机在翼时间与维修成本

另一方面，发动机厂商也一直在努力采取措施提高发动机可靠性，延长发动机在翼时间。如CFMI公司在CFM56-5B/7B发动机上采用的“技术嵌入”(tech insertion)项目，目的就是延长发动机在翼时间，该技术的实施相当于把发动机的 *EGTM* 额外提高了10~20℃，从而延长了发动机在翼时间。由于在翼时间的增加，CFMI声称可使发动机维修成本降低5%~12%。

2. 返厂率对发动机维修成本影响分析

要降低返厂率，首先要分析引起发动机下发返厂的因素和对应各因素背后的根本原因，给出解决方案，通过返厂大修解决该问题，从而把返厂率降下来。在机队管理中，应连续监控机队下发原因，并按不同因素的占比，找出比例高的主要因素，如导致下发的前10个因素。在发动机返厂大修时，针对这些下发因素分析根本原因，尤其是排在前几位的因素，寻找解决问题的方案。图1.4给出了某机队过去42个月某型发动机下发因素的统计分析，并列出了前10项因素的占比。为了说明返厂率对维修成本的影响，下面以滑油系统为例进行分析，图1.4中滑油系统问题导致的下发占5%。

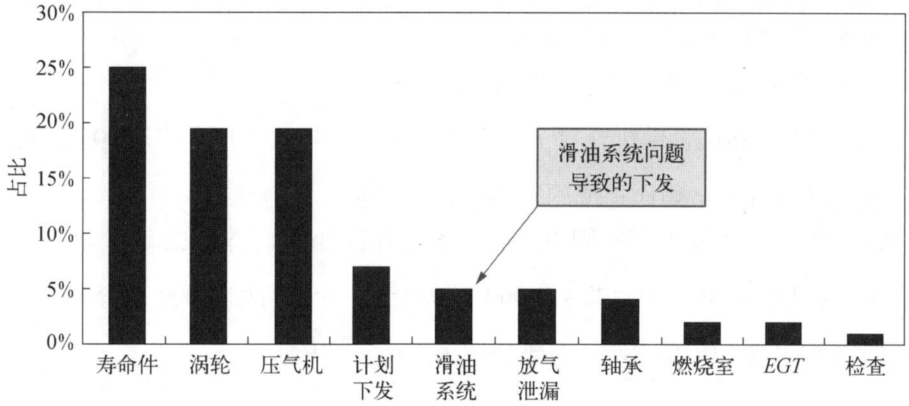

图 1.4　发动机下发因素统计

假设发动机返厂大修的平均费用(*SVC*)是 120 万美元,该机队统计的发动机返厂率的滚动平均值分布见图 1.5。机队有 40 台发动机,飞机的年利用率是 3 000 飞行小时。若大修后滑油系统的问题得到解决,则发动机的返厂率就会降低 5%。下面分析 *SVR* 下降 5%对单位维修成本和机队每年维修成本的影响。

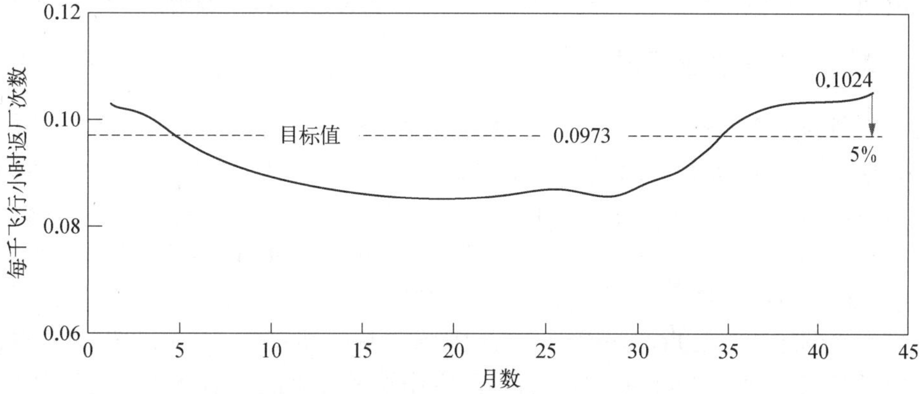

图 1.5　发动机返厂率滚动平均分布

由图 1.5 可见,当前返厂率 SVR_p 是 0. 102 4 次/1 000 飞行小时,*SVR* 降低 5%后,*SVR* 的目标值为 SVR_t:

$$SVR_t = SVR_p \times (1 - 5\%) = 0.0973/1\,000$$

在不考虑在翼维修成本的情况下,根据式(1. 2)计算发动机单位飞行小时的维修成本如下。

当前返厂率下的单位飞行小时维修成本:

$$MC/EFH = SVR_p \times SVC = 0.1024/1\,000 \times 1\,200\,000 = 123\text{ 美元}$$

大修后目标 SVR_t 下的单位飞行小时维修成本:

$$MC/EFH = SVR_t \times SVC = 0.0973/1\,000 \times 1\,200\,000 = 117\text{ 美元}$$

由于返厂率的降低，单位飞行小时维修成本的变化量为 $\Delta MC/EFH = 6$ 美元/飞行小时，即大修成本每飞行小时降低了 6 美元。

达到目标 SVR_t 时，机队一年节约的大修成本为

$$\Delta MC/EFH \times \text{机队发动机台数} \times \text{年利用率} = 6 \times 40 \times 3\,000 = 720\,000 \text{ 美元}$$

下面计算滑油系统故障所造成的发动机维修成本。

滑油系统引起的下发占 5%，则由于滑油系统引起的返厂大修次数 N_{oil} 为

$$N_{oil} = SVR_p \times 5\% = 0.102\,4/1\,000 \times 5\% = 0.005\,12 \text{ 次}/1\,000 \text{ 飞行小时}$$

与滑油系统相关的单位飞行小时维修成本 MC_{oil}/EFH：

$$\begin{aligned} MC_{oil}/EFH &= SVR_p \times 5\% \times SVC = 0.102\,4/1\,000 \times 5\% \times 1\,200\,000 \\ &= 6.14 \text{ 美元/飞行小时} \end{aligned}$$

当把返厂大修成本分摊到每年时，相应该机队每年由于滑油系统所造成的维修成本为

$$MC_{oil}/EFH \times \text{机队发动机台数} \times \text{年利用率} = 0.614 \times 40 \times 3\,000 = 73\,680 \text{ 美元}$$

即由于滑油系统故障造成发动机大修的费用分摊到机队每年的维修成本是 73 680 美元。

1.2.2 飞机间接运营成本

航空公司的竞争力来自良好的声誉，而良好声誉的保证，除了地面与空中的优质服务，更重要的是要求航班安全、正点。要做到这一点，首先要有飞机的高签派率，尽力减少和避免因各种原因引起的航班延误和取消，特别是因飞机故障而引起的延误、返航、取消甚至中断起飞、空中停车等现象。这些事件不但会影响航空公司的名誉，而且还直接影响航空公司飞机运营的间接成本，进而影响公司的经济效益。

飞机间接营运成本是指那些由于飞机故障而影响飞机正常飞行而产生的成本，如发动机空中停车、航班延误/取消(D&C)、备降、空中返航等事故后对飞机运行所产生的成本。以飞机备降其他机场为例，则可能产生的费用包括：备降机场的起降费、备降飞行所消耗燃油的费用、乘客处理费(机场安检、旅客食宿、交通费)、停场费、客桥费、航路费、进近指挥费、飞机勤务费和维修费等。当发生这些事件时，不同航空公司或不同地域处理成本是不同的，有很多计算模型估算这些成本。针对我国的航空公司，有统计表明，在 2005 年南航、国航、东航、海航和上海航空这五家航空公司由于航班延误而造成的经济损失高达 68.4 亿元人民币，损失巨大。为了简化计算，本书在计算中，假定航班延误/取消成本为 2.5 万美元；把空中停车、返航、备降、终止起飞等统称为飞机运行非正常事件(OD)，且假设单次 OD 事件成本为 15 万美元。D&C 和 OD 事件的发生率通常以每 1 000 飞行小时事件的发生次数来代表。由于这些事件的发生有的是发动机原因引起的，有的是其他原因引起的，为了分析发动机故障对飞机运行间接成本的影响，这里所统计的事件的发生率都是指由于发动机原因而引起的，各事件发生率的具体定义参见第 2 章发动机可靠性管理。

1. OD 事件对飞机间接运营成本影响分析

下面以发动机空中停车为例来说明其对间接成本的影响：发动机空中停车后可能发生的费用如下：

（1）OD 事件成本 15 万美元，指发生空中停车后的备降或返航所产生的费用；

（2）发生空中停车的发动机若不能继续使用，则需要下发修理。若备发不充足，需要租赁发动机，以保证飞机不停飞。发动机租赁至少要租用 3 个月时间，不同发动机，其租赁费用不同，这里假设租赁费用为 40 万美元；

（3）资金周转成本 25 000 美元，即上述资金的成本。

这样，发动机空中停车事件的总成本是：15 万+40 万+2.5 万=57.5 万美元。

为了提高机队运行的可靠性，降低间接运营成本，在发动机机队管理中监控飞机 D&C 和 OD 事件，针对主要问题采取维护措施，降低可靠性风险。与发动机维修成本统计分析类似，图 1.6 给出了发动机机队 OD 事件原因统计分布。图中纵坐标是各因素的占比，并显示了排名前 10 的因素。同样以滑油系统故障为例，为了具体说明 OD 事件对飞机间接运营成本的影响，在计算时不包括滑油系统故障维修成本。本例中，与滑油系统故障相关的 OD 事件包括空中停车、中断起飞、空中返航和备降其他机场，统计数据是发动机最近 42 个月的运营中不同因素的占比，其中滑油故障引起的 OD 事件占 13%。

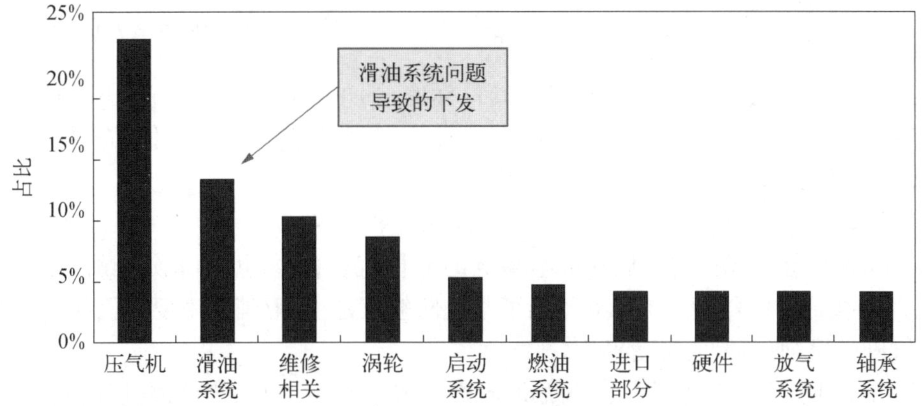

图 1.6　机队 OD 事件统计分析

图 1.7 给出了该机队 42 个月来，某机型 OD 事件发生率的滚动平均值的变化趋势。若航空公司期望的 OD 率是每 1 000 飞行小时 0.004 5 次。当前值是每 1 000 飞行小时 OD 事件发生 0.005 2 次，即目标值要比当前数值低 13%，这也是航空公司通过改进维修活动要实现的目标。

间接成本计算，有了 OD 事件的发生率和单次 OD 事件的成本，即可估算该事件一年内造成的间接成本的多少。OD 事件引起的间接成本也叫风险成本。设定发生一次 OD 事件的成本是 15 万美元，这只是 OD 事件本身引起的成本，不包括发动机返厂修理费和租赁费用。OD 事件风险成本的计算如下：

首先计算每台发动机每年出现 OD 事件的次数（N_{OD}），假设飞机年平均飞行小时数（U）为 4 000 小时。

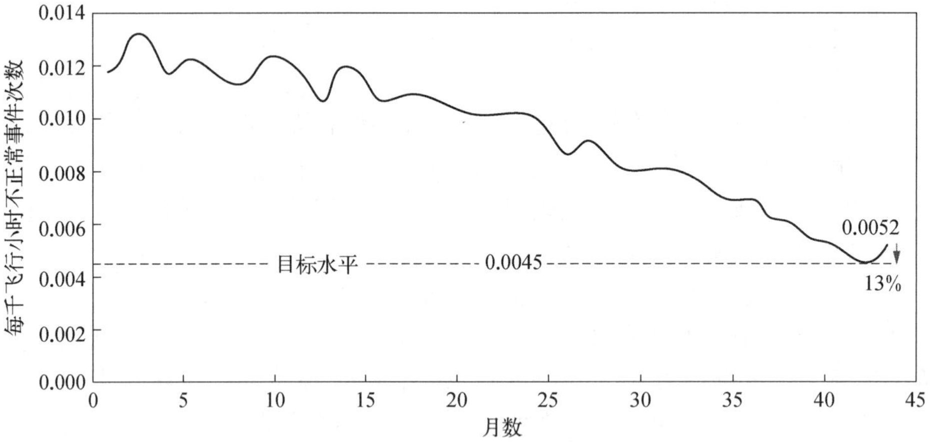

图 1.7　OD 事件发生率的滚动平均值

$$N_{OD} = Rate_{OD} \times U = 0.0045/1000 \times 4000 = 0.018$$

即该航空公司每台发动机每年 OD 事件的发生次数是 0.018 次。

计算每台发动机每年可能产生的 OD 事件的风险成本(C_{OD}):

$$C_{OD} = N_{OD} \times \text{单次 OD 事件的平均风险成本} = 0.018 \times 150000 = 2700 \text{ 美元}$$

这样,若该航空公司实现了 OD 事件的目标值,则每年每台发动机的 OD 风险成本将是 2 700 美元。但要注意的是,由于该成本是按 OD 事件发生率的统计值估算的,因此,该成本只是概率成本,不一定会产生。

2. 航班延误/取消对飞机间接运营成本影响分析

前面 OD 事件对飞机间接运营成本影响的分析流程,同样可用来分析航班延误和取消事件对间接成本的影响。图 1.8 给出了某机队航班延误/取消的主要原因统计结果,图 1.9 是航班延误/取消率的滚动平均。

图 1.8 可见,滑油系统所引起的航班延误/取消大约占 19%,当前该机队的航班延误/

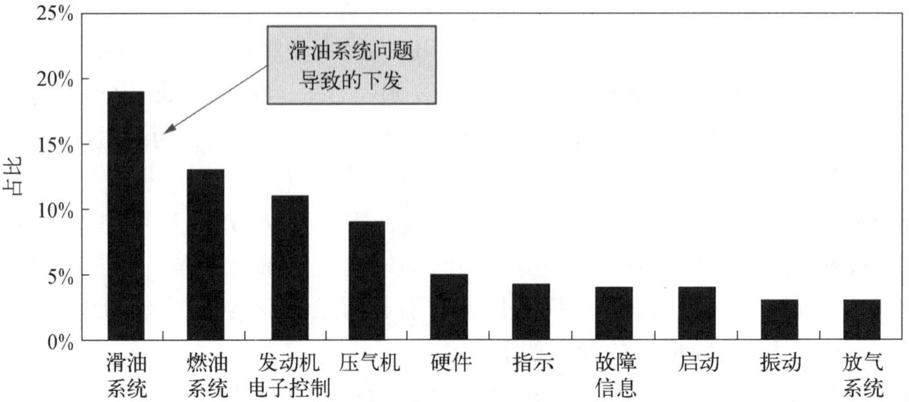

图 1.8　航班延误/取消原因分析

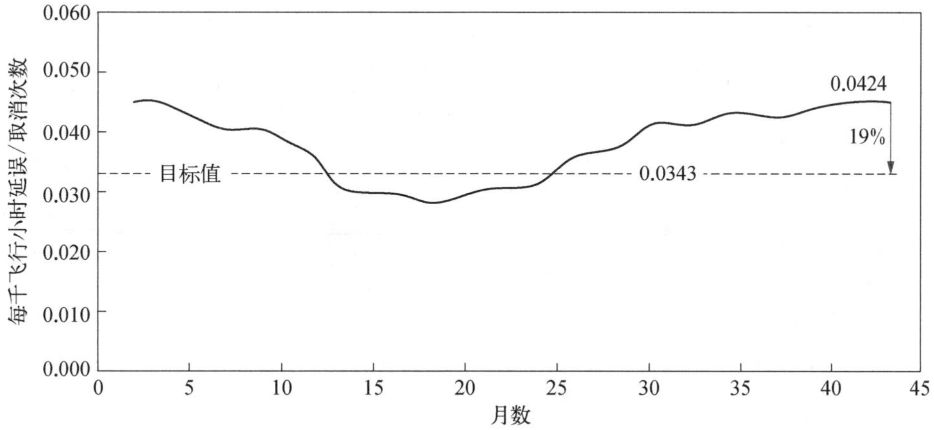

图 1.9　航班延误/取消率的滚动平均值

取消率($Rate_{DC}$)是 0.042 4/1 000 飞行小时。若滑油问题解决了,则航班延误/取消率将会下降 19%,即为 0.034 3/1 000 飞行小时。则一台发动机一年里由于滑油系统故障而导致的航班延误/取消的风险成本(C_{DC})为

$$C_{DC} = Rate_{DC} \times 单次\ D\&C\ 成本 \times U = 0.034\,3/1\,000 \times 4\,000 \times 25\,000 = 3\,430\ 美元$$

3. 风险成本估算小结

把引起飞机延误、取消、备降等事故造成的成本都归为风险成本,其估算方法如下:

(1) 计算每 1 000 飞行小时该事件的发生率($Rate_{OD}$ 或 $Rate_{DC}$),即统计过去一段时间里,OD 或 D&C 事件的发生率;

(2) 计算 OD 或 D&C 事件的平均成本(C_{OD} 或 C_{DC}),即事件发生一次所产生的成本;

(3) 计算每飞行小时的风险成本,即

$$Rate_{OD} \times C_{OD},\ Rate_{DC} \times C_{DC}$$

(4) 计算发动机每年因 OD 或 D&C 事件造成的平均风险成本,即

$$Rate_{OD} \times C_{OD} \times U,\ Rate_{DC} \times C_{DC} \times U$$

计算过程如图 1.10 所示。

在发动机管理中,基于对 OD 和 D&C 事件的监控和分析,查找引起事件的原因,根据需要改进在翼维修规划和维修任务,在返厂大修时实施必要的服务通告,提高机队运行可靠性,降低事件的发生率,从而降低风险成本。

1.2.3　燃油成本

由于燃油价格不断变化,这样燃油成本在飞机运行成本中所占比例也是变化的。图 1.2 给出的燃油成本占总运营成本的 11%,而有的统计燃油成本可能占到 30%。飞机的燃油消耗主要来自发动机,但飞机和发动机的性能对燃油消耗都有影响。它们的性能恶化,会导致发动机耗油量增加,从而增加燃油成本。

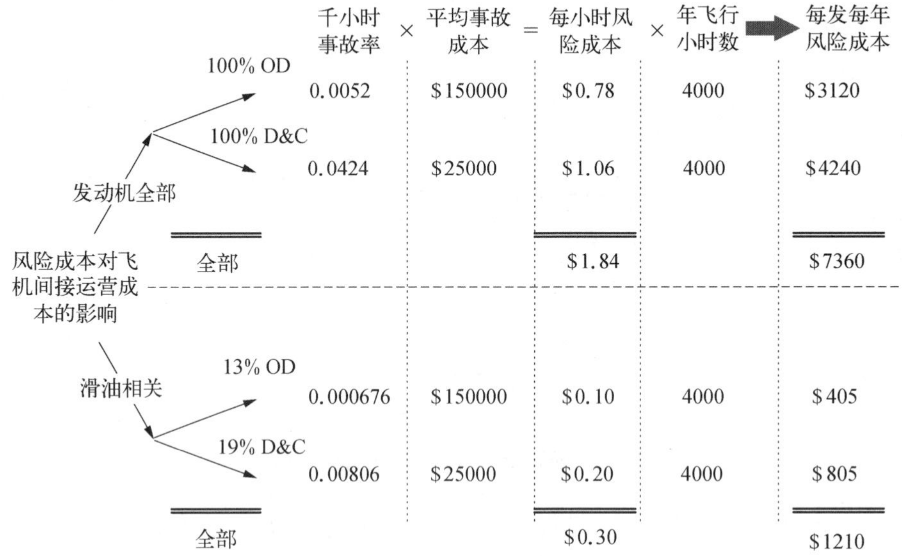

图 1.10　风险成本计算过程

影响燃油成本的因素有：飞机性能和发动机性能的衰退程度、飞机飞行高度和航路结构。

（1）飞机性能的衰退会造成对发动机推力需求的增加，即在相同飞行条件下，需要更大的推力才能完成飞行任务。相应发动机为了产生更大的推力，就需要消耗更多的燃油。结果是相同的燃油消耗，飞机的飞行里程减少。引起飞机性能衰退的主要因素有：操纵系统的校装不合适，操纵面、舱门和封严面板等的位置不合适，影响了飞机表面的气动外形，造成阻力增加，另外，机身表面的脏污也会增加飞行阻力。

飞机的最佳飞行高度与飞机重量有关，当飞机重量变化时，其最佳飞行高度也在变化。在巡航过程中随着燃油的消耗，最佳巡航高度也增加。若实际飞行不在此高度也会增加飞机的阻力，使燃油消耗增多。

（2）发动机性能衰退会导致燃油消耗量增加，从而增加燃油成本。

（3）航路结构即航程的长短，决定了发动机的飞行小时/飞行循环比（*FH/FC*），而该比值反映了一个循环中高功率的占比。*FH/FC* 低，则表明高功率占比大，相应发动机耗油量就相对多些。

1.2.4　发动机运营成本

从前面的分析可知发动机的总运营成本包括维修成本、间接成本和燃油成本。在发动机机队管理过程中，为了控制成本，投资回报分析也是重要一环，这就需要分析影响发动机运营成本的不同因素对成本的影响程度，从而获得合理的投资回报。影响发动机运营成本的主要因素有以下几点。

1. 发动机机队运行的可靠性

运行可靠性越高，则相应由于发动机原因引起的 OD 事件或航班延误/取消事件就越少，对应的风险成本就越低。这样为了提高发动机运行可靠性所做的投资回报就越高，而运行可靠性取决于发动机固有可靠性和维修活动，维修活动中包括实施一些提高发动机可靠性的服务通告。

2. 发动机热端部件的耐久性

热端部件包括燃烧室和涡轮，它们工作在高温、高压的环境中，尤其是高压涡轮还处于高转速状态下，发动机在翼期间这些部件出现损伤是造成发动机下发的主要原因之一。因此，提高这些部件的耐久性，就可延长发动机在翼时间，从而降低发动机返厂率，降低发动机单位飞行小时的大修成本。在发动机使用中，飞行航程的长短或 *FH/FC*、减推力的使用等因素都会对热端部件的损伤和损伤发展有影响，尤其是燃烧室出口温度的峰值对涡轮寿命影响很大，有计算表明，起飞时涡轮进口平均温度每变化 50℃，涡轮叶片寿命翻倍变化。因此，在允许的条件下，选择减推力起飞是延长发动机在翼时间的有效方法之一。另外，发动机返厂大修时，实施厂家有关延长热端部件在翼寿命的服务通告有利于增加热端部件耐久性，降低成本。

3. 发动机在翼性能

发动机气路性能衰退，会造成排气温度升高而超温、压气机工作稳定性变差、加速迟缓或发动机转子转速超转等问题的出现，从而引起发动机下发。而性能衰退情况会受到发动机使用情况、工作环境和返厂大修级别等因素的影响。发动机在翼性能保持得好，则发动机在翼时间就长，相应发动机由于性能退化而导致的下发次数减少，从而降低维修成本，在翼性能与投资回报的关系参见图 1.11，图中成本因素分别代表机队可靠性、热端部件耐久性、在翼性能、燃油消耗、单位小时维修成本和返厂率。

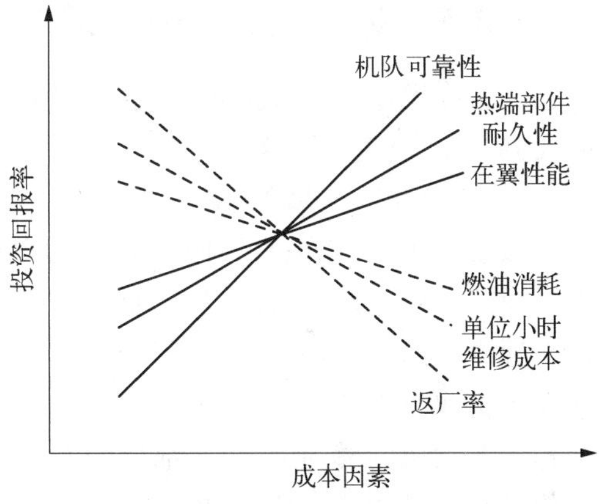

图 1.11　投资回报分析

4. 发动机平均在翼时间或发动机返厂率

发动机平均在翼时间反映了发动机在使用寿命周期内的下发次数，平均在翼时间与发动机在翼性能衰退、硬件损伤和发动机每次的送修方案等有关，大修方案不同，寿命件的更换策略不同，都会影响发动机在翼性能和在翼时间，进而影响发动机在使用寿命期内的返厂次数。因此，平均在翼时间长或 *SVR* 低，则相应的维修成本就会降低，参见图 1.11。

5. 燃油消耗量

显然，发动机耗油量越低，燃油成本就越低，相应发动机运营成本就越低。发动机的燃油消耗取决于发动机性能和飞机性能，发动机性能衰退，则会导致燃油消耗增加，而飞机性能衰退会造成对发动机推力的需求增加，从而增加发动机燃油消耗。因此，监控飞机性能状态，及时对飞机采取维护措施如飞机清洗、操纵面校装等，恢复飞机性能，有利于降低发动机的燃油消耗。发动机性能衰退引起的燃油消耗的增加只能通过返厂大修才能得到恢复。

6. 发动机单位飞行小时的维修成本

从前面的分析可知，*MC/EFH* 越低，则在一定飞行时间内发动机维修成本就越低。影响 MC/EFH 的两个因素中,返厂率取决于发动机在翼时间以及寿命件的更换策略,返厂大修成本取决于返厂大修方案,因此,在发动机管理中应优化发动机在翼时间与返厂大修方案以降低 MC/EFH。

图 1.11 给出了上述各因素与投资回报之间的关系。可见发动机管理中,在提高可靠性、热端部件的耐久性和发动机在翼性能方面的投资与投资回报成正比关系,即它们提高的多,投资也多,相应回报也高。而在降低燃油消耗、MC/EFH 和 SVR 方面的投资越多,则这些成本因素就会越低,投资回报就会越高。

在组成发动机运营成本的各元素中,发动机维修活动不但影响维修成本而且还对间接运营成本和燃油成本有影响。通常发动机的燃油消耗会随着在翼时间的延长而增加,相应单位飞行小时的燃油成本会升高,而在翼时间的延长会降低单位飞行小时的维修成本,这样在发动机管理过程中,应从发动机总的运营成本角度出发,充分考虑维修成本和燃油成本,合理规划发动机下发时间,降低发动机运营成本。

1.2.5 发动机使用寿命周期内的三个阶段

通常在民用航空界把发动机的使用寿命期分为三个主要阶段:初期阶段、运行管理阶段和退出(出售)阶段。

1. 发动机运行初期阶段

该阶段也叫“蜜月期”阶段,是发动机在其首个用户投入使用的初期到发动机第一次下发返厂大修。这一阶段内发动机装在其首个用户的飞机上,发动机处于厂家的担保期内。通常情况发动机每天能正常飞行,为用户带来收益。若出现由于发动机本身故障造成发动机非正常下发,通常由发动机厂商负责修理。尤其是现代涡扇发动机,有的厂商还会担保发动机的燃油消耗、零部件的寿命和可靠性,有的甚至担保发动机单位飞行小时或单位飞行循环成本。因此,在这一时间段,用户只需满足适航条例要求,确保相关维护和发动机运行安全恰当地开展即可。这一阶段一般在七年左右。发动机到了计划的第一次下发后,厂家的许多方面的担保将过期,之后航空公司(或租赁公司)要承担更多的责任,负责发动机的维护活动。

2. 运行管理阶段

在这一阶段发动机出现第二次、第三次或第四次下发,有的发动机可能还会转到第二个用户的飞机上,所有零部件的担保或保修都已到期。发动机使用者(航空公司)计划发动机的下发并制定修理方案。在这一阶段对发动机的大修管理决策直接影响发动机到出售阶段的价值。对于租赁公司来说,其最为看重的是资产价值,而对发动机使用者来说,更看重其单位飞行小时的成本,因为这会影响其最终的收益。在这一阶段航空公司或用户通过监控发动机的性能、硬件损伤状态、寿命件的状态以及飞机的利用率等,计划、管理发动机维修活动。这一阶段发动机的价值相对稳定,大多数发动机都处于其成熟期,相应发动机的维修状态就变得更加重要。这一时期发动机返厂大修进入了成熟期大修,大修费用也会增加。

3. 退出阶段

机龄到 20 年左右,发动机进入其寿命的最后阶段,即退出或出售阶段,这时整架飞机的价值取决于发动机。此时发动机的技术标准和性能都会被其竞争者或新一代发动机所取代,飞机也开始退出使用。市场中同样型号类似机龄的发动机数量在增加,其他公司也在逐步退出该型发动机,发动机的价值开始接近其大修成本,发动机大修费用可能会高于其账面价值,这样从租赁公司租一台发动机可能会比大修还要便宜。因此,在这一阶段,当发动机返厂大修时,用户就需要决策是返厂送修还是分解发动机卖部件。因为这时把发动机分解后的零部件当作备件源可能会更划算。

对于航空公司或租赁公司来说,发动机处于其寿命的不同阶段,所关注点不同,做好每一阶段的管理,实现收益的最大化。

1.3　发动机机队可靠性管理

可靠性管理贯穿产品的设计、生产制造、安装使用到维护整个过程,在设计阶段,确定可靠性目标,在生产制造阶段通过质量管控实现可靠性目标,在使用维护阶段保持可靠性水平。可靠性管理就是利用反馈控制原理和统计分析的方法建立一套保障系统,以实现产品的设计可靠性目标。可靠性管理的任务是防止、控制和纠正故障,保持设计可靠性,提高机队运行可靠性。

从飞机、发动机运营者的角度看,实施可靠性管理就是基于统计方法建立飞机、系统的可靠性数据收集和分析方法,为维修管理提供数据支持。在民航运输界经常从下面两方面来衡量飞机机队运行可靠性,一是从航班签派可靠性的角度,即用签派的航班占计划航班的百分比来表征;另一个是从衡量维修活动、维修方案的有效性,追踪维修中出现的问题角度考虑可靠性,即利用可靠性方案提高维修活动的效果。对于维修活动来说,第二种方法更有效,更完全,因为其与维修的关联更强,更能反映维修活动对签派可靠性的影响。飞机、发动机的可靠性和维护性是其固有特性,并且在其寿命周期内所发生的维修费用中有 70%~85%都是在设计阶段就确定的。但在飞机、发动机运营过程中,合理的维修活动,良好的非正常事件的发现能力、状态监控能力和机队管理能力,对保持飞机、发动机的固有可靠性和降低运营成本至关重要。

在发动机机队管理中,会涉及基于统计数据对零部件、组件做寿命预测和失效风险预测,以及发动机备发计算和发动机下发预测等工作,会涉及一些可靠性评估方法的应用,本书涉及的三种数据分析方法是威布尔分布、泊松分布和贝叶斯定理。威布尔分布将在第 2 章中详细讲解,下面主要介绍一下泊松分布和贝叶斯定理。

1. 泊松分布

泊松过程是一个典型的随机过程,是一种累计随机事件发生次数的最基本的独立增量过程。泊松分布是离散分布,仅有一个参数 λ,称作泊松强度,泊松分布的函数如下:

$$P(X = x \mid \lambda) = \frac{e^{-\lambda}\lambda^{x}}{x!},\ x = 0,\ 1,\ 2,\ \cdots \tag{1.3}$$

其中,X 取值为非负整数。

泊松分布的参数 λ 是单位时间(或单位面积)内随机事件的平均发生次数。泊松分布适合描述单位时间内随机事件发生的次数。在本书中,把发动机下发看作泊松过程。在这里关键是 λ 值,其与机队飞机规模、每架飞机的发动机台数、发动机大修周期有关,当 $x=0, 1, 2, \cdots$ 的累计概率大于置信值时,此时的 x 值即为备发数,详见第 5 章备发计算。

2. 贝叶斯定理

贝叶斯定理将事件的先验概率与后验概率联系起来,贝叶斯公式也叫后验概率公式。假设事件 $B_1, B_2, \cdots, B_n$ 和 A 满足:

(1) $B_1, B_2, \cdots, B_n$ 两两相互独立, $P(B_i) > 0, i = 1, 2, \cdots, n$;

(2) $A \subset \bigcup_{i=1}^{n} B_i$, $P(A) > 0$, 则

$$P(B_i \mid A) = \frac{P(B_i)P(A \mid B_i)}{\sum_{j=1}^{m} P(B_j)P(A \mid B_j)}, \ i = 1, 2, \cdots, n \tag{1.4}$$

式中,$P(B_i)$ 称为先验概率;$P(B_i|A)$ 称为后验概率。

1.4 本书主要内容和结构安排

发动机机队管理是一门工程应用很强的技术,其涉及发动机运营的方方面面,保证机队安全运行,降低维护成本是其最终目标。发动机机队管理包括两方面的内容,即维修管理和可靠性管理。维修管理包括发动机在翼健康状态评估和下发规划、发动机返厂大修方案制定、大修成本预测以及服务通告管理;可靠性管理主要包括失效风险评估和可靠性方案。因此,本书从以下几个角度论述发动机机队管理技术。

第 1 章概述了发动机机队管理的发展过程和飞机运营成本的组成影响因素,以及各种成本的计算方法,包括发动机运营成本的计算和飞机运营风险成本的计算方法。

第 2 章是可靠性管理,介绍发动机机队管理中常用的可靠性指标和寿命分布规律。以典型威布尔分布为例,介绍了累计失效率和失效风险预测方法;介绍了机队管理中可靠性方案的实施内容。在威布尔分布中介绍了威布尔坐标的建立方法和删失数据的处理,分别以实例给出了部件和组件可靠性计算方法。在可靠性方案中给出了可靠性方案实施流程、可靠性数据的来源以及利用标准差建立警戒值的方法。

第 3 章发动机性能分析包括单元体性能分析和发动机在翼性能监控数据的应用,介绍了单元体性能评估的常用参数和分析流程,以及如何利用试车数据和发动机在翼监控数据分析发动机存在的问题。包括单元体性能评估常用参数,以及各参数之间的关系建立;利用在翼监控数据建立发动机性能排队的方法和如何利用各参数之间的关系分析在翼发动机可能存在的问题。

第 4 章是发动机大修方案制定和大修成本计算,主要介绍不同发动机大修方案制定的方法、考虑因素和大修成本计算方法,以及大修方案的评估。介绍了典型涡扇发动机的大修方案,以案例的方式给出了大修成本计算和寿命件成本分摊计算方法以及大修方案选择标准。

第 5 章从在翼维修管理和发动机大修管理的角度介绍了发动机维修理念的发展和在翼维修的主要内容、发动机维修活动所涉及的技术文档以及发动机定期维修方案的制定流程，分析了发动机在翼时间影响因素和在翼时间预测方法；从大修成本的角度介绍在翼时间对大修成本的影响以及最佳下发时间的确定；最后介绍了发动机机队备发影响因素和备发数量的估算方法。

第 6 章是服务通告管理，主要介绍了服务通告的作用和类别，并从航空公司的角度介绍了 SB 管理所涉及的内容和 SB 评估方法，包括 SB 管理体系、流程以及 SB 实施成本评估方法。

思　考　题

1. 发动机机队管理的目标和任务是什么？
2. 航空公司的运营成本中与发动机相关的成本因素有哪些？
3. 如何确定发动机在翼时间间隔？
4. 在计算投资回报率时，影响发动机成本的因素有哪些？
5. 已知机队有发动机 40 台，每台发动机的年利用率为 4 000 小时/年，平均返厂维修成本为 800 万元，每次航班延误和取消的成本为 15 万元，OD 事件的成本为 90 万元。根据机队的统计数据显示，返厂率为 0.102 4/千飞行小时，滑油系统引起的返厂占 5%；OD 事件发生的概率为 0.005 2/千飞行小时，滑油系统引起的 OD 事件占 13%；航班延误取消率为 0.042 4/千飞行小时，其中滑油系统占 19%。如果通过相关的维修工作解决了滑油系统的问题，试计算维修后的相关费用（如下表所示）。

   计算时不考虑：① 修复滑油系统故障的费用；② 燃料费；③ 资金成本；④ 航线维修费。

成　本	每飞行小时成本	机队每年的成本
维修成本		
OD 成本		
D&C 成本		
总成本		

参考文献

王钰捷，王燕婉，孙鹿丽，等，2017. 中国航班地面延误成本计算方法与实现[J]. 经营者，2017(3)：1－8.

Ackert S, 2011. Engine maintenance concepts for financiers [J]. Aircraft Monitor, 2011(2): 30.

Pratt Whitney, 2016. Engine fleet management[Z]. USA, Pratt Whitney Company.

第 2 章
发动机可靠性管理

2.1 可靠性基础知识

2.1.1 可靠性基本概念和常用指标

从工程的角度来说，可靠性是指设备或系统在规定的条件下，在规定的时间内能完成其规定功能的概率，也称为可靠度。规定的条件包括使用条件和工作环境条件；规定的时间指设定的使用时间；规定的功能指设计所要求的功能和技术指标。可靠性通常用概率（P）来表示。如果用 R 代表可靠性，则可靠性是时间的函数，可写作 $R(t)$。 由于现代航空产品的可靠性很高，所以经常用另外一个术语，即累积失效率，指产品在规定的条件和规定时间内未完成规定功能的概率。通常用 $F(t)$ 来代表。若 T 代表失效时间，它是一个随机变量，则 $R(t)$ 可表达为

$$R(t) = P(T > t) = 1 - F(t) = \int_t^{\infty} f(t)\,\mathrm{d}t \tag{2.1}$$

其中，$f(t)$ 是概率密度函数，代表某一时刻的失效概率；$F(t)$ 代表从 0 时刻到 t 时刻的累积失效率。

$$F(t) = P(T \leqslant t) = \int_0^t f(t)\,\mathrm{d}t \tag{2.2}$$

$F(t)$ 与 $f(t)$ 之间的关系见图 2.1。

寿命试验是常用的一种确定部件可靠性的方法，即让被测试的一批部件在一定时间段工作，记录部件的失效时间。试验可按如下两种方式进行：① 当有部件失效时，不用新部件替换，在规定的时间或规定的失效件数时终止试验；② 更换失效部件，即当部件失效后更换部件继续试验，试验时间不受限制，或按制定的规则终止试验。

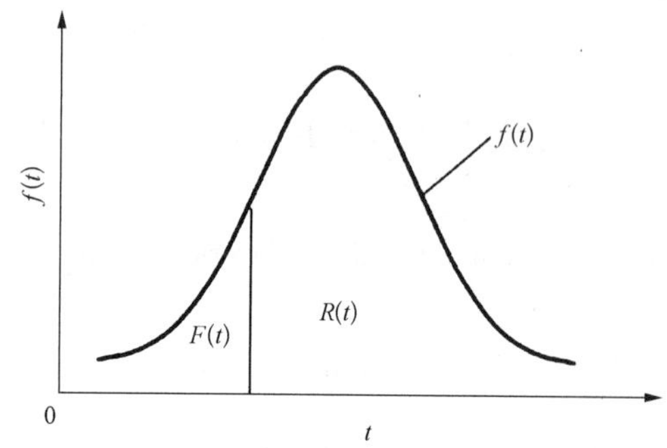

图 2.1 $f(t)$ 与 $F(t)$ 之间的关系

为了表达部件的工作时间，工程上经常会用到下列术语：寿命限制和有用寿命。

通常部件都有一定的使用寿命，有用寿命

是指部件在这段寿命期内能正常、经济地发挥作用。对于一个部件来说，若失效对设备的安全运行或运行的经济性有影响，则通常来说该部件的有用寿命比其最大寿命短，否则部件一旦失效会带来安全或经济影响。

由于不同机器设备的用处不同、使用场合不同、工作特点不同，对其失效后产生的影响（安全影响、经济影响）的规定也不同。对于航空产品来说，最重要的问题是安全，其次是经济。而某些设备或系统的失效没有安全后果，因此，在定义一个部件的有用寿命时，应该综合考虑这些问题。例如对那些无安全性影响的部件来说，其可以一直使用到部件故障，而对那些对系统安全有影响的部件来说，就不能一直使用到故障为止，应该把有用寿命定在部件失效之前。

在实际工程设计中，有用寿命的控制一般会有如下三种情况：① 部件可工作到故障（失效），即发挥最大寿命，在航空发动机上，一般有余度的系统，允许部件失效，如电子控制系统的某些传感器；② 状态监控，即在部件的使用期内一直监控其状况的衰退情况，当其衰退到预定值时，就更换该部件，这里的关键是确定监控参数和设置监控参数的门槛值，如发动机的压气机和涡轮叶片、燃烧室的火焰筒等，这些部件一般不规定其使用寿命，而是给出损伤限制，通过定期孔探检查其损伤情况，并根据损伤程度判断是否更换；③ 寿命限制，即给定部件工作寿命，只要到达寿命就更换部件，发动机的压气机轴、盘，涡轮盘、轴等部件都是寿命件，寿命单位通常为循环数，到寿的部件在发动机进厂大修时，不管其状态如何必须更换。

常用的一些间接表达可靠性的参数如下。

（1）失效前平均工作时间（*MTTF*），代表了部件失效时的平均工作时间，也叫平均寿命。*MTTF* 只计算了失效部件的平均寿命。*MTTF*＝失效部件的总工作时间/失效件数，或写为

$$MTTF = \int_0^\infty tf(t)\,\mathrm{d}t \tag{2.3}$$

（2）平均失效时间间隔（*MTBF*），或称平均无故障时间，通常用于可修复产品平均寿命计算。在给定时间段内，所有部件的工作时间（包括失效部件的工作时间和未失效部件的工作时间）和失效件数比。

$$MTBF = \text{所有部件的工作时间 / 失效件数} \tag{2.4}$$

（3）平均拆换时间（*MTBR*），所有拆换部件的总工作时间与拆换次数的比值，反映了两次拆换之间部件的平均工作时间。对于航空发动机而言，平均大修时间间隔（*MTBO*）是常用术语，它反映了发动机两次大修之间的平均在翼时间，其单位为飞行小时数或飞行循环数，并且在统计发动机下发时只统计由于发动机本身故障或性能衰退而引起的下发，而不考虑外来物损伤而引起的下发。

（4）平均非计划拆换时间（*MTBUR*），对于航空产品，*MTBUR* 经常用来衡量部件可靠性。其定义是机队中所有同样部件的工作时间与该部件的非计划拆换次数的比值。例如发动机起动机，每台发动机有一台，针对波音 737NG 飞机而言，每架飞机有两台发动机，若机队中有 10 架飞机，飞机每年飞行小时数为 3 000 小时，每年起动机非计划拆换次数为 5 次，则 *MTBUR*＝3 000×2×10/5＝12 000 飞行小时。

对应的另一种表达方式是非计划拆换率(*URR*)。*URR*=非计划拆换次数×1 000/部件累积飞行小时数(统计期间),如发动机的非计划换发率(unscheduled engine removal rate)。图 2.2 是某航空公司统计的机队附件非计划拆换率的变化情况,该数据包括飞机所有可拆换部件的统计,其中包括发动机附件如点火激励器、起动机、燃油计量组件等。

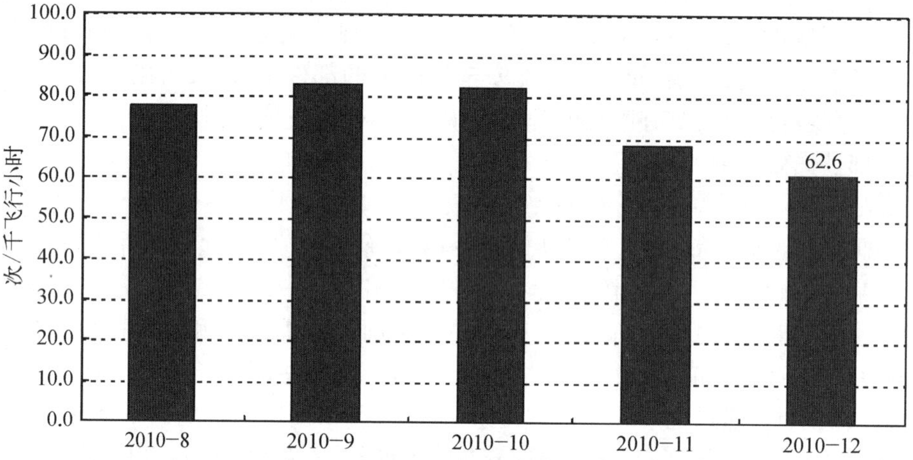

图 2.2　机队飞机附件非计划拆换率

(5) 失效率,失效率是一个广泛使用的反映产品可靠性的参数。失效率是在时刻 t 还未失效的产品在 $t+\Delta t$ 的单位时间内发生失效的概率。失效率反映了 t 时刻失效的速度,有时也称为故障率,它是条件概率。失效率的观测值是在某时刻后单位时间内失效的产品个数与工作到该时刻尚未失效的产品数之比。失效率经常用 λ 表示,λ 可按下式计算:

$$\lambda = \text{总失效件数} / \text{部件的总工作时间}$$

或写为

$$\lambda = \frac{f(t)}{R(t)} = \frac{f(t)}{1 - \int_0^t f(t)\,\mathrm{d}t} \tag{2.5}$$

下面用实例来说明这些参数之间的差别。

有三个厂家的电子表,对其工作寿命进行统计,记录其失效时的工作小时数,具体数据见表 2.1,时间单位为天。

表 2.1　电子表寿命

A 厂	B 厂	C 厂
96	5	2
135	15	9
169	16	10
174	20	14
181	54	23

续　表

A 厂	B 厂	C 厂
209	57	28
221	71	31
232	80	45
239	83	86
241	97	134
248	103	162
271	115	185
273	133	223
309	156	254
323	192	367
333	206	525
340	234	705
388	287	1 054
423	356	1 377
439	426	1 996

计算案例 2.1

根据表 2.1，分别计算 A 厂电子表在 200 天和 500 天时的 *MTTF* 和 *MTBF*。

解：从表 2.1 可知，A 厂电子表在 200 天时有 5 块失效，它们的寿命分别是 96 天、135 天、169 天、174 天和 181 天，其他 15 块表都工作了 200 天；到 500 天时，A 厂所有电子表都失效。根据定义计算如下：

200 天时：$MTBF$ = 所有部件的工作时间/失效件数

$= (96+135+169+174+181+15\times200)/5 = 751$（天）

$MTTF$ = 失效部件的总工作时间/失效件数

$= (96+135+169+174+181)/5 = 151$（天）

500 天时：由于所有电子表都失效，则

$$MTBF = MTTF = (96+135+169+174+181+209+221+232+239+241+248+271+273+309+323+333+340+388+423+439)/20 = 262\text{（天）}$$

2.1.2　寿命分布

对产品失效进行分析，发现产品的寿命分布规律有以下三种。

（1）早期失效：产品投入使用的初期，部件或设备的失效率较高，过后失效率基本保持稳定或减少，这种主要发生在寿命初期的失效形式叫作早期失效。早期失效一般是由于生产加工过程中的加工技术或质量控制问题引起的。设备修理、改装、大修等活动也会重新引起早期失效问题。如发动机返厂大修后可能会出现早期失效。对于早期失效，通过改进生产技术、加强质量控制可起到一定预防作用，另外，试验找出产品的早期失效寿命，则出厂时可通过试验筛选满足寿命要求的合格部件。

（2）随机失效：失效出现无规律，具有随机性，与部件工作时间无关，很难预测。工作中的人为因素引起的故障、发动机的外来物损伤等都属于这类失效。失效率基本不变。

（3）磨损型失效：失效是由于使用中的磨损而引起的，因此该失效与部件的工作时间有关，随着工作时间延长，磨损的加重，失效率会增加。例如发动机热端部件工作的热应力、旋转件的离心应力等所引起的损伤都属于该类损伤。磨损型失效可通过设置更换时间间隔或维修间隔的方式来预防。

下面以表 2.1 中的数据为例，说明上述三种典型寿命分布的特征。图 2.3～图 2.5 中，横坐标为电子表的寿命，纵坐标为不同时间段内失效件数，这样可得到 A、B、C 电子表

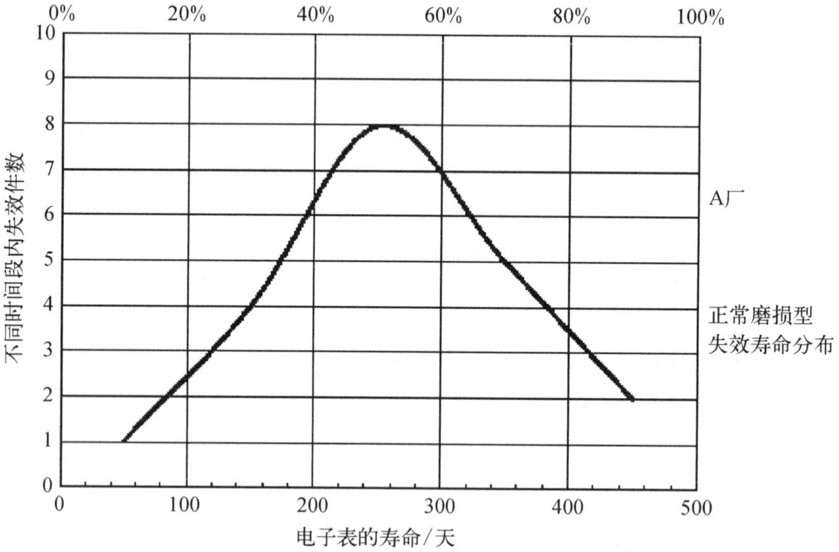

图 2.3　A 厂电子表寿命分布

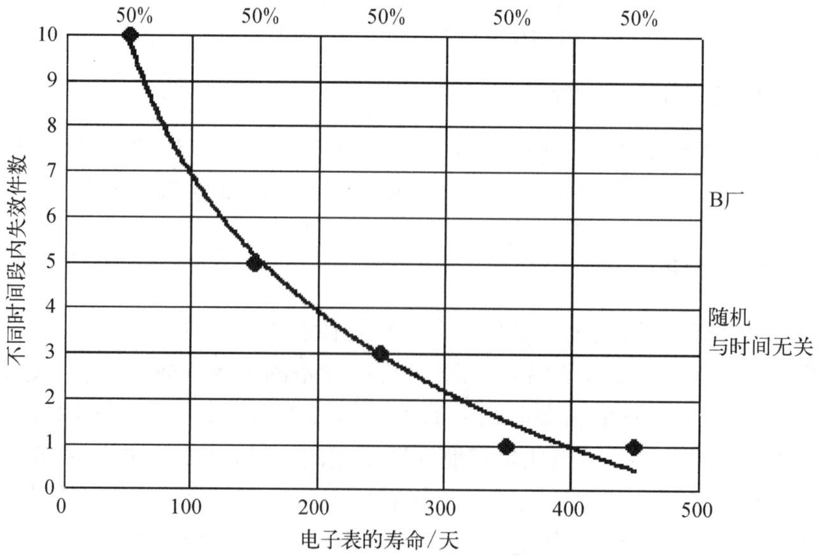

图 2.4　B 厂电子表寿命分布

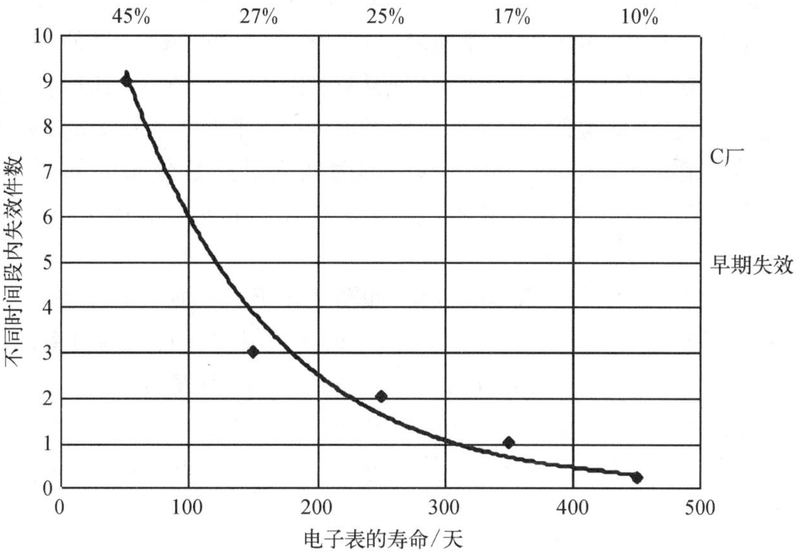

图 2.5　C 厂电子表寿命分布

厂产品的寿命分布图,但这只能看出不同寿命段内失效的件数,具体其属于哪种寿命分布,很难确定,为此,基于样本分别计算它们在每个时间段的失效率,并标注在每个时间上。

从失效分布图可见,A 厂电子表大多数寿命在 150~350 天,且失效率与时间有关,即时间越长,失效率越高。这说明该厂电子表的寿命符合磨损型失效分布。B、C 厂的电子表单纯从不同时间段的失效件数看,它们一开始都件数多,随着时间延长,失效件数减少;从失效率的角度看,B 厂不同时间段的失效率为常数,即失效发生的概率与工作时间无关,满足随机失效分布;而 C 厂的失效率则是随着使用时间的延长而下降,即开始时失效高,但随着时间延长,失效率下降,表明其符合早期失效分布。

前面对电子表失效数据的分析中,不同时间段内失效率的计算,只是计算了失效件数的占比,并不能代表到某时间的累积失效率,该失效率的计算很难准确给出,但若知道了部件的失效分布规律,则可基于失效分布规律计算累积失效率。

2.2　威布尔分布和失效数据分析

威布尔分布是由 Waloddi Weibull 在《统计分布函数的广泛应用》(1951 年)一文中首先提出的。之后经过多年的发展完善,该分布逐渐成为航空工业中适用性与应用性很强的故障概率模型之一。在航空发动机故障数据处理过程中,威布尔分布是最常见、且与数据符合程度相对较好的一种分布形式,能够精确地描述航空发动机的故障时间分布规律。在航空领域,威布尔分布通常应用于航空产品的故障分析,包括数据图形化、概率图形的量化解释、产品的故障预测、不同修复方案的评估等。对于存在删失数据、多种故障形式混合的航空产品,或者是只存在极小样本数据的航空产品,威布尔分布均能提供一个有效的分析方式。

此外,与其他分析方法相比,威布尔分布能够提供一个简单直观的图形估算方法,通过在坐标纸上拟合直线,可方便快捷地确定最适合的分布参数。另外,航空发动机及其部件是一种高可靠性的航空产品,故障数据往往很少,甚至在一段时间内几乎没有故障数据。因此,为了解决此类问题,经过多年发展,在处理小样本数据时,威布尔分布能够提供一套完整的解决方案。而对于一些故障时间满足指数分布的部件,由于威布尔分布与指数分布存在着一定的转换关系,所以威布尔分布也可应用于指数分布数据的处理。

威布尔分布的优点是把失效数据线性化,如图 2.6 所示。横坐标代表时间,如发动机飞行小时数、工作循环数等,纵坐标代表事件发生的累积概率。直线的斜率 β 代表了失效的物理特征,基于 β 值可分析失效的分布规律。例如 $\beta=1$,则表明是随机失效,即失效与工作时间无关,例如维修中人为因素引起的故障;而当 $\beta=0.5$ 时,则为早期失效。另一特点是即使数据很少,也能用威布尔分布对数据进行处理,并得到较好的结果。这一节主要包括下列内容:

(1) 如何获得威布尔分布;

(2) 利用威布尔分布进行失效数据分析和失效风险预测。

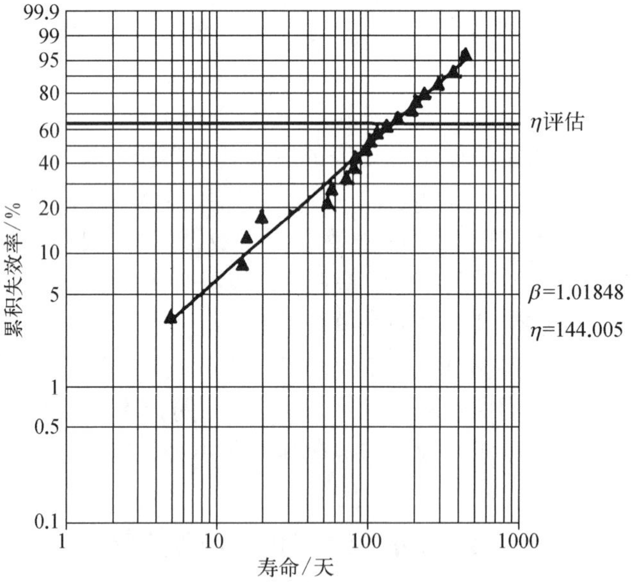

图 2.6　威布尔分布特性

2.2.1　威布尔分布函数

威布尔分布函数定义如下:

$$F(t;\ \beta,\ \eta)=1-e^{-\left(\frac{t-t_0}{\eta}\right)^{\beta}} \tag{2.6}$$

式中, $F(t;\ \beta,\ \eta)$ 为累积失效概率; t 为故障时间; t_0 为起始点; η 为尺度参数; β 为形状

参数；t、η 均大于零。

因此，式(2.6)给出了到时刻 t 部件累积失效的百分比，或者说有 $1-F(t)$ 部分未失效。

取 $t_0=0$，则式(2.6)变为

$$F(t) = 1 - e^{-\left(\frac{t}{\eta}\right)^{\beta}} \tag{2.7}$$

对式(2.7)进行如下变换：

$$1 - F(t) = e^{-\left(\frac{t}{\eta}\right)^{\beta}}$$

$$e^{\left(\frac{t}{\eta}\right)^{\beta}} = \frac{1}{1 - F(t)} \tag{2.8}$$

对式(2.8)取自然对数，则有

$$\left(\frac{t}{\eta}\right)^{\beta} = \ln\left(\frac{1}{1 - F(t)}\right)$$

$$\ln \ln\left(\frac{1}{1 - F(t)}\right) = \beta\ln t - \beta\ln \eta \tag{2.9}$$

式(2.9)可简化为

$$Y = Ax + B \tag{2.10}$$

其中，$Y = \ln \ln\left(\frac{1}{1 - F(t)}\right)$；$x = \ln t$；$A = \beta$；$B = -\beta\ln \eta$。

这样就可把威布尔分布转换成一条直线，直线的斜率就是 β。为了能把式(2.9)画出来，下面构造横、纵坐标。

由于 $F(t)$ 是概率，则可取不同数值，如 0.001、0.01、0.1 等，而 t 同样也可取不同的时间值如 1、2、3 等，这样得到表 2.2 和表 2.3。

表 2.2　构造 Y 轴

$F(t)$	$\ln \ln \frac{1}{1 - F(t)}$	第二列值-(-6.91)
0.001	-6.91	0 单位
0.01	-4.60	2.31
0.1	-2.25	4.66
0.5	-0.37	6.54
0.9	0.83	7.74
0.99	1.53	8.44
0.999	1.93	8.84

表 2.3　构造 X 轴

t	$\ln t$
1	0 单位
2	0.69
3	1.10
4	1.39
5	1.61
10	2.30
15	2.71
20	3.00
⋮	⋮
100	4.61
1 000	6.91

若 X 轴、Y 轴的长度单位都取厘米(或英寸*)，这样就可把时间 t、$F(t)$ 与长度关联起来，从而得到图 2.7 所示的坐标系。在该坐标系中，把失效数据与相应的累积失效率画出来即可得到一条直线，该直线的斜率就是威布尔分布中的参数 β。

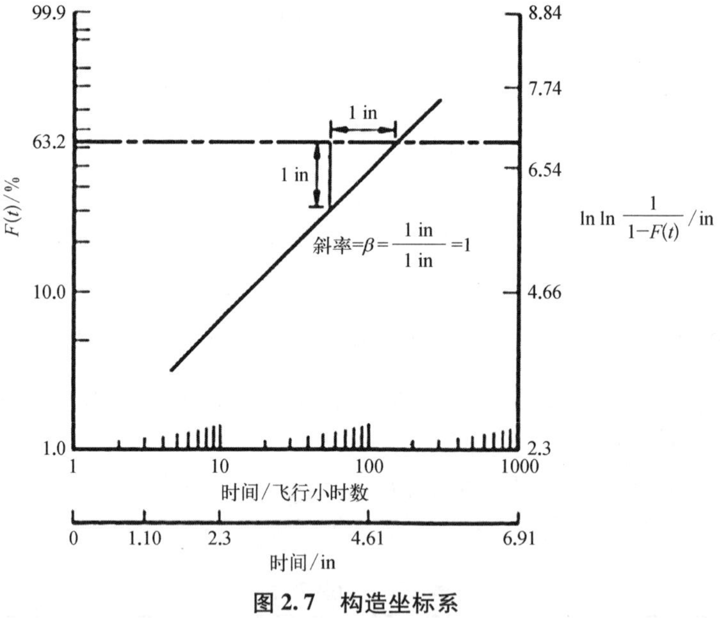

图 2.7　构造坐标系

另外，从式(2.7)可知，当 $t=\eta$ 时，$F(t)=F(\eta)=1-e^{-1}=0.632$。也就是说，当 $t=\eta$ 时，不管 β 是多少，$F(t)$ 总是 63.2%，即累积失效率与分布规律无关，把此时的寿命 $t=\eta$ 叫做特征寿命，即威布尔分布中另一参数 η 代表了特征寿命。

2.2.2　失效数据分析

从威布尔分布表达式(2.7)可知，只要确定了 β 和 η，则威布尔分布即可确定，而求解

* 1 英寸 = 1 in = 2.54 cm。

这两个参数有不同的方法,下面说明利用威布尔坐标纸来求解这两个参数的方法。表2.4给出了在实验室中,对铆钉进行加速疲劳强度试验的数据。表中给出了不同系列号铆钉的失效时间,由于系列号为3、6和7的铆钉不代表损坏,所以可先不纳入计算,则只剩下5个铆钉。这些数据只是给出了横坐标的位置,若要把这些失效数据在坐标纸上画出,则还需要知道各时间点所对应的纵坐标,即失效时间对应的累积失效率。而实际运行数据或试验数据往往只是故障时间数据,其对应的发生概率则需要估算。在一个有限总量的测试样本中,一个产品发生故障时,其在已发生故障的产品中占据一定的比例。该比例的真值自然是无法确定的,估计该真值的方法有很多,最为常用的方法是中位秩估计法,具体计算步骤如下。

表 2.4　铆钉失效数据

铆钉系列号	失效时间/分钟	说　明
1	90	失效
2	96	失效
3	100	铆钉喇叭头松动,但没失效
4	30	失效
5	49	失效
6	45	铆钉喇叭头松动,但没失效
7	10	铆钉固定处失效
8	82	失效

(1) 先将故障数据样本 (x_1, x_2, $\cdots$, x_n) 从小到大排列,满足 $x_1 \leqslant x_2 \leqslant \cdots \leqslant x_n$;

(2) 然后是计算中位秩,中位秩可从中位秩表查到,参见附录B。还可采用近似公式(2.11)计算中位秩:

$$R_i = \frac{i - 0.3}{n + 0.4} \tag{2.11}$$

式中,i 为数据序号;R_i 为第 i 个数据的中位秩;n 为数据样本总量。

利用上面的任一方法,就可得这5个失效铆钉失效时的累积失效率,见表2.5。

表 2.5　失效数据处理结果

排序序号	系　列　号	失效时间/分钟	中　位　秩
1	4	30	12.9
2	5	49	31.3
3	8	82	50.0
4	1	90	68.6
5	2	96	87

在坐标纸上画出这5个点,并画一条经过这些点的直线,见图2.8。在所画直线上任选两个点,并沿 x 轴、y 轴划线,则得交点,所得两线段的长度比就是斜率 β,且 $\beta = 2$。另一个参数 η 确定方法是:根据特征寿命的定义,威布尔分布的直线与失效率为63.2%的

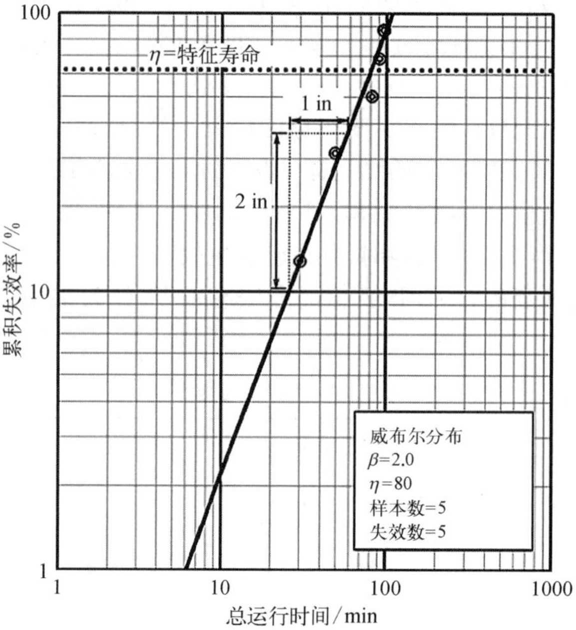

图 2.8　铆钉失效数据分析

线有一交点，从该点向 x 轴做垂线，垂线与 x 轴的交点即为特征寿命，$\eta=80$ 分钟。

2.2.3　删失数据处理

在上面的例子中，8 个铆钉中有 3 个出现了其他问题，不代表铆钉失效，上面计算中没考虑。在实际中也会有类似问题，即在数据统计中有的部件失效与所研究的失效模式不同，或即使失效模式相同，但部件未完全失效，这些数据叫作删失数据。删失数据往往对应的是其他故障模式，或与所要分析的故障数据对应的故障模式不一致，所以删失数据与故障数据并不同属于一个故障概率分布，不能将删失数据与故障数据画在同一张概率纸上。由于这些数据的存在，其对部件的真实寿命分布会有影响，在做失效数据分析时，如果将删失数据直接剔除而不做任何修正，则会漏掉删失数据对故障数据的潜在影响，因此，应该把这些数据产生的影响考虑进去，以获得更准确的失效分布。

当利用威布尔分布做失效数据分析时，考虑这些删失数据影响的方法是对数据样本中故障数据的中位秩进行调整。删失数据本身不参加排序，但需要计算其对排序影响的大小。通常把这个影响的大小叫排序增量，具体计算方法如下。

（1）将数据样本 $(x_1, x_2, \cdots, x_n)$ 从小到大排列，满足 $x_1 \leqslant x_2 \leqslant \cdots \leqslant x_n$，其中包含删失数据。

（2）对失效数据，计算调整后的排序值，计算公式如下：

$$i = j + \frac{N + 1 - j}{1 + n_i} \tag{2.12}$$

式中，i 为调整后的数据 x_i 的排序值；j 为前一个数据调整后的排序值；n_i 为超出当前删失数据的数据个数；N 为数据样本总量；$\dfrac{N+1-j}{1+n_i}$ 为排序增量。

(3) 获得所有失效数据调整后的排序值后，重新利用公式(2.11)计算失效数据的中位秩。

对表 2.4 中的数据按删失数据重新处理。排在第一的系列号为 7 的铆钉属于删失数据，其不参加排序，但其对后面系列号为 4 的铆钉的排序产生影响，即其产生一个排序增量，该增量按式(2.12)中的增量公式计算。

系列号为 4 的铆钉前没有失效数据，即其前一调整后的排序值 $j=0$，超过当前删失数据 7 号铆钉的样本数有 7 个，所以系列号为 4 的铆钉调整后的排序值为

$$i=j+\frac{N+1-j}{1+n_i}=0+\frac{8+1-0}{1+7}=1.125$$

系列号为 6 的铆钉又是一个删失数据，其对后面系列号为 5 的铆钉来说又产生一个新的增量。5 号铆钉的前一排序值是 1.125，且有 5 个铆钉超出系列号为 6 的铆钉，则 6 号铆钉引起的排序增量为

$$\frac{N+1-j}{1+n_i}=\frac{8+1-1.125}{1+5}=1.313$$

则系列号为 5 的铆钉调整后的排序值 i = 前一个调整后的排序值(j) + 排序增量 = 1.125+1.313=2.438。同样的方法可得到其他铆钉修正后的排序，参见表 2.6。在计算系列号为 8、1、2 的铆钉调整后的排序值时，6 号铆钉产生的增量对它们都有影响，因此，都需要加上该增量。而最后一个数据(3 号铆钉)是一个删失数据，不参加排序，并其只对其后面的失效数据有影响。

表 2.6　考虑删失数据的排序

铆钉系列号	排　序	时　间	调整后的排序
7	1	10 删失数据	—
4	2	30 失效	1.125
6	3	45 删失数据	—
5	4	49 失效	2.438
8	5	82 失效	3.751
1	6	90 失效	5.064
2	7	96 失效	6.377
3	8	100 删失数据	—

利用式(2.11)和调整后的排序值，即可计算出考虑删失数据的各失效铆钉的中位秩(累积失效率)，见表 2.7。

基于调整后的中位秩数据，在威布尔坐标纸上可得到一条新的威布尔分布线，且 $\beta=2.0$，$\eta=100$ min。由此可见，考虑其他删失数据影响后，得到的特征寿命会更长些。

表 2.7　调整后的排序和中位秩

铆钉系列号	调整后的排序	$F(t)/\%$
4	1.125	9.82
5	2.438	25.45
8	3.751	41.08
1	5.064	56.71
2	6.377	72.35

2.2.4　威布尔参数极大似然估算法

威布尔分布中的两个参数,除了前面利用威布尔坐标纸画图获得之外,还可以利用极大似然估计法和最小均方估算法来计算。极大似然参数估计法的目的在于找到恰当的尺度参数 η 和形状参数 β,使它们与所获得的数据具有最大的相似性,从而让威布尔分布的表达形式最接近实际情况。数据的似然性能够表示为威布尔参数 η 和 β 的函数形式,称为似然函数。该方法的核心思想是找到 η 和 β,使得似然函数取极大值。

1. 似然函数

似然函数是观测数据概率的数学表达式,假设 $(x_1,\ x_2,\ \cdots,\ x_n)$ 为观测数据样本,则这组数据的似然函数如下:

$$L = \prod_{i=1}^{n} f(x_1)f(x_2)\cdots f(x_n) \tag{2.13}$$

式中,L 为似然函数;n 为数据样本大小;$f(x)=\dfrac{\mathrm{d}F(X)}{\mathrm{d}x}$,$F(x)=1-\mathrm{e}^{-\left(\frac{x}{\eta}\right)^{\beta}}$。在可靠性分析中,$F(x)$ 表示产品在 x 时间之前发生故障的概率。

威布尔分布的累积概率密度函数为

$$f(x)=\frac{\beta}{\eta}\left(\frac{x}{\eta}\right)^{\beta-1}\mathrm{e}^{-\left(\frac{x}{\eta}\right)^{\beta}} \tag{2.14}$$

则威布尔分布的似然函数如下:

$$L=\prod_{i=1}^{n}\left(\frac{\beta}{\eta}\right)\left(\frac{x_i}{\eta}\right)^{\beta-1}\mathrm{e}^{-\left(\frac{x_i}{\eta}\right)^{\beta}} \tag{2.15}$$

注意到故障数据样本 $(x_1,\ x_2,\ \cdots,\ x_n)$ 的似然函数为威布尔分布参数 β 和 η 的函数。当样本中存在删失数据时,即数据样本 $(x_1,\ x_2,\ \cdots,\ x_n)$ 中并不是每一个数据都表示产品的故障时间,也可能是无故障的时间点,则威布尔分布的似然函数通用形式如下:

$$L=\prod_{i=1}^{r} f(x_i)\prod_{j=1}^{k}[1-F(T_j)] \tag{2.16}$$

式中,r 为故障数据个数;k 为无故障数据个数;$(x_1,\ x_2,\ \cdots,\ x_r)$ 为已知的故障时间;

（T_1，T_2，…，T_k）为每一个非故障产品的运行时间。

相应的威布尔分布的似然函数可写为

$$L = \prod_{i=1}^{r}\left(\frac{\beta}{\eta}\right)\left(\frac{x_i}{\eta}\right)^{\beta-1} e^{-\left(\frac{x_i}{\eta}\right)^{\beta}} \prod_{i=1}^{k} e^{-\left(\frac{T_j}{\eta}\right)^{\beta}} \tag{2.17}$$

2. 威布尔参数估计

极大似然参数估计法的核心思想是通过求解似然函数的极大值从而找到威布尔分布参数 β 和 η。为了求解似然函数的极大值，通过对似然函数取对数，并求导，然后求解得到的关于威布尔分布形状参数和尺度参数的二元一次方程组即可。

当数据样本为完整的故障数据样本时，即不存在删失数据的情况下，记 $\hat{\beta}$ 为威布尔分布形状参数 β 的极大似然估计，则 $\hat{\beta}$ 满足如下方程：

$$\frac{\sum_{i=1}^{n} x_i^{\hat{\beta}} \ln x_i}{\sum_{i=1}^{n} x_i^{\hat{\beta}}} - \frac{1}{n}\sum_{i=1}^{n} \ln x_i - \frac{1}{\hat{\beta}} = 0 \tag{2.18}$$

式中，n 为数据样本总量；（x_1，x_2，…，x_n）为故障数据样本。

记 $\hat{\eta}$ 为威布尔分布尺度参数 η 的极大似然估计，则 $\hat{\eta}$ 满足如下方程：

$$\hat{\eta} = \left(\frac{\sum_{i=1}^{n} x_i^{\hat{\beta}}}{n}\right)^{\frac{1}{\hat{\beta}}} \tag{2.19}$$

式中，$\hat{\beta}$ 为 β 的极大似然估计；n 为数据样本总量；（x_1，x_2，…，x_n）为故障数据样本。

当数据样本存在删失数据时，根据式(2.17)，则威布尔分布形状参数 β 的极大似然估计 $\hat{\beta}$ 满足以下方程：

$$\frac{\sum_{i=1}^{N} x_i^{\hat{\beta}} \ln x_i}{\sum_{i=1}^{N} x_i^{\hat{\beta}}} - \frac{1}{r}\sum_{i=1}^{r} \ln x_i - \frac{1}{\hat{\beta}} = 0 \tag{2.20}$$

式中，N 为数据样本总量，即故障数据个数 r 与删失数据个数 k 的和；删失数据时间点 T_i 满足 $x_{r+i} = T_i$；方程中第二项 $\frac{1}{r}\sum_{i=1}^{r} \ln x_i$ 仅为故障时间的对数和。

根据式(2.20)，通过迭代运算，即可得到威布尔形状参数的估计值 $\hat{\beta}$。

与完整故障时间数据的情况类似，威布尔分布尺度参数 η 的极大似然估计值 $\hat{\eta}$ 满足以下方程：

$$\hat{\eta} = \left(\frac{\sum_{i=1}^{N} x_i^{\hat{\beta}}}{r}\right)^{\frac{1}{\hat{\beta}}} \tag{2.21}$$

式中，N 为数据样本总量；r 为故障数据个数；$\ddot{\beta}$ 为形状参数 β 的估计值。

2.2.5 威布尔参数最小均方估算法

具体算法如下。

（1）计算故障数据的自然对数，记为 $\boldsymbol{Y}=\ln \boldsymbol{X}$，其中向量 $\boldsymbol{X}=(x_1, x_2, \cdots, x_n)$。并令向量 $\boldsymbol{Z}$ 满足以下方程：

$$\boldsymbol{Z}=\ln\left(\ln \frac{1}{1-\boldsymbol{R}_{\boldsymbol{Y}}}\right) \tag{2.22}$$

式中，$\boldsymbol{R}_{\boldsymbol{Y}}$ 为 $\boldsymbol{Y}$ 的中位秩。

（2）计算方程 $y=A+Bz$ 的最小均方估计 $\hat{A}$ 和 $\hat{B}$，满足式(2.23)和式(2.24)。

$$\hat{A}=\bar{Y}-\hat{B}\bar{Z} \tag{2.23}$$

式中，$\bar{Y}$ 为向量 $\boldsymbol{Y}$ 的均值；$\bar{Z}$ 为向量 $\boldsymbol{Z}$ 的均值。

$$\hat{B}=\frac{\sum_{i=1}^{n} z_i y_i-\frac{\left(\sum_{i=1}^{n} z_i\right)\left(\sum_{i=1}^{n} y_i\right)}{n}}{\sum_{i=1}^{n} z_i{}^2-\frac{\left(\sum_{i=1}^{n} z_i\right)}{n}} \tag{2.24}$$

式中，n 为数据样本总量；z_i 为向量 $\boldsymbol{Z}$ 的分量；y_i 为向量 $\boldsymbol{Y}$ 的分量。

（3）求解中位秩回归参数，$\hat{\beta}$ 和 $\hat{\eta}$ 为威布尔参数 β、η 的估计值，满足下列公式：

$$\hat{\beta}=\frac{1}{\hat{B}} \tag{2.25}$$

$$\hat{\eta}=\mathrm{e}^{\hat{A}} \tag{2.26}$$

2.2.6 故障数据分析实例

对表 2.1 中的数据，重新按威布尔分布处理，可分别求出威布尔分布函数。在确定威布尔分布参数时，可利用威布尔坐标纸或极大似然和最小均方估算法。图 2.9 给出了利用威布尔坐标纸，得到的 A、B、C 三个厂家电子表的分布，并得到相应的参数 β 和 η。A 厂 $\beta=3.058$，$\eta=293.426$；B 厂 $\beta=1.018$，$\eta=144.005$；C 厂 $\beta=0.6285$，$\eta=244.486$。

计算案例 2.2

有一组样本数据如表 2.8，利用极大似然方法求解威布尔分布的两个参数 β 和 η。

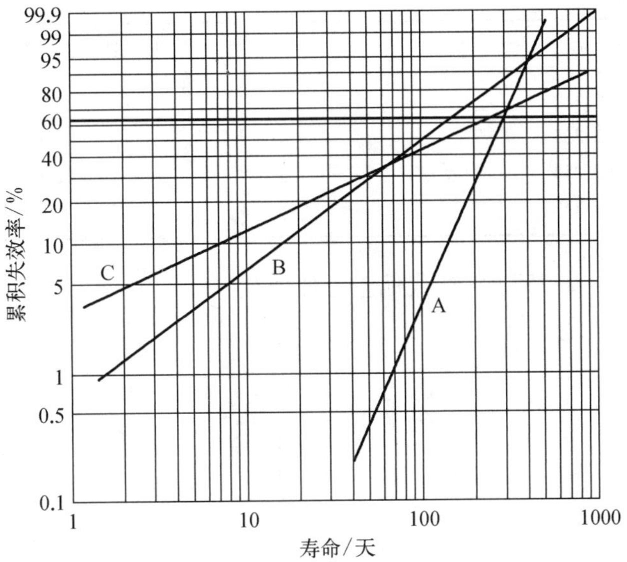

图 2.9　A、B、C 三厂电子表威布尔分布

表 2.8　失效样本数据

循　环　数	状　态　描　述
1 500	失效
1 750	删失数据
2 250	失效
4 000	失效
4 300	失效
5 000	删失数据
7 000	失效

解：利用式(2.20)有

$$\frac{\sum_{i=1}^{7} x_i^{\hat{\beta}} \ln x_i}{\sum_{i=1}^{7} x_i^{\hat{\beta}}} - \frac{1}{5}\sum_{i=1}^{5} \ln x_i - \frac{1}{\hat{\beta}} = 0$$

利用牛顿-拉弗森迭代算法，对上述式子进行迭代计算，初始 β 值取 1.8(可用威布尔坐标纸，估算该初始值)。迭代过程数据如表 2.9 所示。

表 2.9　计算结果

β	迭　代　偏　差
1.8	−0.175 4
1.802	−0.174 6
2.179	−0.025 5

续 表

β	迭 代 偏 差
2. 182	−0. 024 8
2. 255	−0. 000 7
2. 256	−0. 000 5
2. 257	−0. 000 0

从上表可见，$\hat{\beta}$ = 2. 257 时，迭代偏差近似为 0。

利用式(2. 19)计算 η 值：

$$\hat{\eta}=\left(\frac{\sum_{i=1}^{7}x_i^{\hat{\beta}}}{5}\right)^{\frac{1}{\hat{\beta}}}=\left(\frac{\sum_{i=1}^{7}x_i^{2.257}}{5}\right)^{\frac{1}{2.257}}$$

$$\hat{\eta}=4\,900.1$$

2. 2. 7 组件的可靠性

组件由多个单个零件组成，组件的可靠性取决于构成组件的每个单件的可靠性。通常组件的可靠性取决于最弱部件的可靠性，因此，改进组件中最弱部件的可靠性对提升组件的可靠性起到主要作用。单一部件失效模式较少，通常会有一主要失效模式。而复杂设备是由多个部件组成，因而会有多种失效模式，且由于不同失效模式之间的相互影响，使得失效模式更为复杂，这样也带来了失效的随机性。下面以一个由 A、B、C 厂电子表组成的三面钟为例，说明组件可靠性的计算。形成三面钟时，随机从三个厂家的电子表中抽取一块电子表，就可形成一个电子三面钟。规定三面钟中只要有一个电子表坏了，则三面钟就故障。试问使用多少天后三面钟会发生故障？

采取与前面相同的做法，取不同时间段，计算不同时间段内，A、B 和 C 厂的电子表故障的失效率，从而可得到不同时间段内各电子表存活下来的概率。基于各电子表的存活概率，即可计算出各时间段内三面钟不发生故障的概率，从而得到某时间段内三面钟的累积失效率。在计算到某时刻累积失效率时，可利用威布尔分布函数来计算，计算结果参见表 2. 10。

表 2. 10 三面钟故障率计算

寿命/天	电子表的失效率/%			电子表存活概率/%			三面钟不发生故障的概率/%	累积失效率/%
—	A	B	C	A	B	C	A×B×C	三面钟
10	0	6	13	100	94	87	82	18
50	0. 4	29	31	99. 6	71	69	49	51
100	4	50	44	96	50	56	27	73
200	28	75	59	72	25	41	7. 4	92. 6
300	66	87	67	34	13	33	1. 5	98. 5

把上面计算的不同时间段内三面钟的失效率数据和时间数据在威布尔坐标纸上画出，并与 A、B、C 三厂的威布尔分布线画在一起，见图 2.10，发现三面钟的威布尔分布线在各电子表分布线的左侧。从而可知，若想使三面钟的寿命长些，则最好只选择 A 厂的电子表。

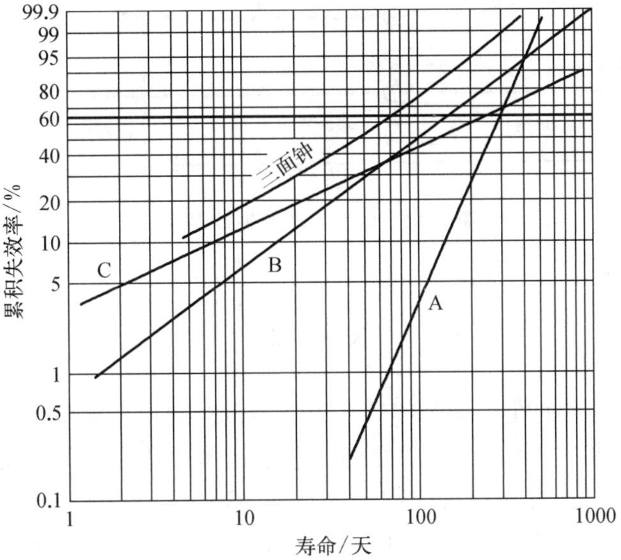

图 2.10　三面钟威布尔分布

如果把三面钟的失效率和工作时间画在普通坐标上，即横坐标是工作时间，纵坐标是失效率，则可得到图 2.11。发现该曲线类似于图 2.12 典型组件的失效率分布。组件在投入使用初期，由于早期失效原因，导致部分失效，而随着使用时间的延长，失效率下降，然后进入平稳期（随机失效），之后，随着使用时间的增加，磨损加重，从而导致失效增加。对于具体产品而言，关键点是确定进入随机失效的时间点和进入磨损失效的时间点，只要这两个时间点确定，就可确定相应的预防失效的维护措施。

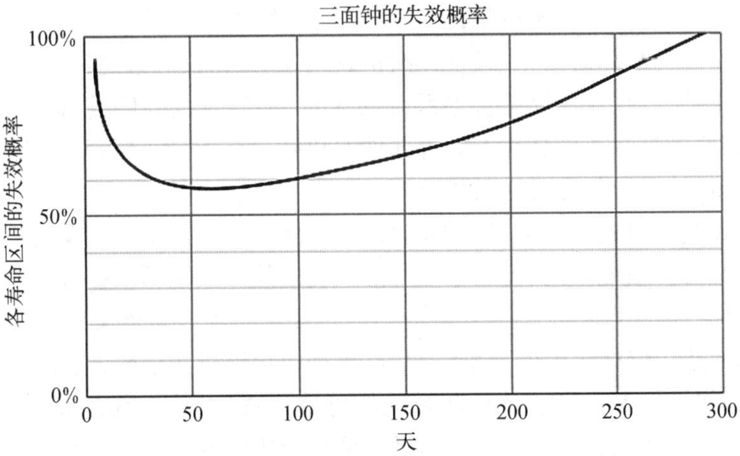

图 2.11　三面钟寿命分布

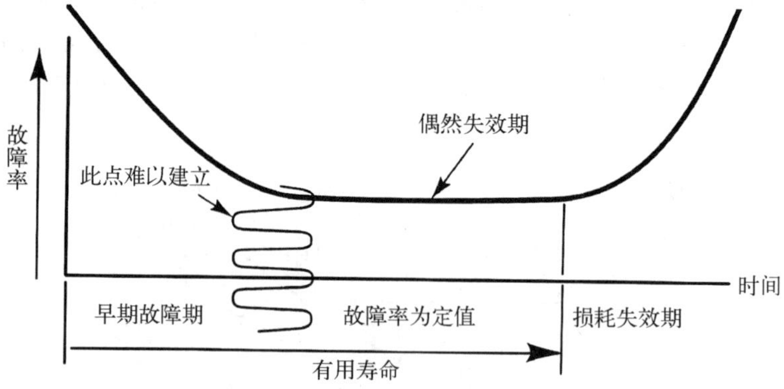

图 2.12 典型组件的失效率分布

2.3 失效风险预测

失效风险预测的目的在于预测部件在未来一段时间内可能发生失效的次数，从而评估部件工作可靠性是否在允许的范围之内。航空运营企业为了保证飞机运行的可靠性，需要计划好发动机维修，并储备相应数量的备件，这就需要对故障（部件失效）风险水平做出预测，估计发动机在未来一段时间内各部件及发动机系统出现故障（失效）的次数，从而为生产或运营计划做出安排。因此，失效风险预测对于发动机管理者来说具有重要作用，因为它使管理者得知潜在风险的高低。

根据所研究问题的不同，研究对象可以分为简单系统与复杂系统。简单系统与复杂系统的区别在于简单系统服从单一故障概率模型，而复杂系统则是多种故障模式并存。简单系统由于结构简单或是研究主体单一，在故障风险预测过程中，只需处理一种故障概率模型，所以研究方法相对简单，可借助现有的单一故障概率分布的研究方法。

不论是简单系统还是复杂系统，当故障发生时，都存在着修复性问题。当系统中的一个部件故障时，即认为整个系统故障，而不采取任何的维修措施，与之相关的任何算法或是仿真均在这个部件故障时终止，或是一次仿真结束，则这样的系统称为不可修系统。如果系统中的一个部件故障时，仅是暂停系统的运行，然后对该部件进行更换或修复后，系统恢复运行，相应的算法或仿真并不随着部件的故障而终止，而是与整个系统以及设定的规则相关，则这样的系统称为可修系统。

故障风险预测的研究对象可以分为四大类：简单不可修系统、简单可修系统、复杂不可修系统和复杂可修系统。其中，简单不可修系统的故障风险预测是最简单的。相应地，复杂可修系统的故障风险预测是最复杂的。当一个系统涉及可修复性时，经典的分析方法已很难做出描述。仅就简单可修系统而言，若是应用解析法求解，则需要推导极其复杂的数学公式，工作量极大。当涉及复杂系统的可修复性时，往往无法得到问题的解析形式，传统的分析方法已无法满足要求。不可修系统的研究方法已较为完备，简单可修系统可看作是复杂可修系统的一种特例。

2.3.1　简单系统故障风险预测

当一个系统仅由单一部件构成时，或者研究过程中只关注系统中的某一种故障概率模型时，则称该系统为简单系统，也可将其称为单元体，相应的故障风险预测也可称为单元体故障风险预测。对于航空发动机而言，其中的任意一个组成部分，如燃烧室、高压压气机、低压涡轮等，都可以看作是一个简单系统。如果将整个发动机当作一个整体，并且知道发动机故障所服从的故障概率模型，则整个发动机也是一个简单系统。根据问题研究的规模和所掌握的数据情况，可选择适当的研究对象作为一个简单系统，使得问题的求解既符合数据的应用范围，又满足实际需求。

2.3.1.1　故障风险预测基本要素

对于简单系统而言，对其进行故障风险预测时，应先根据试验数据或是历史运行数据，利用威布尔坐标纸或 2.2.4 小节和 2.2.5 小节介绍的方法估计威布尔分布的参数。另外，还需要知道所分析部件的使用率，即每天或每个月运行的小时数。简单系统的故障风险预测可包括以下几点内容。

1. 当前失效风险

以最简单的情形为例，假设所研究的样本总体没有新件补充，同时也没有故障件（失效件）更换。对于一个简单系统而言，其当前故障风险为 $F(t)$。对于总量为 N 的样本，若每个部件均服从相同的威布尔分布，且累积运行时间均为 t 小时。那么，该样本总体当前的故障风险期望值为

$$F(t)\times N=[1-\mathrm{e}^{-\left(\frac{t}{\eta}\right)^{\beta}}]\times N \tag{2.27}$$

2. 无修复系统未来风险

威布尔分布函数 $F(t)$ 给出至 t 时刻的累计失效率，而瞬时故障率是指产品在时刻 t 处于可用状态，当 Δt 趋于 0 时，在时间 $(t,\ t+\Delta t)$ 内出现故障的条件概率，若以 $\lambda(t)$ 表示，则基于式(2.2)有

$$\lambda=\lim_{\Delta t\to 0}\frac{F(t+\Delta t)-F(t)}{\Delta t\cdot R(t)} \tag{2.28}$$

下面以实例说明求 t 时刻失效率的计算方法。

计算案例 2.3

已知某样本服从威布尔分布，且 $\beta=1$，$\eta=1\,750$ 小时，计算第 200 小时的失效率。

解：由题可知其威布尔分布函数为

$$F(t)=1-\mathrm{e}^{-\left(\frac{t}{1\,750}\right)}$$

则

$$F(200)=1-\mathrm{e}^{-\left(\frac{200}{1\,750}\right)}=10.799\%$$

$$F(201)=1-\mathrm{e}^{-\left(\frac{201}{1\,750}\right)}=10.85\%$$

即时间从 200 小时到 201 小时的 1 小时内累计失效率为 10.85%−10.79%=0.051%，而该失效是在 200 小时内已经有 10.79%样本失效的基础上发生的，在 200 到 201 小时这段时间内未失效样本占(100%−10.79%)=89.2%，因此，从 200 小时到 201 小时这段时间的失效率为 0.051%/89.2%=0.057%，即 200 小时时刻的失效率为 0.057%。

基于算例 2.3 可推导出时刻 t 时的失效率可表达为

$$(F(t+1)-F(t))/(1-F(t)) \tag{2.29}$$

同样的原理，若假设一个简单系统无故障累积运行时间为 t 小时。如果该系统未来还要运行 u 小时，那么，将来 u 小时时间段内，系统失效的风险为

$$\frac{F(t+u)-F(t)}{1-F(t)} \tag{2.30}$$

从式(2.30)可以发现，当 $F(t)$ 远小于 1 时，式(2.30)可近似为

$$F(t+u)-F(t) \tag{2.31}$$

3. 修复系统未来风险

当简单系统在未来一段时间区间内，发生故障后能够被修复且能够重新投入到运行中，则其未来失效风险的计算可分为两种情况。如果在所估算的未来时间区间内，该系统发生故障的概率小于 0.5，则可按照无修复系统的风险计算方法进行估算；如果在该时间区间内，其未来故障风险概率大于 0.5，则该系统在未来时间段里发生一次以上故障的概率会较为显著，这时就不能利用上述方法计算，但可利用蒙特卡罗模拟等来求解。

2.3.1.2 算例分析

计算案例 2.4

(1) 样本总量为 25 的部件集合，其累积运行时间分布见表 2.11，其中的每个部件均不可修。假设它们均服从威布尔分布，相应的威布尔参数为 $\beta=3.0$ 和 $\eta=10\,000$，其中 $F(t)$ 为部件所服从的威布尔分布。计算样本当前的累计失效的期望值。

(2) 针对表 2.11 的部件集合，计算未来 12 个月内该部件集合发生故障次数的期望值，且假设运行时间为 4 000 小时组中的一个部件发生了故障，部件的年使用率为 300 小时。

表 2.11 部件累积运行时间分布

部件数量	累积运行时间/小时
5	1 000
5	2 000
5	3 000
5	4 000
5	5 000

解：(1) 根据式(2.27)可计算出每组部件当前的失效风险，该部件集合累积故障次数的期望值为 1.075，参见表 2.12。

表 2.12　单元体当前故障风险

部件数量	累积运行时间/小时	$F(t)$	$F(t) \cdot N$
5	1 000	0.001	0.005
5	2 000	0.008	0.040
5	3 000	0.027	0.135
5	4 000	0.062	0.310
5	5 000	0.117	0.585
			$Sum = 1.075$

(2) 首先考虑到系统不可修,而 4 000 小时组中已有一个失效,则计算未来 1 年时间里该组失效件数时,应该剔除已失效的部件。

根据公式(2.30),可以得到该样本集合未来 12 个月的故障风险,样本集合未来故障风险为所有部件在 300 小时后的故障次数累加值,参见表 2.13。

表 2.13　部件集合未来风险

部件数量	运行时间 t 小时	12 个月后累积运行时间 $(t+u)$ 小时	$F(t+u)$	$F(t)$	每组部件的故障风险 $\dfrac{F(t+u)-F(t)}{1-F(t)}$
5	1 000	1 300	0.002 2	0.001 0	0.001 2
5	2 000	2 300	0.012 1	0.008 0	0.004 1
5	3 000	3 300	0.035 3	0.026 6	0.008 9
4	4 000	4 300	0.076 4	0.062 0	0.015 4
5	5 000	5 300	0.138 3	0.117 5	0.023 6

则根据表 2.10,未来 12 个月内,该部件集合的失效风险的期望值为

$$Q = 5 \times 0.0012 + 5 \times 0.0041 + 5 \times 0.0089 + 4 \times 0.0154 + 5 \times 0.0236 = 0.2506$$

即部件集合在不可修的情况下,在未来一年内可能发生故障的次数为 0.250 6。

计算案例 2.5

某发动机发生了由于附件齿轮箱的传动系统的伞形齿轮轴故障而导致的空中停车事件,第一次在当年 10 月份,发动机系列号为 17487,且该发动机从新发开始才飞行了 333 小时;第二次是在同年的 11 月份,发动机系列号为 17583,该发动机从新发开始飞行了 534 小时。该型号发动机已经服役多年,已经累计飞行超过 10 000 小时,先前未发生过该事件,问题属于部件批次问题,为双发飞机。回答下列问题:

(1) 对数据进行威布尔分析;

(2) 估算 200 小时、400 小时和 800 小时时的失效率;

(3) 估算飞行中双发都停车的风险,假设飞行航程时间为 2 小时。

解: (1) 由于只有两个失效数据,利用中值排序可知,$t=333$ 小时时,累积失效率为 29.2%,$t=534$ 小时时,累积失效率为 70.7%,利用威布尔坐标可获得威布尔分布参数 $\beta=2.7$, $\eta=500$。

(2) 根据式(2.29)计算 200 小时、400 小时和 800 小时时的失效率。

利用前面计算获得的$\beta=2.7$，$\eta=500$，可得其失效分布的威布尔函数为

$$F(t)=1-e^{-\left(\frac{t}{500}\right)^{2.7}}$$

按式(2.29)分别计算200小时、400小时和800小时时的失效率，结果见表2.14。

表2.14 计算结果

t	$F(t)$	$F(t+1)$	失效率	继续飞行，2小时内双发失效概率
200	0.080 797	0.081 846	0.001/小时	2.0×10^{-6}
400	0.421 576	0.423 714	0.003 7/小时	2.7×10^{-5}
800	0.971 485	0.971 826	0.012/小时	2.9×10^{-4}

(3) 在计算双发飞机在2小时航程中发生双发失效率时，可先计算前1小时内发生单发失效的概率，然后再计算随后一小时另一发失效的概率，即可得到整个航程(2小时)双发失效的概率，计算结果见表2.14。

下面以飞行了200小时的发动机为例，说明2小时航程双发停车的概率计算过程：

(a) 计算2小时航程中，前1小时发生空停的概率P_{IFSD1}：

$$P_{IFSD1}=\text{发动机台数}\times\text{飞行时间}\times\text{失效率}=2\times1\times0.001=0.002\text{ 次/小时}$$

(b) 计算2小时航程中，后1小时另一台发动机失效的概率P_{IFSD2}：

$$P_{IFSD2}\approx0.001\text{ 次/小时}$$

(c) 2小时航程中，双发失效的概率P_{IFSD}为

$$P_{IFSD}=P_{IFSD1}\times P_{IFSD2}=0.002\times0.001=2.0\times10^{-6}$$

从计算结果可知，200小时、400小时和800小时时的失效率分别为0.001次/小时、0.003 7次/小时和0.012次/小时。若飞机继续飞行，则在2小时航程中发生双发失效的概率分别为2.0×10^{-6}、2.7×10^{-5}和2.9×10^{-4}。适航条例针对双发失效的风险有规定，如欧洲的联合适航条例(JAR)规定发动机取证时，发动机失效引起的灾难性风险不能超过10^{-8}/小时，而双发飞机发生双发失效属于灾难性风险。但针对该机队即使是只飞行了200小时的发动机，若继续执行2小时航班飞行任务，则飞机发生双发停车的概率为2.0×10^{-6}次/2小时，明显高于限制值。因此，为了保障安全，若飞机继续飞行，其中一台发动机应该换装成未安装该批次传动轴的发动机，以保证飞行安全。

2.3.2 复杂系统故障风险预测

航空发动机部件多，结构复杂，不同部件或单元体都有各自的故障分布规律。与简单系统相比，航空发动机是一种复杂系统，存在多种故障模式，且每一种故障模式均服从不同的威布尔分布故障概率模型。简单系统的故障风险预测方法已无法对航空发动机的故障风险做出预测，具体情形见图2.13。假设发动机有3种故障概率模型，那么，在一个定期检查周期内，3种故障模式是随机发生的。同时，每当一个故障发生时，需要立即进行

修复,然后重新投入运行,假定到达定期检查时间点完成定期检查后,发动机性能恢复到出厂水平,这样,当多种故障随机交替出现时,发动机的故障风险水平是由这 3 种故障概率模型与定期检查时间间隔决定的。此时,发动机整体的故障概率模型不一定就是威布尔分布,甚至无法确定。所以,求解此类问题,传统方法很难加以描述,可借助蒙特卡罗模拟方法,随机模拟整个过程,进而得出结果。

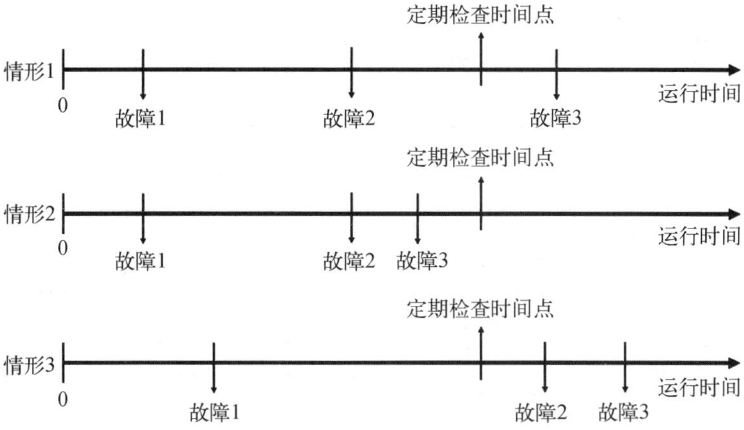

图 2. 13　发动机故障交替形式

1. *蒙特卡罗方法*

蒙特卡罗方法的主要步骤包括: ① 针对具体问题构造相应的概率过程;② 实现已知概率分布的随机抽样;③ 利用随机抽样的结果计算具体的估计量。

构造概率过程即找到具体问题所服从的概率分布,如二项分布、指数分布、正态分布等。准确描述问题的概率过程是蒙特卡罗求解方法的关键,整个随机模拟过程都是建立在已知的概率分布之上。如何确定问题所服从的概率分布,这需要根据已有的数据并结合相应的数据处理方法来确定。

构造完概率过程后,就知道了系统各个部分所服从的概率分布,如一辆汽车中仪表盘等电子元器件寿命可能服从指数分布,发动机故障时间可能服从威布尔分布等。在已知概率分布的基础上,产生满足相应分布的随机变量即为随机抽样过程。随机抽样的核心在于随机数的生成,常用的方法有工程上的物理方法和数学公式递推法。工程上的物理方法无法重复便捷地生成随机数,且价格昂贵。数学递推公式法利用计算机就可重复产生大量的随机数,虽然无法做到真正意义上的随机性,但只要满足相应的随机数检验,即可满足大部分要求。

蒙特卡罗模拟方法能否得到好的结果关键在于整个随机过程的构造和计算过程中随机数的性质。在随机抽样的基础上,根据所求解的问题,对随机抽样过程中产生的数据进行记录、统计,进而确定问题的估计量,得到问题的解。

2. *蒙特卡罗模拟流程举例*

图 2. 14 给出了发动机失效风险蒙特卡罗模拟预测流程。在该流程中利用乘同余组合发生器与反变换法相结合的方式来产生满足威布尔分布的随机数。

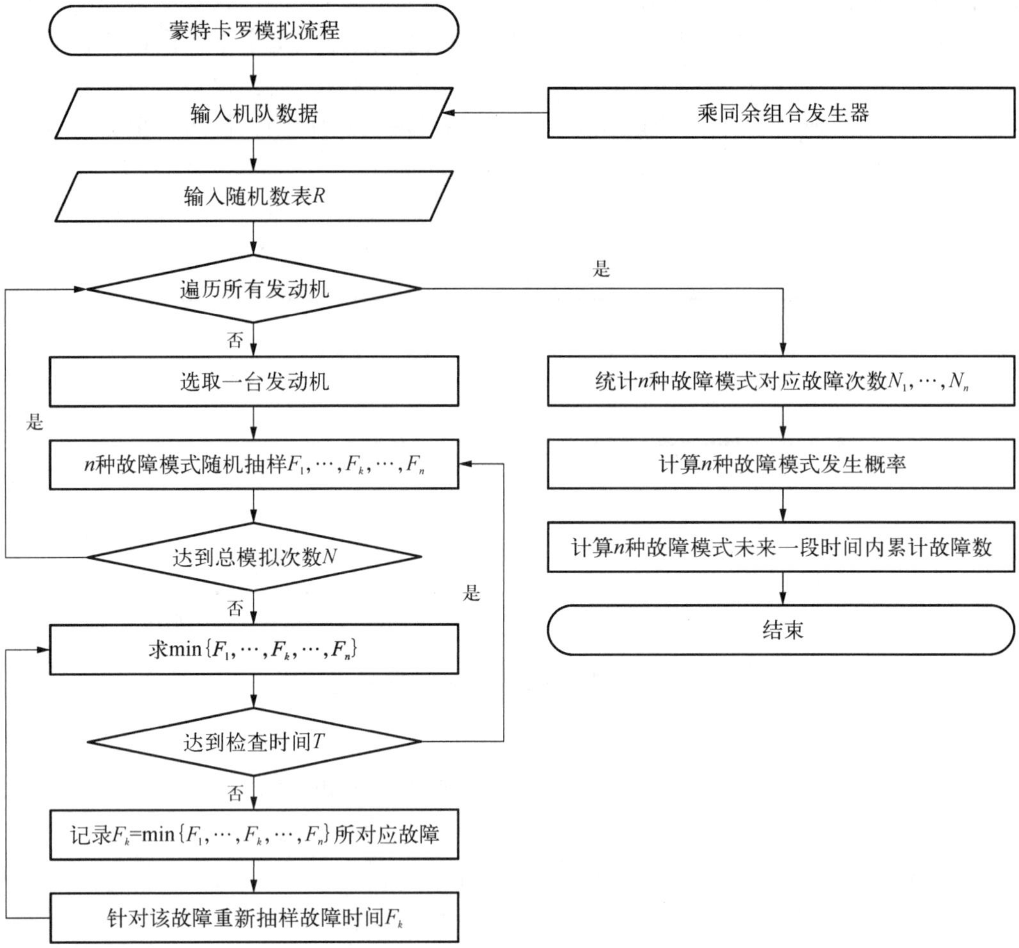

图 2.14　蒙特卡罗模拟流程

F_1, …, F_n 表示 n 种故障的威布尔分布函数

2.4　可靠性管理

系统(设备)的可靠性的影响因素包括设计、制造、运行、维修技术和产品的持续改进。对于航空公司来说,产品的设计、制造由飞机、发动机厂商负责,其决定了产品的固有可靠性;而飞机发动机运行维护是由航空公司负责,使用中的预防性维护只是维持或恢复其固有可靠性水平。因此,发动机运行管理和维护直接影响着发动机运行可靠性。在产品运行过程中,通过对其运行状况进行监控来发现问题,然后把发现的问题转换为解决方案,并形成维护指导,通过实施维护任务,保证产品的可靠性。若发现的问题涉及产品本身的缺陷或设计不合理,则厂家通过改进产品来提高或实现可靠性目标。航空产品的改进是通过下发服务通告来告知用户的,并通过维护、修理、改装等实施相应的改进措施。航空公司飞机可靠性管理是通过建立可靠性方案来实现的。

2.4.1　发动机机队管理常用可靠性指标

对于航空公司而言,飞机机队的运营可靠性常用飞机签派率来衡量。飞机签派率的影响因素很多,如航路管制、天气、机械故障、机组等。从维修的角度看,机械故障对飞机放行的影响才是可靠性管理所关心的,追踪调查故障原因,分析故障原因和维护中存在的问题,改进维修活动,提高发动机机队运行可靠性。发动机由很多部件组成,任一部件的失效或故障都会影响发动机的使用,而发动机的作用就是为飞机提供动力,只要其能安全地保证飞机飞行,它就是可靠的。在机队管理中,通常用下列指标来衡量发动机整体可靠性水平。

(1) 空停率 *IFSD*:发动机在正常运行过程中出现停车是不正常现象,尤其是在飞机飞行过程中,若出现停车,会对飞行安全造成影响。因此,民航管理机构如中国民航管理局或美国联邦航空管理局等都规定发生空停后,在一定时间内(如 FAA 规定 72 小时内)应向管理局方报告,报告内容包含空停的原因和采取的纠正措施。空停率是衡量发动机工作可靠性的一个重要指标。空停率是个统计数据,通常是指发动机每 1 000 飞行小时,发生空中停车的次数。对于双发飞机来说,若一台发动机出现空停,则飞机就只能单发飞行,因此,适航部门对双发飞机单发后继续飞行的能力做出了规定,这就是通常所说的双发飞机延程飞行(ETOPS)。在确定延程飞行时间时,要考虑的一个关键参数就是发动机的空停率。如 180 分钟的 ETOPS 要求发动机的空停率不大于 0.002。空停率也是民航管理局方批准航空公司 ETOPS 运行能力的一个指标,并要求航空公司一定要监控机队的空停率,并对过高的空停率采取措施。

(2) 发动机返厂率 *SVR*:发动机返厂意味着大修,说明发动机不能可靠、经济地工作了。在发动机服役期内返厂次数越多,说明发动机在翼的时间就越少,其发挥作用的时间就少,同时用户花在发动机大修上的费用就会越多,从而直接影响了发动机运营成本。返厂率的定义是每 1 000 飞行小时,发动机的返厂次数。非计划换发率也是一个常用指标,通常用每 1 000 飞行小时的非计划换发次数来表示。

(3) 平均返厂时间间隔 *MTBSV*:它反映了发动机两次返厂修理之间的时间间隔,或叫平均在翼时间。发动机管理的目的之一就是尽量延长发动机在翼时间,减少发动机使用寿命期内的返厂次数,降低维修成本。从定义可知 *SVR* 和 *MTBSV* 之间存在下列关系:

$$SVR = 1\,000/MTBSV \tag{2.32}$$

(4) 飞机延误/取消率:通常规定飞机起飞时间推迟超过 15 分钟,叫延误。飞机延误会影响航班计划和乘客的转机飞行。飞行取消是指航班取消。在分析发动机可靠性时所说的延误和取消率是指每 100(或 1 000)次飞行由于发动机故障原因而引起的航班取消或延误的次数。

除了上面这些指标,飞机还可能发生备降、终止起飞、返航(起飞后不能继续飞行而返回)等不正常事件,而在统计发动机问题时,也是只计算由于发动机故障而引起的这些事件发生的次数,通常也用每 100(或 1 000)次飞行发生的次数来衡量。

对于航空公司而言,发生上述事件后,会给飞机的运营造成影响,从而产生一定的成本,即飞机的间接运营成本,也叫风险成本,参见第 1 章。

2.4.2 可靠性方案

随着以可靠性为中心的维修的发展和维修技术手段的提高,航空器维修采取了在一定程度上允许航空器的某些部件或系统出现故障而不需要事先进行预防性维修的方式,这样不但可以保证航空器的飞行安全,而且还大大降低了航空器的运营和维修成本。另外,航空公司对飞机开展的维护工作是基于飞机厂商的维修计划文件进行的,而 MPD 是基于设定的平均工作条件(天气、平均利用率、平均航程、标准运行程序等)制定的,但飞机的实际使用状况多数情况下并不满足上述设定条件,相应对飞机发动机的维护也需要基于 MPD 进行调整,使飞机的实际维护维修方案能适合航空公司的技术能力和运行特点。这就对航空器运营人提出了更高的要求,即要有较强的维修管理和工程能力,并建立完善的可靠性方案来持续监控航空器的部件和系统的状况,使航空器达到可接受的安全水平。在飞机维修过程中建立可靠性管理系统是适航管理部门对飞机运营商的要求。FAA 基于其 AC120－17A"基于可靠性方法控制维修"(*Maintenance Control by Reliability Methods*)提出了航空公司可靠性控制方案要求,FAR121 给出了航空器"持续分析和监控方案";中国民航的 CCAR121 部 L 章中有关飞机维修的规定,即 CCAR121.368 对航空公司的可靠性方案做了明确的规定,包括可靠性管理机构、可靠性控制体系、可靠性方案的申请和批准等。CCAR121.366(维修工程管理手册)中的可靠性管理要求至少包括可靠性管理机构、可靠性控制体系及可靠性方案。利用可靠性方案对维修方案的实施效果进行评估,并根据可靠性方案所获得的数据修订维修方案,适当调整定期维修时间间隔或维修任务,减少非计划维修活动,以充分获得发动机设计固有的潜在性能,从而达到在保证可靠性的基础上,降低飞机运营成本,提高经济效益。可靠性方案是针对机队中每架飞机而言,而发动机属于飞机上的一个系统。

2.4.2.1 建立可靠性方案的基本原则

对于航空营运人而言,为了最大化经济效益,管理并优化定期维修方案,优化维修活动,必须建立可靠性方案,来说明其可靠性管理体系和工作方式,以实现:

(1) 提高飞机各系统的可靠性水平,系统可靠性直接影响航班飞行计划和飞机可利用程度;

(2) 提高发动机的可靠性,降低发动机、部件的失效率,降低发动机空停率、非计划换发率,提高发动机在翼时间;

(3) 提高部件的可靠性,降低无故障送修率和失效率。

中国民航的 AC－121－54 从下列几个方面对航空器运营人建立可靠性方案提出了要求:① 制定可靠性方案的基本原则;② 可靠性方案的制定要求(包括可靠性方案制定步骤和内容);③ 可靠性控制体系;④ 可靠性管理机构;⑤ 可靠性管理方案的申请和批准。

需要明确的是可靠性方案不能提高飞机、发动机的固有可靠性水平,但不恰当的维护会降低航空器的固有可靠性水平,而有效的可靠性方案能使维修方案反映飞机、发动机的运行环境和工作特点，保持飞机、发动机的固有可靠性。制定可靠性方案时，航空公司应该考虑工作环境和部件运行模式对可靠性的影响，不同的环境和工作特点可能会有不同的或特有的故障出现。如在沿海区域飞行的飞机，其腐蚀要比在内陆地区更明显；发动机总在最大额定推力起飞，其热端部件出现问题的概率就会增加。因此，有效的可靠性方案应确保飞机发动机维修方案能反映其工作环境和工作特征。

可靠性方案就是航空公司建立的一系列用来管理和控制维修活动的规则和实施措施。可靠性方案不断监控维修活动，管理维修方案，通过建立可靠性控制标准，调整飞机、发动机等系统的大修、定检等维修活动。可靠性方案通过监控维修的性能，并与建立的标准对比发现存在的问题，并对发现的问题启动调查程序，制定修正措施。可靠性方案的核心内容是建立可靠性控制体系，并建立相应的组织管理机构。通过执行可靠性方案，可以发现某些系统/部件可靠性状况和存在的安全隐患，对维修活动、维修方案进行评估和修订，或提出改进部件设计的建议，以便有关单位更改设计，实施改装，提高产品的安全性和可靠性。

2.4.2.2　可靠性控制体系

可靠性控制体系是整个可靠性方案的核心，可靠性管理是一闭环，持续不断地分析和监控的过程，适时地修订并完善维修方案。整个控制体系过程包括：

（1）数据收集；

（2）数据分析处理，对获取的数据进行处理，统计分析其变化趋势，发现负面的变化趋势；

（3）若监控的数据超出控制界限值，则应查找原因，分析导致数据趋势异常的因素；

（4）基于发现的问题，制定纠正措施，使监控的性能恢复正常；

（5）评估纠正措施，评估所实施的修正措施是否有效；

（6）数据显示和报告系统。

这几个方面循环进行，不断发现新问题并采取维护纠正措施，以提高飞机发动机运行可靠性，流程参见图 2.15。可靠性方案实施的每一步都应有书面形式的规划，以定义维修管理机构内部不同部门的责任和实施程序，从而确保不漏掉每一环节，使可靠性方案在

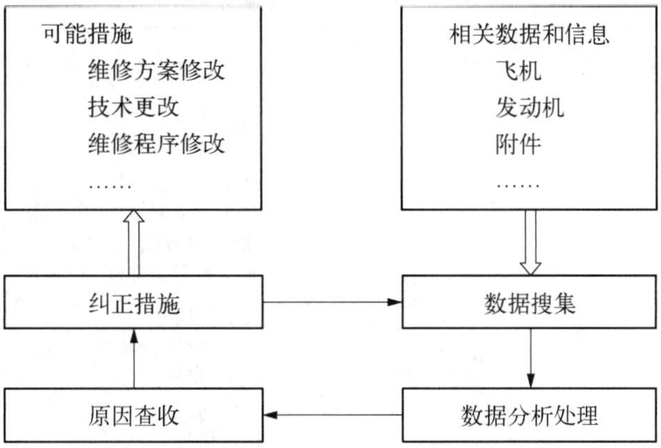

图 2.15　可靠性控制流程

航空公司发挥正常功能。具体可靠性方案的组织机构、运行程序等参考 AC－121－54。下面主要从数据采集和处理方面开展论述。

可靠性控制系统的目的就是搜集飞机发动机运行中的可靠性数据，如部件的失效率、非计划拆换率等，采取一定的数据处理方法对数据进行分析，建立监控数据的变化趋势，基于实际监控趋势和运行可靠性水平设置监控数据变化范围的警告限制值，实现对部件失效或性能衰退以及维修活动的监控，基于建立的标准调整检查、定检等维修活动，优化维修管理，降低维修成本。

对于发动机来说，其可靠性管理还应包括下列内容：① 发动机性能监控方案；② 滑油消耗量监控；③ 发动机状态监控；④ 孔探检查；⑤ 磁堵检查。

1. 数据搜集

数据搜集的目的是监控飞机运行状况，评估维修方案的有效性。因此，应建立一套数据搜集系统，以保证数据的实时性和准确性，并以便于分析的格式整理、组织数据。搜集数据的类型主要包括：① 每架飞机的飞行小时数或循环数；② 航班延误/取消次数；③ 部件、发动机非计划拆换数据；④ 发动机空中停车数据；⑤ 机组报告的异常数据；⑥ 重要事件报告；⑦ 发动机性能数据；⑧ 故障、失效事件；⑨ 维修、检查中发现的问题；⑩ 使用困难报告；⑪ 维修、检查记录等。这些数据来自航线、定检和修理车间等。

对于这些数据，按 ATA100 规范编码进行归类，并建立数据库和管理系统，以便数据的储存、管理、检索和使用。对某些数据计算事件的发生率、监控数据变化趋势，建立警告阈值，自动警告异常数据和现象。当发现重大事件和异常趋势时，采取有效措施调整维修活动，以适应航空公司飞机发动机的实际飞行、工作条件。

在数据搜集管理时经常用到的术语除了前面提到的之外，还包括：飞行小时数（*FH*）、飞行循环数（*FC*）、部件送修后无故障返回次数（*NFF*）、非计划拆换率、新件工作时间（*TSN*）、新件工作循环数（*CSN*）、大修后工作循环数/小时数（*CSO/HSO*）等。典型数据信息及来源参见表 2.15。表 2.16 是某航空公司航线故障统计表，表 2.17 是某航空公司发动机孔探检报告，表 2.18 是某航空公司统计的某月份由于机械故障（与发动机有关）而导致的航班延误。

表 2.15　数据内容和来源

数据类别	来源	数据内容
机组报告	飞机履历本（logbook）	飞机注册号 航班号/飞行日期 航站/机械人员 ATA 章节号或 FIM、FRM 故障代码 存在的问题/纠正措施 涉及的零部件件号、系列号
延误/取消	延误报告	飞机注册号 航班号/飞行日期 航站/机械人员 延误时间 纠正措施 ATA 章节号码或 FIM、FRM 编码

续　表

数据类别	来　源	数据内容
发动机拆换、故障、空停	飞机履历本(logbook)、MCC 和车间报告	飞机注册号 航班号/飞行日期 航站/机械人员 发动机系列号、发位 换发/故障/空停原因 修理发现的问题
重大事件	MCC 或质检报告	飞机注册号 航班号/飞行日期 航站/机械人员 涉及的零部件件号、系列号 问题/纠正措施
定检发现的问题	定检单	飞机注册号 航班号/飞行日期 航站/机械人员 检查单号 ATA 章节 涉及的零部件件号、系列号 产生问题的项目 问题/纠正措施
零部件拆换/故障	履历本、车间报告等	飞机注册号 航班号/飞行日期 航站/机械人员 检查单号 件号/系列号 部件位置 拆卸原因 部件时间(*TSN*、*TSO*、*TSR*……) 车间修理发现的问题

表 2.16　航线故障统计表

日期	飞机号	飞机型号	发动机/APU 型号	发动机/APU 序号	位置	ATA	故障报告	故障描述	故障处理
2010-7-1	6XXX	A330	XY700	4XXX	2	73	地面	右发监控到有故障信息“AIR OIL HEAT EXCHANGER(E2-4073KS)TMA”出现,检查发动机线路从4000KS - JA1 到 4073KS-J2 之间的线路磨损。	更换从右发 EEC 的 4000KS - JA1 到 4073KS-J2 之间的线路后测量线路和绝缘正常,根据维护手册中的任务,测试 FADEC 系统正常,试车检查无故障,无渗漏。
2010-7-1	6XXX	A330	A331-350C	1XXX	3	49	地面	为确认 APU 引气系统故障,需更换防喘活门	更换 APU 防喘活门,确认拆下的防喘活门为可用件,已按可用件退库。
2010-7-1	6XXX	A330	A331-350C	1XXX	3	49	地面	为确认 APU 引气电源故障,需更换 APU 引气关断活门	更换 APU 引气活门,确认拆下的 APU 引气活门为可用件,已按可用件退库。

注:“AIR OIL HEAT EXCHANGER(E2-4073KS)TMA”意为空气滑油热交换器(E2-4073KS)TMA。

表 2.17　发动机孔探报告

发动机序号	发动机型号	飞机号	飞机型号	位置	孔探日期	孔探原因	孔探位置	孔探结果	图片
7XXX	XY4056	2XXX	747－400	4	2010－7－5	定检	HPC 第 6 级转子叶片	有损伤，在转子叶片前缘E区，距叶根平台1/3处，深0.67毫米压坑，损伤未见发展。	N/A
7XXX	XY4056	2XXX	747－400	3	2010－7－5	定检	HPC 第 9 级转子叶片	有损伤，在转子叶片前缘D区，距叶根平台9.69毫米，深0.21毫米，损伤未见发展。	N/A
7XXX	XY4056	2XXX	747－400	1	2010－7－6	定检	HPT 第2级导向器叶片	有损伤，有10片叶片叶盆区域烧蚀有裂纹，最严重一片叶盆烧穿，宽度小于1.3毫米，裂纹长度小于50毫米。	N/A
2XXX	XY4077D	2XXX	777－200	1	2010－7－11	定检	HPT 第2级导向叶片	有损伤，有3片叶片前缘烧蚀，并看到第一个加强筋。	N/A
7XXX	XY4056	2XXX	747－400	1	2010－7－18	定检	HPT 第2级导向叶片	有损伤，有10片叶片有轴向裂纹及烧蚀，在叶盆区域，裂纹长度小于50毫米，宽度小于1.3毫米。	

表 2.18　某航空公司航班延误统计

序号	ATA	事件描述	处理过程	故障后果
1	36	发动机工程师反馈监控到右发 *EGT* 裕度突然下降，最高达到20度。	分别从2点、3点位置操作VBV软轴，检查所有活门可正常随动，FADEC测试无故障信息，飞机放行。	延误
2	70	航后检查发现1发风扇承力机匣7号支板有漏油痕迹。	孔探人员检查发现有液体和颗粒附着在机匣下部，轴上没有油迹；发动机厂家回复满足标准，飞机正常放行。	延误
3	70	接机机务报右发防冰管路出口有裂纹	通知库房领取航材，航班携带航材；更换后检查正常。	延误
4	70	2发启动悬挂	机务执行FADEC测试，测试结果正常，飞机放行。	延误
5	72	监控到有“ENG 2 FADEC”维护信息，伴随“FUEL TEMP SENS/HC/EEC2”故障信息，同时QAR反馈双发推力数据不一致，右发比左发高，最大差13%。	协调签派调整航班，后续航班改由其他飞机执行，航线报4号主轮磨损见线，需更换，更换主轮后飞机放行。	延误
6	75	航线报左发静态下有燃油渗漏	航线断开排放管路，初步判断是LPTACC或VSV处有漏油，调整航班；航后确认为LPTACC漏油，更换后试车正常。	延误
7	77	机组报起飞时1发 N_1 振动值最大达到6.3，执行ECAM指令，1发慢车位，振动值恢复正常，后续再推油门均正常。	外站机务依据排故手册检查正常，飞机正常放行；航后对左发进行单点配平，并执行风扇叶片润滑，试车检查正常，后续监控均正常。	延误

续　表

序号	ATA	事件描述	处理过程	故障后果
8	80	航后执行 600FH 检查,发现左发起动机碎屑超标,需更换起动机。	从上海调件到南京,由于机场原因飞机不能及时拖至试车位,后 APU 突发故障自动关车,加剧了延误;航后针对 APU 故障,更换点火激励器,测试正常,后续监控正常。	延误

注:"ENG 2 FADEC"意为 2 发 FADEC;"FUEL TEMP SENS/HC/EEC2"意为燃油温度传感器/线束/2 发 EEC,这是一种故障信息显示格式。

2. 数据处理分析

数据搜集后的一个重要环节是对数据进行分析、处理,为飞机发动机维护提供支持。数据分析需要采用合适的数理统计方法,把数据换算成各种常用可靠性指标,如前面提到的延误率、空停率、部件非计划拆换率、*MTBUR*、*MTBF*、*MTTF* 等,并建立相应的性能衡量标准,即警戒值或控制目标。

数据分析的常用方法有威布尔分布、指数分布、泊松分布等,寻找失效或事件的发生规律或分布函数,并进一步预测部件寿命和失效风险等。这部分内容在前面已经讲过。在可靠性方案中,经常用的数据处理方法是计算事件发生率,并利用统计方法评估系统的性能,利用标准差确定警戒值,以发现不可接受的数据和变化趋势。处理后的数据以表格或图的形式展现出来,以便对比、查看和分析,并发现问题。

1) 数据处理

各种事件发生率是机队可靠性管理中经常用的参数,对于飞机系统常用的统计参数是航班的延误/取消率和机组报告率,对于发动机(动力装置)常用的统计参数是空停率和非计划换发率,对于部件常用的统计参数是故障率和拆换率。发动机非计划换发率指每 1 000 飞行小时的非计划换发次数。机组报告率是指每 100 个正常起落中所报告的某系统的故障次数,按系统编码统计。

数据统计可按月进行,为了减少数据的波动,采用滚动平均的方法来分析事件发生率的变化趋势,并基于建立的警告阈值,识别异常现象。图 2.16 是某航空公司由于发动机故障原因而导致的航班延误/取消率的变化趋势。

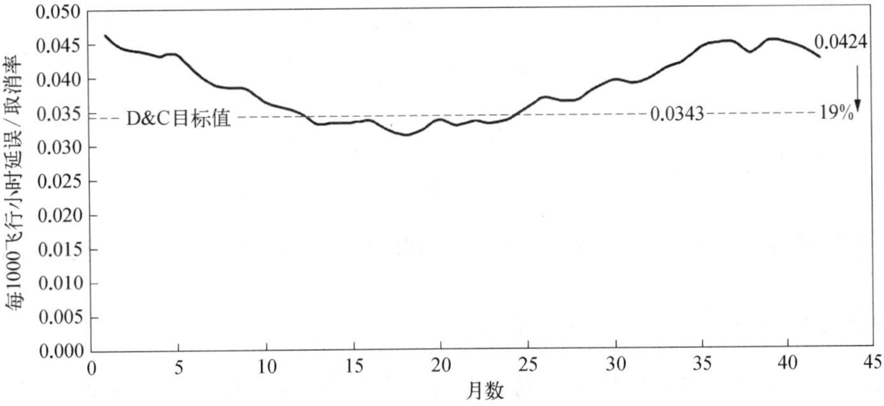

图 2.16　延误/取消率

由于按月统计事件的发生次率时,数据波动较大,在可靠性管理中,常用每3个月的滚动平均计算发生率。按月统计时,则为某事件每月发生次数,可表达为每飞行小时或飞行循环发生的次数。若计算每3个月的发生率,则是当前月份的发生率与前两个月发生率的均值。图2.17是某航空公司机械故障引起的延误/取消率统计结果(每1 000次飞行的发生率)。图中分别给出了每月、每3个月和每12个月的千次率。

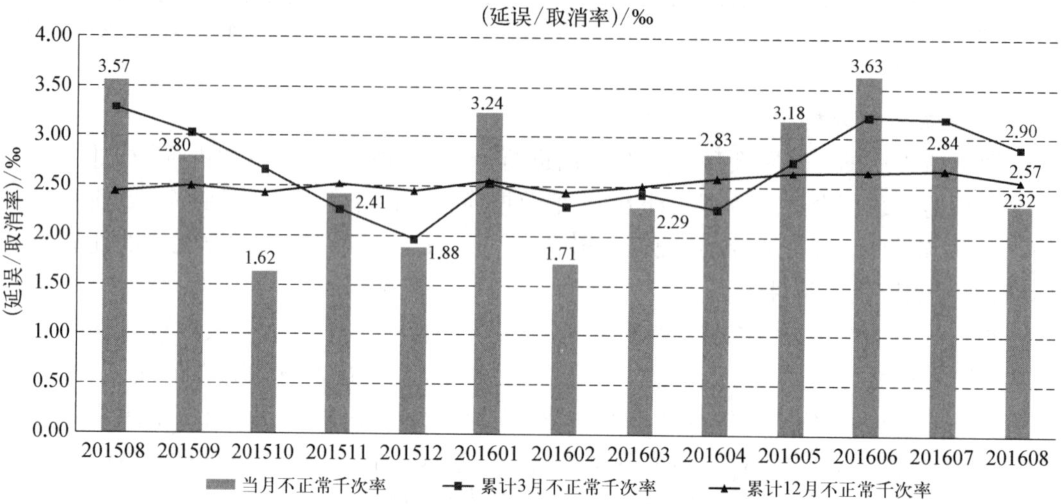

图2.17 某航空公司的航班延误/取消率统计

2)警戒值的建立

把当前数据统计的结果与先前的结果比较,可以评估维修活动和维修方案的有效性。为了能及时发现统计结果与正常范围的偏离,应基于统计的各事件的发生率,利用统计分析的方法建立警戒值。对每个统计参数都应建立相应的警戒值,一旦超出警戒值,应及时调查可能存在的问题。警戒值也叫上限控制值(*UCL*)。当某事件发生率超过*UCL*时,触发警告,以便可靠性管理人员能及时发现并调查存在的问题,采取纠正措施。

*UCL*可通过统计数据的均值和标准差来设定,通常采用12个月的数据来计算*UCL*。*UCL*计算公式如下:

$$UCL = \bar{X} + K\sigma \tag{2.33}$$

$$\sigma = \sqrt{\frac{\sum x^2 - \frac{(\sum x)^2}{N}}{N-1}} \tag{2.34}$$

式中,σ为标准差;x为所统计可靠性指标的月观察值;N为计算标准差所用数据的观察月数;$\bar{X}$为平均值,$\bar{X} = \frac{\sum x}{N}$;$K$为偏离系数。

由式(2.33)可见,*UCL*是统计数据的平均值再加上K(K取值范围为2~3)倍的标准差,通常K取2、2.5或3,即*UCL*反映了统计参数偏离均值的多少。

计算案例 2.6

某事件发生率和时间见表 2.19,计算不同 K 值下的 UCL。

表 2.19 UCL 计算

月	时 间	x	x^2
1	1995 年 12 月	3.08	9.49
2	1996 年 1 月	3.55	12.6
3	1996 年 2 月	2.89	8.35
4	1996 年 3 月	3.28	10.76
5	1996 年 4 月	3.70	13.69
6	1996 年 5 月	3.11	9.67
7	1996 年 6 月	3.28	10.76
8	1996 年 7 月	3.54	12.53
9	1996 年 8 月	3.44	11.83
10	1996 年 9 月	3.67	13.47
11	1996 年 10 月	3.70	13.69
12	1996 年 11 月	3.15	9.92
$N=12$		$\sum X = 40.39$	$\sum X^2 = 136.77$

$$\sigma = \sqrt{\frac{\sum x^2 - \frac{(\sum x)^2}{N}}{N-1}} = \sqrt{\frac{136.77 - \frac{1\,631.35}{12}}{11}} = 0.273$$

$$\bar{X} = \frac{\sum x}{N} = 40.39/12 = 3.37$$

当 K 取值 2 时:

$$UCL_2 = \bar{X} + K\sigma = 3.37 + 2 \times 0.273 = 3.916$$

当 K 取值 2.5 时:

$$UCL_{2.5} = \bar{X} + K\sigma = 3.37 + 2.5 \times 0.273 = 4.052$$

当 K 取值 3 时:

$$UCL_3 = \bar{X} + K\sigma = 3.37 + 3 \times 0.273 = 4.189$$

对于新飞机或发动机,没有过去 12 个月的数据,计算 UCL 的常用方法是采用行业典型参数数据来设置临时 UCL,等有足够历史数据后再建立实际 UCL。对于飞机发动机来说,常用指标有飞机签派可靠度、发动机换发率、空停率以及部件的 *MTBF*、*MTBUR* 等。另一个做法是在 15 个月内建立 UCL。具体做法是在前 6 个月可不建立 UCL,只是监控可靠性数据;到第 6 个月结束后,先用 6 个月的数据计算 UCL,该临时 UCL 用于随后 9 个月的可靠性数据,等 15 个月后,再用最后 12 个月的数据计算 UCL。

图 2.18 是某航空公司飞机发动机燃油系统(ATA73)故障报告率统计分析,图中给出

了当月故障报告率、3 个月的平均故障报告率和 12 个月的平均故障报告率。可见 2015 年和 2016 年的故障报告率水平基本稳定在 0.06%。其警戒值利用 12 个月的数据进行了重新设置,最新的 *UCL* 是 0.233。

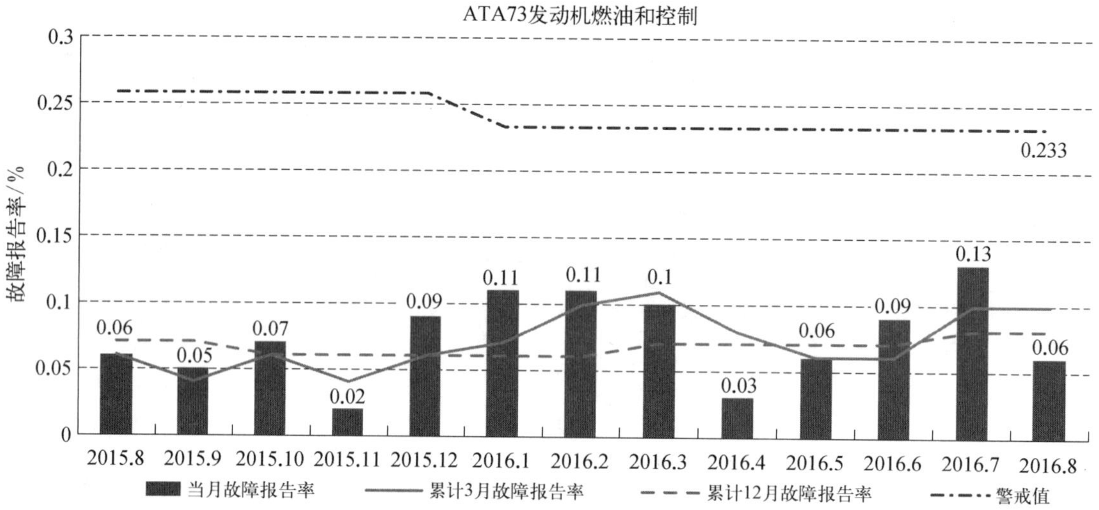

图 2.18　某航空公司的飞机发动机燃油系统故障率统计

3）趋势分析

图 2.19 给出了某事件一年内的变化趋势(图中波浪实线),均值线和 *UCL* 线以及 3 个月的均值线。可见每月的发生率在均值线上下浮动,且 2 月、6 月、10 月和 12 月的发生率超出了 *UCL*。但在实际监控过程中我们只能看到当前月份及以前的数据,后面的数据还没发生,是看不到的。另外,当发现某月数据超出 *UCL* 时,例如图中 2 月数据,不一定说明出现了严重问题,还要继续观看随后月份的发展趋势。若连续 2 个月发生超限,则应开展调查,寻找问题所在。但可靠性管理人员可对该数据点进行初步分析,看是否是季节性问题,或是一次性问题,或真有问题等。但它只是一次警告,不一定说明存在严重问

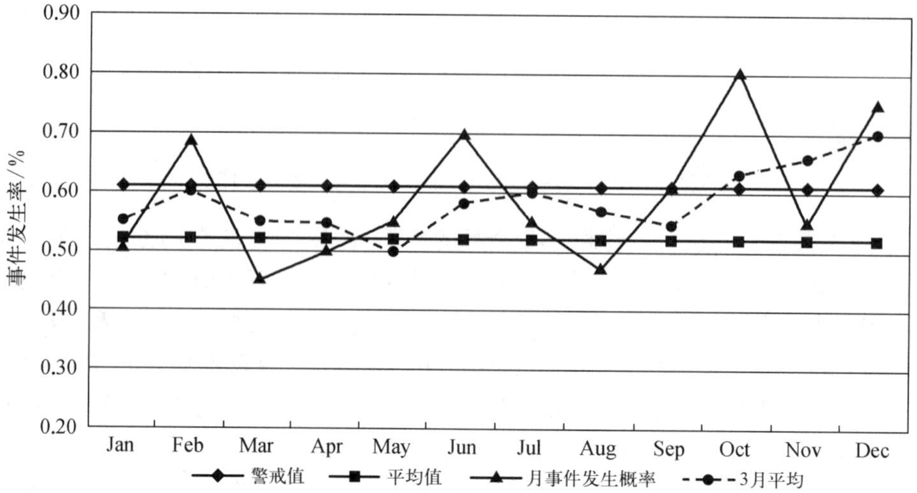

图 2.19　数据趋势图

题。图中随后 3 月的数据又回到低于 *UCL*,也就是说 2 月份数据超出 *UCL* 并不是代表存在问题。所以,在对变化趋势进行监控时,一时的超出警戒值,不一定代表真的出现了问题,相应若过快采取措施也许会造成不必要的时间和人力浪费。

从图 2.19 还发现,利用每月的发生率来监控时,数据变化范围很大,且经常会有数据超出 *UCL*。当利用 3 个月的滚动平均值处理数据时,数据波动减少,变化趋势如图中虚线所示。从图中还发现,尽管每月的发生率在均值上下波动,但 3 个月的滚动平均值一直低于 *UCL*,直到 10 月,并从 10 月份开始,3 个月的滚动均值不断上升,尽管 11 月份当月实际发生率低于 *UCL*,但到了 12 月份滚动均值超出 *UCL*,这说明存在一定的问题,应该开展调查。

例如某公司 B737NG 机队故障监控发现,发动机点火系统(ATA74)当月故障出现 7 次,故障率 0.08%,近 3 个月累积故障次数 21 次,累积故障率 0.09%,*UCL* 是 0.065%,从而触发警告。但当月的 7 次故障报告中,排故时有 5 次测试正常,后续仍正常,所以采取的措施是警告保留,继续观察。

4) 警戒值调整

警戒值是通过统计学的方法计算的,并且 *K* 值为 2~3,开始时 *K* 值可取 2。但由于不同部件、系统的失效模式不同,*K* 值不同,直接影响 *UCL* 的设置。若 *UCL* 设置不合适,会造成不能发现问题或虚假警告太多而造成不必要的人力、物力浪费。因此,如何根据实际情况确定或调整 *K* 值是需要考虑的问题。

从统计学的角度看,数据分布有不同的特点,有的数据离散度大,有的数据离散度小。通常用标准差来反映数据围绕均值的离散程度,标准差大则数据离散度就大。若假设数据分布满足正态分布,图 2.20 给出了正态分布下不同标准差的含义。均值小于一个标准差(σ)的数据占全部数据的 68%,而当取 2σ 时,其覆盖的数据范围是 95%,取 3σ 时,数据覆盖范围是 99.73%。换句话说,数据超出范围 ($\bar{X}-3\sigma$, $\bar{X}+3\sigma$) 的可能性几乎不存在,这就是通常所说的 3σ 原理。*K* 值不同,其涵盖的失效数据范围不同,当取 2σ 时,只涵

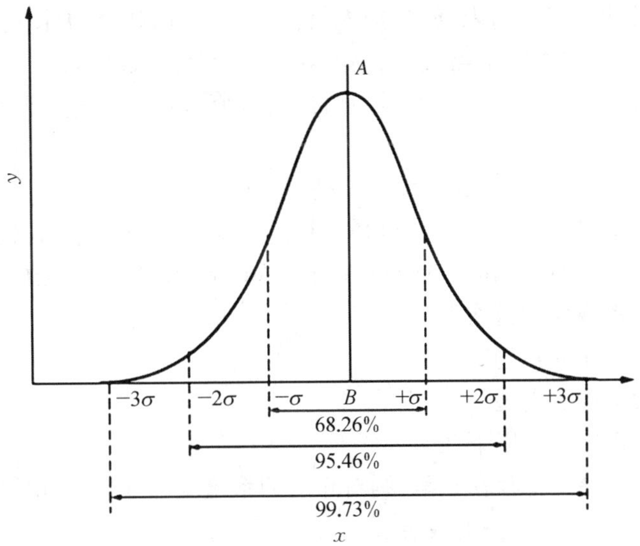

图 2.20　正态分布标准差

盖失效数据的95%,因此,当利用2σ建立的UCL时,当某月数据超出UCL时,它可能是个例外,所以还要看下月的数据是否也超出UCL。

由于σ反映了数据的离散度,所以当数据离散度小时,2σ和3σ差异不是很明显,这时可把K值取为3。要说明的是UCL是控制发现问题的警戒值,用来提醒可靠性管理人员飞机发动机的运行可能存在问题。当超出UCL时,应注意调查问题所在,采取必要措施。通常每12个月可重新计算UCL,可增加或减小UCL,但其上、下调整幅度一般不超过前值的10%。若调整幅度超出10%,则应得到可靠性管理机构的批准。

在对搜集的数据的分析过程中,还应建立一套针对那些不常见的,且利用统计数据不能进行有效分析的重大事件分析流程,以监控这些重大事件并减少其发生次数。如发动机空停事件、非计划换发事件、影响ETOPS飞行的故障等。

3. 纠正措施

基于数据分析,通常若发现连续3个月的监控数据超出UCL,则有必要分析造成该变化的原因,查找存在的问题,基于发现的问题制定纠正措施。在数据分析中,一旦发现异常现象,则下一步是确认警告提示。当警告确认后,则由工程部门开展工程调查,分析可能存在的问题,查找问题产生的根源。找对问题的根源是解决问题的关键所在,如果问题的根源没找对,则随后的修正措施则不会有效。

分析原因时可从下列方面考虑:

(1)是否有特定机型、某架飞机(或某台发动机)或部件批次问题,如零部件不合适或有问题,不符合标准;

(2)是否有季节性问题,例如有些季节航班繁忙,飞机利用率高等;

(3)是否有人为因素,即维护人员没能恰当地完成维修任务,如航班繁忙,造成机组、维护人员等工作强度大,思想压力大,从而出差错的概率增加;

(4)不恰当的预防性维护和维修大纲内容不充分,如维修大纲中给出的维修时间间隔不合适;

(5)维修人员缺乏相关知识,如维护人员技能不达标,排故技术欠缺等,或没能严格执行维修步骤;机组操作程序不当,造成飞机运行接近取证限制值;

(6)维修方案/程序问题,维修手册中给出的维修程序不合适,或航空公司自己修订的维修程序无效或不正确等;

(7)维修过程中所使用的工具、设备等是否合适。

基于对不正常趋势的分析,找到问题的根源后,下一步就是给出必要的纠正措施,以使所监控的参数回到正常范围内。针对存在的问题,所采取的纠正措施应达到下列目的:

(1)防止不正常现象的再次发生;

(2)纠正数据变化异常趋势;

(3)防止重大事件再出现。

通常采取的纠正措施有以下几条。

(1)若系统或部件本身存在缺陷,则对相应的系统或部件进行评估和分析,并联系厂商给出改进方案,进行机队范围的改装。

(2)若问题是由于维修操作不当造成的,除了对维修人员进行相关维修操作培训外,还应考虑更改或修正航线、车间等的工作流程或操作规范,明细工卡说明,更换更先进的工装设备等。

(3) 若是飞机、发动机本身问题则看是否有相应的 AD、SB 等,若是自己公司独有的问题,则可能与运行环境有关,应与厂家联合寻找解决方案;若是部件故障问题,则处理失效部件或更换部件供应商。

(4) 若是由于维修方案不当引起,则应对维修方案的具体维修任务进行分析,考虑是否调整具体维修任务、调整维修时间间隔(可能会缩短某些维修任务的时间间隔),或改变部件的维修方式、增加维修任务等。但对维修方案的调整要提交可靠性管理委员会批准才能生效。

(5) 针对员工存在的相关知识不足或工作技能欠缺问题,则开展员工培训。这种培训可能包括维修人员、机组人员以及相关操作人员,针对容易出现问题的流程,应该给出提示,防止错误的再次发生。

(6) 针对某机型特有问题,应该分析回顾该机的排故历史,回顾其改装状态,进行深度检查,查找可能存在的故障或维修问题。

(7) 若故障只在某航线、航站出现,则首先考虑航线、航站的特殊情况,如地理因素、天气条件等,看是否需要改进操作或维修,其次是考虑是否是工装设备或人员不足而采取相应的措施。

采取纠正措施后,应及时监控实施效果,审查每项改正措施的影响和实施后的状态。纠正措施实施后,相应事件的发生率应该降低。若不能降低,则应重新发布警告,进一步展开调研,寻找纠正措施。

对于飞机系统和动力装置,可靠性分析流程为图 2.21。

恰当的可靠性方案能使航空公司通过不断优化维修方案、改进维修管理机构监控并逐步提高机队可靠性。可靠性方案中的数据搜集、统计分析和修正措施制定、实施会大大增加飞机维修质量,从而增加飞机飞行的安全性,降低维修成本。

4. 数据显示和报告系统

在机队可靠性管理系统中,最终要把机队的运行性能、可靠性状态、存在的问题用数据和报告系统显示出来,并提交相关部门审查。该系统通常以报告、图表的形式显示飞机机队的可靠性数据,并分发给航空公司相关部门和管理局方。通常可靠性部门每月发布机队可靠性月报,总结机队运行状况,以显示航空公司机队性能。

机队可靠性报告主要包括机队状态汇总和机队性能报告两大部分。机队状况汇总提供在报告期间的整体性能描述,如飞机利用率、航班延误和取消情况、飞行事故和不正常事件、空中停车次数以及系统/部件性能等。

机队性能报告通常包括下列内容:机队统计数据小结、警告事件状态信息、重要事件、飞机签派可靠度、机械原因引起的延误和取消率、发动机非计划拆卸情况、发动机空停率、机组报告、部件非计划拆卸、机队的纠正措施实施状态等。可靠性月报的重点是关注那些超过性能控制界限的系统,并给出应该或准备采取的措施,以及纠正措施的实施和进展情况。典型信息报告样例参见表 2.20~表 2.22。

工程调查—系统警告

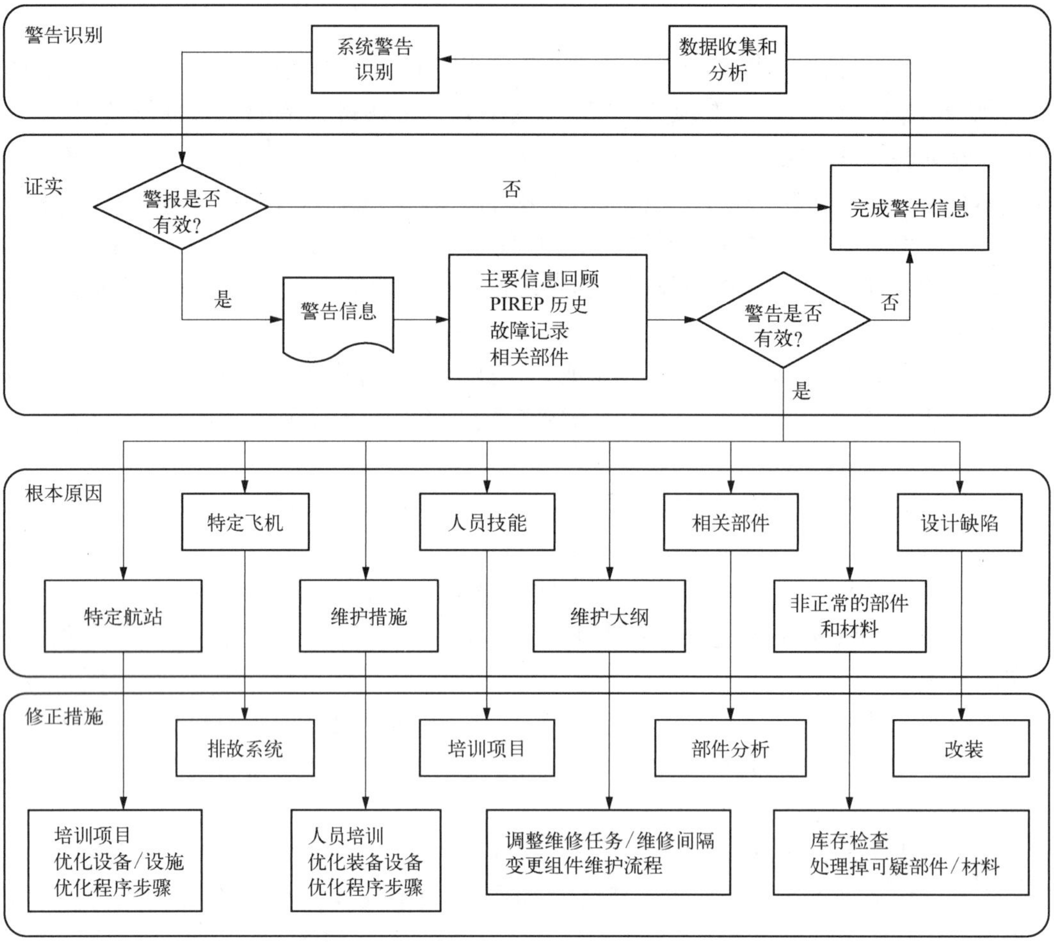

图 2.21　系统可靠性分析流程

表 2.20　机队统计数据小结

飞机类型：757－200		前一年	当前运行年							今年至今总数/平均数
			1 月	2 月	3 月	4 月	5 月	11 月	12 月	
机队飞机总数		24	24	24	23	23	23	23		23.3
运行天数		7 680	669	666	634	647	650	643		3 909
飞行小时数	运营	68 452	6 148	6 027	5 832	5 648	5 504	5 922		35 081
	非运营	837	41	111	91	96	51	55		445
	训练	324	8	163	27	31	23	22		274
	总数	69 613	6 197	6 300	5 950	5 775	5 578	5 999		35 799
利用率	小时/天	8.29	8.62	9.87	8.68	8.63	8.14	8.93		8.8
	小时/循环	2.15	2.11	2.04	2.05	2.12	2.11	2.01		2.1
飞行循环数	运营	31 804	2 911	2 948	2 850	2 666	2 606	2 943		16 924
	非运营	389	19	54	44	45	24	27		213

续　表

飞机类型：757－200		前一年	当前运行年							今年至今总数/平均数
			1 月	2 月	3 月	4 月	5 月	11 月	12 月	
飞行循环数	训练	151	4	80	13	15	11	11		134
	总数	32 344	2 934	3 082	2 907	2 726	2 641	2 982		17 272
延误（大于 15 分钟）	次数	1 643	89	78	94	78	37	12		388
	时长/小时	1 086.2	68.3	62.3	95.7	60.8	46.9	9.4		343.4
航班取消的数量		82	11	5	6	3	9	3		37
签派可靠度/%		94.7	96.6	97.3	96.6	97	98.3	99.5		97.6
技术故障	运行终止	14	1	1	1	0	2	0		5
	停车	4	0	0	0	1	0	0		1
	其他	4	0	0	0	1	0	1		2

表 2.21　警告事件状态信息

某航空公司　　　　2006 年 12 月　　　　警告信息状态（status of alerts）

警告事件信息（alert notice）				工程调查（investigation）		纠正措施（corrective action）	
编　号	飞机型号	信 息 描 述	发布日期	工程调查完成日期	呈交日期	EO 编码	EO 发布日期
71A－016	757－200	由于压气机喘振 2 发非计划换发	09－Oct－05	10－Nov－05	15－Nov－05		
21A－022	757－200	客舱排气活门，P/N 10－3280－52 故障率超出 UCL。	10－May－05	5－Oct－05	10－Nov－05		
35A－001	757－200	重复出现客舱氧气指示故障	9－May－05	7－Jul－05	15－Jul－05	D35IL－430－1A	20－Aug－05

表 2.22　发动机非计划拆换统计

某航空公司　　　2006 年 12 月　　　非计划换发（unscheduled engine removals）

飞机型号：757－200，发动机型号：RB211－535

主失效原因	前 一 年		当 前 运 行 年					今年至今	
	拆发次数	非计划换发率	1 月	2 月	3 月	11 月	12 月	拆发次数	非计划换发率
燃烧室问题	5	0.04	1			1		4	0.03
附件齿轮箱漏油	2	0.01		1			1	1	0.01
外来物损伤	4	0.03						1	0.01
总计	11	0.08	1	1		1	1	5	0.03

注：非计划换发率指每 1 000 飞行小时的非计划换发次数。

变化趋势图、柱状图等在数据显示系统也经常采用，如图 2.16、图 2.17 和图 2.18 所示。机队飞机签派（放行）可靠度是反映机队运行可靠性的重要指标，经常以变化趋势图的形式给出,图 2.22 是某航空公司机队的飞机放行可靠度统计趋势图。图 2.23 是该机队空气系统的故障报告率变化趋势图。

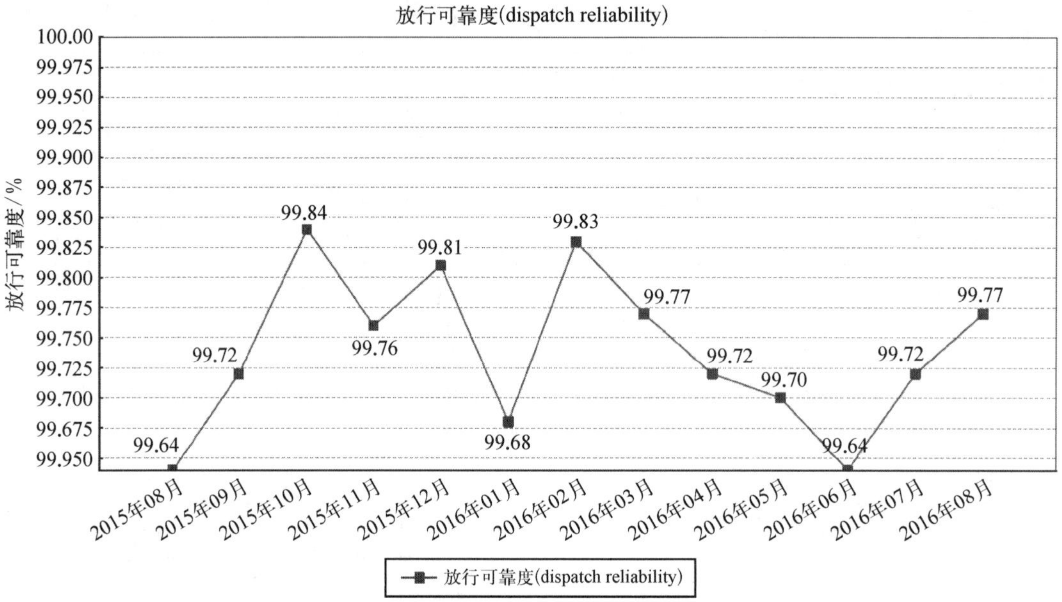

图 2.22　某航空公司的放行可靠度统计

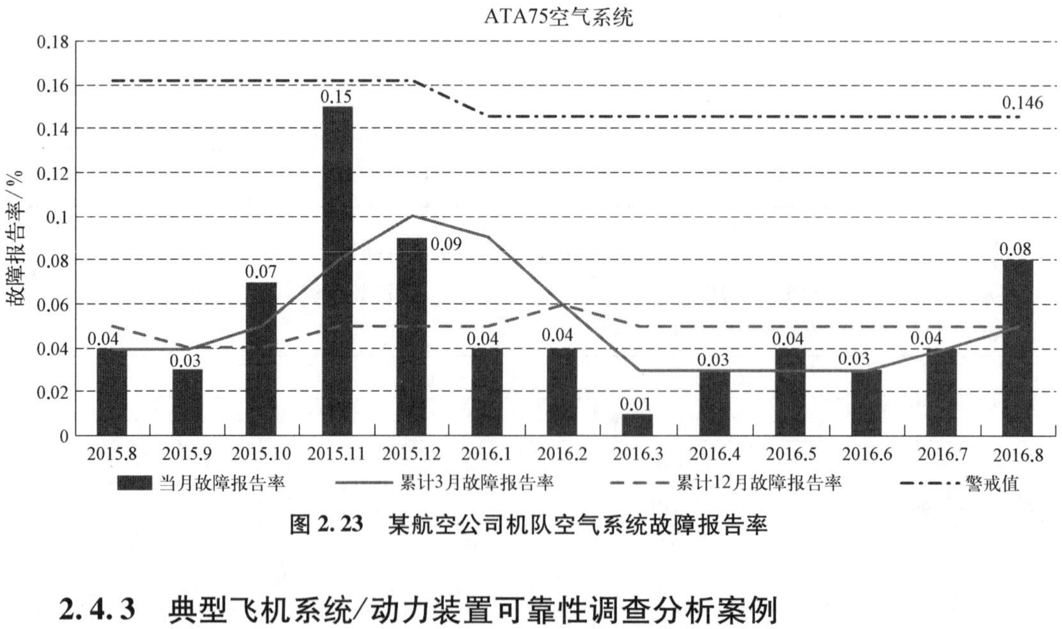

图 2.23　某航空公司机队空气系统故障报告率

2.4.3　典型飞机系统/动力装置可靠性调查分析案例

在机队管理过程中,基于可靠性方案,对超出 *UCL* 事件开展工程调查,查找故障原因,寻找解决方案是一项重要工作。下面以某飞机发动机反推系统可靠性调查分析为例,对调查流程进行说明。

2.4.3.1 调查分析流程

1. 基于搜集的数据了解事件的背景资料

基于搜集的数据汇总事件(故障)发生时间、故障现象,以及当时故障处理结论和部件拆换情况;分析故障发生次数,以及对航班造成的影响,如航班延误、取消、终止起飞、返航等。

2. 调查分析

从下面几个方面开展调查分析。

(1) 故障数据分析,如故障次数、发生率等,并与其他公司或厂家给出的平均值对比,了解机队中该故障引起的可靠性事件所处水平。故障分析,了解故障现象和其影响,分析故障发生特点,如与气候、机型、或区域的关联性。

(2) 了解系统工作原理,基于 AMM 中系统原理介绍或系统原理图了解系统功能、工作原理和组成部件,以及故障件在其中的作用。

(3) 分析部件特点和工作环境。部件特点包括部件材质、表面处理,可能出现的磨损、故障等;工作环境如季节影响(温度、湿度)、辐射、磁场、电场、冲击、振动等,了解可能的外界影响因素。

(4) 航材/部件本身缺陷分析,即是否航材自身存在问题,如常说的“流氓”件。

(5) 维修活动分析,对出现故障的飞机,了解故障前的维修活动,即对系统开展过哪些维修工作以及工作程序。

(6) 参考最低设备清单,了解故障对飞机放行的影响以及放行后的结果。

(7) 故障模式分析,查找故障原因和故障部件,分析解决方法。

(8) 结论,结论包括问题的原因和建议采取的措施。

2.4.3.2 实际案例

某航空公司飞机发动机反推系统,近 3 个月共发生 6 起故障导致的不正常事件。分析发现,其中 4 起故障为反推无法收上。该 6 起故障导致的不正常事件触发可靠性控制警告,需要开展调查分析。

1. 故障数据统计

经故障数据调查显示,由于“ENG 1/2 REV DEPLOYED”和“ENG 1/2 REV PROT FAULT”故障引发的不正常事件数量上升导致了该警告,其中“ENG 1/2 REV DEPLOYED”故障数量上升明显,并引发该系统故障率超出控制上限警告。表 2.23 给出了从 2014 年 10 月至 12 月三个月内机队反推系统故障引起的非正常事件。(注:“ENG 1/2 REV DEPLOYED”意为 1 发或 2 发反推装置放出;“ENG 1/2 REV PROT FAULT”意为 1 发或 2 发反推装置接近传感器故障。)

表 2.23 机队飞机反推系统典型故障引起的不正常事件

飞机号	日 期	地 点	故 障 现 象	处理措施
B31XY	2014-10-31	新疆喀什	着陆过程中收反推时出现“ENG 1 REV PROT FAULT”“ENG 1 REV DEPLOYED”信息。地面维护人员检查发现左发反推未收上,机务人员地面超控收上后执行反推收放测试,结果正常	更换显示控制组件

续 表

飞机号	日 期	地 点	故 障 现 象	处理措施
B31XT	2014-11-11	未知	空中巡航阶段出现“ENG 1 REV PROT FAULT”故障信息	左发反推收上锁电门电插头松动
B31YT	2014-11-17	安阳	安阳过站机组报告右发反推无法收上,触发“ENG 2 REV DEPLOYED”	作动筒
B31XY	2014-11-22	银川	银川过站机组报告落地收反推时出现“ENG 1 REV DEPLOYED”“ENG 1 REV PROT FAULT”信息。润滑、校装反推后,地面收放反推测试正常	润滑,校装反推
B31AT	2014-11-24	哈尔滨	机组反应落地后出现“ENG 2 REV DEPLOYED”信息,地面检查右发反推未收上。对反推进行润滑、校装后,收放反推测试正常	润滑,校装反推
B31XT	2014-12-6	包头	包头过站机组报告落地后出现“ENG 2 REV PROT FAULT”信息。机务按照 MEL 锁反推,故障保留,放行飞机。回基地后基于维护信息测量右发反推 2 号锁电门电阻,结果正常。把 2 号锁电门和 1 号对串,多次测试正常,判断为 2 号锁电门间歇性故障	锁电门间歇性故障
B31BY	2014-12-30	西安	过站机组反应收起反推后出现“ENG 2 REV DEPLOYED”“ENG 2 REV PROT FAULT”信息。地面检查右发反推未收上,机务超控收上右发反推,依据 MEL 保留故障,飞机放行。飞回基地后译码 QAR 数据显示故障时刻反推放出后未收上,地面检查反推滑轨机械结构无异物,执行反推收放测试,右发反推收上时反推整流罩有振动并伴有异响,执行右发反推装置滑轨润滑和作动筒校装后,地面收放反推测试正常	润滑,校装反推

统计发现自 2013 年 9 月至 2014 年 12 月期间,该机队反推系统共发生故障 28 起,其中反推放出故障(ENG 1/2 REV DEPLOYED)发生 19 次,占该系统故障总量的 68%,并且在 2014 年 10 月份之后该故障数量增长明显,连续 3 个月超警告线。图 2.24 给出了 2013 年 9 月至 2014 年 12 月,机队反推系统故障率变化情况。

2. 故障数据分析

基于非正常事件统计,在超警告的时间段(2014 年 10 月至 12 月)内,“ENG 1/2 REV DEPLOYED”警告造成 5 次航班延误,“ENG 1/2 REV PROT FAULT”故障引发 3 次航班延误。在这之前的 12 个月(2013 年 10 月至 2014 年 9 月)内“ENG 1/2 REV DEPLOYED”引发 8 次延误和“ENG 1/2 REV PROT FAULT”引发 6 次延误。

分析结论是:

(1)“ENG 1/2 REV DEPLOYED”在 2014 年 10 月份之后上升明显,是引起故障率触发警告的主要因素;

(2)“ENG 1/2 REV DEPLOYED”和“ENG 1/2 REV PROT FAULT”故障引发的不正常事件在该阶段上升明显。

在超警告的 3 个月期间内,飞机 B31XY 和 B31XT 出现两次故障,但是这两架飞机出现的两次故障模式均不相同,并非重复故障现象。

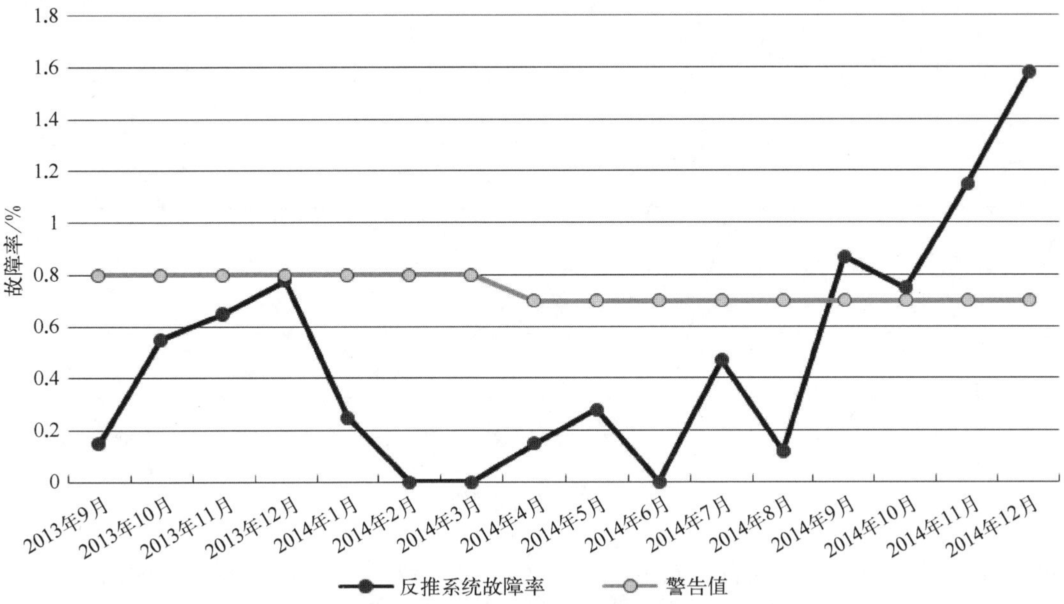

图 2.24　机队反推系统故障率

3. 维修活动分析

根据对机队飞机维修系统记录查询,在故障前,相应的飞机均未执行过与反推系统相关的维护工作,因此,判断该警告区间内故障的出现与维护活动无关。根据飞机 MEL 有关反推系统相关章节的相关规定知道"ENG 1/2 REV PROT FAULT"和"ENG 1/2 REV DEPLOYED"出现后,可将反推装置锁定在不工作位置,保留故障,放行飞机。但是由于出现故障地点均发生在外站,需要等待机务前往开展该项工作,从而导致后续航班延误。

4. 环境因素分析

分析故障的发生是否与天气(温度、湿度等)、飞行环境(空气污染、沙尘等)有关。从统计数据发现,自 2013 年 9 月至 2014 年 12 月期间反推系统不正常事件的发生与季节有关。在冬季以及秋冬、冬春换季期间故障次数较多。因此,结论是:在冬季、秋冬和冬春换季期间,该机队飞机反推系统不正常事件会大幅上升。(注:冬季为每年的 1 月至 4 月,换季时间段指每年 9 月至 12 月。)

5. 故障原因分析

1) 反推系统组成和工作原理

根据飞机维护手册关于反推系统的组成和原理介绍,了解组成系统的各部件的结构特点和工作原理,基于故障信息查找可能出问题的部件。由于篇幅问题,这里不介绍该发动机反推系统组成和各部件工作原理,下面对"ENG 1/2 REV DEPLOYED"和"ENG 1/2 REV PROT FAULT"两种故障进行分析。

图 2.25 给出了自 2013 年 9 月至 2014 年 12 月这两种故障发生次数统计。

针对"ENG 1/2 REV PROT FAULT"故障,分析如下:从表 2.23 可知,对于 B31XT 飞机 11 月 11 日发生的左发锁电门故障,排故检查发现锁电门的电插头松动是导致故障的

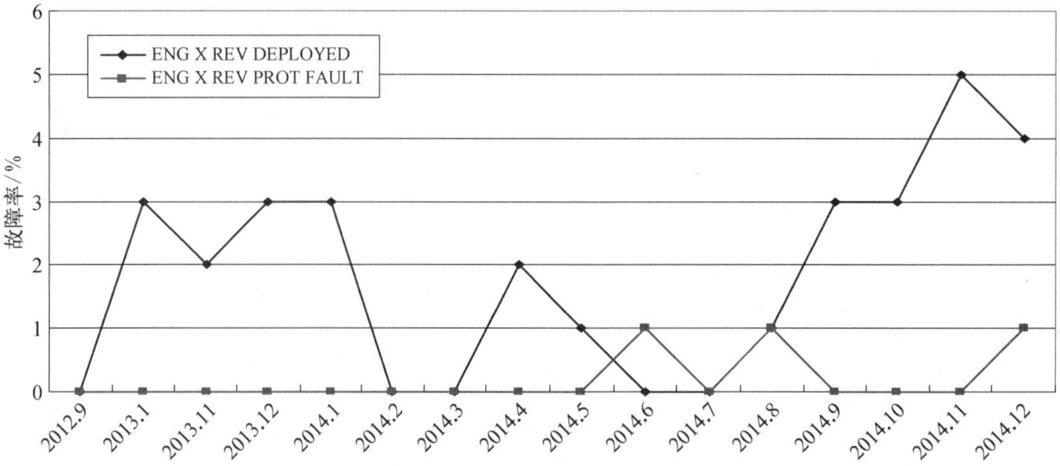

图 2.25　故障次数统计

原因,该类故障在该公司属首次发生。对于该架飞机右发在 12 月 6 日发生的锁电门故障判断为锁电门间歇性故障。另外,该机队共发生 9 次锁电门故障,且根据自 2011 年到 2014 年期间锁电门故障率变化情况发现,其故障率稳定,无上升趋势。从图 2.25 可知,在这 3 个月和前 12 个月内,该故障分别在 2014 年 6 月、8 月和 12 月各发生一次,可见故障无集中爆发和上升趋势,只是在 2014 年 6 月后故障出现次数增加,因此,先不采取进一步措施,继续观察。

针对“ENG 1/2 REV DEPLOYED”故障,分析如下：从图 2.25 可知,“ENG 1/2 REV DEPLOYED”故障在 2014 年 11 月发生次数最多,达 5 次,且 2014 年 9 月之后,故障数量上升明显,共发生 12 次,占到反推系统故障总量的 86%。

2）故障原因

从排故手册可知,“ENG 1/2 REV DEPLOYED”故障可能由下列原因引起：① 反推装置平移罩的滑轨上有异物;② 滑轨损伤;③ 滑轨和滑块之间的摩擦阻力较大,需要进行润滑;④ 反推作动系统需要校装;⑤ 显示控制组件故障导致反推未按照指令进行收回,或反推收回超时。

从表 2.24 可知,在这 3 个月内,“ENG 1/2 REV DEPLOYED”故障出现 5 次,其中显示控制组件引起的故障一次,作动筒引起的故障一次,对滑轨润滑或校装后故障排除有三次。因此,需要对作动筒和滑轨机构进行工作原理和结构分析,分析可能造成该故障的原因。

a. 反推作动筒故障分析

(1) 作动筒结构和工作原理。作动筒主要包括柱塞、螺纹轴和蜗杆蜗轮机构,参见图 2.26。

柱塞带内螺纹,其与螺纹轴配合,这样柱塞只能沿螺纹轴做直线往返运动,当柱塞移动时就带着螺纹轴转动。螺纹轴与蜗轮连接,从而使蜗轮转动,蜗轮传动蜗轴,蜗轴通过软轴与其他作动筒连接。作动筒柱塞在液压作动下伸出/缩回,当活塞运动时,其带动螺

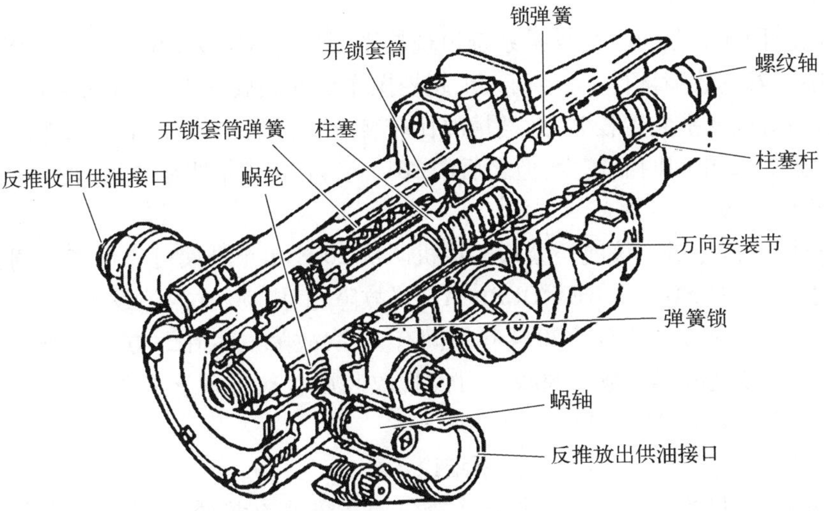

图 2.26　反推作动筒

纹轴转动,并经蜗轮和蜗轴传动软轴,软轴连接各作动筒,保证各作动筒同步运动。当人工收放反推装置时,是通过转动同步轴来实现的,这套机构可以通过螺纹轴驱动活塞杆运动,实现反推装置的收放。

(2) 故障回顾和分析。在 2014 年 11 月 17 日 B31YT 飞机发生反推故障,人工摇软轴驱动作动筒时,发现较困难并伴有卡阻现象,该现象和以前作动筒发生故障时的现象相同。当时排故更换了作动筒。根据经验和过去作动筒修理报告分析,该故障作动筒应为内部磨损严重导致卡阻。换下的作动筒为首次送修,工作时间为: *TSN* 是 12 545 飞行小时, *CSN* 是 9 326 飞行循环,目前暂无世界范围其他机队数据。

截至 2014 年 12 月共更换作动筒 9 次,其中 6 次是在 2013 年更换,平均 *CSN* 为 5 500 飞行循环。根据作动筒已有修理报告看,送修作动筒都存在螺纹轴的螺纹磨损严重情况。而作动筒螺纹轴的严重磨损或损伤会导致作动筒伸缩困难和卡阻,最终会导致反推卡阻,无法作动。根据飞机在翼维修方案,对作动筒可做的维护工作是外部检查,其内部损伤无法发现。

(3) 结论。基于对作动筒组成、工作原理、故障排除经验和历史维修数据分析可获得下列结论: 螺纹轴磨损是导致作动筒伸缩移动不畅、卡阻的诱因,随着磨损的加重造成作动筒无法伸出或缩回。

(4) 建议措施。向厂商反应情况,督促其开展调查,给出解决方案。

b. 滑轨问题分析

(1) 结构原理分析。从反推装置结构可知,反推系统收放时,作动筒的伸出/缩回带动平移罩移动。平移罩靠滑套支撑在滑轨上,这样平移罩是沿滑轨移动的。滑轨的磨损或润滑不好都会影响平移罩的移动,进而影响反推装置的收放。为了减少由于滑轨与滑套之间的摩擦引起的故障,航空公司在 2011 年 7 月完成机队所有飞机的反推装置滑轨改装,改装后的滑轨材料可以降低低温下滑轨和滑套之间的摩擦力,以减少滑轨因润滑不良导致的故障。

（2）故障回顾和分析。当反推系统出现故障信息“ENG 1/2 REV DEPLOYED”后，若排故过程中未发现故障部件，且地面人工超控操作反推收放正常，则通常采用的排故方法为，对滑轨润滑或反推装置校装，此类情况比较普遍。机队改装后，由于摩擦减小，该故障在2011年至2012年间明显较少，但之后的2013年和2014年明显增加，其中2013年共发生15次，2014年发生25次。

（3）环境因素分析。该航空公司的该机队从2008年至开展可靠性工程调查前，反推系统共发生60次“ENG 1/2 REV DEPLOYED”故障，其中56次故障发生在北方的冬季或换季期间，占故障总数的93%。2014年期间有21次故障发生在北方的冬季或换季期间，占2014年全年该类故障总数的80%。且发现改装后首次出现该故障的飞机的反推装置作动筒的 *CSN* 均为4 500～5 000。

（4）结论。通过分析可以获得以下结论。

随着飞机使用时间的增长，在北方冬季气温较低和在换季期间风沙较大，容易引发“ENG 1/2 REV DEPLOYED”故障。

根据航空公司自身维护经验，该故障可通过对反推滑轨的润滑来降低发生率。

（5）建议措施。润滑滑轨，并根据润滑效果进一步评估润滑时间和时间间隔。该措施是对飞机维修方案作了调整，但维修时间间隔需要基于润滑效果评估确定。

上述案例从可靠性方案的角度简要说明了机队可靠性分析流程。通过这一过程不断解决机队存在的问题，提高机队运行可靠性水平，降低维修成本。

2.5 可靠性理论在维修中的应用

2.5.1 基于可靠性规律制定维修策略

维修就是利用修理技术和管理措施，使设备保持或恢复到能执行规定功能的状态。维修有预防性维修和修复性维修，预防性维修就是在故障发生前预先对设备进行维修，使其保持在规定的技术状态，消除故障隐患；修复性维修是指设备发生故障后，使其恢复到规定状态所进行的维修活动。在制定产品的维修策略时，基于产品的可靠性分布规律可采取不同的维修策略，实现以较低的维修费用，保障设备的可靠性水平。

（1）定时维修，定时维修是在故障发生前，按一定时间间隔对设备进行维修，防止故障发生。这种维修，只要设备到了规定的时间，不管其状态如何，都要按预定内容和计划进行修理。具有明显磨损型失效的设备或部件可通过这种维修的方式来防止失效的发生。但对于复杂设备而言，可能只有部分部件具有磨损失效时间特征，而其他部件或系统并不具备，因此，对复杂设备来说，在设计和维修的对策上不是绝对避免故障发生，而是避免危害安全的故障发生。即对那些失效后产生安全后果，且有磨损失效时间特征的部件，采取定期维修策略，即限制工作时间。显然在设备设计时要保证其长期无故障运行，不管是从技术还是经济上都是行不通的。虽然零部件的可靠性水平在不断提高，但复杂设备由很多不同寿命分布的零部件组成，这样其故障的发生取决于其中最弱环节，发生故障是不可避免的。为了保障安全运行，降低维修成本，以可靠性为中心的视情维修已被广泛采用。

（2）视情维修，视情维修适用于发生耗损故障初期有明显参数劣化特征的设备或部件，并需要有一定的检查和监控手段。其理论依据是，大量故障不会瞬间发生，故障要经过一定时间发展，有由量到质的变化过程，故障前有一定征兆。因此，只要其状态在规定的限制范围内，则设备/部件可继续使用。视情维修是通过监控设备或系统的状态而触发维修活动，因此，在设计初期就应考虑把这些监控部件/系统设计到产品中。视情维修活动包括数据收集、数据处理/分析和维修决策三个过程，也属于预防性维修。

（3）用到失效为止，即在设备或部件故障前不采取预防性维修措施，而是等到发生故障或失效后，才采取措施使其恢复到规定的技术状态，属于修复性维修。该维修策略通常适用于那些部件有冗余的系统，或者是部件失效不会对系统或设备的功能造成严重影响，不会有安全影响的部件。采用这种维修策略可最大化部件的寿命，但它不一定是最经济的使用寿命。

上述三种维修在确定设备维修策略时经常用到。利用可靠性试验或失效数据分析，确认部件或系统的寿命分布规律，基于可靠性指标和部件失效对安全的影响，确定部件或系统的维修方法。

2.5.2　维修决策

维修的目的是保持设备/系统的可靠性水平，提高失效前平均工作时间和设备/系统的可用性。但维修是有成本的，因此，在制定维修决策时应该综合考虑可靠性水平和维修成本。对发动机而言，其由多个部件（单元体）串联组成，各部件有不同寿命分布，不同可靠性水平和维修费用，在制定维修决策时应同时考虑维修成本和可靠性指标，实现发动机的工作性能。

2.5.2.1　合理选择维修级别

当对设备进行修理时，对组成设备的各部件采取什么样的维修措施，不但直接影响修后设备的性能和可靠性，也直接影响设备维修费用。如何维修才能获得最大收益？下面以 2.2.7 小节中的三面钟为例，来说明不同修理决策的影响。为了简化，现假设三面钟是由 A 厂的电子时钟构成。A 厂电子时钟的威布尔分布函数为

$$F(t) = 1 - e^{-\left(\frac{t}{293.4}\right)^3}$$

且知在 100 天内，会有电子时钟坏掉，这时可采取下列修理方案：

（1）只更换故障电子时钟，其他两块不修；

（2）当有一块时钟坏了，三面钟的所有电子时钟都更换新的。

当采用修理方案（1）时，修后三面钟的可靠性见表 2.24。

表 2.24 修理方案一的修后可靠性

修理方案	在随后 100 天失效概率/%	在随后 100 天存活的概率/%
电子时钟 1(换新表)	3.5	96.5
电子时钟 2(不修)	27	73
电子时钟 3(不修)	27	73

则修后 100 天内三面钟的可靠性是 96.5%×73%×73% = 51%,即修后 100 天内三面钟故障的可能性是 49%。

当采取维修方案(2)时,由于所有时钟都换新的,所以,在修后 100 天内每个电子时钟的可靠性都是 96.5%,则修后 100 天内三面钟的可靠性是 96.5%×96.5%×96.5% = 90%,即修后 100 天三面钟故障的可能性是 10%。

从上面的案例可知,由于采用了不同的修理方案,则修后三面钟的可靠性是不同的,相应修理费用也不同。因此,对于多部件组成的复杂系统,在确定维修方案时,需要在只修理(更换)失效部件,还是基于机会维修的理念对组成系统的其他部件也开展一定程度的修理,需要在修后期望寿命、未失效部件的已使用时间、修理成本、修后性能和修后可靠性水平之间平衡。

现代发动机采用单元体结构设计,在发动机使用过程中不同单元体性能衰退程度和硬件损伤程度不同,因此,如何有针对性地制定维修策略,针对不同单元体采取什么级别的修理,是发动机维修决策的重要内容。修理级别不同,相应修后发动机性能恢复就不同,修后发动机在翼时间就不同,相应修理费用也不同。发动机下发可能是由于某个单元体性能退化或损伤所致,维修决策可以是只修理/更换失效的单元体,但从修理效果和修理费用的角度看,这种维修方式不是合适的选项。该如何修理需要考虑修后发动机的期望在翼时间、下发时其他单元体的在翼工作时间、性能恢复要求以及修理成本等因素,这些内容在第 4 章再做讨论。

2.5.2.2 优化维修时间间隔

在保证发动机运行可靠性的前提下,优化返厂维修时间间隔,降低维修成本是维修管理的目标。当发动机由于非计划下发而返厂,如硬件损伤或外来物损伤而下发返厂修理时,对发动机其他部分如何修理,不但要考虑成本问题,还要考虑发动机/单元体离计划的返厂修理时间的远近。基于机会维修,当发动机由于非计划下发而返厂时,对发动机开展计划维修并提前更换寿命件不但可减少发动机拆装以及运输的费用,而且还可以减少发动机下发次数,降低备发需求,从而降低成本,但这需要权衡成本的节约和由于部件提前报废更换而产生的费用。离散事件模拟仿真(如蒙特卡罗模拟)可用来模拟发动机返厂大修,计算返厂大修成本,以单位飞行小时维修成本最小为目标可实现维修时间间隔的优化。硬件损伤引起的下发具有随机性,因此,在仿真中借助威布尔分布建立反映发动机各单元体主要失效模式的寿命分布函数。当对部件采取改进措施后,修订威布尔分布以反映改进措施。仿真过程如下。

1. 建立仿真模型

仿真模型主要包括:① 基于发动机性能参数建立性能衰退模型,确定发动机下发分布函数；② 通过模拟各单元体的随机故障，建立发动机硬件损伤下发模型；③ 根据各单元体的寿命件剩余寿命建立寿命件下发模型；④ 综合上述因素建立发动机下发决策模型，确定下发时间；⑤ 发动机大修方案优化模型；⑥ 大修成本计算模型。

2. 计算流程

基于建立的发动机硬件损伤和性能衰退分布函数，采取随机变量抽样方法，在[0,1]区间内获取随机数，仿真硬件损伤和性能衰退引起的下发时间；仿真中记录发动机工作时间，统计 LLP 件的剩余寿命，获得由于 LLP 件而导致的下发时间，该时间与其他因素引起的下发时间一起输入下发决策模型，确定下发时间，然后进入大修方案优化模型，之后利用大修成本模型计算返厂大修费用，大修后发动机返回继续投入使用直至发动机使用寿命周期结束。基于大修方案带回性能恢复状态，对修后发动机性能进行初始化。通过调整寿命件提前报废时间和建议的单元体修理时间，调整大修方案并估计相应大修费用的期望值。

在模型中可利用威布尔分布建立各个单元体的故障概率模型，并选取相应的随机抽样方法。若是其他分布形式，只需在模型中做相应的替换即可。仿真过程可跟踪记录发动机各个单元体的维修和寿命件更换情况。

3. 仿真输入

输入包括各单元体硬件损伤的分布函数，各单元体建议的维修时间间隔和寿命件的寿命。另外，需要输入飞机利用率和发动机使用寿命周期。

4. 仿真输出

在仿真过程中可跟踪记录各种活动，因此，输出内容可基于实际需要选择。典型输出为返厂维修费用、返厂时间间隔、每次返厂的各单元体的修理级别和返厂次数等。

思 考 题

1. 发动机机队管理中常用可靠性指标有哪些?
2. 什么是可靠性方案?
3. 简述双参数威布尔分布的特点。
4. 某一样本包含 25 个试件，分为 5 组，每组各有 5 个试件，各组分别工作了 1 000 小时、2 000 小时、3 000 小时、4 000 小时和 5 000 小时。假设其寿命服从威布尔分布 $F(t) = 1 - e^{-(t/\eta)^{\beta}}$，分析知道 $\beta = 3$，$\eta = 5\,000$ 小时。

   (1) 计算到目前试件失效的期望值;

   (2) 再继续运行 500 小时，试求试件失效的期望值。

参考文献

赵洪利，陈铎文，张猛，2020. 发动机寿命周期内大修方案优化研究[J]. 中国工程机械学报，18(4)：354－358，364.

赵洪利，刘宇文，2015. 基于蒙特卡罗模拟的航空发动机故障风险预测[J]. 北京航空航天大学学报，41(3)：545－550.

赵宇，2011. 可靠性数据分析[M]. 北京：国防工业出版社.

第3章 发动机性能分析

3.1 概述

飞机发动机主要用来产生推力，涡轮喷气发动机产生的推力取决于空气流量和所加的燃油流量。气体从发动机进口到出口，温度、压力不断变化，为了表达不同截面这些参数的大小，通常用站位来代表发动机气流通道某截面的位置。图3.1给出了现代双转子涡扇发动机站位的典型编号。其中，0代表前方未受干扰气流；1代表进气道进口；2代表进气道出口或风扇(压气机)进口；空气压缩过程是2到3，分为低压压气机压缩和高压压气机压缩，2.5是低压压气机出口；从高压压气机出口(3站位)出来的空气进入燃烧室与燃油混合燃烧，产生高压、高温的气体，从站位4进入高压涡轮；燃气流过高、低压涡轮，膨胀做功，到达发动机出口(站位5)，高、低压涡轮之间是站位4.5。由于4站位的温度高，实际发动机上很少在该站位测量燃气的温度和压力，而是在下游某个位置(某级低压涡轮进口或整个低压涡轮出口，而这个站位通常用4.95代表)测量。

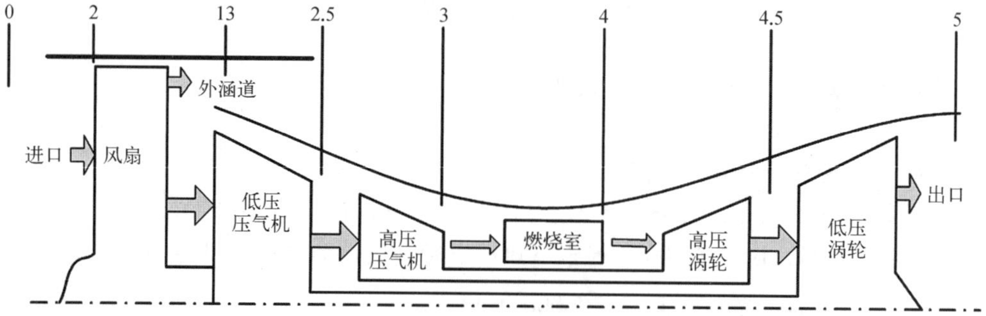

图3.1 发动机站位

由于压气机对空气做功，从站位2到站位3，空气温度和压力不断升高，流过燃烧室后，由于存在一定损失，气体压力有所下降，但由于燃烧，温度会升高很多，现代民用涡扇发动机 T_{t4} 一般为1 775~2 000 K。燃气从燃烧室出来进入涡轮，膨胀做功。涡轮通常是发动机气流通道的喉道，气体加速流动，相应静温和静压大大降低。这一膨胀过程产生足够的功率用来驱动压气机。除了各站位的压力和温度之外，还可用发动机转子转速、推力和燃油流量等参数来表示发动机的性能和状态。对于民用发动机而言，为了监控发动机的工作状态，防止出现超温、超转等故障，转子转速 N_1、N_2 和排气温度(EGT)是经常用来监控发动机性能的参数。EGT 一般在低压涡轮的某个位置测量，如 $T_{t4.95}$。图3.2给出了某高涵道比涡扇发动机在海平面高度，标准大气温度（15℃）条件下，以最大起飞推力工作时各站位的总温、总压及转子转速、发动机推力和燃油流量。

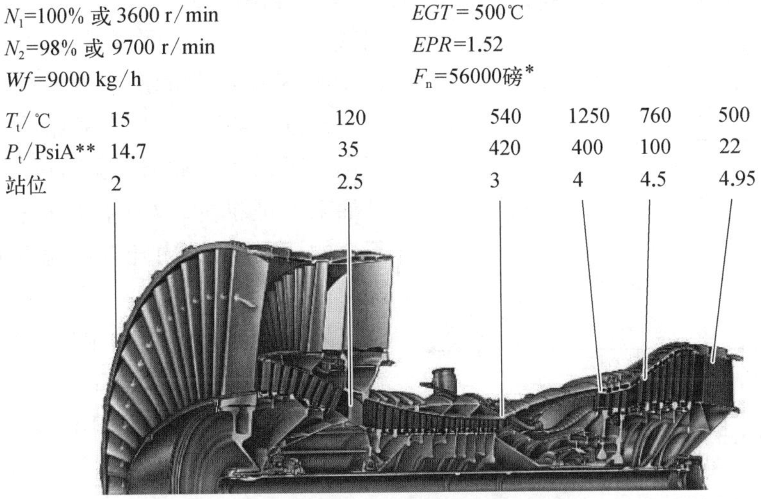

图 3.2　某涡扇发动机的站位和主要参数

在上面发动机性能参数中，F_n 表示发动机净推力，即考虑到发动机进气速度影响后而得到的推力。进气影响（进气动量）产生负推力，即阻力，也叫冲压阻力。因此，当忽略进气速度时，冲压阻力为零，如飞机静止起飞时，或在试车台测量推力时，都可忽略进气动量造成的负推力。

这里 F_n 是发动机未安装到飞机时，发动机产生的推力，也叫未安装推力。当把发动机装到飞机上后，发动机实际传给飞机的推力叫做安装推力。由于有安装损失，如发动机吊舱的摩擦损失、发动机吊舱与飞机吊架、机翼等之间的干扰等都会使安装推力比非安装推力少。

常用的表征涡轮喷气发动机性能的参数除了推力之外，还有单位推力（单位空气流量产生的推力）、耗油率、发动机热效率和推进效率。但这些参数在发动机实际工作过程中，指示系统无法给出显示，而发动机指示系统只能给出转子转速、发动机燃油流量、排气温度等参数指示。随着发动机在翼时间的增加，发动机性能不断衰退，在同样的工作条件下，产生相同的推力时，发动机的耗油量（单位时间进入燃烧室的燃油量 *Wf* 或 *FF*，后文中出现的 *Wf* 和 *FF*，两者表达意思相同）和排气温度都会增加，因此，监控发动机在翼性能时，巡航状态的 *FF*、*EGT* 以及转子转速的变化经常用来反映发动机性能变化以及分析发动机故障现象，而 *EGT* 的升高反映了发动机性能的衰退。

3.1.1　发动机性能参数

3.1.1.1　额定功率

为了设置发动机的功率状态，涡轮发动机经常用额定功率的概念。常用到的额定功

* 1 磅 = 1 lb = 0.453 592 kg。

** 1 PsiA = 1 lbf/in^2 = 6.894 76×10^3 Pa。

率有最大额定起飞功率、最大连续功率等。所谓的额定功率是指在规定的条件下，确保发动机能产生所规定的功率。

额定平功率是现代民用涡扇发动机额定其最大起飞推力的一个常用概念。即当外界大气温度低于额定平功率温度（图 3.3 中的 T^*）时，发动机总能产生额定起飞推力；而当大气温度超过额定平功率点后，由于排气温度达到了最大允许值，发动机不能通过增加供油来保证推力，这样在保持排气温度基本不变的情况下，推力随外界温度升高而下降。这种设计有利于延长热端部件的在翼寿命。对应发动机推力是在给定压力高度下的大气温度的函数。参见图 3.3。

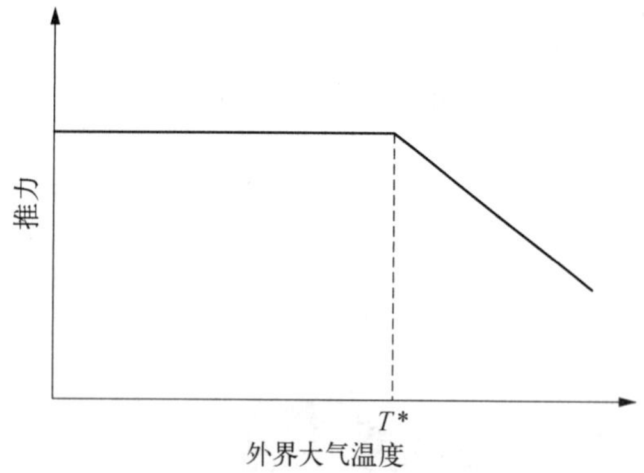

图 3.3　发动机平功率

从发动机使用角度来看，在额定平功率温度点以下，发动机可保证其额定推力基本不变，因此，随着外界大气温度的降低，发动机在较低的转速、较低的燃油流量和较低的 *EGT* 下就可产生其额定推力。这样，在不牺牲推力的前提下降低了 *EGT*，也就降低了发动机热部件的衰退率。在额定平功率温度点以上，为防止热部件的超温，发动机将保持 *EGT* 基本不变，这意味着，发动机将无法产生其额定推力，且随着外界大气温度的增加，推力会逐渐下降。为延长发动机寿命，防止 *EGT* 超温是至关重要的，有数据表明，涡轮前温度每下降 20~30℃，发动机热部件寿命大约可增加一倍。

3.1.1.2　*EGT* 裕度

为了保障发动机安全工作，发动机设计时规定了热端部件最大允许承受的温度，即 *EGT* 红线值，该温度也是发动机取证所允许的最大值。随着发动机性能的不断衰退，产生相同功率时，发动机的供油量会不断增加，相应排气温度也会不断升高，参见图 3.4。这

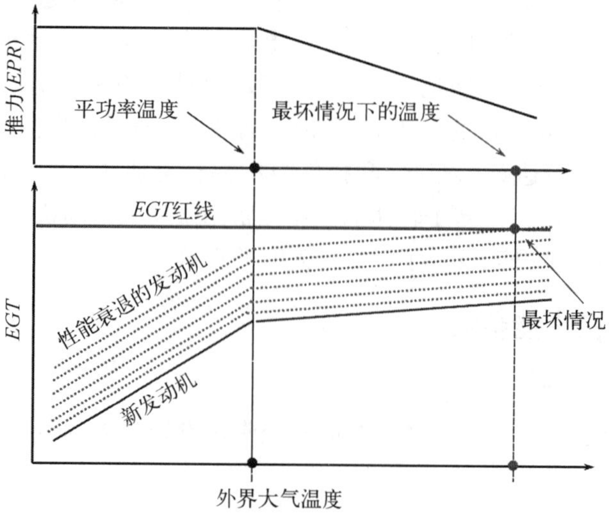

图 3.4　发动机额定功率和 *EGT* 裕度

样就会出现 *EGT* 达到或超过红线值的情况,从而导致热端部件损伤。

1. *EGT* 裕度

发动机起飞状态下 *EGT* 的衰退情况,通常用 *EGT* 裕度(*EGTM*)来衡量。*EGTM* 是指当发动机在给定的起飞条件下,以额定最大起飞推力起飞时的 *EGT* 与 *EGT* 红线值之间的差值。通常意义上所说的 *EGTM*,对应的起飞条件是海平面高度,大气温度是额定平功率温度。

随着发动机性能的不断衰退,*EGTM* 会不断下降,参见图 3.4。当 *EGTM* 为零时,表明当发动机在额定平功率温度下以额定最大起飞推力起飞时,*EGT* 会达到红线值。因此,为了监控发动机的起飞性能,航空公司会跟踪 *EGTM* 的变化情况,以确保发动机能以额定最大起飞推力安全起飞。

EGTM 反映了发动机性能衰退程度,因此,为保证飞机安全起飞,有的航空公司基于 *EGTM* 决定发动机下发,对发动机进行大修,以恢复其性能。引起发动机性能衰退的因素有很多,如叶尖间隙的变化、叶片轮廓的改变、叶片和气流通道表面的污染等。而对于叶片和气流通道的污染可通过水洗发动机来解决,因此,定期清洗发动机是恢复 *EGTM* 的常用方法。但随着在翼时间的延长,上述其他因素的影响占比逐步加大,因此,水洗后 *EGTM* 的恢复也会下降。除了发动机使用环境外,减推力起飞的使用能降低起飞时的 EGT 和转子转速,从而延缓热端部件的衰退,这不但可延长热端部件的在翼时间,同时也使 *EGTM* 的衰退率降低。

当然,对 *EGTM* 低的发动机也可采取限制使用的措施,在天气炎热、跑道较短的情况下,飞机可以少载乘客、燃油或货物,以减轻飞机的重量,以便在 *EGT* 不超过红线值的情况下安全起飞。

对于航空公司来说,其最关心的是最大起飞功率的外界温度限制值 *OATL*,即当外界温度达到多少时,该发动机以额定最大推力起飞时,排气温度达到红线值。该温度是限制发动机全功率起飞的温度。因此,与 *EGTM* 等效的另一个常用参数是起飞大气温度限制值,即当外界温度达到该值时,发动机全功率起飞时,*EGT* 达到红线值。参见图 3.5,图中

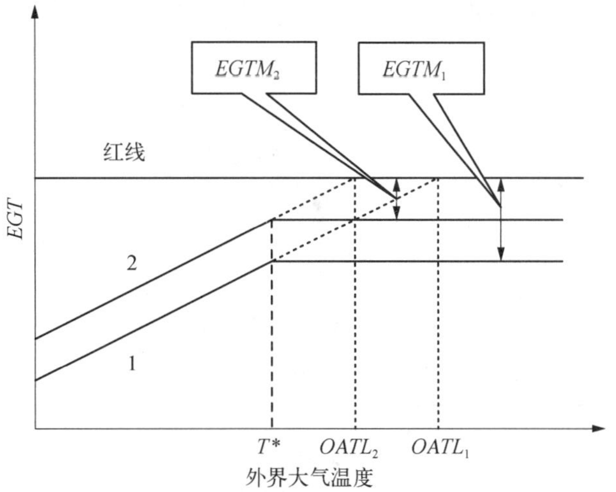

图 3.5　外界大气温度限制与 *EGTM* 的关系(*OATL*)

将曲线 1 延长与 *EGT* 红线值相交，此时对应的外界大气温度（*OAT*）就是该台发动机的 *OATL*，图中标记为 $OATL_1$。它表示当环境温度等于 $OATL_1$ 时，若要发动机仍然产生额定的全推力，此时 *EGT* 就会等于红线值。显然，曲线 2 的外界空气温度限制为 $OATL_2$，它比 $OATL_1$ 小。显见，*OATL* 与 *EGTM* 存在一定的关系。

OATL 也常被用来反映发动机性能衰退的程度。当 *EGTM* 为正时，*OATL* 大于额定平功率温度；当 *EGTM* 为负时，*OATL* 小于额定平功率温度。不同发动机 *OATL* 的计算都有自己的经验公式，其基于发动机起飞时的排气温度 *EGT*、起飞时的外界大气温度和起飞功率（N_1 或 *EPR*）等来估算。

2. *EGTM* 估算

基于 *EGTM* 定义可知，*EGTM* 的大小与起飞推力和起飞的环境温度有关。而通常所说的 *EGTM* 是把起飞状态转换为海平面高度下，在拐点温度以最大额定起飞推力起飞时的 *EGTM*。该值的大小无法从测量值直接得到，只能利用经验公式进行计算。不同发动机其 *EGTM* 的计算公式是不同的，但都要考虑下列因素：起飞推力、外界大气的温度、发动机引气状态等。

监控每台在翼发动机的起飞 *EGTM* 以及裕度衰减率，可跟踪发动机的起飞性能和性能衰退情况，从而帮助制订合理的发动机性能恢复计划、发动机梯次使用计划、航班计划、发动机送修计划以及发动机的限制使用计划。

图 3.6 以某型号发动机为例，给出了不同使用阶段其 *EGTM* 的变化情况。该发动机在海平面高度的额定起飞推力为 56 000 磅，对应的发动机压力比（*EPR*）为 1.52，额定平功率温度为 35℃。当发动机进口总温高于平功率温度时，推力的输出值将低于最大值。随着发动机的性能衰退，相同推力下其 *EGT* 增加，导致 *EGTM* 降低，随着发动机在翼工作时间的增加，甚至会出现 *EGTM* 为零或负值的情况。

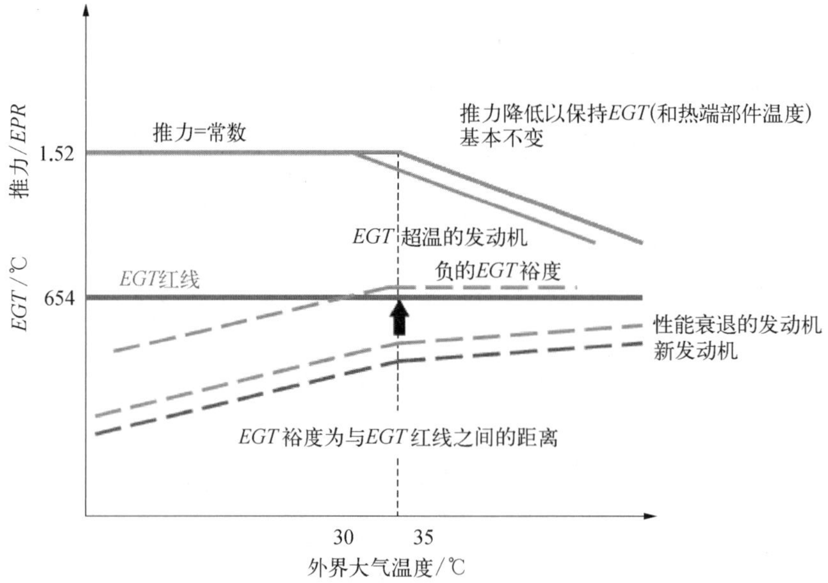

图 3.6 *EGTM* 计算原理

从前面的定义可见,*EGTM* 取决于下列条件:额定起飞功率、起飞环境条件(海平面高度和大气温度)。由于不同外界大气温度下,发动机起飞排气温度不同,对应该温度下的 *EGTM* 也不同。图 3.7 给出了某发动机不同起飞温度下的 *EGTM* 差异。

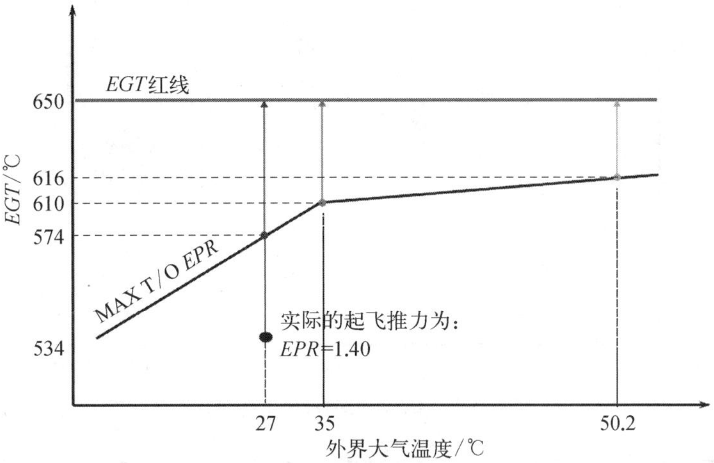

图 3.7 不同大气温度下的起飞 *EGTM*

当 *OAT* 为 50.2℃时,估算的 *EGTM* 为 34℃;在平功率温度 35℃时,*EGTM* 的估计值是 40℃;当 *OAT* 为 27℃时,估计的 *EGTM* 为 76℃。可见,起飞机场温度越低,相应的 *EGTM* 越高。注意:对于大多数起飞,可能会采用减推力起飞,此时的 *EGTM* 将大于全功率起飞时的 *EGTM*。

3. 试车台 *EGTM*

发动机车台 *EGTM* 是指发动机大修后,在车台试车,当达到最大起飞推力时,把相应的排气温度进行换算,并与 *EGT* 限制值比较所得到的 *EGTM*。它是由相应功率下的排气温度限制值减去当前排气温度得到的,温度都按换算参数计算。试车人员常用车台 *EGTM* 近似估算发动机起飞 *EGTM*。图 3.8 是某发动机换算 *EGT* 限制值和 *EPR* 的关系曲线。

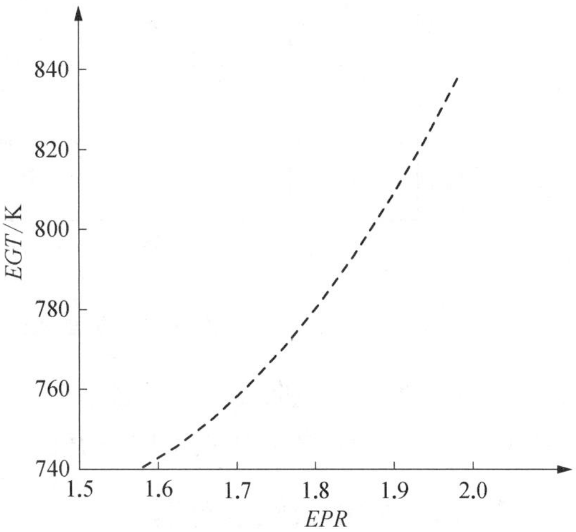

图 3.8 试车台 *EGT* 限制值和 *EPR* 的关系曲线

基于试车台数据估算的 *EGTM* 也是基于特定的工作条件的,图 3.9 说明了如何利用试车台数据计算 *EGTM*。注意:对于某些航空公司,发动机手册中用于估算 *EGTM* 的条件可能与利用在翼数据估算 *EGTM* 的条件不同。

发动机大修后,可利用试车台数据估算的 *EGTM* 分析发动机修后的性能状况和大修效果,例如可以利用试车台 *EGTM* 评估维修工作范围对发动机整体性能的影响。图

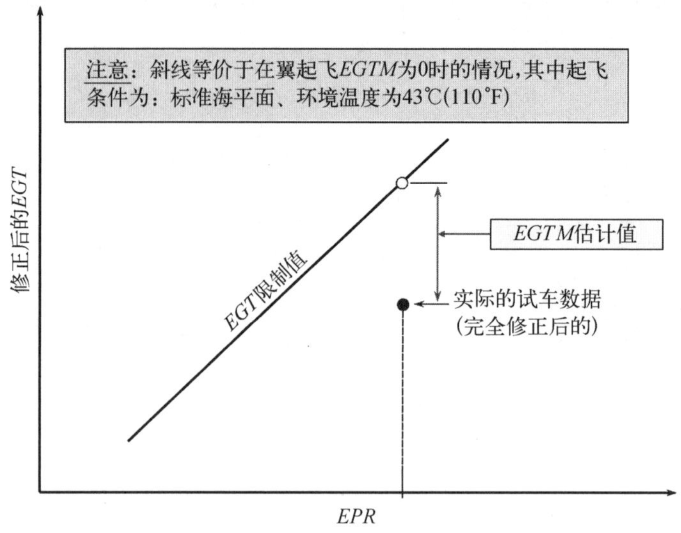

图 3.9　试车台 *EGTM* 的估算

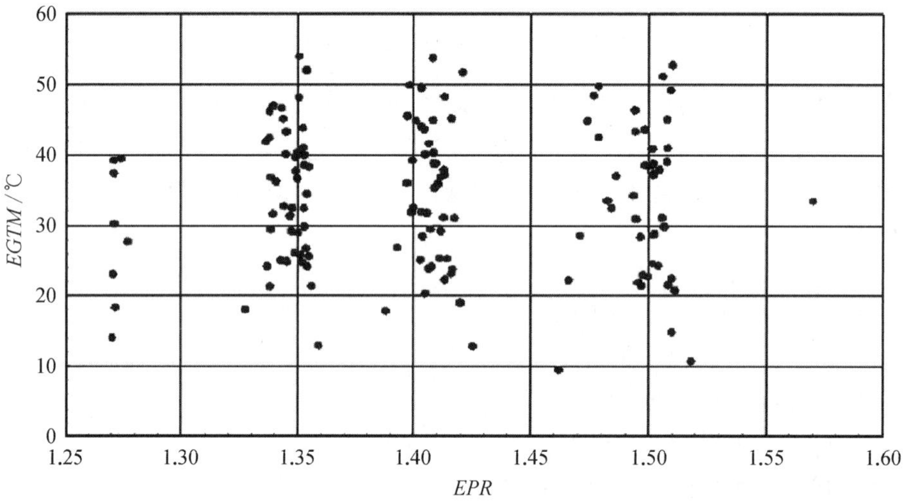

图 3.10　发动机大修后的试车台 *EGTM*

3.10 为某型发动机机队大修后的试车台 *EGTM*。从图中可见相同功率时，不同发动机的 *EGTM* 是有差异的，这主要是由于发动机个体差异和修理差异造成的。

3.1.2　发动机性能衰退

发动机运行状态会受到气路上每一个部件的影响，而这些部件健康状态的衰退会体现在发动机整体性能参数的恶化，如排气温度升高、燃油流量加大等。这些特征往往是随着飞行时间的增加而缓慢变化，若突然变化，则意味着故障的发生。发动机内部硬件损伤不但会导致气动热力性能的变化，也会影响发动机结构完整性。发动机性能退化原因和过程可简单地描述为，在工作载荷和环境的作用下发动机的零部件会出现磨损、腐蚀、结垢、灰尘堆积、叶片变形、外来物损伤、封严磨损、叶尖磨损、叶尖间隙增加、叶片烧蚀、喉道面积改变等现象,从而导致发动机部件如风扇、低压压气机、高压压气机、燃烧室、高压涡轮、低压涡轮等的性能退化。

引起性能衰退的原因可归纳为四类: ① 飞行载荷,其引起发动机机匣变形,从而造成叶片与机匣的摩擦,导致间隙增大;② 由于污垢和磨蚀而引起的叶片表面粗糙度和前、后缘变钝,以及叶片弦长变短,叶片的长度变短,从而使叶片效率下降;③ 由于涡轮进口温度的分布的改变产生了热变形和叶片的烧蚀,导致流通面积的变化,增大了燃气泄漏;④ 维修活动的影响,发动机返厂维修范围的差异和修理标准的不同,对零部件随时间的机械损伤的积累水平有影响,对修理后的性能恢复水平有影响。

不同单元体,其性能衰退的主要机理不同。风扇性能衰退主要来自前缘变钝或出现锯齿状,叶片型面的粗糙和叶尖间隙。低压压气机性能衰退最主要的原因是叶尖间隙的增大,其次是叶片型面的粗糙。高压压气机性能衰退的主要原因是叶尖间隙增大和叶型拱形(弯曲)的损失。燃烧室损伤对发动机整机性能没有直接的重要影响,但对涡轮的性能会产生重要的间接影响,这是由于燃烧室的损伤会改变涡轮进口温度场的分布。高压涡轮性能退化的主要因素是涡轮叶尖间隙增大和叶片烧蚀。低压涡轮性能退化的主因是叶尖间隙的增大。

根据对发动机不同使用阶段性能数据的分析表明,性能退化在不同时间段也有差异。通常发动机装机后的最初阶段,性能衰退快些,随后性能衰退率逐渐减小,但性能衰退仍然随着飞行时间的增加而不断增加。例如 NASA 曾经开展过对商用飞机的高涵道比涡扇发动机性能衰退分析,分析对象是装在 B747 飞机上的 JT9D－3A 和装在 DC－10 飞机的 CF6－6D。其分析报告指出,新装机的最初几次飞行过程中,性能衰退较快,随后随飞行时间的增加而逐渐加大。例如 JT9D 发动机,前几个飞行循环发动机巡航耗油率就增加了 0.7%,而到 1 000 飞行循环时,巡航耗油率增加平均值是 2%。初期由于发动机新,转子和静子间配合间隙小,这样静子和转子之间的摩擦较大,从而引起间隙增加较快。这种摩擦还会受到飞机的飞行载荷的影响,尤其是在起飞、机动飞行、着陆和反推系统工作时飞行负荷引起的发动机变形而加大摩擦。但是随着服役时间的增加,间隙增加的速率会慢下来。研究发现,从长期角度看,发动机性能衰退中有大约 50%是由于间隙加大造成的,剩下的是由于涡轮叶片的热变形以及风扇、压气机叶片表面变粗糙而引起的。

发动机部件状态的改变或发动机性能的衰退将会引起代表发动机性能的参数发生变化,因此,评估发动机性能时,可利用监测到的反映发动机性能的参数值与发动机健康状态下工作时这些参数的数值的偏差来反映发动机或部件性能状态的改变。因此,评估发动机性能变化需要知道发动机在健康状态下性能参数的大小,该值通过建立发动机性能基线来获得。为了分析发动机的性能,评估发动机的健康状态,通常采集下列参数: ① 代表发动机推力(功率)的参数,如高涵道比涡扇发动机的低压转子转速 N_1 或发动机压比;② 飞行条件,如外界大气温度、飞行高度和飞行速度;③ 发动机性能状态参数,如 EGT、转子转速、燃油流量 FF 以及不同站位的压力、温度等;④ 发动机负载情况,如引气状态、防冰状态、功率提取等;⑤ 反映发动机运行时间的参数,常用的有自从上次返厂修理后的工作时间、自从上次大修后的工作时间等。有了这些参数,经过修正等计算与发动机基线值比较,即可得到反映发动机、部件性能变化的典型参数的偏差值,基于这些偏差值即可分析发动机性能衰退、健康状态和可能存在的故障。

3.2 发动机性能评估

发动机健康状态评估，除了包括发动机整机的健康状态评估以外，对单元体的性能评估也是其中一项重要的工作，单元体的好坏直接影响到整台发动机的运行状况。大修后发动机性能评估也是一项重要工作，尤其是评估大修后发动机各单元体的性能状态，不但可反映发动机大修方案对发动机性能恢复的影响，而且也可发现大修后哪些单元体还可能存在的问题，为发动机在翼性能监控和下次返厂大修提供必要参考。民用航空燃气涡轮发动机的单元体主要包括风扇、低压压气机、高压压气机、燃烧室、高压涡轮和低压涡轮。

单元体的性能分析需要从发动机气动热力参数和机械性能参数中提取出信息来实现对其健康状态的评估，分析发动机性能参数变化规律和趋势，把工作参数与发动机故障进行关联，并把故障隔离到主单元体和子单元体，从而判明故障原因、部位、程度和变化趋势或预报即将发生的故障，并基于参数变化和故障原因形成相应的检查和维修方法以及决策。

国外在发动机性能评估方面已经发展出了成熟的评估方法体系以及相应的软件系统，关于大修后基于试车台数据对发动机性能恢复分析的典型系统有通用电气公司的TEMPER诊断系统和普惠公司的MAPNET诊断系统，这些诊断系统主要利用传统的发动机气动热力学模型开展发动机性能评估。而CFMI公司使用的CASSIOPEE诊断系统以及罗罗公司使用的ARIADNE诊断系统则采用专家系统进行发动机故障诊断，通过将发动机气路故障诊断和其他诊断技术融合形成发动机维修决策支持系统，从而使其可以直接指导维修。

3.2.1 发动机性能分析基础知识

为了分析发动机性能，首先了解一下燃气涡轮风扇发动机的工作特点和常用性能参数。

3.2.1.1 效率

燃气涡轮发动机的工作循环是改进的布雷顿循环。在燃气涡轮发动机的循环中，空气通过不同的部件而被压缩、加热（燃烧）和膨胀。燃气轮机的压缩和膨胀过程可看作绝热的（不加热量）。在实际绝热过程中，熵（有损失）必然增加。与等熵过程（理想过程）相比，熵增过程所需的压缩功更大。

在实际循环中，会有压力损失（主要是摩擦），这意味着压气机的增压比将大于涡轮膨胀比。通常用效率来表明压气机和涡轮的能量转换程度。压气机的效率定义为理想压缩功与实际压缩功之比。图3.11说明了低压压气机（LPC）的效率是如何从布雷顿循环中得到的。风扇效率或高压压气机效率的推导与低压压气机的类似。

效率公式推导过程如下：

$$低压压气机效率(\eta_{LPC}) = \frac{理想功}{实际功} \tag{3.1}$$

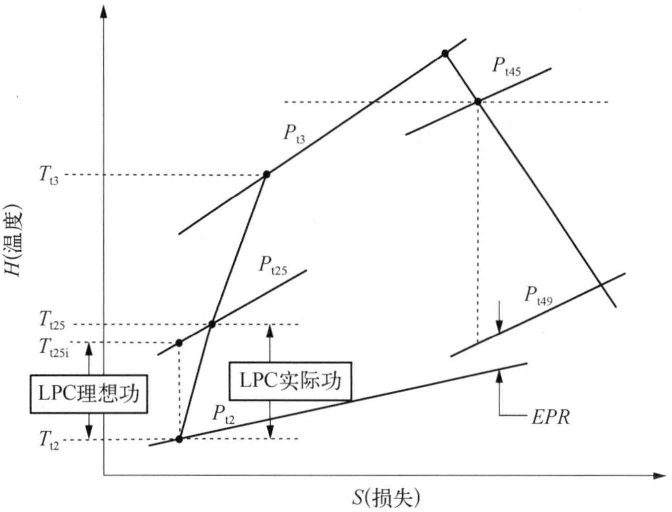

图 3.11　压气机效率

$$\eta_{\mathrm{LPC}} = \frac{C_P(T_{\mathrm{t2.5i}} - T_{\mathrm{t2}})}{C_P(T_{\mathrm{t2.5}} - T_{\mathrm{t2}})} \tag{3.2}$$

$$\eta_{\mathrm{LPC}} = \frac{(T_{\mathrm{t2.5i}} - T_{\mathrm{t2}})/T_{\mathrm{t2}}}{(T_{\mathrm{t2.5}} - T_{\mathrm{t2}})/T_{\mathrm{t2}}} \tag{3.3}$$

$$\eta_{\mathrm{LPC}} = \frac{(T_{\mathrm{t2.5i}}/T_{\mathrm{t2}}) - 1}{(T_{\mathrm{t2.5}}/T_{\mathrm{t2}}) - 1} \tag{3.4}$$

$$\eta_{\mathrm{LPC}} = \frac{(P_{\mathrm{t2.5}}/P_{\mathrm{t2}})^{(\gamma-1)/\gamma} - 1}{(T_{\mathrm{t2.5}}/T_{\mathrm{t2}}) - 1} \tag{3.5}$$

涡轮效率的定义是涡轮实际功与理想功之比。图 3.12 给出了低压涡轮(LPT)的效

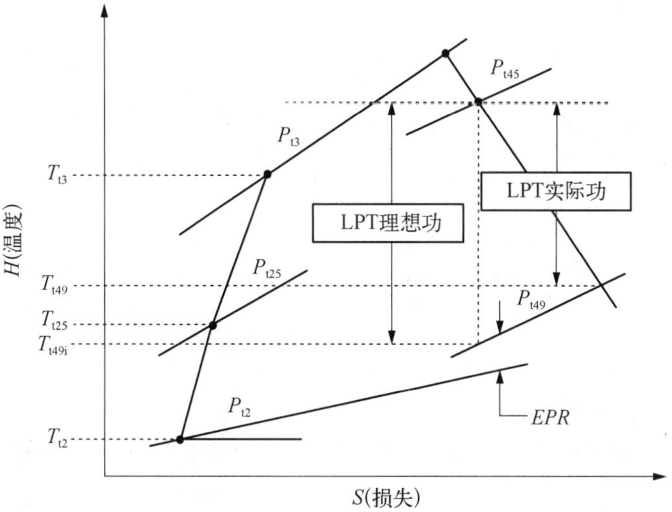

图 3.12　涡轮效率

率计算过程。高压涡轮(HPT)效率与 LPT 效率的推导方法类似。

涡轮效率推导如下:

$$低压涡轮效率(\eta_{LPT}) = \frac{实际功}{理想功} \tag{3.6}$$

$$\eta_{LPT} = \frac{C_P(T_{t4.95} - T_{t4.5})}{C_P(T_{t4.95i} - T_{t4.5})} \tag{3.7}$$

$$\eta_{LPT} = \frac{(T_{t4.95} - T_{t4.5})/T_{t4.5}}{(T_{t4.95i} - T_{t4.5})/T_{t4.5}} \tag{3.8}$$

$$\eta_{LPT} = \frac{(T_{t4.95}/T_{t4.5}) - 1}{(T_{t4.95i}/T_{t4.5}) - 1} \tag{3.9}$$

$$\eta_{LPT} = \frac{(T_{t4.95}/T_{t4.5}) - 1}{(P_{t4.95}/P_{t4.5})^{(\gamma-1)/\gamma} - 1} \tag{3.10}$$

3.2.1.2 压气机特性图

压气机特性图是显示压气机稳定或不稳定运行状态的图表,如图 3.13 所示。通过使用一定工作条件下的压气机转速、流量和增压比,就可以确定压气机将出现喘振的区域。

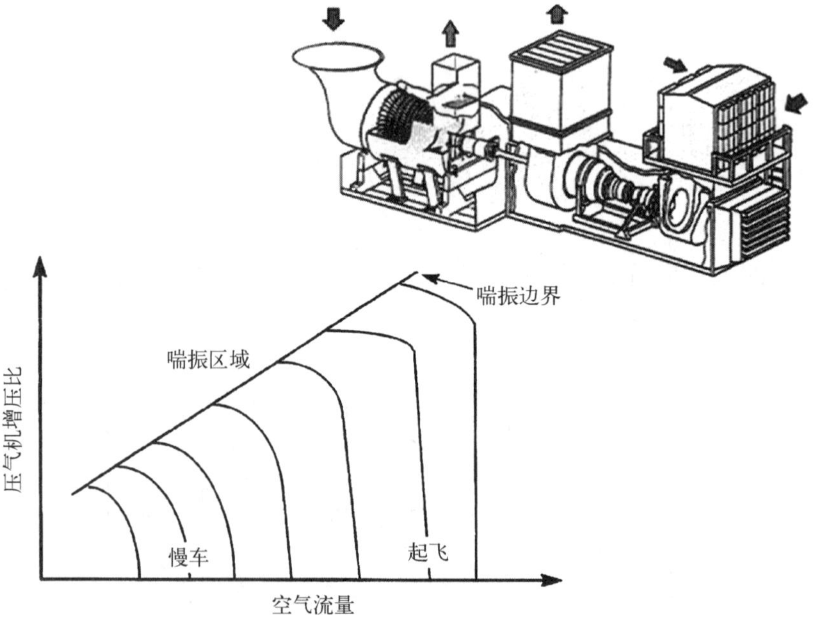

图 3.13 压气机特性图

要制作压气机特性图,需要使用压气机测试平台收集数据。该压气机试验台由一个排气节流阀和测量压气机进出口温度、压力和流量的仪器组成。压气机在独立引擎带转下工作。

当引擎以恒定的速度转动压气机时,调节节流阀的开度,从而改变压气机空气流量和增压比。在水平轴上绘制空气流量,在垂直轴上绘制某恒定转速下的压气机增压比,即可得到压气机增压比与空气流量的关系曲线。并且发现,在某一转速下,当排气节流阀关闭时,气流减少,增压比增加,这在压气机特性图上被称为等转速线;在某一转速下,当流量减少到一定值时,压气机会产生喘振,通过记录喘振时的流量和增压比,可获得不同转速下压气机发生喘振的工作点。把各转速下的喘振点连接起来,就可以确定压气机的喘振线。

在高转速下失速通常发生在压气机后面的级,失速向前移动到压气机前面的级;在低转速下,失速通常发生在压气机前几级,之后失速后移到压气机后部。

1. 低压压气机工作特性

图 3.14 是某高涵道比涡扇发动机的 LPC 的特性图,横坐标为 LPC 空气流量,纵坐标为 LPC 的增压比,等转速线代表恒定的 N_1 转速,喘振边界线是 LPC 稳定运行的界限,稳态工作线是 LPC 在各转速下稳定工作的工作点的连线,椭圆形线是 LPC 等效率线。

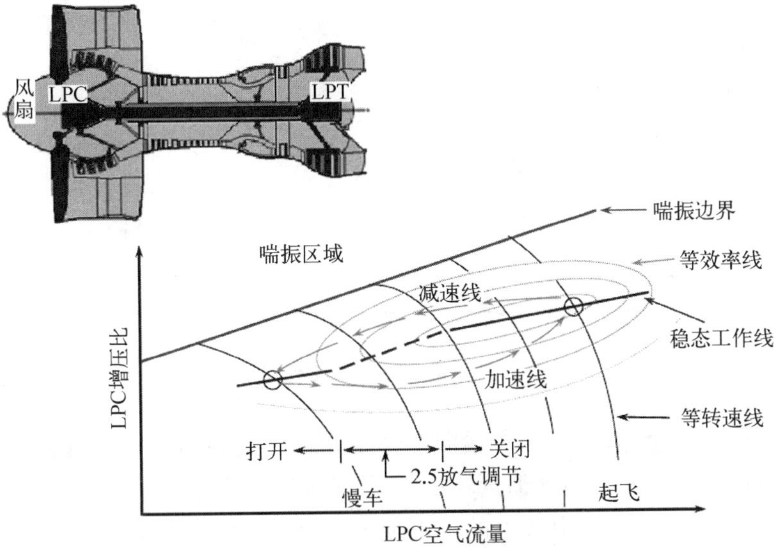

图 3.14　低压压气机的工作特性

当 LPC 从低转速到高转速快速加速过程时,工作线向下移动并远离喘振边界。这种移动主要是因为低压转子(风扇、LPC 和 LPT)相对高压转子(HPC 和 HPT)而言转动惯量较大,使得其加速性低于高压转子。这样由于高压转子的抽吸作用,在短时间内,低压压气机在发动机的总增压功中所占的比例减小,LPC 出口压力下降,其喘振裕度加大。

在快速减速过程中,工作线向上移动并靠近喘振边界。这是因为低压转子的减速要比高压转子慢,从而导致短时间内 LPC 向 HPC 输入的瞬时空气流量超出了当时 HPC 的处理能力,从而造成低压压气机前后流通能力不匹配,使得短时间内 LPC 的工作线移向喘振边界。因此,在发动机快速减速期间,例如在飞机飞行过程从爬升到顶点后改平飞或从巡航开始下降时,飞机对发动机推力需求下降,引起发动机减速,这时 LPC 容易发生喘振。此时,发动机的控制系统会采取措施,以保持足够的喘振裕度,防止发生喘振。另外,一些单元体的性能衰退也会对低压压气机的喘振特性产生影响，例如 HPC/HPT 损伤/退化将会使 LPC 工作线向上移动，靠近喘振边界，而 LPC 自身的损伤也可使喘振边界产生下移。

2. 高压气机工作特性

图 3.15 是该发动机的高压压气机特性图，同样横坐标为 HPC 的空气流量，纵坐标为 HPC 的增压比。稳态工作线是发动机在某功率状态稳定工作时，HPC 在该转速下的稳定工作点的连线。

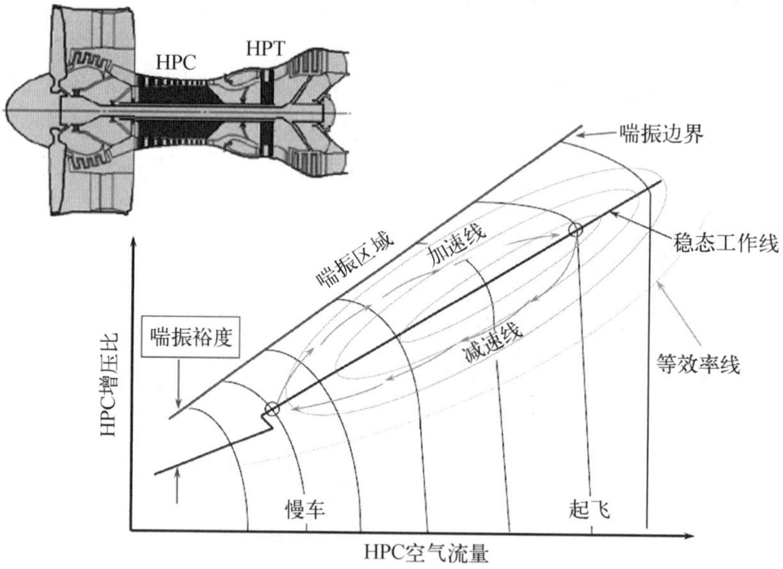

图 3.15　高压压气机工作特性

在发动机快速加速过程中，工作线向上移动并靠近喘振边界。这种移动主要是因为高压转子相对低压转子而言转动惯量较小，使得其加速性高于低压转子。在短时间内，导致 HPC 在发动机的总增压功中所占的比例加大，高压压气机进口流量与转速不匹配，工作线上移。

在快速减速过程中，工作线向下移动并远离喘振边界。这是由于高压转子的减速快于低压转子，从而导致短时间内 HPC 在发动机的总增压功中所占的比例变小，HPC 工作线下移。因此，在发动机快速加速期间，例如在起飞或爬升过程中，高压压气机更容易发生喘振，这时发动机的控制系统会采取措施，保持足够的喘振裕度，防止喘振出现。另外，单元体的性能衰退也会对高压压气机的喘振特性产生影响，其中最主要的就是 HPC 自身的衰退，例如可调静子叶片系统校装不合适或作动系统出现问题（叶片摇臂断裂等），叶尖间隙加大，鸟击/外来物损伤等这些都会引起 HPC 工作不稳定，发生喘振。另外，HPC 还会受雷诺数随飞行高度减小的影响，以及 HPT 的退化也会降低 HPC 的喘振裕度。

3.2.1.3　压气机流通能力

单元体的流通能力，字面上表示单元体处理空气流量的能力。压气机的流通能力与压气机效率成正比；涡轮的流通能力与涡轮效率成反比。

图 3.16 描述了由于风扇叶尖间隙增大而导致的风扇流量损失。同样地，当叶尖间隙增大时，LPC 或 HPC 的流通能力也减小。然而，叶尖间隙增加只是压气机流量损失的众多原因之一。造成压气机流量损失的因素还包括附面层分离损失、附面层摩擦损失、动/静叶片的磨蚀等。

3.2.1.4　涡轮流通能力

对于涡轮而言，由于燃气是顺压力梯度流动的，叶尖间隙增加会造成其流通能力（流道面积）增加，即有更多燃气未经涡轮做功而流向下游，使涡轮效率下降。

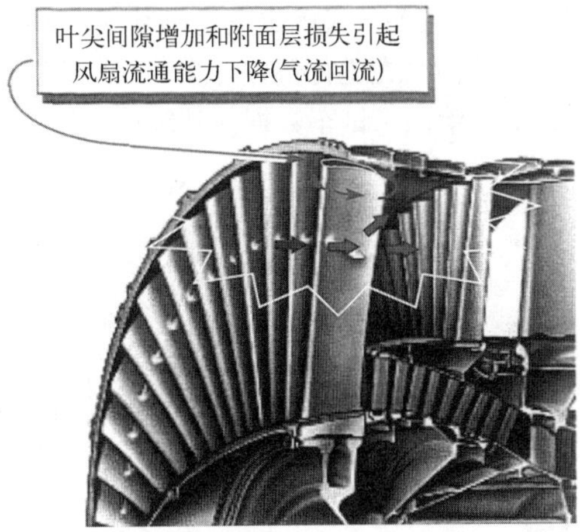

图 3.16　风扇流通能力下降机理

3.2.2　发动机性能基线的建立

为了分析发动机、单元体的性能，通常需要计算修正后的发动机各性能参数测量值与基线值之间的偏差，此偏差值的大小和变化情况反映了发动机和各单元体的性能状态。因此，偏差值准确与否对发动机性能评估的结果具有决定性的影响。而这种偏差值是否准确除了与参数的测量是否准确有关外，还取决于发动机性能基线方程的精度。所以建立准确的基线方程是准确评估发动机单元体性能的前提。

所谓性能基线是指同型号发动机在健康状态下正常工作时，其性能参数与代表发动机推力的参数之间的函数关系。基线值代表了某种工作状态下该型号发动机性能参数的标准值。由于高涵道比涡扇发动机的推力可用 EPR 或 N_1 表示，因此最简单的基线如下。

若 Y 代表发动机参数，则基线为

$$Y = f(EPR \text{ 或 } N_1) \tag{3.11}$$

其中，Y 是 EGT、N_1、N_2 等发动机参数。

但发动机工作状态会受到飞行速度、高度、大气温度以及发动机引气量的影响，因此，建立基线时也可把这些因素考虑进去，以提高精度。当考虑飞行高度（Alt）或飞行速度（常用马赫数 Ma 代表）对发动机参数的影响时，式（3.11）可写为

$$Y = f(EPR,\ Alt,\ Ma) \tag{3.12}$$

基线的确定方法：① 利用发动机模型估算发动机不同状态下的性能参数；② 利用实际飞行数据（或试车台数据），通过数学方法建立。发动机厂商的发动机监控软件中的发动机基线是按第二种方法建立的。由于发动机之间本身存在差异，不同发动机产生相同推力时，发动机的性能参数不一定相同，因此，基线代表了发动机性能的平均值。

对于大修后发动机的性能评估，可利用试车台数据建立各性能参数与功率状态参数

之间的函数关系来确定发动机基线。基线通常是以海平面高度,标准大气条件为基准建立的。因此,在进行偏差计算时,需要把实际测量参数进行修正,之后再与基线值比较。图 3.17 给出了试车数据与基线值进行比较时需要的修正过程。

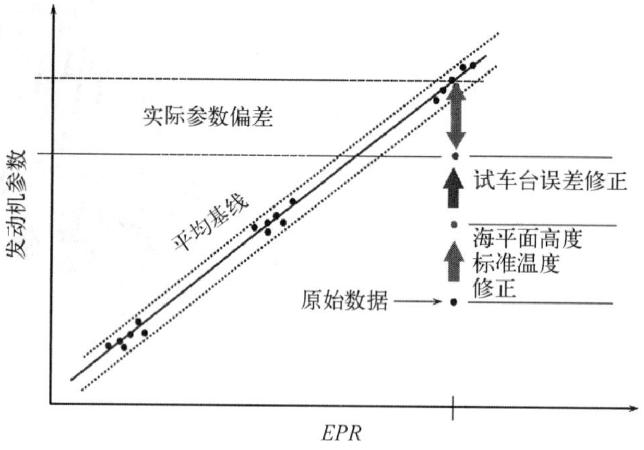

图 3.17　试车台数据的修正过程

图 3.17 中功率参数是 *EPR*,为横坐标,纵坐标为发动机的某一参数。发动机试车台试车可测量得到不同功率状态下发动机参数的原始值。计算参数偏差值的过程如下:先把原始值修正到海平面高度、标准大气条件下,然后对试车台误差进行修正,这样才得到修正后的发动机参数值。利用基线可计算相同功率下发动机参数的基准值,修正后的参数值与基准值之间的差就是要计算的参数偏差值。

在实际发动机机队管理中,用户也可利用发动机试车数据建立自己的基线。一般通过选择性能状况处于良好状态的发动机进行大量的试车实验,来获得不同功率状态下发动机的参数值,将数据进行修正后,建立发动机参数与功率之间的函数关系。为提高精度,基线一般采用多项式形式。图 3.18 给出了某发动机的 LPC 增压比与 *EPR* 之间的基线。

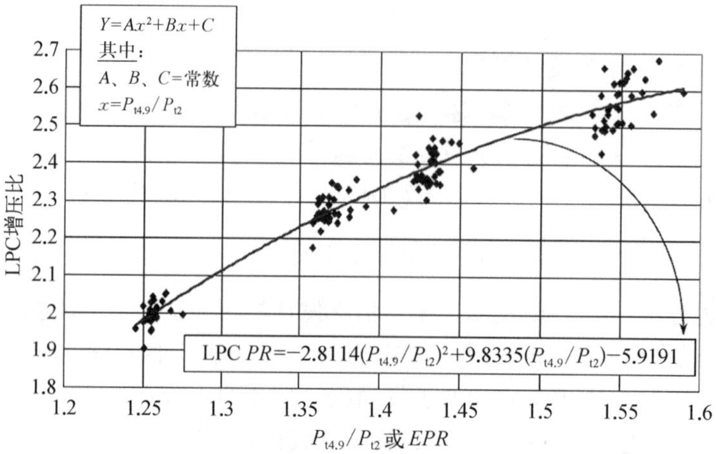

图 3.18　发动机基线

图 3.19 给出某发动机大修后，试车获得的各参数相对于基线的偏差。这些偏差是在对数据进行所有修正（包括试车台的相关影响）后得到的。利用这些偏差可评估发动机气路性能。分析人员应该根据每个单元体的参数偏差对单元体进行仔细检查和气路性能分析，评估发动机各单元体的性能水平。

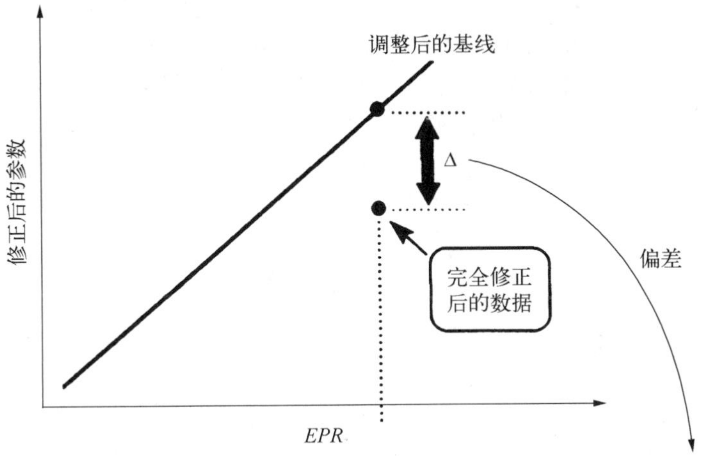

参数名称	参数修正	单位	测量点 3	测量点 2	测量点 1
EPR	P_{t49}/P_{t2}		1.359	1.427	1.555
ΔLPC 出口温度	T_{t25}/θ_{t2}	℃	−1.06	−1.85	−0.07
ΔHPC 出口温度	T_{t35}/θ_{t2}	℃	−1.18	−2.37	0.96
Δ*EGT*	T_{t49}/θ_{t2}	℃	−4.84	−4.37	0.94
ΔLPC *PR*	P_{t25}/P_{t2}	%	1.14	−0.69	−0.76
Δ*TER*	P_{S3}/P_{49}	%	−0.14	−1.35	−2.04
ΔN_1	$N_1/\sqrt{\theta_{t2}}$	%	0.25	−0.72	−0.62
ΔN_2	$N_2/\sqrt{\theta_{t2}}$	%	0.29	0.26	0.19
ΔF_n	F_n/S_{t2}	%	−0.26	−1.37	−1.25
ΔWf	$Wf/(K_c \times K_h \times S_{t2})$	%	1.36	0.24	0.48

图 3.19　测量参数偏差

注：$\theta_{t2}=\dfrac{T_{t2}\text{ 测量值}+273.15}{288.15}$；$S_{t2}=\dfrac{P_{t2}\text{ 测量值}}{14.696}$；$K_c$、$K_h$ 为修正系数，见发动机大修手册。

利用试车台数据调整基线也是大修后发动机性能分析的重要工作。下面以 JT9D 发动机的高压压气机的可调静子叶片角度为例，说明基线的调整过程。可调静子叶片角度用 β 角（安装角）代表。发动机的工作状态不同，如稳态、加速或减速，可调静子叶片的开度调节计划也会有所不同。正常情况下，发动机刚开始起动时，可调静子叶片开度（β 角）最小，以减少进气量，减轻压气机负荷。随着发动机转速的不断增高，静子叶片向开度增加的方向移动，图 3.20 给出了 β 角与 N_2 修正转速（N_{2c}）之间的关系。在发动机大修过程中，如果可调静子叶片的校装不合适，则在发动机工作过程中，再按图 3.20 所示的关系控制时，就会出现可调静子叶片的开度偏离正常值的情况（如开度过小或过大，这取决于实际装配角度的偏差），从而影响发动机高压转子转速 N_2。例如，当 β 角开度过大时，会使 N_2 低于正常值，反之亦然。图 3.20 也给出了 β 角的偏差值与 N_2 偏差值之间的关系（右上角图）。因此，在发动机试车过程中，如果出现实测的 β 角偏离基线（β-N_{2c} 基线）的情况，就有必要对 N_2 基线做出相应的调整。例图中左下侧，N_2 转速偏差为 2.58%，β 偏差 1.03°，利用 β 角偏差值与 N_2 偏差值之间的关系，即可得出当 β 偏差 1°时，对 N_2 的影响为-0.4%。因此，N_2 基线整体调整-0.4%，参见图 3.20 中右下侧图。

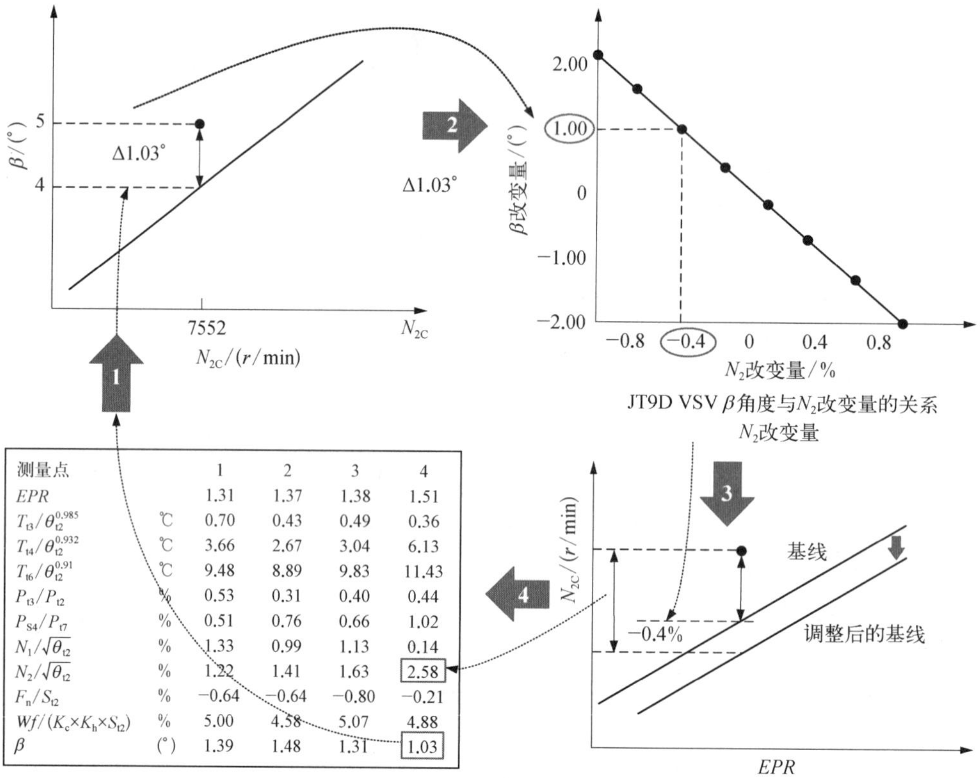

测量点		1	2	3	4
EPR		1.31	1.37	1.38	1.51
$T_{t3}/\theta_{t2}^{0.985}$	℃	0.70	0.43	0.49	0.36
$T_{t4}/\theta_{t2}^{0.932}$	℃	3.66	2.67	3.04	6.13
$T_{t6}/\theta_{t2}^{0.91}$	℃	9.48	8.89	9.83	11.43
P_{t3}/P_{t2}	%	0.53	0.31	0.40	0.44
P_{S4}/P_{t7}	%	0.51	0.76	0.66	1.02
$N_1/\sqrt{\theta_{t2}}$	%	1.33	0.99	1.13	0.14
$N_2/\sqrt{\theta_{t2}}$	%	1.22	1.41	1.63	2.58
F_n/S_{t2}	%	−0.64	−0.64	−0.80	−0.21
$Wf/(K_c \times K_h \times S_{t2})$	%	5.00	4.58	5.07	4.88
β	(°)	1.39	1.48	1.31	1.03

图 3.20　β 和 N_2 关系的调整修正

从图 3.20 可见：对于该机型机队而言，可调静子叶片的 β 角与 N_2 转速之间有如下关系：β 变化+1°，N_2 变化为-0.4%（或 β 变化-1°，N_2 变化+0.4%）。因此，在某功率下，N_{2C} 的调整可基于以下方程：

$$N_2 \text{ 相对调整后基线的偏差值} = -0.4 \times \beta + (N_2 \text{ 相对原基线的偏差值}) \quad (3.13)$$

当可调静子叶片角度控制计划偏离了正常情况，或可调静子叶片角度偏离了基线值时都需要对 N_2 与 β 之间的关系进行调整。

3.2.3　单元体性能评估

对于涡轮风扇发动机而言，各单元体的性能衰退，会对不同参数产生影响，下面选择一些典型参数，分析其变化的原因，这些参数是分析发动机各单元体健康状态的重要参数。在分析过程中，由于所用数据都是测量数据，所以还需考虑的一点是测量数据是否存在指示错误。

3.2.3.1　单元体性能评估常用参数

在分析发动机性能和压气机健康状况时，有几个关键参数是必不可少的。这些参数的实际值与基线的偏差代表了发动机的某些单元体可能出现一定程度的性能衰退，下面分别介绍一下这些参数和引起这些参数产生偏差的因素。

1. 低压压气机增压比

低压压气机增压比（LPC *PR*，LPC $PR = P_{t2.5}/P_{t2}$）。发动机各单元体性能的好坏都会直接影响 LPC 的出口压力和温度。由于低压压气机增压比较低，再加上测量误差，LPC 出口温度不会出现明显变化。图 3.21 列出了一些影响 LPC *PR* 的最常见气路问题。

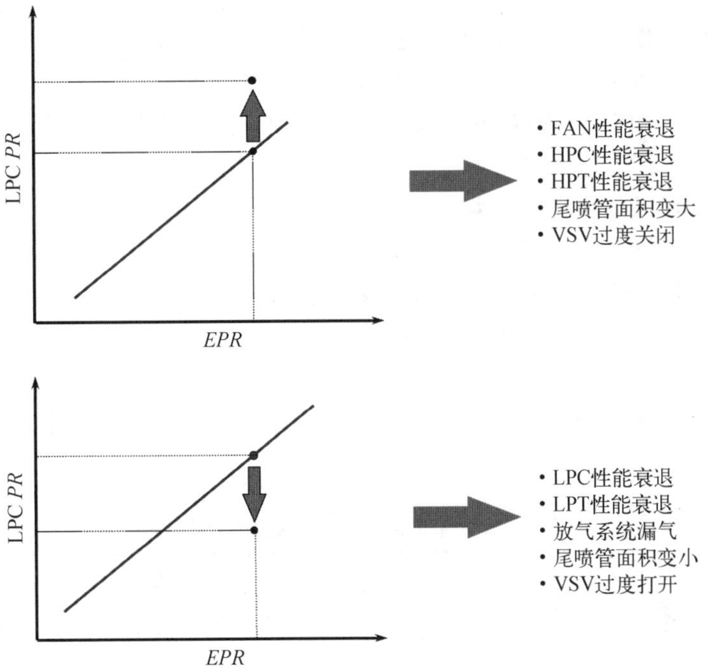

图 3.21　各单元体对 LPC 增压比的影响

1）风扇性能衰退

风扇性能衰退后对空气的增压能力下降，导致吸入风扇的空气流量下降，这样其所需的 LPT 输出功减少。由于风扇性能的衰退对 LPT 的输出功影响不大，LPT 输出的多余能量被用来加速 N_1，即风扇性能衰退会导致 N_1 转速升高，相应 LPC 做功就增加，从而使 LPC *PR* 上升。

2）高压转子（HPC 和/或 HPT）性能衰退

高压转子性能衰退将导致高压转子转速降低，这是因为衰退后的 HPC 要达到与衰退前相同的增压比，往往需要更多的能量输入。高压转子转速降低，造成 HPC 增压比降低，这样 LPC 在总增压比中所占的比重将不得不增大，LPC *PR* 自然上升。

3）尾喷管面积增加

尾喷口面积加大会使 LPT 的膨胀比增大，从而允许 LPT 从燃气中获得更多的能量。这些多余的能量被用来加速 N_1，从而让 LPC 做更多的压缩功，导致 LPC *PR* 上升。

4）可调静子叶片

可调静子叶片（VSV）通常用在 HPC 前几级，以优化 HPC 效率和稳定性。VSV 对 LPC *PR* 的影响非常微弱，但如果 VSV 过度关闭，则会限制气流流通 HPC，导致 LPC *PR* 升高。

发动机引气通常来自高压压气机，用来给飞机气源系统供气，用于飞机增压、空调等。而发动机放气装置则可能位于低压和高压压气机上，放气的目的是保持发动机稳定性。但如果出现放气活门开度不合适，或放气活门、引气系统漏气，则会使位于这些活门下游的压气机转子负荷减轻，造成转子转速增加，同时也会使增压比下降。

从前面的分析可知，导致 LPC *PR* 变化的因素很多，因此，有了 LPC 增压比的偏差之后还需要与其他参数变化相结合，才能更好地分析发动机的整体状况。

表 3.1 为某型高涵道比涡扇发动机（TR2040）机队的试车台数据（相对基线偏差）汇总。表中数据是按 LPC *PR* 偏差值从大到小排序的。注意偏差值是相对值，即偏差值与基线值的百分比。在把这些数据放在一起列表时，应注意下列条件：

（1）所有发动机必须是同一类型；

（2）所有发动机必须是相同构型；

（3）所有数据必须来自相同试车台的修正数据；

（4）利用相同基线计算偏差；

（5）获取数据时，发动机功率基本一致（通常高功率下测得的数据更准确）。

通常，当 LPC 增压比与其他参数相结合时，例如 N_1 相对于 N_2 的变化，可进一步提供发动机气路性能衰退的信息。

表 3.1　大修后的低压压气机增压比变化

发动机系列号（S/N）	*EPR* $(P_{t4.9}/P_{t2})$	ΔLPC *PR* $[\Delta(P_{t2.5}/P_{t2})]$/%	Δ*EGT* $(T_{t4.9}/\theta_{t2})$/℃	裕度（*EGTM*）/℃	LPT 时间（*TSO*）	基线（BASELINE）
XY7112	1.481	3.95	35.13	−4	12 002	TR2040B
XY7132	1.482	2.7	14.22	15	10 451	TR2040B
XY2562	1.482	1.21	21.53	8	19 885	TR2040B
XY2557	1.481	0.71	18.96	8	16 280	TR2040B
XY1998	1.476	0.29	17.1	15	20 115	TR2040B
XY2074	1.481	0.08	26.4	5	12 840	TR2040B
XY2725	1.486	−0.07	19.7	7	11 946	TR2040B
XY2558	1.484	−0.28	26.27	—	19 393	TR2040B
XY7111	1.474	−0.92	10.2	22	11 335	TR2040B
XY2558	1.484	−1.18	22.34	6	19 393	TR2040B
XY2677	1.482	−1.59	0.22	31	—	TR2040B
XY2567	1.477	−2.08	7.71	24	17 883	TR2040B
XY2603	1.476	−2.41	0.17	32	15 510	TR2040B

续　表

发动机系列号 (S/N)	EPR ($P_{t4.9}/P_{t2}$)	ΔLPC PR [$\Delta(P_{t2.5}/P_{t2})$]/%	ΔEGT ($T_{t4.9}/\theta_{t2}$)/℃	裕度 ($EGTM$)/℃	LPT 时间 (TSO)	基线 (BASELINE)
XY2674	1.475	−2.7	10.38	22	12 659	TR2040B
XY2547	1.485	−2.82	8.96	18	17 279	TR2040B
XY2668	1.475	−3.57	3.67	29	13 588	TR2040B
XY1978	1.481	−3.62	9.52	19	—	TR2040B
XY1956	1.482	−4.84	1.92	28	0	TR2040B
XY1952	1.484	−5.31	3.04	26	0	TR2040B
XY2696	1.486	−5.64	14.72	12	—	TR2040B
XY2677	1.483	−5.71	3.36	24	—	TR2040B
XY2699	1.48	−7.55	5.79	23	20 876	TR2040B

2. N_2 转速

图 3.22 列出了引起 N_2 转速变化的一些最常见的气路问题。N_2 的偏差量会随着问题的类型和严重程度而变化。一般情况下，下列因素对 N_2 的影响比较明显：① 可调静子叶片的角度；② 引气系统漏气；③ 高压涡轮的性能衰退。

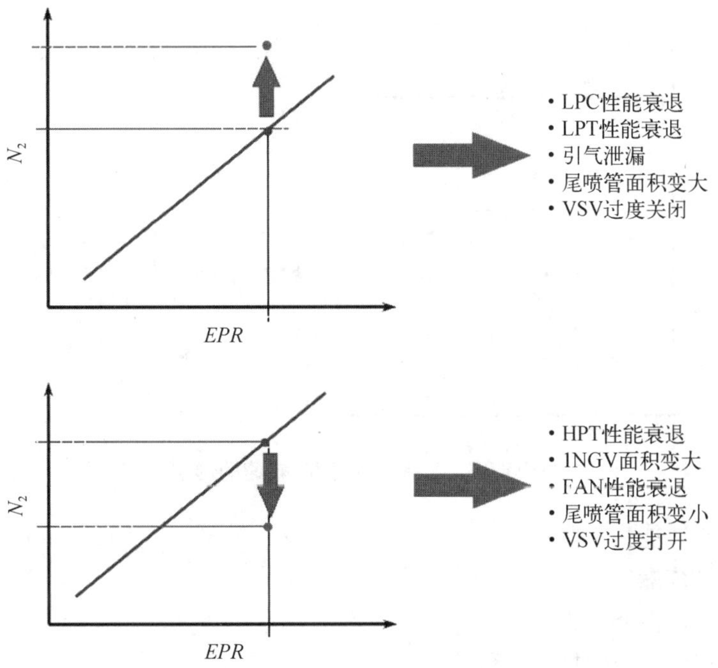

图 3.22　各单元体对 N_2 转速的影响

1）LPC 或 LPT 性能衰退

LPC 或 LPT 性能衰退会造成低压转子做功能力下降，为维持恒定功率（EPR），需要增加燃油流量，进而导致 HPT 做功能力增强，N_2 转速增加。

2）VSV 角度

如果 VSV 过度打开，那么进入 HPC 的空气流量会增大，导致 HPC 负载变大，在 HPT

输出功率不变的情况下，N_2 转速自然会下降。

而发动机引气泄漏，在一定程度上会降低 HPC 的负载（部分空气流量被释放到 HPC 外面），从而导致 N_2 转速增加。

3）HPT 性能衰退

HPT 出现性能衰退时，涡轮落压比下降，高压涡轮从燃气中获得的能量减少，因而 N_2 会随之下降；而高压涡轮第一级导向器面积变大和尾喷管面积变小，也会引起涡轮落压比下降，从而导致 N_2 降低。

3. N_1 转速

图 3.23 列出了影响 N_1 转子转速的一些最常见问题。同样，N_1 偏差量的大小会随着问题的类型和严重程度而变化。一般情况下，下列因素对 N_1 转速影响较大：

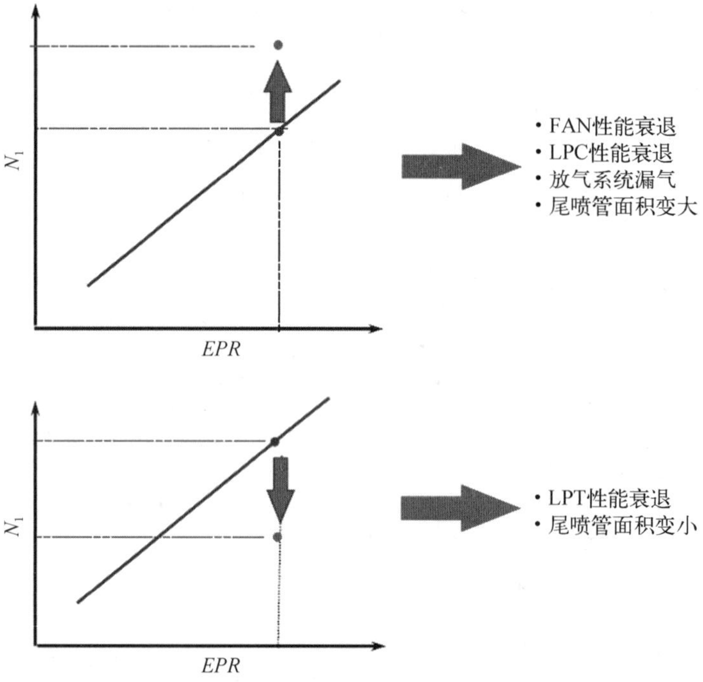

图 3.23 各单元体对 N_1 转速的影响

（1）风扇流通能力下降；

（2）放气系统漏气；

（3）低压涡轮性能衰退。

1）风扇和低压压气机性能衰退

风扇出现性能衰退包括流通能力和效率的下降，这必然会导致发动机推力下降。另外，空气流量的下降使得多余的涡轮功会导致 N_1 转速增加；而 LPC 性能衰退时，会引起 *EPR* 降低，为维持给定 *EPR*，需要增加燃油流量，LPT 做功能力增强，从而使 N_1 小幅升高。但影响幅度取决于发动机类型和风扇衰退程度。

2）放气系统漏气

一般双转子涡扇发动机的低压压气机出口有放气活门，若该放气活门漏气，会影响

LPC 出口的压力,并在一定程度上会降低 LPC 的负载,从而导致 N_1 增加。

3）低压涡轮性能衰退

LPT 性能衰退直接导致其做功能力下降,使 N_1 转速下降。尾喷管面积变大,也会使低压涡轮的落压比增大,从而导致 N_1 随之上升。

4. 压气机总增压比

压气机总增压比（$OCPR$）是压气机出口总压（P_{t3}）与发动机进口总压（P_{t2}）之比。如图 3.24 所示,当高压涡轮第一级导向器（1NGV）、HPT、尾喷管面积偏离设计状态时,$OCPR$ 参数将偏离基线值。

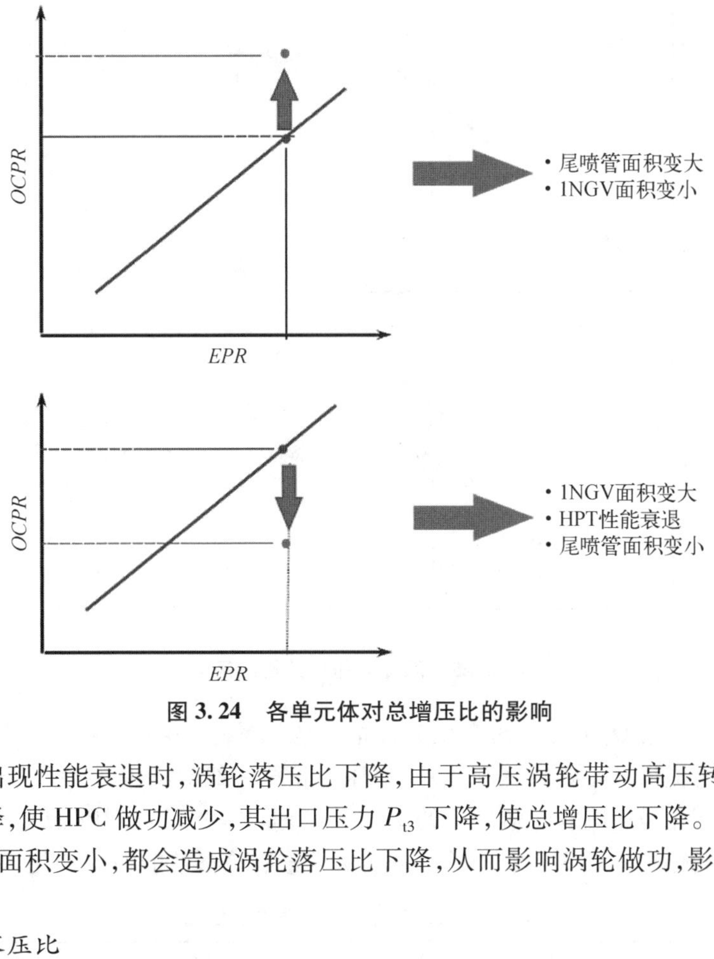

图 3.24　各单元体对总增压比的影响

当 HPT 出现性能衰退时,涡轮落压比下降,由于高压涡轮带动高压转子转动,因而 N_2 会随之下降,使 HPC 做功减少,其出口压力 P_{t3} 下降,使总增压比下降。而 1NGV 面积变大和尾喷管面积变小,都会造成涡轮落压比下降,从而影响涡轮做功,影响压气机的总增压比。

5. 涡轮落压比

涡轮落压比（TER）指涡轮进口压力与出口压力之比,即 $TER = P_{t4}/P_{t4.9}$,是反映发动机性能分析的一个重要参数。该参数也代表压气机总增压比（$OCPR$）,或写作 P_{t3}/P_{t2}。这是因为:

（1）假设燃烧室总压不变,则

$$\Delta P_{t3}/P_{t2} = \Delta P_{t4}/P_{t2} \tag{3.14}$$

（2）当功率不变时,即 EPR（$P_{t4.9}/P_{t2}$）不变,则

$$\frac{\Delta P_{t4}/P_{t2}}{P_{t5}/P_{t2}} = \Delta P_{t4}/P_{t5} \tag{3.15}$$

因此

$$\Delta P_{t4}/P_{t5} = \Delta P_{t5}/P_{t4} \tag{3.16}$$

图 3.25 给出了引起 *TER* 变化的主要因素。可以看出：除非高压涡轮第一级导向器、HPT 或尾喷管面积偏离了设计值，否则此参数应该与基线保持大致相同。因此，*TER* 的衰退反映了高压涡轮第一级导向器或 HPT 的衰退情况。

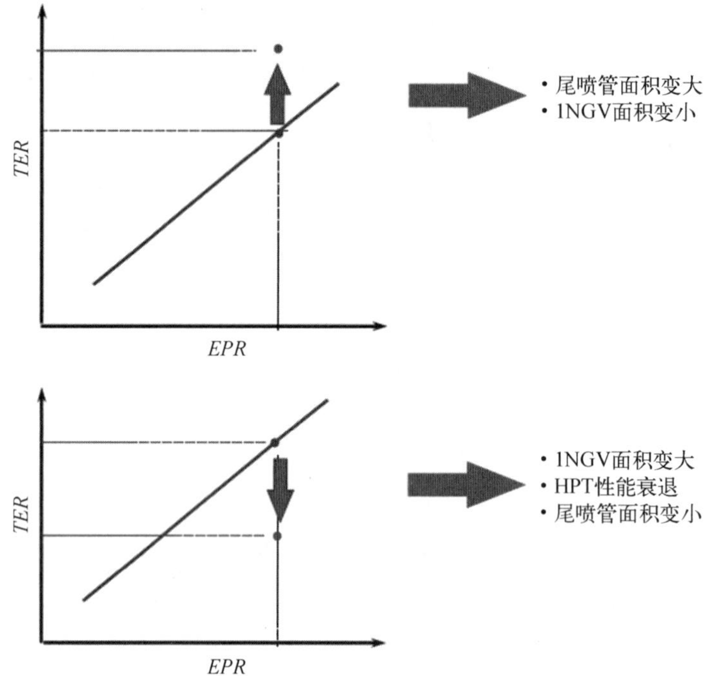

图 3.25　涡轮落压比的影响因素

涡轮落压比(或总增压比)的变化为评估高压涡轮第一级导向器、高压涡轮和/或尾喷口面积的状态提供了必要信息。通常，高压涡轮第一级导向器的面积、HPT 损伤和/或尾喷口面积的变化是影响涡轮落压比的主要因素，而风扇、LPC、HPC、LPT 等单元体对涡轮落压比的影响很小。表 3.2 给出了某发动机大修后该参数的典型变化。

表 3.2　发动机大修后涡轮落压比

发动机系列号 S/N	ΔLPC *T* ($T_{t2.5}/\theta_{t2}$)/%	ΔLPC *PR* ($P_{t2.5}/P_{t2}$)/%	Δ*TER* ($P_{t3.1}/P_{t4.9}$)/%	ΔN_{1c} ($N_1/\sqrt{\theta_{t2}}$)/%	ΔN_{2c} ($N_2/\sqrt{\theta_{t2}}$)/%	Δ*EGT* ($T_{t4.9}/\theta_{t2}$)/℃	裕度 (*EGTM*)/℃	[$\Delta(\Delta N_1-\Delta N_2)$]/%	LPT 时间 (*TSO*)
XY2074	0.39	0.08	−2.53	−0.34	−0.09	26.40	5	−0.25	12 840
XY2557	−0.31	0.71	−2.38	−0.91	−0.20	18.96	8	−0.71	16 280
XY7112	3.79	3.95	−1.92	−0.11	−0.36	35.13	−4	0.25	12 002
XY2558	−2.86	−0.28	−1.42	−0.25	0.50	26.27	—	−0.75	19 393
XY2562	1.67	1.21	−1.41	−0.29	0.14	21.53	8	−0.43	19 885

续　表

发动机系列号 S/N	ΔLPC T ($T_{t2.5}/\theta_{t2}$)/%	ΔLPC PR ($P_{t2.5}/P_{t2}$)/%	ΔTER ($P_{t3.1}/P_{t4.9}$)/%	ΔN_{1c} ($N_1/\sqrt{\theta_{t2}}$)/%	ΔN_{2c} ($N_2/\sqrt{\theta_{t2}}$)/%	ΔEGT ($T_{t4.9}/\theta_{t2}$)/℃	裕度 ($EGTM$)/℃	[$\Delta(\Delta N_1-\Delta N_2)$]/%	LPT 时间 (TSO)
XY2674	-3.33	-2.70	-1.36	0.43	1.21	10.38	22	-0.78	12 659
XY2558	-3.38	-1.18	-1.34	-0.34	0.28	22.34	6	-0.62	19 393
XY7132	0.28	2.70	-1.16	-0.28	-0.14	14.22	15	-0.14	10 451
XY2567	-3.70	-2.08	-0.86	-0.72	0.44	7.71	24	-1.16	17 883
XY2725	-1.86	-0.07	-0.76	-0.26	0.80	19.70	7	-1.06	11 946
XY1998	-0.18	0.29	-0.40	0.19	0.80	17.10	15	-0.61	20 115
XY2699	-7.70	-7.55	-0.39	-0.70	1.54	5.79	23	-2.24	20 876
XY2696	-6.35	-5.64	-0.27	-0.44	1.10	14.72	12	-1.54	—
XY7111	-2.46	-0.92	-0.24	-0.05	0.87	10.20	22	-0.92	11 335
XY2547	-3.95	-2.82	0.05	-0.62	0.86	8.96	18	-1.48	17 279
XY2668	-5.30	-3.57	0.08	-0.41	0.85	3.67	29	-1.26	13 588
XY2603	-2.86	-2.41	0.18	0.08	1.29	0.17	32	-1.21	15 510
XY1952	-5.13	-5.31	0.18	-0.18	1.49	3.04	26	-1.67	0
XY2677	-0.88	-1.59	0.27	-0.17	0.90	0.22	31	-1.07	—
XY1956	-20.89	-4.84	0.31	0.11	1.30	1.92	28	-1.19	0
XY2677	-7.10	-5.71	0.33	-0.88	1.54	3.36	24	-2.42	—
XY1978	-5.65	-3.62	0.68	-0.73	0.76	9.52	19	-1.49	—

3.2.3.2　建立评估参数之间的关系

前面介绍了单元体评估时常用的发动机参数，以及引起这些参数相对于基线值的偏差的主要原因，由于单元体性能衰退会导致不同参数都会变化，因此，仅凭单个参数的变化有时很难评估具体是哪个单元体性能衰退引起的。不同参数之间的变化是有关联的，因此，在有了各参数的变化后，还可进一步建立这些参数之间的关系，通过验证它们之间的关系，进一步分析问题所在。

1. LPC PR 与($\Delta N_1-\Delta N_2$)的关联

虽然转子转速的变化可以预示特定的单元体故障，但将转子转速的变化与其他参数的变化相结合可以提供更准确的评估指标。当把 LPC 增压比与 N_1 相对于 N_2 的变化进行关联时，通常可以发现这两个参数之间具有相关性。

从前面分析知道：HPT 性能衰退，会导致 N_2 转速降低，LPC 增压比增大；而 LPT 的退化，会导致 LPC 增压比降低和 N_1 转速下降。这些由 HPT 和 LPT 引起的 LPC 增压比的变化其实是因热端部件损伤而引起的 N_1 转子与 N_2 转子转速不匹配造成的。不符合这种相关性的任何偏差都可以归因于其他单元体的性能衰退。如表 3.3 所示，在本例中，随着 LPC 增压比的减小，ΔN_1 相对于 ΔN_2 的变化也减小。这一关系表明，在这一特定的机队样本中，HPT 和 LPT 是 LPC 增压比变化的主要因素。需要注意的是，在不同的机队中，监测出的 LPC 增压比随 N_1 与 N_2 变化的关系可能是不同的。

对这些偏差数值的全面分析可以为分析人员提供额外的信息，以便更好地评估机队中发动机的性能。图 3.26 给出了 LPC 增压比与 N_1 相对 N_2 变化之间关系，可以发现针对该机队的发动机，LPC 的增压比偏差变化大约 1%对应的$(\Delta N_1-\Delta N_2)$偏差变化大约 0.2%。也就是说，若发现发动机的这两种偏差满足这样一种关系，就可以判定 HPT 和 LPT 是 LPC 增压比变化的主要因素。

表 3.3　发动机大修后的 LPC 增压比和$(\Delta N_1-\Delta N_2)$

发动机系列号 S/N	ΔLPC *PR* $(P_{t2.5}/P_{t2})$/%	ΔN_{1c} $(N_1/\sqrt{\theta_{t2}})$/%	ΔN_{2c} $(N_2/\sqrt{\theta_{t2}})$/%	ΔEGT $(T_{t4.9}/\theta_{t2})$/℃	裕度 (*EGTM*)/℃	$[\Delta(\Delta N_1-\Delta N_2)]$/℃	LPT 时间 (*TSO*)
XY7112	3.95	-0.11	-0.36	35.13	-4	0.25	12 002
XY7132	2.70	-0.28	-0.14	14.22	15	-0.14	10 451
XY2562	1.21	-0.29	0.14	21.53	8	-0.43	19 885
XY2557	0.71	-0.91	-0.2	18.96	8	-0.71	16 280
XY1998	0.29	0.19	0.80	17.10	15	-0.61	20 115
XY2074	0.08	-0.34	-0.09	26.40	5	-0.25	12 840
XY2725	-0.07	-0.26	0.80	19.70	7	-1.06	11 946
XY2558	-0.28	-0.25	0.50	26.27	—	-0.75	19 393
XY7111	-0.92	-0.05	0.87	10.20	22	-0.92	11 335
XY2558	-1.18	-0.34	0.28	22.34	6	-0.62	19 393
XY2677	-1.59	-0.17	0.90	0.22	31	-1.07	—
XY2567	-2.08	-0.72	0.44	7.71	24	-1.16	17 883
XY2603	-2.41	0.08	1.29	0.17	32	-1.21	15 510
XY2674	-2.70	0.43	1.21	10.38	22	-0.78	12 659
XY2547	-2.82	-0.62	0.86	8.96	18	-1.48	17 279
XY2668	-3.57	-0.41	0.85	3.67	29	-1.26	13 588
XY1978	-3.62	-0.73	0.76	9.52	19	-1.49	—
XY1956	-4.84	0.11	1.30	1.92	28	-1.19	0
XY1952	-5.31	-0.18	1.49	3.04	26	-1.67	0
XY2696	-5.64	-0.44	1.10	14.72	12	-1.54	—
XY2677	-5.71	-0.88	1.54	3.36	24	-2.42	—
XY2699	-7.55	-0.70	1.54	5.79	23	-2.24	20 876

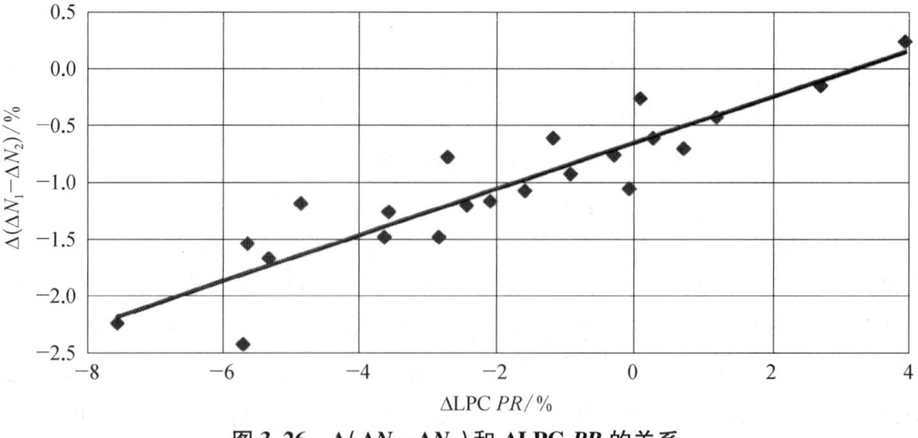

图 3.26　$\Delta(\Delta N_1-\Delta N_2)$和 ΔLPC *PR* 的关系

分析图 3.26 中$\Delta(\Delta N_1-\Delta N_2)$和 ΔLPC *PR* 之间的关系，还可发现沿该直线左下角区域参数的变化是由于 LPT 单元体性能衰退引起的，右上角区域参数的变化是由 HPT 单元体性能衰退和/或高压涡轮第1级导向叶片流通面积加大引起的。在这两个区域之外的数据点通常可以归因于其他单元体性能衰退。

考虑大修后的发动机各单元体性能恢复程度不同，并且它们都对LPC增压比有影响，而影响 N_1 和 N_2 的主要因素是高压涡轮、低压涡轮、风扇和VSV开度。通过对大修后发动机性能分析，可以发现只要 $(\Delta N_1-\Delta N_2)$ 和LPC增压比的偏差值的变化在一定的范围内，则认为发动机的性能是可以接受的。因此，可以创建一个以 $\Delta(\Delta N_1-\Delta N_2)$ 与 ΔLPC *PR* 来代表的发动机性能置信区域（“OK区域”），只要参数落在该区域，则表明发动机性能是正常的。图3.27是某机队的普惠发动机PW4060大修后的数据，图中每个点表示一台大修后发动机的 $\Delta(\Delta N_1-\Delta N_2)$ 和ΔLPC *PR*，并设置了“OK区域”，即在该区域内的各点所代表的发动机的性能是正常的，而在区域外各点所代表的发动机需要进一步分析存在的问题。这样通过设置“OK区域”，可标记出性能较差的发动机。“OK区域”的边界值设定应基于机队的平均值和机队的运营经验。

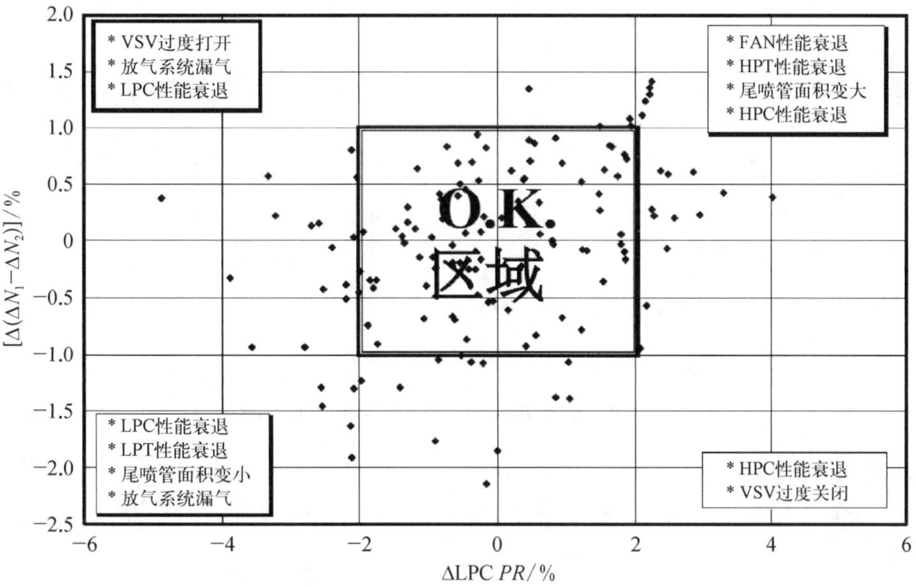

图3.27 正常的发动机区域位置

在“OK区域”之外的数据点可能代表发动机指示错误或部件性能稍差。需要注意的是，“OK区域”以两个参数的平均值为中心。对于大多数发动机而言，LPC *PR* 变化范围为±2%，$(\Delta N_1-\Delta N_2)$ 变化范围±1%。“OK区域”也可以是椭圆形的，远离“OK区域”并不意味着发动机修后性能不达标，只是其在某些方面存在问题，应分析为何该发动机会远离“OK区域”，同时将其添加到“观察单”中，需要在今后发动机运行监控中加以关注，另外，其也可为下次下发送修提供参考。图3.27给出了落在“OK区域”外，4个角范围内发动机可能存在的主要问题。

LPC增压比是反映气路损失最敏感的参数之一。LPC上下游的部件出现问题都会对其出口压力产生影响，相应LPC出口温度也会随着发生变化，但仪表指示问题可能会掩盖这种变化。可以利用焓(h)与熵(S)的关系图来解释这个问题。熵也被称为过程中的损失。

图 3.28 以焓熵图的形式显示了各单元体性能衰退对 LPC 出口压力和温度产生的影响。图中虚线代表各单元体性能衰退后的状况。

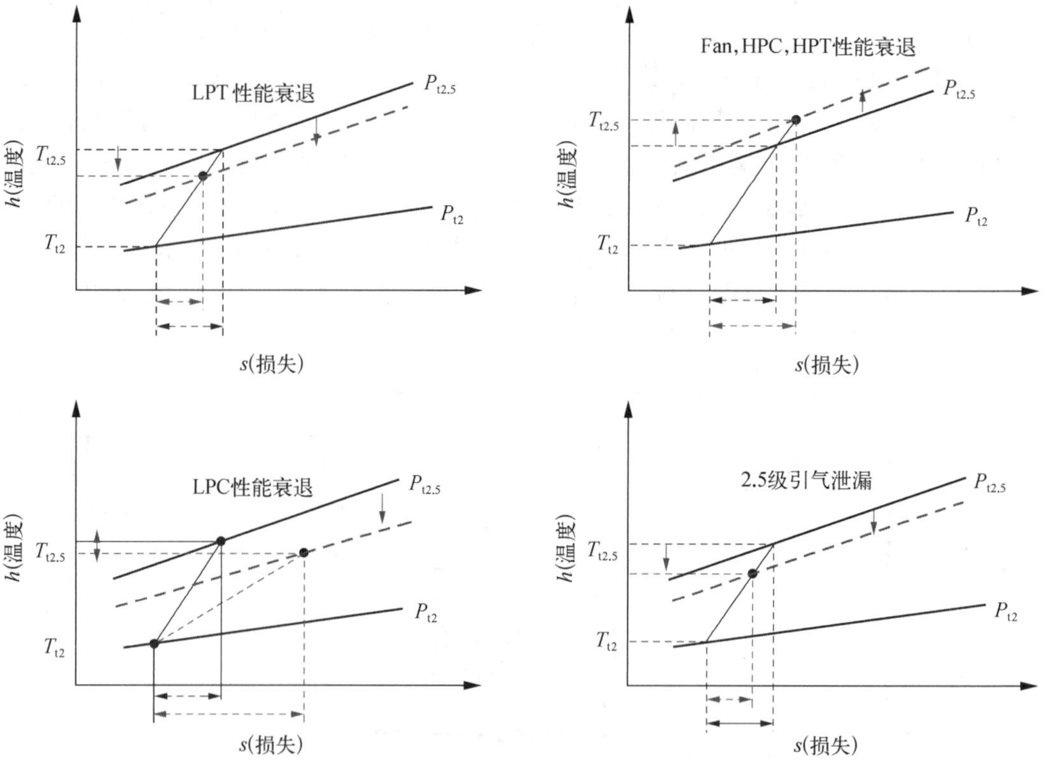

图 3.28　各单元体对 LPC 出口参数的影响

从图 3.28 可归纳如下：

(1) LPT 性能衰退导致 N_1 速度下降，从而使 LPC 对气体所做的功减少，造成其出口压力和温度下降；

(2) 风扇、HPC 和 HPT 性能衰退均会造成 LPC 出口压力升高，所以，LPC 出口压力和温度都有所上升；

(3) LPC 性能衰退会导致出口压力下降，但出口温度基本不变，这是因为 LPC 损失变成了温度升高；

(4) 低压压气机放气系统泄漏问题也会导致 LPC 增压比下降（类似于 LPC 性能衰退），出口温度也会下降。

因此，评估发动机性能状态时必须考虑其他参数。转速（N_1 和 N_2）是单元体性能评估必不可少的一个部分。例如，LPC 性能衰退可能表现为 N_1 的增加，而 LPT 性能衰退可能表现为 N_1 的下降。在这两种情况下，LPC 增压比（$P_{t2.5}/P_{t2}$）都会降低。因此，需要考虑所有相关参数与健康发动机（基线）的偏差来评估每个单元体的性能。

理想情况下，良好的 LPC 性能应表现为 LPC 出口温度与 LPC 增压比应有一定的比例关系，但不同类型的发动机这个关系是不同的。表 3.4 显示了某机队发动机的 LPC 这两个比值之间的关系。在实际机队管理中可以开发一个包括这些参数偏差的数据库，以帮助分析人员对 LPC 单元体进行性能评估。

表 3.4　大修后的 LPC 增压比和温度比

发动机系列号 S/N	ΔLPC T ($T_{t2.5}/\theta_{t2}$)/%	ΔLPC PR ($P_{t2.5}/P_2$)/%	ΔN_{1c} ($N_1/\sqrt{\theta_{t2}}$)/%	ΔN_{2c} ($N_2/\sqrt{\theta_{t2}}$)/%	ΔEGT ($T_{t4.9}/\theta_{t2}$)/℃	裕度 ($EGTM$)/℃	[$\Delta(\Delta N_1-\Delta N_2)$]/%	LPT 时间 (TSO)
XY7112	3.79	3.95	−0.11	−0.36	35.13	−4	0.25	12 002
XY7132	0.28	2.70	−0.28	−0.14	14.22	15	−0.14	10 451
XY2562	1.67	1.21	−0.29	0.14	21.53	8	−0.43	19 885
XY2557	−0.31	0.71	−0.91	−0.2	18.96	8	−0.71	16 280
XY1998	−0.18	0.29	0.19	0.80	17.10	15	−0.61	20 115
XY2074	0.39	0.08	−0.34	−0.09	26.40	5	−0.25	12 840
XY2725	−1.86	−0.07	−0.26	0.80	19.70	7	−1.06	11 946
XY2558	−2.86	−0.28	−0.25	0.50	26.27	—	−0.75	19 393
XY7111	−2.46	−0.92	−0.05	0.87	10.20	22	−0.92	11 335
XY2558	−3.38	−1.18	−0.34	0.28	22.34	6	−0.62	19 393
XY2677	−0.88	−1.59	−0.17	0.90	0.22	31	−1.07	—
XY2567	−3.70	−2.08	−0.72	0.44	7.71	24	−1.16	17 883
XY2603	−2.86	−2.41	0.08	1.29	0.17	32	−1.21	15 510
XY2674	−3.33	−2.70	0.43	1.21	10.38	22	−0.78	12 659
XY2547	−3.95	−2.82	−0.62	0.86	8.96	18	−1.48	17 279
XY2668	−5.30	−3.57	−0.41	0.85	3.67	29	−1.26	13 588
XY1978	−5.65	−3.62	−0.73	0.76	9.52	19	−1.49	—
XY1956	−20.89	−4.84	0.11	1.30	1.92	28	−1.19	0
XY1952	−5.13	−5.31	−0.18	1.49	3.04	26	−1.67	0
XY2696	−6.35	−5.64	−0.44	1.10	14.72	12	−1.54	—
XY2677	−7.10	−5.71	−0.88	1.54	3.36	24	−2.42	—
XY2699	−7.70	−7.55	−0.70	1.54	5.79	23	−2.24	20 876

2. LPC 增压比与其出口温度的关联

基于气体热力学原理可知，LPC 出口温度应与其增压比保持一定的关系。通常利用大修后的发动机试车数据对这两个参数进行拟合，即可确定 LPC PR 与 LPC 出口温度的比值，图 3.29 即为表 3.4 中的数据拟合结果。在该机队中 LPC 增压比每变化 1%，LPC 出口温度也随之变化大约 1℃。注意，对大多数发动机来说，LPC 增压比每变化 1%，修正后的 LPC 出口温度可能会变化 1.5℃左右。

若 LPC 出口温度相对较高，但 LPC 增压比相对偏低时，此时对应于图 3.29 中拟合曲线的右下方区域，这可能表明 LPC 性能较差。因为压气机的热力学特性在很大程度上取决于气动特性。当压气机具有高气动效率时，其将以较低的温升实现较高的增压；而气动效率低时，压气机将以熵增更大的路径进行增压，这样达到相同压力升时，其温升也会更大。

下面给出了一些引起这两个参数之间的关系明显变化的因素：

(1) LPC 性能衰退，LPC 进出口温度比的变化相对于 LPC 增压比的变化会比预期

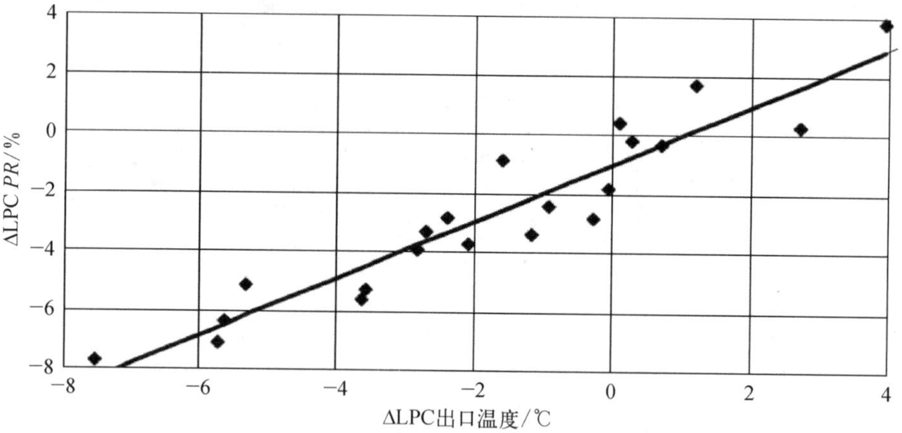

图 3.29　LPC 增压比和出口温度的关系

的高；

（2）HPC 性能衰退，LPC 进出口温度比的变化相对于 LPC 增压比的变化会比预期的低；

（3）放气活门漏气可能显示出也可能显示不出 LPC 的增压比和温度比之间的相关性。

需要注意的是，由于用于测量 LPC 出口温度的热电偶数量有限，这样得到的温度可能精度不高，因此，基于测量的 LPC 出口温度和压力而得到的这两个参数之间的关系可能不会很好，但它们之间的关系有助于分析人员更好评估 LPC 的性能。

3. *TER* 与 *EGT* 的关联

从发动机原理知道，影响涡轮功的两个重要参数是落压比（*TER*）和涡轮进口温度，因此，当保持发动机功率不变时，其中一个参数减少时，另一个参数就要增加。图 3.30 显示了某发动机机队（TR2040 发动机）的涡轮落压比（或发动机总增压比）与 *EGT* 之间的关系。*TER* 与 *EGT* 之间的关系可为分析高压涡轮第一级导向器的面积变化、HPT 衰退和/

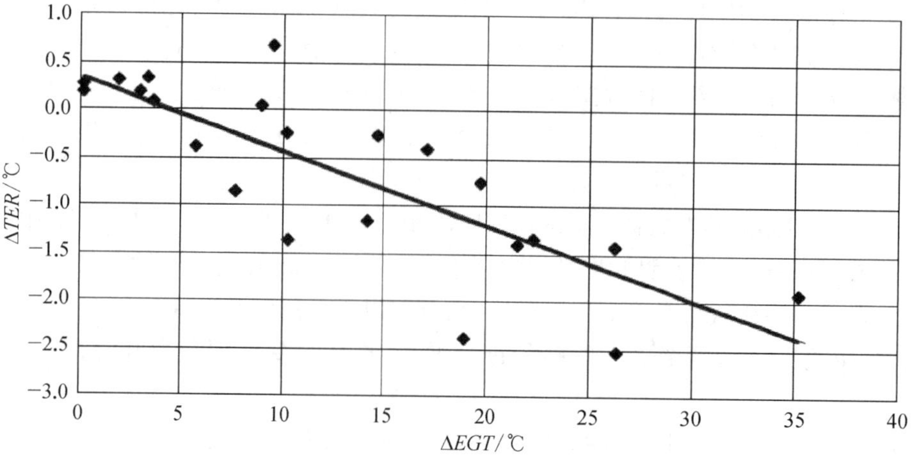

图 3.30　涡轮落压比与 *EGT* 的关系

或尾喷口面积变化提供重要信息。从图可见在本机队中,落压比下降 2%,*EGT* 相对于基线值上升约 15℃,需注意的是这种关系会随发动机类型的不同而不同。

4. 发动机推力与 N_1 转速的关联

涡扇发动机的推力(F_n)与 N_1 转速成一定比例关系。在大多数情况下,风扇性能衰退会使 N_1 转速增加,相应发动机推力会减少;另一方面,LPT 的性能衰退会导致 N_1 转速显著下降,同时推力也会降低。建立推力与 N_1 之间的关系,并利用其分析可能出现的风扇、LPT 性能衰退和发动机指示问题,参见图 3.31。

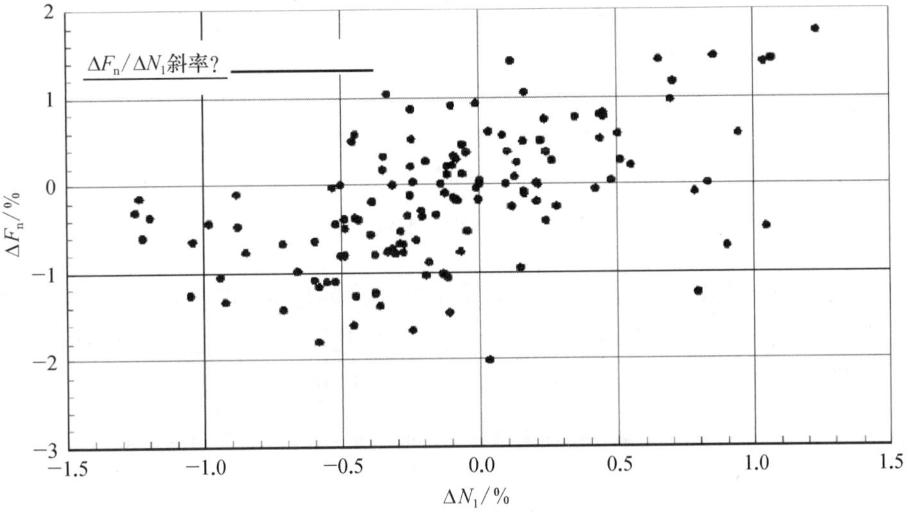

图 3.31　ΔF_n 和 ΔN_1 的关联

在理想情况下,对于高涵道比的发动机,如 PW4000,F_n 与 N_1 之间约为 1 : 1 的关系。有的涡扇发动机,F_n 与 N_1 的比值约为 1.5 : 1。

5. 燃油流量(*Wf*)与 *EGT* 的关联

随着发动机(或单元体)的性能衰退,必须增加燃油流量才能产生所需的发动机功率。燃油流量的增加也会导致 *EGT* 的增加。通常情况下,无论发动机气路性能衰退与否,*Wf* 的增加与 *EGT* 的增加成正比。对于大多数发动机类型,这一比例关系通常是 *EGT* 变化 10℃,*Wf* 变化 1%,除非出现以下情况: *EGT* 或 *Wf* 的指示问题、引气泄漏、燃烧室性能衰退。

图 3.32 给出发动机的 *EGT* 与 *Wf* 的比值约为 10℃/1%,但也有部分发动机的比值明显偏离了这一正常比例。所以应该用实际发动机的数据来建立该关系。

3.2.3.3　单元体性能衰退对发动机性能参数影响分析

1. 性能参数变化趋势

上文介绍了单元体性能衰退所引起的一些主要性能参数的变化,为了说明它们对其他参数的影响,表 3.5 总结了发动机各单元体衰退后,对主要性能参数影响的偏移方向,其中每一列代表一个单元体性能退化对相关性能参数的相关性,空白表示影响较小或不明显。考虑到发动机的所有单元体都有可能出现性能衰退,因此,对发动机性能参数影响

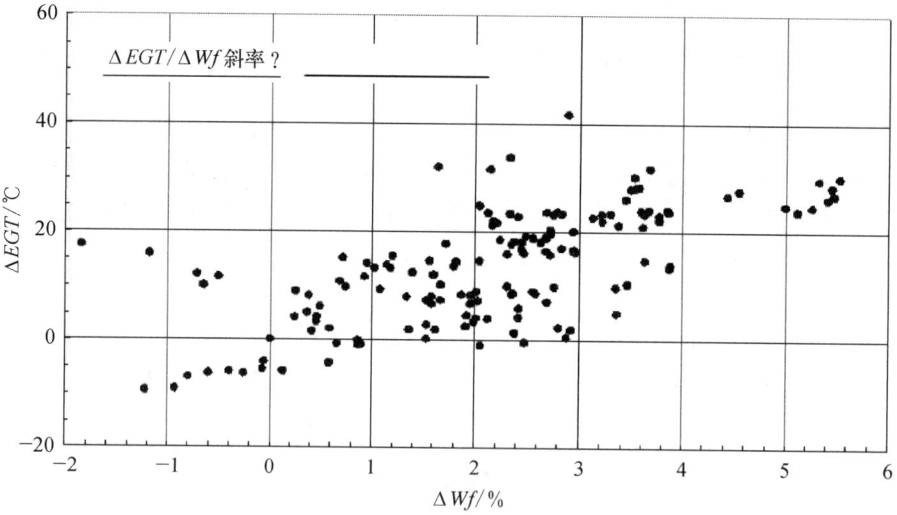

图 3.32　ΔEGT 和 ΔWf 的关联

分析是一个综合性的复杂任务。当多个单元体都存在问题时，它们对某一性能参数的影响可能会产生正负抵消的现象，从而导致相应参数变化不明显。这就需要分析人员进一步仔细分析其他数据，从相关参数中找到解决多个气路问题的方法。

表 3.5　某典型高涵道比涡扇发动机的单元体影响（海平面高度）

参　数		单元体性能衰退的影响						
		Fan	LPC	HPC	HPT	LPT	B2.5+1%	尾喷管面积+1%
修正后的 LPC 出口温度	$T_{t2.5}/\theta_{t2}$							
修正后的 HPC 出口温度	T_{t3}/θ_{t2}				↓			
EGT	T_{t49}/θ_{t2}		↑		↑		↑	
LPC 增压比	P_{t25}/P_{t2}	↑	↓	↑	↑	↓	↓	↑
涡轮落压比	P_{t3}/P_{t5}				↓			↑
修正后的 N_1	$N_1/\sqrt{\theta_{t2}}$					↓		↑
修正后的 N_2	$N_2/\sqrt{\theta_{t2}}$		↑		↓	↑	↑	
	$(N_{1c2}-N_{2c2})$	↑	↓		↑	↓	↓	↑
净推力	F_n	↓	↑			↓	↑	↑
修正后的燃油流量	$Wf/(K_c\times K_h\times S_{t2})$		↑	↑	↑		↑	↑
Fan 工作线	O/L Fan							
LPC 工作线	O/L LPC	↑	↓	↑	↑	↓	↓	↑
HPC 工作线	O/L HPC			↑	↑	↓		

表 3.5 是高涵道比涡扇发动机（如 PW4000 系列）单元体性能衰退对发动机性能参数的影响趋势，其显示了不同性能参数相对其基线的偏移方向。这种相关性可能适用于大多数高涵道比涡扇发动机，但不一定适用于低涵道比的发动机，如 JT8D 和 JT3D 等。

2. 性能参数的变化量

表 3.5 只是给出了参数的变化方向，并未给出相对于基线值变化量的大小，只能用于

定性分析单元体性能衰退产生的影响。但在实际分析中,分析人员不但要知道每个性能参数的变化方向,还需要知道其相对于基线值的变化量,这样才能给出性能衰退的量化指标,并进一步利用这些偏差值,判断问题所在。

利用发动机性能模型,可以计算出单元体性能衰退对各参数影响的多少。这需要准确的发动机性能模型。表 3.6 是一台风扇直径为 94 英寸的 PW4000 系列发动机各单元体性能衰退对各参数的影响值。表中包含了对 LPC 和 HPC 共同工作线的影响,表中数据代表了工作线的偏移量,正偏移表示相应压气机的喘振裕度减小。当然,完整评估喘振裕度,不仅需要考虑压气机工作线的变动,还需要考虑喘振边界的变动。

表 3.6　PW4000 发动机单元体性能影响系数

		单元体性能衰退的影响					
		FAN	LPC	HPC	HPT	LPT	尾喷口面积+1%
修正后的 LPC 出口温度	$(T_{t2.5}/\theta_{t2})$/℃	0.3	−0.1	0.3	1.6	−0.7	1.7
修正后的 HPC 出口温度	(T_{t3}/θ_{t2})/℃	−0.3	1.3	0.9	−6.4	0.7	2.7
EGT	(T_{t49}/θ_{t2})/℃	−0.8	2.1	1.5	8.7	0.8	0.8
LPC 增压比	(P_{t25}/P_{t2})/%	0.2	−0.6	0.3	1.9	−0.6	1.2
涡轮落压比	(P_{t3}/P_{t5})/%	0.0	0.0	−0.1	−1.1	0.0	1.1
修正后的 N_1	$(N_1/\sqrt{\theta_{t2}})$/%	0.1	0.1	0.0	0.0	−0.1	0.7
修正后的 N_2	$(N_2/\sqrt{\theta_{t2}})$/%	0.0	0.3	0.0	−1.5	0.3	0.1
净推力	F_n/%	−0.3	0.1	0.0	0.0	−0.1	0.9
修正后的燃油流量	$[Wf/(K_c \times K_h \times S_{t2})]$/%	−0.1	0.3	0.2	0.9	0.0	1.3
FAN 工作线	O/L FAN/%	0.1	0.0	0.0	0.0	0.0	0.0
LPC 工作线	O/L LPC/%	0.2	−0.5	0.4	2.4	−0.6	0.4
HPC 工作线	O/L HPC/%	0.0	0.0	0.3	0.6	−0.1	0.0

注: 表中数据的计算条件为海平面静止态,起飞推力不变;恒定的涡轮匹配,效率随实际发动机而变化。

3. 影响系数

发动机单元体性能衰退通常表现在流通能力(对涡轮而言为有效流通面积)和效率的变化。而流通能力的变化又与效率的变化相关,这种单元体流通能力和效率的相关性系数称为影响系数,其因发动机和单元体不同而不同。例如,对于 JT9D 发动机而言,当风扇流通能力下降 1.5%时,通常伴随着风扇效率损失 1.0%。简单地说,影响系数代表了单元体流通能力与单元体效率的比值。表 3.7 列举了一些典型涡扇发动机单元体的影响系数。

表 3.7　典型发动机单元体影响系数

发动机单元体	FAN	LPC	HPC	HPT	LPT
JT8D－200	1.50	1.5	1.0	—	—
JT9D	1.50	1.5	2.0	−0.70	−0.70
PW2000	1.30	1.3	1.0	−0.20	−1.50
PW4000 94″	1.25	1.1	0.8	−0.75	−1.65
PW4000 100″	1.25	1.1	0.8	−0.75	−1.65

续 表

发动机单元体	FAN	LPC	HPC	HPT	LPT
PW4000 112″	1.80	1.1	0.8	−2.30	−1.60
V2500	1.40	1.6	1.2	−0.50	−1.50

注：对于冷端部件影响系数 $=\frac{\text{流通能力的变化}}{\text{效率的变化}}$，对于热端部件影响系数 $=\frac{\text{有效流通面积的变化}}{\text{效率的变化}}$。

3.2.3.4 单元体性能衰退对压气机共同工作线的影响

由发动机原理可知，当发动机在某工作状态下保持稳定工作时，压气机消耗的功等于涡轮所的做功，即在稳态下，发动机工作时沿共同工作线移动。下面从功率平衡的角度分析单元体性能衰退后，对共同工作线的影响。

1. 涡轮功曲线

在绘制共同工作线时，可利用共同方程进行试凑；也可将涡轮功曲线投射到压气机特性图上，再寻找功率平衡点。考虑到后者较为形象，下文将对其具体的绘制步骤进行介绍。首先，可假设涡轮功为某一特定值，根据涡轮功的定义可知其是落压比和涡轮效率的函数，但某一特定的涡轮功往往会对应着多种落压比和效率的组合。利用已知的涡轮工作特性图（涡轮流量和效率随转速和落压比的变化关系），可对每一种落压比和效率组合，求出其对应的转速和流量。因此，对每一给定的涡轮功，就可以确定多种转速和流量的组合。最后，利用压气机和涡轮的共同工作需满足转速一致和流量连续的条件，可把上述方法得到的转子转速和流量组合直接绘制在对应的压气机工作特性图上，并将所有这些组合点的轨迹连接起来就可以得到一条恒定的涡轮功曲线。重复上述过程，可以生成一系列恒定的涡轮功曲线。

2. 压气机功曲线

可采用与绘制涡轮功曲线类似的过程绘制恒定的压气机功曲线。然而，需要注意的是，在利用压气机工作特性图确定转子速度和流量坐标前，需要提前选择相应的压气机功。根据压气机功的定义可知其是增压比和压气机效率的函数，同样某一特定的压气机功也对应着多种增压比和效率的组合。利用已知的压气机工作特性图，可求出其对应的转速和流量组合并对其进行定位。最后，将所有这些组合点的轨迹连接起来就可以得到一条恒定的压气机功曲线。

3. 压气机工作线

在图 3.33 中任意给定点工作的压气机都需要一定量的输入功。当压气机功曲线与等量涡轮功曲线相交时，压气机与涡轮处于功率平衡状态，即在这些相交点压气机处于稳定工作态。所有这些交点的连线即为压气机稳态工作线，参见图 3.33。

4. HPC 性能衰退对低压压气机工作的影响

在评估发动机性能时，必须认识到各单元体工作性能会受其他单元体性能状态的影响。也就是说，当一个单元体性能衰退时，其他单元体将在不同的条件下运行，以满足发动机的推力需求，这通常称为单元体的重新匹配。当 HPC 性能衰退时，LPC 的工作线将会出现偏移，导致低压压气机喘振裕度下降。这主要是由于 HPC 性能衰退而导致 LPC 做

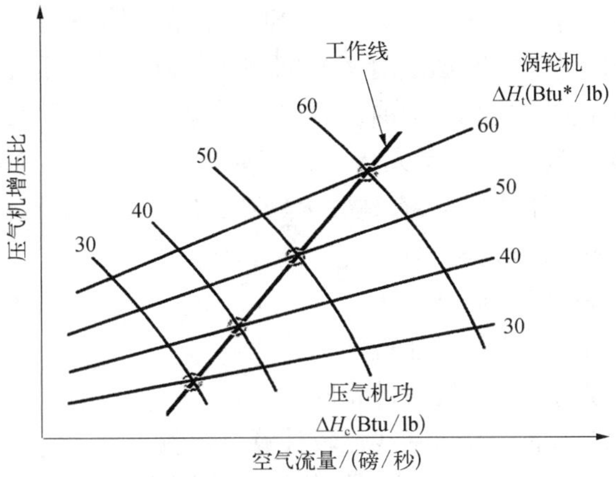

图 3.33 工作线的定义

ΔH_t 为涡轮机焓变(功);ΔH_c 为压气机焓变(功)

功增加引起的,如图 3.34 所示。从图中可以看出,为了满足发动机的推力输出要求,LPC 重新匹配后,增压比和效率也发生了变化。

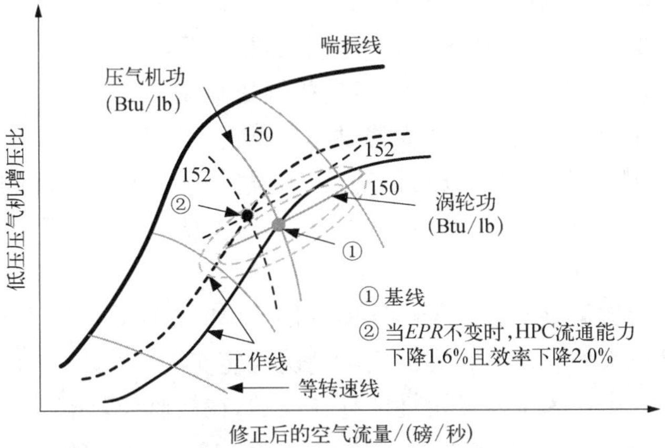

图 3.34 HPC 性能衰退对 LPC 工作线的影响

因此,单元体出现的稳定性问题不一定是其自身衰退的结果。这种现象在早期设计的发动机中,当使用时间和使用循环高后很常见。这也说明对发动机稳定性问题进行分析是非常有必要的。

3.3 发动机大修后性能分析

3.3.1 建立大修后性能参数偏差的基准

发动机大修后,可利用试车台数据,建立发动机大修后性能评估标准,分析大修后各

* 1 Btu = 1.055 06×10^3 J。

单元体的性能恢复情况，把性能存在问题的发动机或单元体找出，列入观察单，为发动机在翼监控和下次大修提供分析数据。对于有问题的发动机，还可以利用前面介绍的分析方法，识别其性能参数的异常水平，同时结合试车数据、下发返厂大修的原因和参数偏离情况，进一步分析判断存在问题的单元体。这需要建立发动机大修后的性能数据库来帮助建立发动机的健康状态评估标准，在建立大修数据库时需要注意：

（1）发动机型号相同，构型相同；

（2）发动机的修理方案类似；

（3）试车台及其相关设施尽可能相同；

（4）用于计算参数偏差的基线文件相同；

（5）利用高功率点测量参数与基线比较计算参数偏差。

基于大修数据库数据，把修后发动机性能恢复较好的发动机找出，基于这些发动机建立大修后各测量参数相对于基线值的偏差值的平均值，以这些值作为评估发动机大修后性能状态的标准。表 3.8 以 PW4000 发动机为例，给出了发动机大修后性能参数的偏差和标准性能偏差值。表中最后一行大修后平均值是指机队中大修后性能较好的发动机大修后各性能参数与基线值的偏差的平均值，该值就是所选取的 PW4056 发动机大修后的标准值。为了保证数据准确性，在数据和基线选择时，可按以下原则：

（1）发动机构型相同，本例为 SB75－514 标准的 PW4056；

（2）使用相同基线，本例为 PW4056 发动机性能基线；

（3）选定某试车台的该发动机的大修试车数据。

当试车台数据的样本选定后，就可以对发动机进行一些关键性能的详细分析：

（1）计算发动机大修后典型参数与基线的偏差值，如 ΔEGT、ΔLPC PR、ΔTER、ΔN_1、ΔN_2 等，参见表 3.8；

（2）计算典型参数偏差值相对于标准值的偏差，如（ΔEGT-ΔEGT 平均值）等；

（3）基于发动机大修后性能状态的实际情况确定步骤（2）计算的各参数偏差值的阈值，若偏差超出阈值，则认为该发动机性能存在问题，在翼监控时应予以关注；

（4）把步骤（2）计算出的偏差值与阈值比较，找出高于阈值的发动机，并把它们列入观察单，以便在翼监控和维护中重点关注。

表 3.8　PW4056－3 发动机大修后试车性能数据

发动机 S/N	ΔEGT	ΔLPC PR	$\Delta T_{t2.5}$	ΔTER	ΔT_{t3}	ΔN_1	ΔN_2	(ΔN_1-ΔN_2)	ΔF_n	ΔWf	$EGTM$	发动机返厂原因
959	4.5	1.1	0.8	−0.8	0.1	0.1	0.2	−0.1	0.1	1.9	44	改装，大修
895	17.8	1.9	−1.0	−1.5	−1.3	−0.4	0.1	−0.5	−0.4	2.3	30	喘振
862	18.2	1.8	−1.3	−2.8	−7.1	−2.1	0.0	−2.1	0.1	2.4	29	第 6 级压气机叶片损伤
810	15.2	2.2	−0.4	−1.8	−0.6	−0.2	0.5	−0.7	−0.9	2.3	31	性能恢复
701	23.5	1.0	−0.6	−1.3	2.6	−0.3	0.2	−0.5	−0.4	2.1	25	爬升中滑油温度高
662	28.4	3.0	1.4	−1.2	6.9	0.4	−0.1	0.5	0.5	5.5	22	低雷诺数
645	20.4	−0.9	−1.6	−0.8	0.0	0.0	1.8	−1.8	0.0	2.7	28	高压涡轮叶片烧伤

续　表

发动机 S/N	ΔEGT	ΔLPC PR	$\Delta T_{t2.5}$	ΔTER	ΔT_{t3}	ΔN_1	ΔN_2	$(\Delta N_1-\Delta N_2)$	ΔF_n	ΔWf	$EGTM$	发动机返厂原因
639	10.1	0.7	-2.3	-1.1	-2.2	-0.2	0.9	-1.2	0.0	2.0	37	低雷诺数
638	9.0	-0.6	-1.7	-1.4	1.1	-0.2	1.2	-1.4	0.2	2.0	39	在翼时间长,大修
636	4.3	0.5	-0.4	-0.9	5.8	0.3	0.9	-0.6	0.8	2.4	43	大修
617	24.8	0.5	-0.4	-1.0	8.5	0.5	1.3	-0.8	0.3	5.0	23	低雷诺数
537	8.1	1.3	-0.4	-2.1	-2.6	-0.2	0.7	-0.9	-0.3	1.6	39	大修
535	16.3	-0.6	-2.1	-1.3	6.4	0.1	1.1	-1.0	0.6	3.0	31	大修
507	23.7	0.0	-3.0	-3.6	-3.0	-0.6	0.4	-0.9	-1.1	2.8	22	改装
486	10.0	0.8	-2.4	-0.8	2.0	-0.1	0.7	-0.8	-0.1	2.3	37	大修
477	10.0	2.0	-0.1	-2.7	-3.3	-0.3	0.5	-0.8	-0.5	-0.7	38	大修
449	31.9	1.0	-0.2	-3.3	-2.2	-0.3	0.7	-1.0	-0.8	3.7	15	滑油消耗量高
448	6.7	1.0	-0.8	-2.3	0.5	-0.2	0.5	-0.7	-0.4	1.6	41	尾喷管发现金属
437	27.7	4.6	2.7	-2.0	2.9	0.9	0.1	0.9	0.6	4.5	22	24 项目测试失效
940	26.7	-1.9	-1.3	-0.9	-3.5	0.1	0.5	-0.4	0.4	4.4	22	低雷诺数
939	41.8	1.2	2.9	-2.2	0.2	0.5	0.2	0.3	0.6	2.9	10	低雷诺数
923	6.1	1.3	-0.8	-1.9	3.9	-0.4	0.3	-0.7	-0.6	0.5	43	大修
570	15.2	-1.2	-0.7	-3.9	-8.8	-1.1	0.5	-1.5	-1.3	0.7	33	在翼时间长,大修
320	8.0	3.7	0.3	-2.7	1.5	-0.5	-0.5	-0.1	-0.4	1.3	39	2.5 放气活门作动筒故障
687	23.6	0.4	-2.8	-2.0	2.1	-2.4	1.4	-3.8	-1.1	2.7	22	滑油温度高
683	30.2	4.0	1.9	-4.7	0.3	-0.6	0.2	-0.8	-1.8	3.5	11	N_1、N_2 比正常值高
527	-7.0	-0.4	-3.1	-2.1	-0.4	-0.9	0.1	-1.1	-1.3	-0.8	49	温度高
单位	℃	%	℃	%	℃	%	%	%	%	%	℃	
平均值	6.3	1.5	-0.2	-1.8	1.6	-0.1	0.4	-0.5	-0.1	1.6	41	大修后平均值(6 台)

注：$T_{t2.5}$ 低压压气机出口总温度；T_{t3} 高压气机出口总温度。

3.3.2　基于试车数据建立观察单

在建立了标准后，就可以把大修后发动机的试车数据与标准比较，找出超出性能差异较大的发动机，建立大修后发动机观察单。

本案例选择了大修后较好的 6 台发动机的试车数据与基线的差值的平均值作为标准，参见表 3.8 最后一行。对各参数的阈值设定如下：

(1) LPC 增压比偏差阈值为±2%；

(2) 涡轮落压比(TER)偏差阈值为-2%；

(3) $(\Delta N_1-\Delta N_2)$偏差阈值为±1%。

(4) EGT 裕度下边界值为 0℃/或自行设定的界限值(例如 10℃)。

基于上述阈值，可把表 3.8 中各参数偏差减去大修平均值，并与阈值比较，即可找出超出阈值的发动机，见表 3.9。

表 3.9　试车台数据观察单

发动机 S/N	ΔEGT	ΔLPC *PR*	LPC 出口 T	ΔTER	ΔHPC 出口 T	ΔN_1	ΔN_2	$\Delta N_1-\Delta N_2$	ΔF_n	ΔWf	*EGTM*	发动机描述
683	30.2	4.0	1.9	-4.7	0.3	-0.6	0.2	-0.8	-1.8	3.5	11	N_1、N_2 比正常值高
687	23.6	0.4	-2.8	-2.0	2.1	-2.4	1.4	-3.8	-1.1	2.7	22	滑油温度高
320	8.0	3.7	0.3	-2.7	1.5	-0.5	-0.5	-0.1	-0.4	1.3	39	2.5 级放气活门作动筒故障
570	15.2	-1.2	-0.7	-3.9	-8.8	-1.1	0.5	-1.5	-1.3	0.7	33	在翼时间长，大修
939	41.8	1.2	2.9	-2.2	0.2	0.5	0.2	0.3	0.6	2.9	10	低雷诺数
940	26.7	-1.9	-1.3	-0.9	-3.5	0.1	0.5	-0.4	0.4	4.4	22	低雷诺数
437	27.7	4.6	2.7	-2.0	2.9	0.9	0.1	0.9	0.6	4.5	22	24 项目测试失效
535	16.3	-0.6	-2.1	-1.3	6.4	0.1	1.1	-1.0	0.6	3.0	31	大修
638	9.0	-0.6	-1.7	-1.4	1.1	-0.2	1.2	-1.4	0.2	2.0	39	在翼时间长，大修
645	20.4	-0.9	-1.6	-0.8	0.0	0.0	1.8	-1.8	0.0	2.7	28	高压涡轮叶片烧伤
862	18.2	1.8	-1.3	-2.8	-7.1	-2.1	0.0	-2.1	0.1	2.4	29	第 6 级压气机叶片损伤
单位	℃	%	℃	%	℃	%	%	%	%	%	℃	
平均值	6.3	1.5	-0.2	-1.8	1.6	-0.1	0.4	-0.5	-0.1	1.6	41	大修后平均值(6 台)

当把大修后的发动机列入试车台观察单后，在日常监控过程中可开展下列工作：

(1) 若可能，对标记出的发动机，在试车台进行故障排除；

(2) 在翼时，对标记出的发动机进行故障排除；

(3) 发动机在翼服役期间，基于监控软件密切监控该发动机性能变化情况；

(4) 合理计划发动机下次进厂的维修工作范围，以解决标记的问题；

(5) 或对在翼发动机进行提前下发，也就是说，在严重超出单元体的工作能力(软时限)之前解决标记的问题。

3.4　单元体性能评估指南和流程

3.4.1　单元体性能评估指南

评估单元体健康状况是发动机健康管理的一项重要工作，也是制定发动机各单元体维修级别的依据之一。评估发动机单元体性能状态的一种有效的方法是综合考虑前面分析典型参数的变化，并把不同参数进行关联。图 3.35 给出了常用典型参数及其变化原因。常见的具有独特特征的典型参数包括：转子转速、涡轮落压比(*TER*)、LPC 增压比和 *EGT*/*Wf* 等。其中 N_1 转速相对于基线明显下降可归因于 LPT 性能衰退；涡轮落压比、修正后的 HPC 出口温度和/或 N_2 转度显著下降则可归因于 HPT 性能衰退和/或高压涡轮第一级导向器面积过大；HPC 的可调静子叶片对 N_2 转速的影响也比较明显，如果可调静子叶片开度过大，则压气机负载加大，相应 N_2 转速下降，反之，则 N_2 转速增加。*EGT* 和燃油流量(*Wf*)是两个代表能量特性的关联参数，它们之间具有一定的比例关系。对于大多数高涵道比涡扇发动机而言其比例大约是 10℃：1%，也就是说，发动机每增加 1%的燃油流量，*EGT* 将上升约 10℃。但如果发动机引气系统或放气系统出现漏气或指示错误，这个比例可能会发生改变。另一个需要考虑的有用参数是 N_1 相对于 N_2 转速的变化，以及 N_1 和 N_2 相对于各自基线的转速的偏差。对于发动机而言，转子转速越高，空气流量就越大，压气机的增压能力也越大。例如，在正常情况下，一个单元体(如 LPC)的转速增加，那么整个气流通道的流量和增压比也会增加。

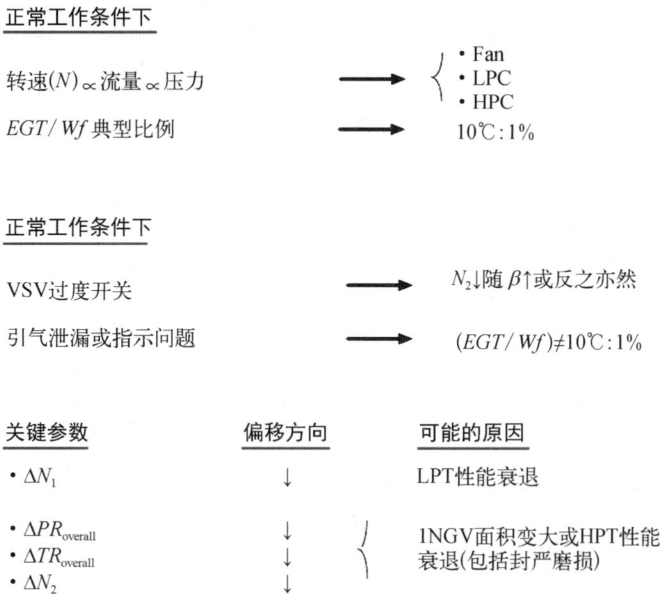

图 3.35　单元体性能评估参考

3.4.2　单元体性能评估流程

表 3.10 给出了单元体性能评估的一般流程示例。对于如何快速评估单元体性能，最好能结合实际情况，制定合适方法来进行评估。

对于高涵道比发动机而言，风扇提供了 70%～80%以上的推力。因此，如果风扇处于良好状态，推力和 N_1 转速应成比例地增加或减小。

低压涡轮(LPT)负责驱动风扇和低压压气机(增压级)。LPT 性能衰退会导致 N_1 转速降低。然而，考虑到风扇流通能力的降低会导致 N_1 转速增加，因此，在评估 LPT 状态之前，应先评估风扇的状态。因此，表 3.10 中将 N_1 和风扇性能结合在一起来对 LPT 性能状况进行评估。

前面分析过低压压气机出口的参数受到发动机中几乎所有单元体性能的影响。因此低压压气机增压比是评估各单元体状态的关键参数之一。同时还应考虑 N_1 转速相对于 N_2 转速的相对变化，即($\Delta N_1 - \Delta N_2$)，特别是在寻找低压压气机出口参数变化的原因时尤为重要。

压气机总增压比或涡轮落压比是另一个特征明显的参数。通常总增压比或涡轮落压比应该保持在基线附近。对这一参数变化影响较大的发动机部件主要为高压涡轮第一级导向器的面积以及高压涡轮和尾喷口面积，这些部件中任何一个的有效面积的增加都将导致总增压比(总落压比)相对于基线值下降,高压压气机(HPC)出口温度也会随着高压涡轮第一级导向器面积的增加或 HPT 效率损失的增加而降低。

一旦确定了上述单元体的状态后,接着就可以评估 HPC 的状态。通常,LPC 增压比以及($\Delta N_1-\Delta N_2$)是评估 HPC 性能的关键参数。考虑到修正后的 HPC 出口温度可能随着 HPC 的性能衰退而略有升高,也可利用这一参数来评估 HPC 的性能状况。

表 3.10　单元体性能评估流程

单元体	评估参数	说明
风扇	ΔF_n ΔN_1	观察 F_n/N_1 比例
低压涡轮	ΔN_1 风扇健康状态	Fan 的性能衰退可能会掩盖 LPT 的性能衰退
低压压气机	$\Delta LPC\ PR$ LPC 出口温度偏差	LPC 的性能衰退可能会掩盖 HPC 的性能衰退
高压压气机	$\Delta LPC\ PR$ $\Delta(\Delta N_1-\Delta N_2)$	HPC 的性能衰退可能会掩盖 LPC 的性能衰退
第一级涡轮导向器/高压涡轮	ΔTER HPC 出口温度偏差 ΔN_2	HPC 出口温度上升,可能表明第一级涡轮导向器面积/HPT 之外的其他单元体出现了性能衰退

3.4.3　单元体性能评估实例

在评估单元体整体性能时,根据 3.2.3.2 小节建立的不同参数之间的关系,把发动机性能数据图形化,找出适合的分布规律,把远离典型规律线的点(发动机)找出,分析发动机存在的问题。下面利用表 3.11 中的数据来举例说明分析过程。

表 3.11　某型涡扇发动机试车台性能数据

发动机 S/N	$\Delta(P_{S3}/P_{t49})$	$\Delta(P_{t25}/P_{t2})$	ΔN_1	ΔN_2	$\Delta N_1-\Delta N_2$	ΔF_n	ΔWf	ΔT_{t25}	ΔT_{t35}	ΔT_{t49}	P_{t49}/P_{t2}	$EGTM$	维修工作范围
583	−2.01	5.04	−0.50	0.76	−1.26	−1.55	0.44	4.44	−11.89	4.88	1.514	19.00	修理 2.5 级放气活门
615	−1.39	1.95	−0.71	1.92	−2.63	−0.58	2.98	2.39	−8.42	28.82	1.507	−3.00	修理高压涡轮
617	−2.63	1.30	−0.80	0.58	−1.38	−1.09	2.48		−11.10	30.65	1.509	−4.00	大修 LPT,修理 HPC,HPT
638	−2.03	−2.61	−1.36	1.30	−2.66	−1.42	0.20	−5.72	−10.70	7.12	1.517	16.00	大修
399	0.63	−0.44	−1.14	3.04	−4.18	−0.72	0.19	−1.66	−1.92	−6.89	1.510	31.00	大修 LPC,HPC,HPT
404	−0.39	0.37	1.40	1.68	−0.28	−0.86	−0.09	−4.15	−6.89	−0.04	1.510	23.00	大修 LPC,HPC,HPT
417	−1.31	0.59	−0.16	2.59	−2.75	0.33	4.39	−1.67	−6.21	24.43	1.500		HPC 第 5 级工作叶片改装
435	1.12	1.77	−2.13	1.92	−4.05	−1.10	−0.12	−2.46	3.66	−6.51	1.511	31.00	大修
438	−0.08	0.25	−2.20	1.75	−3.95	−0.92	−0.55	−2.05	−1.23	−3.78	1.508	28.00	大修

续　表

发动机 S/N	$\Delta(P_{S3}/P_{t49})$	$\Delta(P_{t25}/P_{t2})$	ΔN_1	ΔN_2	$\Delta N_1-\Delta N_2$	ΔF_n	ΔWf	ΔT_{t25}	ΔT_{t35}	ΔT_{t49}	P_{t49}/P_{t2}	$EGTM$	维修工作范围
483	0.68	3.32	-0.73	1.82	-2.55	-1.12	-0.61	0.81	2.00	-13.61	1.515	38.00	大修
486	-3.45	4.15	-2.00	1.22	-3.22	-0.14	4.66	-0.58	-6.98	34.18	1.503	-7.00	修理 HPT
491	-1.12	3.46	-0.31	1.14	-1.45	0.55	4.06	-1.28	-6.34	20.63	1.493	9.00	HPC 第 5 级工作叶片改装
415	-0.06	-3.83	-0.27	1.63	-1.90	-0.84	0.54	-1.88	-3.33	6.31	1.511	20.00	大修 HPC,HPT,修理 LPC,LPT
416	-2.48	2.62	-0.54	0.68	-1.22	-0.22	3.45	-1.27	-17.53	30.90	1.501	-5.00	大修 HPC,修理 HPT,1NGV
418	0.79	1.65	-0.03	-0.53	0.50	0.58	1.76	2.93	3.05	10.79	1.672	17.00	用于建立修正试车台
72419	-1.13	2.15	-0.32	2.10	-2.42	-0.61	1.14	3.50	-4.26	12.13	1.510	12.00	大修 HPC,修理 HPT
单位	%	%	%	%	%	%	%	℃	℃	℃	—	℃	

根据表 3.11 中的数据,绘制以下几个特定的参数关系图:

(1) LPC 增压比的偏差值(ΔLPC PR)与高、低压转子转速偏差的差值($\Delta N_1-\Delta N_2$)之间的关系;

(2) 推力偏差值(ΔF_n)与低压转子转速偏差值(ΔN_1)的关系;

(3) 排气温度的偏差值(ΔEGT)与燃油流量偏差值(ΔWf)的关系;

(4) 排气温度偏差值(ΔEGT)与涡轮总落压比偏差值 $\Delta(P_{t3}/P_{t5})$的关系。

1. ($\Delta N_1-\Delta N_2$)与 ΔLPC PR

LPC 增压比是发动机性能变化最敏感的参数之一。从前面的分析知道,几乎所有的气路问题都会对 LPC 的增压比产生影响。对于大多数涡扇发动机而言,HPT 性能衰退(和/或高压涡轮第一级导向器面积过大)可导致 LPC 增压比增加。这是因为 HPT 性能衰退,会导致 N_2 的下降,使 HPC 做功减少,从而导致部分增压工作会转嫁给 LPC。另一方面 LPT 的性能衰退会直接导致 LPC 增压比下降,这主要是因为 LPC 从 LPT 获得的轴功降低。HPC 的性能衰退对 N_1 或 N_2 转速可能没有明显影响,但随着 HPC 对空气流量处理能力的降低,在一定程度上会使 LPC 增压比显著增加。与 HPC 类似,LPC 的性能衰退对 N_1 和 N_2 的转速也无显著影响,但 LPC 对空气流量的处理能力降低,也会导致 LPC 增压比显著下降。此外,风扇的性能衰退会使 N_1 转速显著增加,N_1 转速的增加自然也会导致 LPC 增压比增加。由此可见,诸多因素都会影响 LPC 的增压比,因此,分析 LPC 性能衰退时,在分析上述原因的基础上可利用 LPC 增压比与($\Delta N_1-\Delta N_2$)之间的关系,把它们图形化,可充分展示不同单元体的影响。图 3.36 给出了表 3.11 中的 LPC 增压比随相对($\Delta N_1-\Delta N_2$)偏差值的变化关系。

图中实线代表了该机队发动机的($\Delta N_1-\Delta N_2$)与 ΔLPC PR 之间的典型关系。若设定上下偏差范围,即可找出偏离该区域较远的点(发动机),并且从前面的分析知道,造成这些点的原因应从高、低压涡轮之外找。例如图中系列号为 638(S/N638)的发动机偏离的

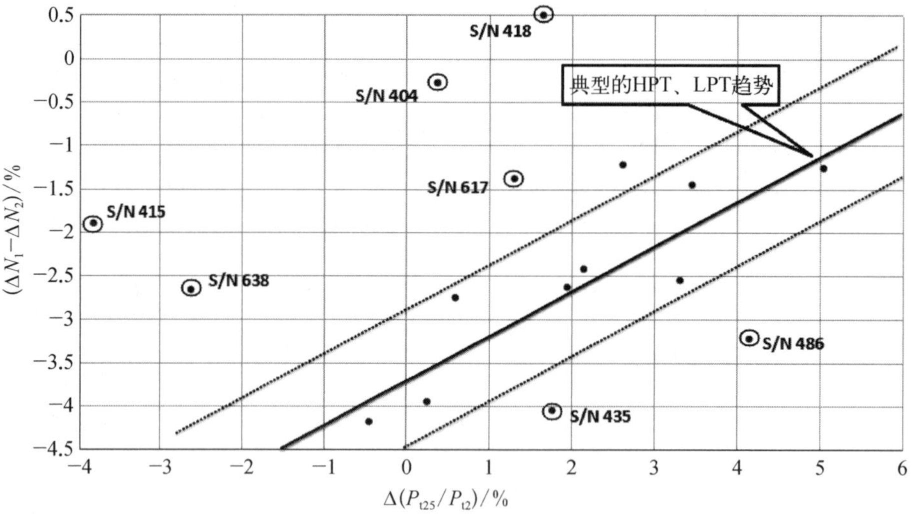

图 3.36 $(\Delta N_1-\Delta N_2)$ 和 ΔLPC *PR* 的关系

原因除了 LPT 性能衰退外，还有 LPC 性能衰退或 LPC 出口放气活门漏气。

2. ΔF_n 与 ΔN_1

在大多数情况下，风扇性能衰退会使 N_1 增加，同时发动机推力会减少；另一方面，LPT 的性能衰退会导致 N_1 下降，发动机推力降低。表 3.11 中的推力变化和 N_1 转速变化关系如图 3.37 所示。图中直线给出了该机队发动机的 F_n 与 N_1 之间的典型关系。同样也可基于机队发动机实际情况给出上下偏差区域。对超出区域的发动机开展分析工作。利用图 3.37 可识别风扇、LPT 性能衰退和 F_n、N_1 的指示问题。

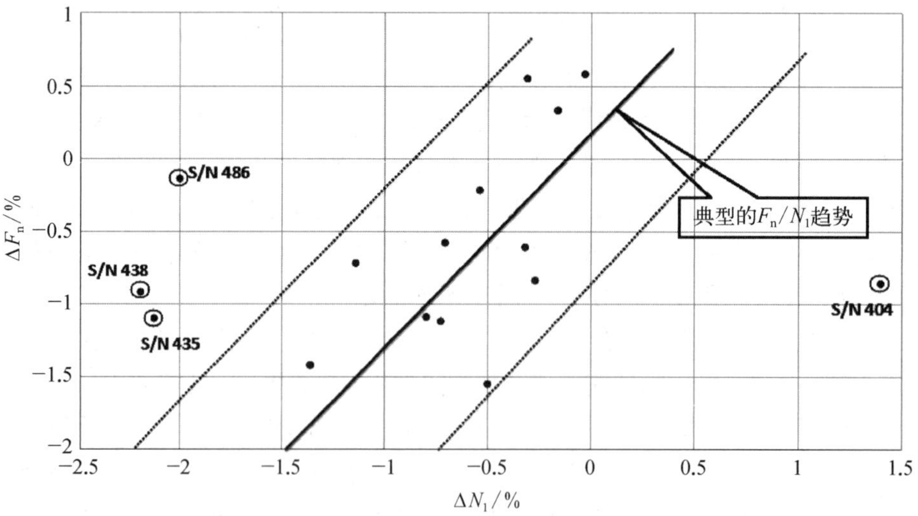

图 3.37 ΔF_n 和 ΔN_1 的关系

图中发动机 S/N404 推力下降，但 N_1 转速偏高，可能是风扇性能衰退引起的。

3. ΔEGT 与 ΔWf

结合表 3.11，可得到 *EGT* 和 *Wf* 的关系如图 3.38 所示。图中大部分发动机的 *EGT* 与

Wf 的比值约为 10℃/1%。但也有部分发动机的比值明显偏离了这一正常比例，超出了划定的区域。利用该关系图分析可能存在的 *EGT* 或 *Wf* 指示问题、引气泄漏、燃烧室性能衰退。例如发动机 S/N491，燃油流量高，但 *EGT* 偏低，因此，可能存在燃油流量或 *EGT* 指示问题。

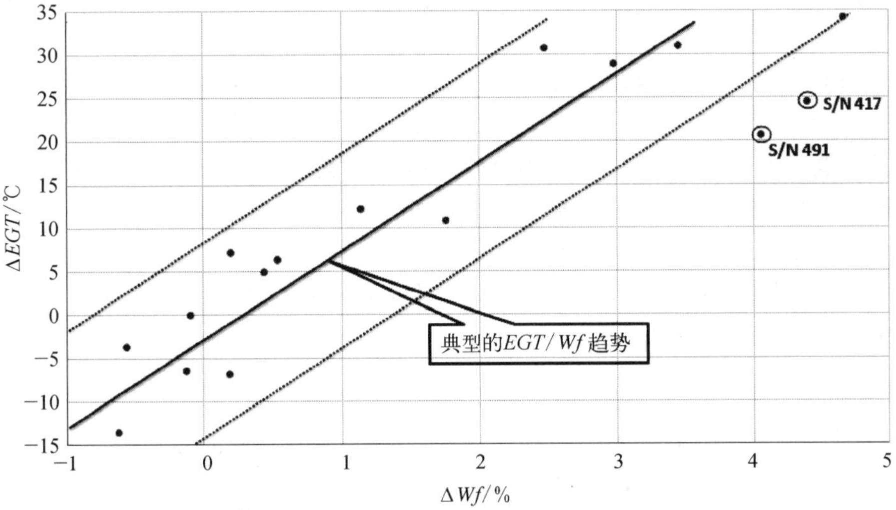

图 3.38　ΔEGT 和 ΔWf 的关系

4. ΔEGT 与 ΔTER

对大多数发动机类型而言，HPT 和高压涡轮第一级导向器面积对涡轮落压比影响较大，而落压比和燃烧室出口温度直接影响涡轮做功能力，因此，当落压比下降时，要保持发动机功率，则必须增加供油，相应 *EGT* 升高，从而影响起飞 *EGT* 裕度。通常 HPT 和高压涡轮第一级导向器面积对 *EGT* 裕度影响的占比约为 50%。图 3.39 显示了表 3.11 中总落压比($P_{S3}/P_{t4.95}$)下降对 *EGT* 的典型影响。

当发动机的总落压比($P_{S3}/P_{t4.95}$)处于正常水平，而 *EGT* 温度显示较高时，则可能原

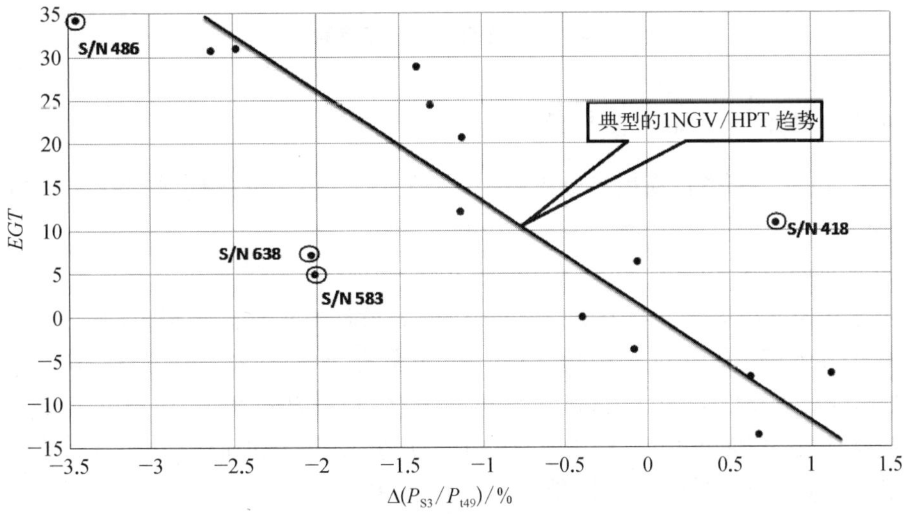

图 3.39　ΔEGT 和 ΔTER 的关系

因为 EGT 或 $P_{S3}/P_{t4.95}$ 存在指示错误或除 HPT、高压涡轮第一级导向器以外，其他气路存在问题。

对于该机队发动机，总落压比每下降 1%，EGT 温度就会上升 8℃左右。图中发动机 S/N583 落压比下降较多，但 EGT 并未明显增加，则说明可能存在指示问题或尾喷口面积偏小。

5. ΔHPC 出口温度与 EPR

另外，HPC 出口温度可以用来评估高压涡轮第一级导向器、HPT 相对于发动机其他单元体的性能状况，如图 3.40 所示。HPC 出口温度下降一般意味着压气机对气体做功减小，可能的原因是高压涡轮第一级导向器面积变大或 HPT 性能衰退。而 HPC 出口温度上升主要的原因是 HPC 性能衰退，但也不排除 LPC、LPT 或风扇出现性能衰退的可能。值得一提的是，对于性能较差的 HPC 和 HPT，可以使用这个参数来帮助确定在这两个单元体中哪个相对而言性能状况更好一些。

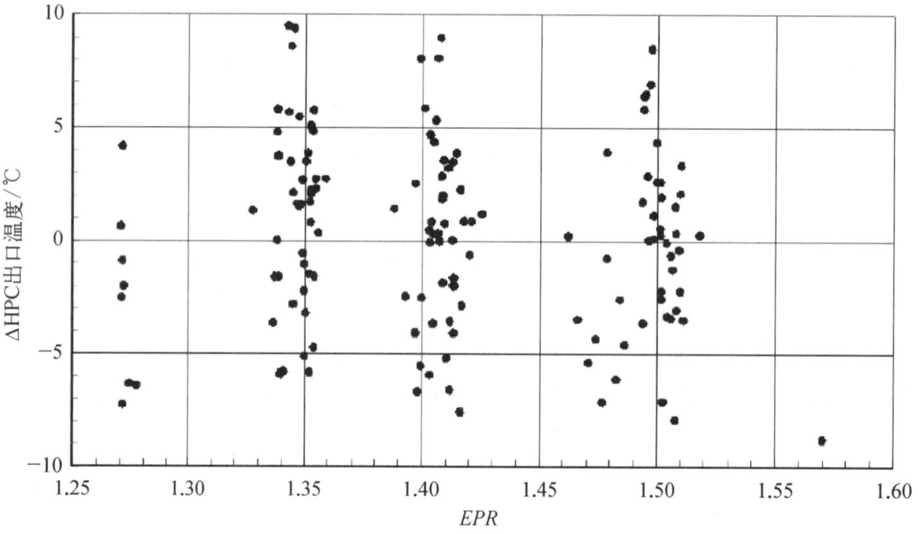

图 3.40　比较 ΔHPC 出口温度和 EPR

3.4.4　单元体性能评估总结

图 3.41 以某高涵道比涡扇发动机为例，简单总结了各单元体性能衰退对主要性能参数的影响。

1. 风扇

该单元体为发动机推力的主要提供者，因此其一旦发生性能衰退，导致进气量下降，就会导致推力下降，多余的涡轮功会带动低压转子加速转动，相应 N_1 增加，$(\Delta N_1-\Delta N_2)$ 上升，LPC 做功能力增强，低压压气机增压比（LPC PR）增加，出口温度 $T_{t2.5}$ 上升。同时，发动机压比 EPR 也会上升，为维持给定的 EPR，燃油流量 Wf 减少供应，EGT 随之下降。因而，FAN 单元体影响的性能参数包括 LPC PR、F_n、$(\Delta N_1-\Delta N_2)$、N_1、Wf、EGT、$T_{t2.5}$。

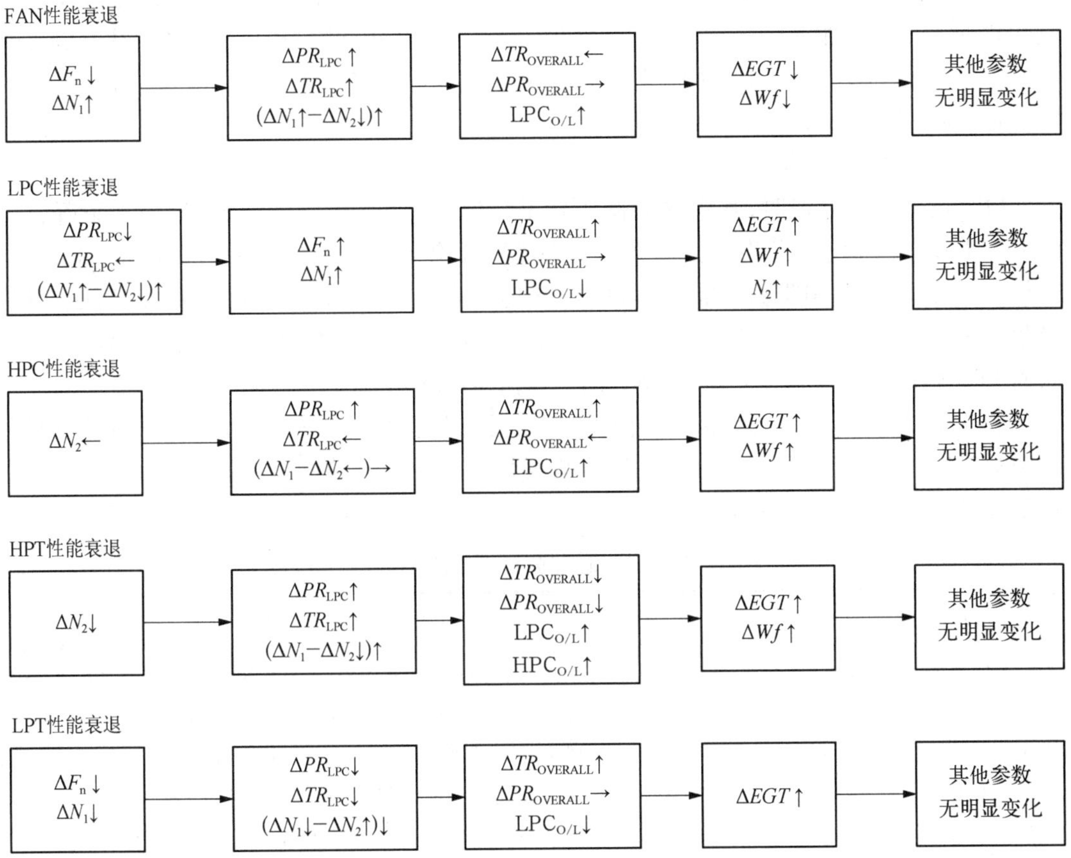

注：上图中给出参数相对基线的偏移，是在仅有一个单元体出现问题的情况下模拟计算得到的。

图 3.41　高涵道比涡扇发动机性能评估

2. 低压压气机(LPC)

LPC 性能衰退，必然会导致 LPC 的增压比下降，但出口温度 $T_{t2.5}$ 不一定下降，引起 *EPR* 降低。为维持给定 *EPR*，需要增加燃油流量。燃油流量增加，油气比改变，*EGT* 就会随之上升，涡轮做功能力增强，高压涡轮增强的做功能力大于低压涡轮，因而 N_1 小幅度升高，N_2 大幅度升高，$(\Delta N_1-\Delta N_2)$ 下降。风扇叶片转速增加，推力增加。随着高压转子转速的提升，HPC 压缩能力增强，T_{t3} 升高。因而该单元体影响的状态参数包括 $T_{t2.5}$、T_{t3}、LPC *PR*、F_n、*Wf*、*EGT*、N_1、N_2。

3. 高压压气机(HPC)

HPC 性能衰退，导致 HPC 做功和流通能力下降，为维持相应的 EPR，需要提高 LPC *PR*。提高 LPC *PR* 则需要增加 *Wf*，相应 *EGT* 上升，使得 N_1 小幅度增加。低压压气机压力比增大，则 LPC 做功能力增强、空气压缩的更为剧烈，导致 LPC、HPC 的出口温度 $T_{t2.5}$、T_{t3} 均有升高。因而 HPC 单元体的影响参数有 *Wf*、LPC *PR*、N_1、*EGT*、$T_{t2.5}$、T_{t3}。

4. 高压涡轮单元体

HPT 发生性能衰退，涡轮总落压比 $P_{S3}/P_{t4.95}$ 下降，由于高压涡轮带动高压转子转动，

因而 N_2 会随之下降，同时 HPC 做功能力减弱，其出口温度 T_3 下降。为维持给定 *EPR*，相应的燃油流量会增加，*EGT* 增加，N_1 上升，$(\Delta N_1-\Delta N_2)$ 上升，LPC *PR* 会随之上升，低压压气机出口总温 $T_{t2.5}$ 上升。因而 HPT 单元体的影响参数有 $P_{S3}/P_{t4.95}$、N_2、T_{t3}、$T_{t2.5}$、*Wf*、LPC *PR*、*EGT*、N_1、$(\Delta N_1-\Delta N_2)$。

5. 低压涡轮单元体

LPT 发生性能衰退时，其带动的低压转子转速 N_1 会下降，引起 LPC 压缩功下降，导致 LPC 压力比下降，LPC 出口温度 $T_{t2.5}$ 下降；N_1 下降同时会导致风扇转速降低，推力也会相应下降。同时，HPT 做功能力提高，N_2 转速升高，$(\Delta N_1-\Delta N_2)$ 下降，由于高压压气机级数较多，增压能力较强，因此总增压比升高，为维持给定的 *EPR*，需降低燃油流量 *Wf*。因而 LPT 影响的参数有 N_1、LPC *PR*、$T_{t2.5}$、F_n、*Wf*、N_2。

表 3.12 总结了高涵道比涡扇发动机（以普惠的某些发动机为例）性能评估时，所用到的关键参数，参数之间的关系以及引起这些变化的因素。其他涡扇发动机也有类似的变化趋势，但比例关系不一定相同。

表 3.12　性能分析的关键参数

关键参数		变化	说明
LPC *PR*	$P_{t2.5}/P_{t2}$	⬆	HPC、HPT、风扇性能衰退，VSV 开度偏小
LPC *PR*	$P_{t2.5}/P_{t2}$	⬇	LPC，LPT 性能衰退，VSV 开度偏大，引气系统漏气
TER	$P_{S3}/P_{t4.9}$	⬇	HPT 衰退和/或高压涡轮第一导向器面积增大
HPC 出口温度	$T_{t3.5}$	⬇	HPT 衰退和/或高压涡轮第一导向器面积增大（唯一原因）
HPC 出口温度	$T_{t3.5}$	⬆	HPC 和/或 LPC 性能衰退（唯一原因）
N_2	N_2	⬆	VSV 开度偏小（VSV 减小 1 度，N_2 增加量：JT9D 是 0.4%，PW 系列是 0.2%）
N_2	N_2	⬇	VSV 开度偏大（VSV 增加 1 度，N_2 减小量：JT9D 是 0.4%，PW 系列是 0.2%）
关键参数比例关系	F_n/N_1	1.0	针对 JT9D 和 V2500 是 1.5∶1
LPC *T/P*	$T_{t2.5}/P_{t2.5}$	1.5	LPC 性能完好时，1.5℃∶1%
	$P_{t2.5}/(N_1-N_2)$	1.5	LPC、HPC 性能完好时，1.5∶1
HPC *T/P*	T_{t3}/P_{t3}	2.5	HPC 性能完好时，2.5℃∶1%
EGT/FF	*EGT/Wf*	10	正常气路退化，10℃∶1%
参数变化区间			
LPC *PR*	$P_{t2.5}/P_{t2}$	±2%	大修后平均偏差变化区间是 4%
	(N_1-N_2)	±1%	大修后平均偏差变化区间是 2%
TER	$P_{S3}/P_{t4.9}$	−2%	比大修后平均值低 2%

注意：上述所有参数为相对于基线的偏差值。

3.5　发动机在翼性能评估

发动机在翼性能评估就是指实时采集发动机的状态参数数据，对其进行一系列处理之后，分析并提取出其中包含的发动机状态信息，性能分析工程师根据这些信息判断发动机的当前健康状态，进而据其制定出合理的发动机维修策略。

从发动机在翼状态监控的角度来看，按时间可分为短期、中期和长期监控三种类型。其中短期监控是对一个航班起落进行监视，当发动机参数超限时及时告警，并记录事故发生过程中的有关参数的变化方向和大小，通过飞机指示系统（或中央维护系统）显示给维护人员，以便及时采取维护措施；中期监控是指对一段时间内发动机参数和状态的变化进行监控，包括故障分析、气路性能分析、趋势分析、附件监视、无损检测和测试等。长期监控能展示发动机性能衰退趋势、在翼寿命消耗和寿命件的使用情况（一般按循环次数、日历期限和工作小时控制发动机在翼时间和部件寿命）。发动机在翼监控主要包括气路性能监控、振动监控、滑油监控、内部硬件损伤监控等内容。考虑到在翼监控涉及内容多、范围大，本节主要结合发动机机队管理的特点，对其中部分内容进行介绍。

3.5.1　发动机性能监控

现代民用航空发动机通常记录起飞和巡航数据，并把它们输入发动机状态监控系统，分析发动机性能参数的变化情况。监控采集的数据既包括常见的气路参数（EGT、Wf、N_1、N_2、P_{t3}、T_{t3}、$P_{t4.9}$、$P_{t2.5}$、$T_{t2.5}$ 等），还包括滑油参数（滑油温度、滑油压力、滑油消耗量）和机械参数（转子振动值）等。发动机监控系统的数据可为发动机在翼性能分析提供重要信息。

不同的发动机生产商都会提供自家发动机在翼监控系统，如普惠公司的 EHM（Engine Health Management）、通用电气公司的 SAGE（System for the Analysis of Gas Turbine Engines）、罗罗公司的 COMPASS（Condition Monitoring Performance Analysis Software System）。这些系统通常会给出一些典型气路参数的监控结果，常见的典型气路参数有 EGT、燃油流量（Wf 或 FF）、发动机转子转速（N_1、N_2 和/或 N_3）。发动机状态监控系统会给出这些参数相对于基线值的偏差，以及偏差值的变化趋势。利用这些偏差值和偏差值的变化趋势可评估发动机在翼健康状况。图 3.42 是某发动机状态监控系统的输出结果。图中所示为一台高涵道比涡扇发动机的巡航监控数据，可见从 5 月 14 日开始，数据（EGT、Wf、N_2）开始发生明显偏移，但 N_1 变化较小，一直到 5 月 16 日。监控发现这个问题后，分析结果是涡轮机匣冷却系统（TCC）出现了故障后，从而造成监控参数（EGT、Wf、N_2）短期变化趋势。并于 5 月 16 日采取措施，排除故障。从监控结果看故障排除后，上述参数都回归原先位置（图中箭头表示偏移的方向和大小）。注意报告右侧的“TB”标识符，它表示维修工作类型和状态。

虽然这个例子是一个短期趋势，但长期性能监控也是在翼性能分析的一个组成部分。在本节中，大部分重点将放在长期趋势分析上。

3.5.2　发动机性能监控数据的应用

3.5.2.1　发动机性能排序

1. *基于巡航 EGT 排序*

利用发动机状态监测数据，可对发动机在翼性能进行排队，以便管理发动机在翼维修

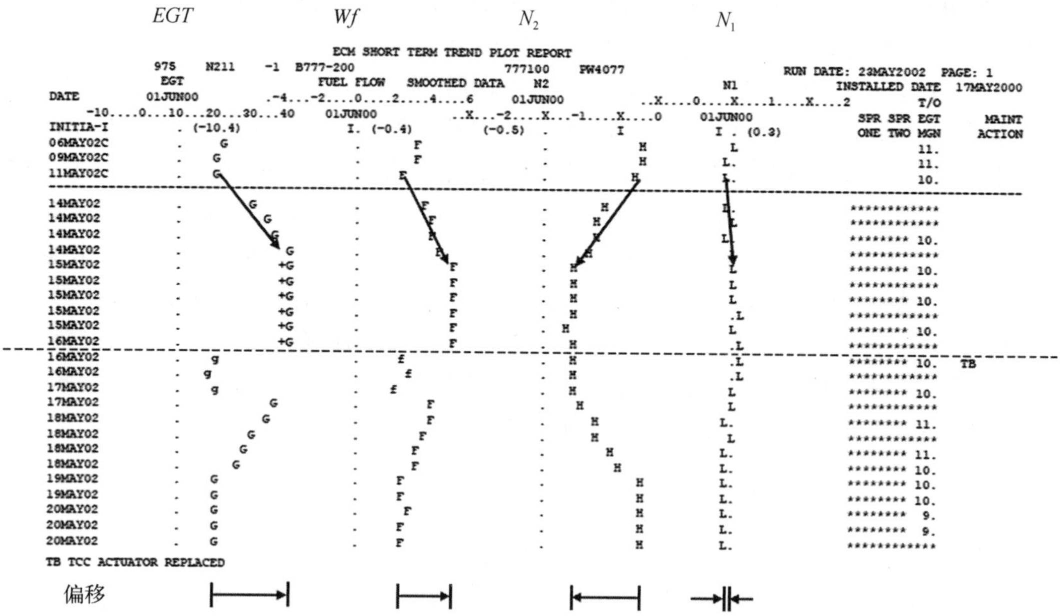

图 3.42　巡航监控数据报告样例

和下发规划。性能排队可以根据特定的性能参数对发动机进行比较和排序。其中巡航阶段 *EGT* 的高低是一个能代表发动机性能状态的参数。同样的飞机/发动机组合，*EGT* 的高低反映了发动机性能水平，因此，可利用该值对发动机性能排队。

图 3.43 所示的示例中，发动机巡航阶段的 *EGT* 变化范围为高于基线 20℃ 到低于基线 10℃。需要注意的是发动机只有在使用相同的飞机/发动机基线时才可以进行相比较。否则，就像比较苹果和橘子一样，没有意义。比较的结果可按 *EGT* 偏离基线值，由高到低进行排序。在本例中，排名“最差”的发动机为 103 号，最好的为 102 号。这种简单的排名，可为发动机大修计划和其他维修工作决定提供参考。

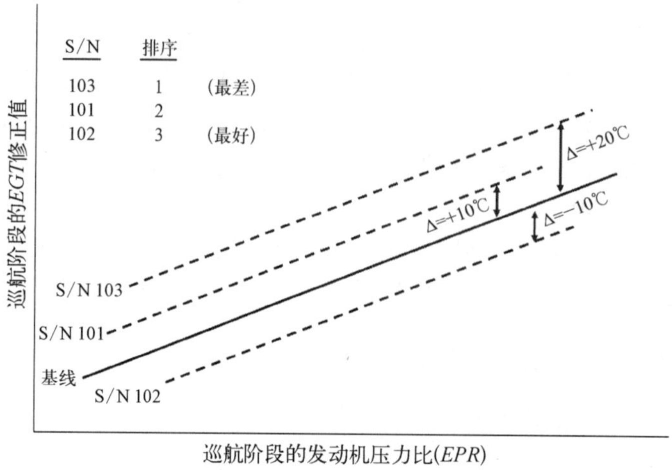

图 3.43　基于巡航阶段的 ***EGT*** 水平排序

2. 基于 EGT 指数的排序

发动机性能排序时,关键是用什么参数作为比较的基准,一定要仔细分析各种性能参数所代表的发动机特性,选取的参数应尽可能全面代表发动机的健康状态。某些参数不一定能全面反映发动机的性能状态,例如转子的转速。因为转速变化并不能准确反映发动机性能的衰退。从前面分析知道,风扇或压气机性能衰退通常会导致转子转速增加,而涡轮性能衰退则导致转子转速下降,当两者同时出现时,对转速的影响还会存在正负抵消的现象。

对各参数仔细分析后,就会发现当发动机整体性能出现衰退后,在相同的功率下,需要增加发动机供油量才能补偿由于性能衰退所带来的能量损失,而燃油流量的增加,自然会导致排气温度的升高。基于此,可选择 *EGT* 和燃油量组合的方式来进行发动机机队的性能排序。该组合叫 *EGT* 指数(*EGT index*),计算公式如下:

$$EGT\ index = A \times \Delta EGT + B \times (C \times \Delta Wf) \tag{3.17}$$

式(3.17)中,ΔEGT 和 ΔWf 分别是发动机状态监控中给出的巡航状态下的偏差值,由于不同发动机,燃油流量和排气温度之间存在的关系不同,因此,在按式(3.17)计算 *EGT* 指数时,还需要根据具体的发动机的 *EGT* 与燃油流量之间的关系进行调整。表 3.13 给出了一些典型发动机的 *EGT* 指数计算关系式。这里可以看到:高涵道比的涡扇发动机如 PW4000、V2500 等,A 取 0.75,B 取 0.25;低涵道比的发动机如 JT8D 等,A 取 0.9,B 取 0.1。另一个参数 C 则反映了不同型号发动机的 *EGT* 与燃油流量之间的关系。例如,一台 PW4000 发动机,其当前巡航阶段的 $\Delta EGT=+10°$,$\Delta Wf=+4.0\%$,则

$$EGT\ Index = 0.75(+10°) + 0.25(6.8 \times 4.0\%) = 7.5 + 6.8 = 14.3℃$$

这里数值 6.8 是针对 PW4000 发动机而言,其代表了该发动机的 *EGT* 与燃油流量之间的关系,叫做 *Wf* 与 *EGT* 之间的转换因子。

表 3.13　*EGT* 指数计算式

发　动　机	*EGT* 指数
PW4000	$0.75\Delta EGT+0.25(6.8\times\Delta Wf)$
PW2000	$0.75\Delta EGT+0.25(6.7\times\Delta Wf)$
JT9D－7R4	$0.75\Delta EGT+0.25(6.5\times\Delta Wf)$
JT9D－3/－7/－20/－59/70	$0.75\Delta EGT+0.25(9.7\times\Delta Wf)$
V2500	$0.75\Delta EGT+0.25(11.6\times\Delta Wf)$
JT8D－200	$0.90\Delta EGT+0.10(9.5\times\Delta Wf)$
JT8D－7/－9/－15/－17	$0.90\Delta EGT+0.10(9.8\times\Delta Wf)$
JT3D	$0.90\Delta EGT+0.10(6.2\times\Delta Wf)$

排序不仅起到比较机队中各发动机性能状态的作用,而且还能辅助分析机队整体性能状态、衰退程度和衰退率,以及识别个别发动机的异常衰退、仪表指示问题、安装问题等。

3.5.2.2　发动机机队排序分析

按照一定的指标建立机队中每台发动机的排队顺序,以观察每台发动机基本状态。

表3.14按 *EGT* 指数建立了某机队发动机排队顺序，并列出了监控系统给出的巡航状态下各参数的偏差值。表中发动机排序是按 *EGT* 指数从高到低进行的，即排序第一的发动机性能"最差"，排序十九的发动机性能最好。表的最后两列给出了热端部件的使用循环/小时数等附加信息，以帮助开展性能分析。在评估一个机队的性能状态时，应该收集尽可能多的信息。对这些监控数据进行分析，可获得如下信息：

（1）基于 *EGT* 和 *Wf* 水平（基于 *EGT* 指数的发动机排序）对机队中的发动机性能从最差到最好的排序；

（2）分析 *EGT*、*Wf*、N_1 和 N_2 是否存在指示问题（基于每个参数相对于发动机排序位置来分析判断）；

（3）确定 *EGT* 和 *Wf* 的阈值（相对于 *EGT* 指数，分析 *EGT* 和 *Wf* 阈值），建立发动机性能基准；

（4）ΔN_2 和 ΔN_1 的阈值，基于 *EGT* 指数分析 N_1、N_2；

（5）是否存在系统问题，如可调静子叶片、引气泄漏等（相对于 *EGT* 指数，通过分析 N_1、N_2 转速变化可获得）；

（6）基于 *EGT* 或 *EGT* 指数分析发动机的性能保持能力（通过 *EGT* 相对于初始化时的变化，以及自上次进厂以来在翼的累积时间来分析计算）。

以上信息对于制定机队维修计划是必不可少的。下面分别介绍如何利用这些数据开展上述工作，获得机队管理和发动机维修所需信息。

表 3.14　某机队发动机性能排序报告

排序	*EGT* 指数	发动机 S/N	飞机 ID	发位	Δ*EGT*/ ℃	Δ*Wf*/ %	ΔN_1/ %	ΔN_2/ %	*EGTM*/ ℃	HPT 循环 自上次返厂	HPT 小时 自上次返厂
1	51.2	5 603	26 003	1	54.6	6.3	1.4	1.1	5	2 568	11 022
2	51.1	5 607	26 001	1	52.1	7.4	1.0	1.9	10	3 192	13 437
3	48.8	5 612	26 002	2	50.2	6.9	1.8	1.0	10	3 634	15 629
4	47.7	5 620	26 001	2	51.9	5.4	1.3	1.2	11	710	3 177
5	47.0	5 628	26 050	1	50.6	5.6	1.7	0.8	13	2 721	11 642
6	42.5	5 627	26 009	2	44.9	5.4	1.3	0.8	14	2 780	11 447
7	41.0	5 601	26 005	2	43.5	5.1	0.8	1.4	—	1 145	4 867
8	40.9	5 611	26 003	2	45.6	4.1	1.5	1.9	13	1 140	4 808
9	40.0	5 621	26 010	1	43.1	4.7	1.3	1.1	17	1 528	6 315
10	39.2	5 605	26 008	1	39.3	6.0	1.5	0.8	—	896	3 784
11	36.5	5 622	26 005	1	39.3	4.3	0.6	0.9	20	45	159
12	34.8	5 606	26 010	2	36.6	4.5	0.8	0.5	—	577	2 564
13	34.2	5 629	26 008	2	38.6	3.2	1.1	0.6	21	1 750	7 585
14	29.8	5 608	26 007	1	34.6	2.4	0.8	1.0	25	765	3 289
15	29.7	5 625	26 007	2	33.4	2.9	0.5	1.4	—	145	615
16	28.9	5 623	26 050	2	30.2	3.9	1.3	1.5	21	188	801
17	23.5	5 618	26 006	2	22.7	4.0	0.9	0.3	—	539	2 266
18	23.1	5 602	26 009	1	25.5	2.4	1.1	0.3	—	340	1 483
19	22.4	5 617	26 006	1	24.0	2.7	0.5	0.9	35	109	462
平均值					40.0	4.6	1.1	1.0	16.5		

1. *EGT* 和 *Wf* 指示问题

由于 *EGT* 和 *Wf* 之间存在一定的关联，所以可以把监控获得的 ΔEGT 和 ΔWf 图形化，参见图3.44。该图就是利用表3.14机队排序报告中数据绘制的 ΔEGT 与 ΔWf 之间的关系。图中显示的效果与理论预期一致，*EGT* 随着 *Wf* 的增加而增加。对数据进行最佳拟合后的斜率应就是 *Wf* 与 *EGT* 的转换因子，利用这个因子即可生成 *EGT* 指数的计算公式。

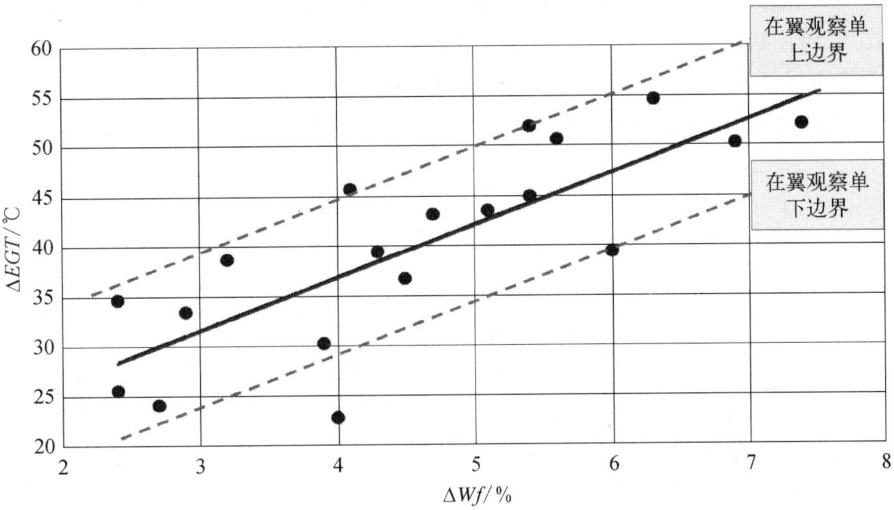

图3.44　ΔEGT 与 ΔWf 的关系

另外，还可以利用拟合直线的置信区间进行发动机筛选，将超出置信区间上、下限的发动机列为可疑发动机。上下边界应根据机队发动机实际正常变化范围确定。针对可疑发动机，结合其自上次大修（或新发动机）以来的在翼飞行时间信息，可帮助分析人员确定是否存在仪表指示问题。具体分析如下。

（1）当一台发动机位于置信区间下限以下时，如果其在翼飞行时间较短，则存在问题的可能是 *Wf* 指示系统；如果其在翼飞行时间较长，则存在问题的可能是 *EGT* 指示系统。主要原因是，对于在翼飞行时间较短的发动机，由于是新的或刚修过的发动机，则其性能相对较好。因此，*EGT* 和 *Wf* 指示值都不应该偏离基线太多。若发动机实际监测情况显示其位于置信区间下限以下，这就意味 *Wf* 与基线的偏差偏大，*EGT* 与基线的偏差偏小，也就是说 *Wf* 值与发动机性能不符，因此，*Wf* 指示系统可能出现了故障，反之亦然。

（2）当一台发动机位于置信区间上限之外时，如果其在翼飞行时间较短，则存在问题的可能是 *EGT* 指示系统；如果其在翼飞行时间较长，则存在问题的可能是 *Wf* 指示系统。其原因分析与上述类似。对于在翼飞行时间较长的发动机，其性能会衰退，相应 *EGT* 和 *Wf* 指都会升高。如果发动机实际监测情况显示其位于置信区间上限以上时，这就意味 *Wf* 的实测值相对于正常水平偏小，*EGT* 的实测值相对于正常水平偏大，说明 *Wf* 值与发动机性能不符，因此，*Wf* 指示系统更有可能出现了故障，反之亦然。

如果巡航阶段的 *EGT*/*Wf* 数据拟合效果不好，则可能存在数据质量问题，应尽快确定是否在指示、线路、数据传输装置以及机组数据收集程序上存在问题，以保证机队管理数据的有效性。

对于较差的数据，可以绘制一条贯穿机队平均值的直线。这条直线的斜率应该等于 *EGT* 指数计算中的 *Wf* 与 *EGT* 的转换因子。

本例中使用的机队数据最佳的拟合直线为 ΔEGT 变化为 40℃ 时，ΔWf 变化量为 4.6%，斜率约为 7。

2. 巡航性能与起飞性能关联

随着发动机性能衰退，巡航 *EGT* 会升高，起飞状态的 *EGTM* 会下降，因此，把巡航状态的 *EGT* 与起飞状态的 *EGTM* 关联起来，就可以利用发动机监控所获得的巡航 *EGT* 的变化来分析起飞状态下 *EGTM* 的变化。图 3.45 显示了利用表 3.14 中数据绘制的起飞 *EGTM* 与巡航阶段 ΔEGT 之间的关系曲线，并基于多项式方程进行拟合，获得拟合结果为

$$EGTM = -0.81 \times \Delta EGT + 51 \tag{3.18}$$

从式(3.18)可知，该发动机巡航阶段的 ΔEGT 大约为 60℃ 时，其起飞 *EGTM* 将会接近 0（*EGTM* 可能会存在+/−5℃左右的显示误差）。

另外，图 3.45 也可用来在故障分析，如果一台发动机的实测数据所处的位置明显高于平均值（位于拟合直线的上方），则说明发动机的 *EGTM* 高，但巡航时的 ΔEGT 低，则说明巡航时 *EGT* 高，所以应特别检查那些仅用于提高发动机巡航阶段性能的系统（如 TCC 系统），看其是否存在故障。反之，如果一台发动机的实测数据所处的位置明显低于平均值（位于拟合直线的下方），则应特别检查那些仅用于提高起飞性能的系统，看其是否存在故障。

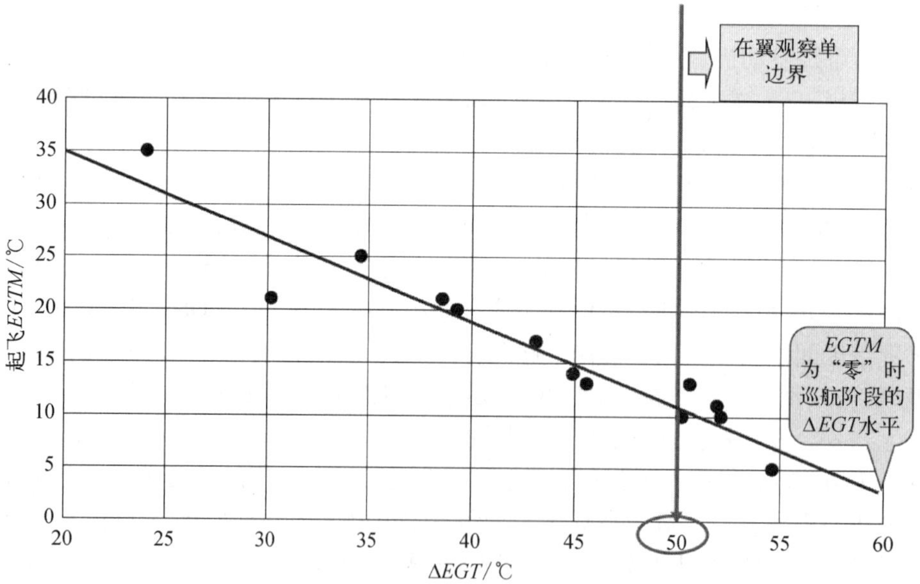

图 3.45 *EGTM* 与 ΔEGT 的关系

3. 设定巡航阶段 *EGT* 阈值

在发动机机队管理过程中，通常把起飞 *EGTM* 不足的发动机加入“观察单”中，以连续监视其变化，在无法获得起飞数据而计算 *EGTM* 的情况下，也可以利用巡航阶段的 *EGT*

来间接监控起飞 *EGTM* 的变化。图 3.46 显示了利用表 3.14 中的数据建立的巡航阶段 ΔEGT 与 *EGT* 指数的关联。

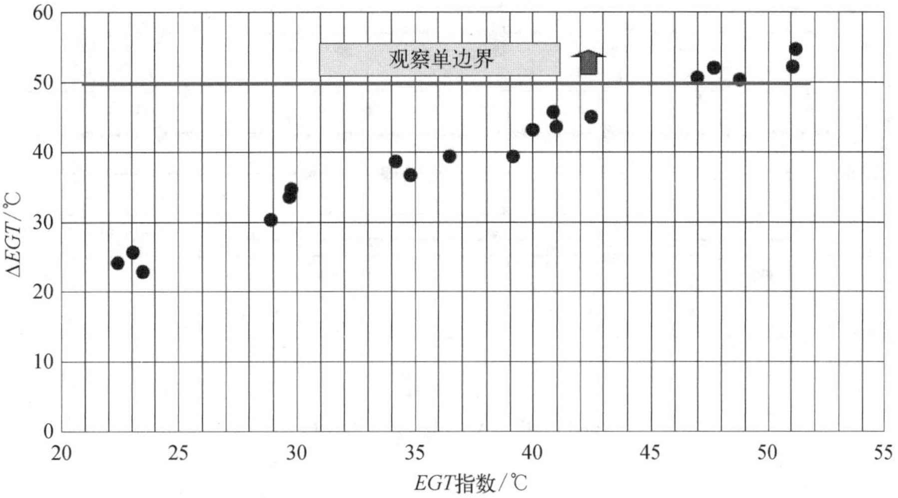

图 3.46　巡航 ΔEGT 与 *EGT* 指数

巡航状态下 *EGT* 高的发动机一般也是性能衰退最严重的发动机，所以可以以巡航阶段 ΔEGT 或 *EGT* 指数来标识发动机，例如，可以将机队中巡航时的 ΔEGT 或 *EGT* 指数排名靠前的（比如前 5 名）或超过设定的限制值（阈值）的发动机加入“观察单”中。

对于一个新机队来说，列入“观察单”的阈值可先设定得低一些，一旦发动机超过阈值，就对其进行检查，找出可能存在的问题。随着使用经验和数据的积累，视情况把设定的阈值逐步放宽。当然，也可以根据其他运营人的相同发动机/飞机和航线结构的经验来设定（如果能获得这些信息的话）。需要注意的是，对于新机队而言，超过 ΔEGT 阈值的发动机出现系统或指示问题的可能性较大。

4. 设定 ΔN_2 转速阈值

虽然 *EGT* 和燃油流量通常一起变化，并同 *EGT* 指数一起出现在机队排序报告中。但在报告中，ΔN_2 也是其中的一个评估参数。图 3.47 显示了利用表 3.14 中的数据获得的巡航阶段 ΔN_2 与 *EGT* 指数的关系。通常 ΔN_2 变化的范围应在±1%内，处于阈值区间之外的可视为转速异常发动机。基于阈值区间可识别出该机队有 4 台发动机处于异常状态。

发动机出现性能衰退或系统问题会使 ΔN_2 发生改变。对于大多数发动机型号，可先将均值的阈值范围设定为 2%，把超出该范围的发动机加入“观察单”中，然后对其进行检查。例如，检查其指示系统/数据传送是否存在问题；如果 N_2 过低，则检查 HPT 是否出现损伤和可调静子叶片（VSV）是否开度过大；如果 N_2 过高，检查发动机引气量是否过大或存在引气系统泄漏、可调静子叶片（VSV）开度偏小。

5. 设定 ΔN_1 转速阈值

与利用 ΔN_2 识别高压转子（HPC & HPT）和引气系统存在的问题类似，利用 ΔN_1 可以帮助分析低压转子（风扇、LPC 和 LPT）健康状态和放气系统问题。图 3.48 显示了利用表 3.14 中的数据建立的巡航阶段 ΔN_1 与 *EGT* 指数之间的关系。

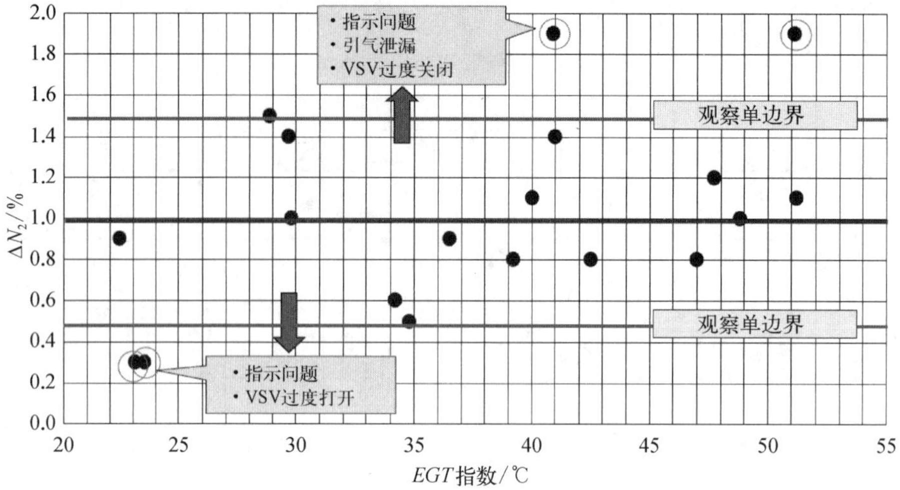

图 3.47　ΔN_2 与 EGT 指数

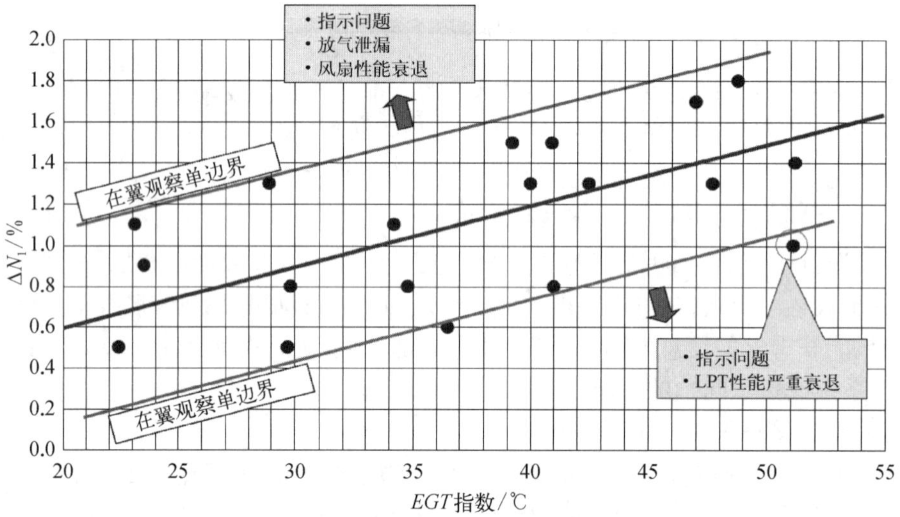

图 3.48　ΔN_1 与 EGT 指数

通常对于高涵道比发动机(如 PW4000、PW6000 和 V2500),ΔN_1 变化的范围应在 ±0.5%内,对于中低涵道比涡扇发动机如 JT8D 等,其变化范围可能会大一些。在本例中,随着发动机的性能衰退,各单元体的重新匹配可能会导致 N_1 增加。图中给出了超出上边界和下边界的可能原因。

发动机单元体出现性能衰退或系统问题也会使 ΔN_1 发生改变。把超出阈值范围的发动机加入"观察单"中,然后对其进行检查。例如,如果 ΔN_1 过高,则检查发动机是否存在放气系统泄漏、风扇是否出现性能衰退、转速指示和数据传输是否存在问题;如果 ΔN_1 过低,检查 LPT 是否出现损伤、转速指示和数据传输是否存在问题。

6. 机队发动机 *EGT* 平均衰退率

上文介绍了通过把性能参数和机队排序进行比较分析发动机可能存在问题的方法。

另外，通过把监控获得的巡航数据与发动机工作时间/循环联系起来，进行分析比较，可以获得发动机机队性能状态信息。图 3.49 显示了巡航阶段的 Δ*EGT* 与自上次发动机返厂热端部件修理后飞行时间的关系，其中巡航阶段 Δ*EGT* 数据来自表 3.14，飞行时间来自维护记录。

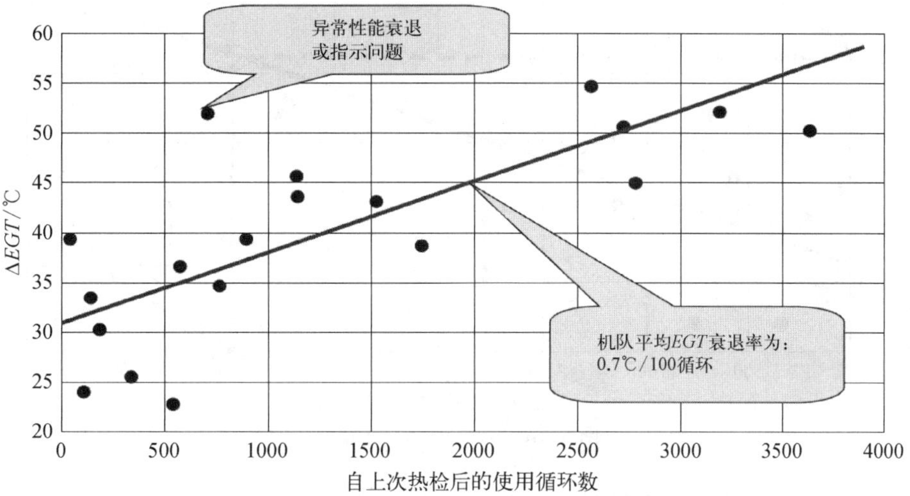

图 3.49 巡航 *EGT* 衰退率

通常 Δ*EGT* 会随热端部件的飞行时间增加而上升，并且通过对大量数据统计分析，可获得这种变化速率。例如，该机队的发动机 *EGT* 的平均衰退率为每 100 循环 0.7℃。对于某些发动机型号来说，在恶劣的工作环境下，这种衰退率可能高达每 100 循环 1.5℃。需要注意的是，发动机修理水平和质量、大修方案及发动机指示系统的误差等可能会导致拟合的数据较为分散。

获得了机队发动机巡航 *EGT* 平均变化率后，对于超出置信范围的发动机应进行检查。例如，如果 *EGT* 过高，则检查发动机是否存在异常损伤、是否存在系统故障。在这个过程中尽量结合其他数据进行综合分析判断。如果 *EGT* 太低，则检查除涡轮外的其他单元体是否存在损伤、*EGT* 热电偶等指示系统是否存在问题。

7. 机队发动机 *Wf* 平均衰退率

燃油流量与 *EGT* 一样会随着发动机的性能衰退而上升。利用表 3.14 的数据，还可建立巡航阶段 Δ*Wf* 与自上次发动机热端部件修理后飞行时间的关系，飞行时间来自维修记录，参见图 3.50。

Δ*Wf* 随热端部件的使用时间增加而上升，同样其变化率也可经统计分析计算出来。例如本机队 Δ*Wf* 的平均衰退率为每 100 循环下降 0.1%。当然，这种衰退率会因发动机型号和发动机工作条件的不同而异，拟合数据也会受维修情况和指示系统问题等因素的影响而变得分散。

3.5.2.3 *EGTM* 衰退率

通过分析 *EGTM* 的变化趋势不仅可以判断发动机性能的变化趋势，还可得到 *EGTM* 衰退率，并基于 *EGTM* 衰退率进行发动机在翼寿命预测。发动机状态监控系统一般会输

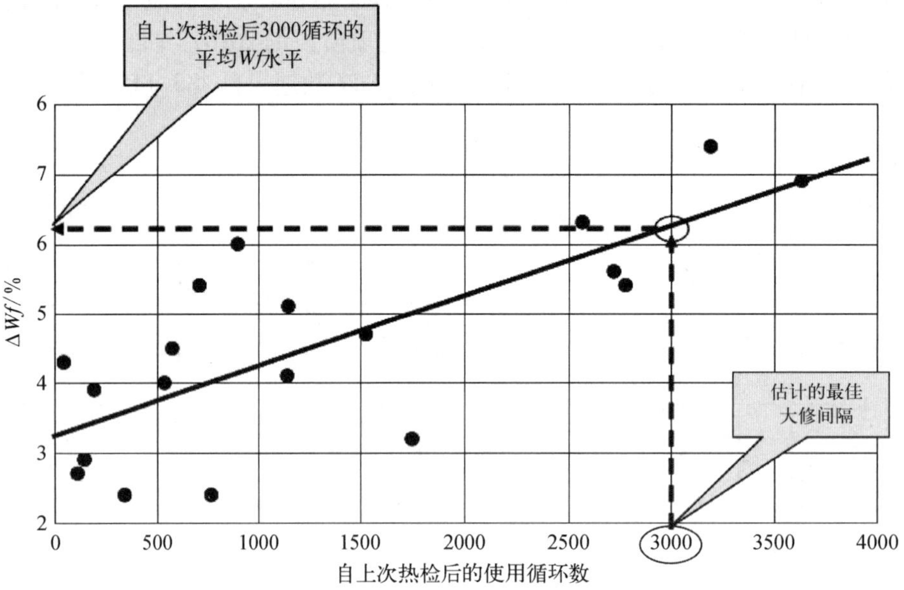

图 3.50 燃油流量的衰退率

出历史数据的压缩报告，参见图 3.51。从图中可以看出发动机的四个主要参数的长期变化趋势。其中 Δ*EGT* 是巡航状态下的 *EGT* 变化规律，在此基础上，可以估算发动机的 *EGTM* 衰退率。

EGTM 作为衡量发动机健康状况的一项指标，其代表了燃油的化学能中不能用于产

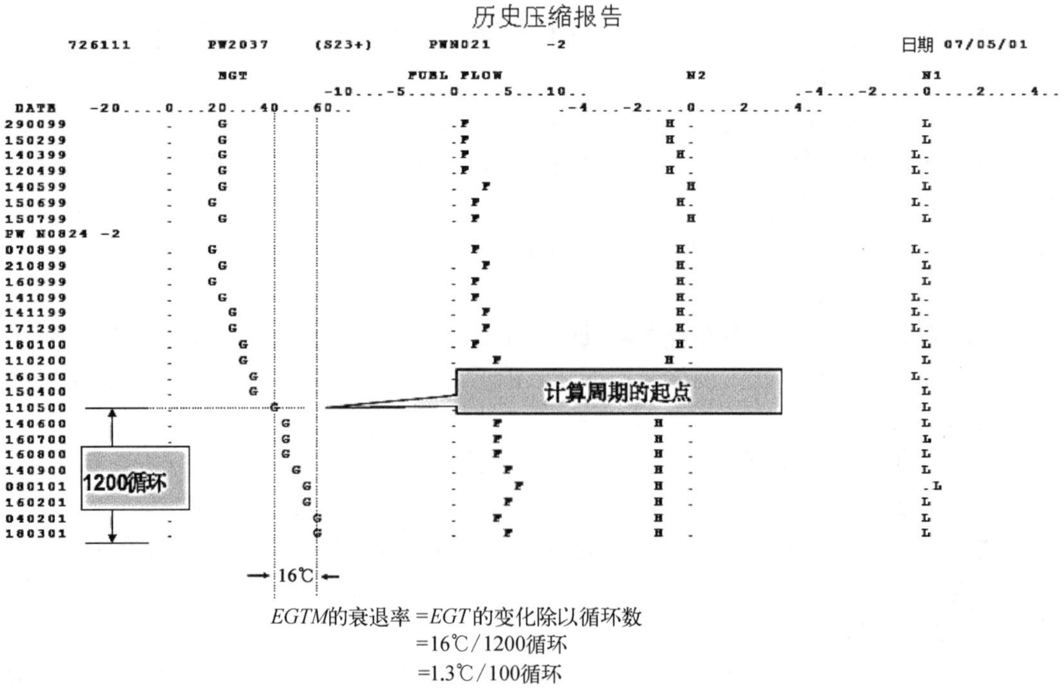

图 3.51 *EGTM* 的衰退率估计

生推力而作为废热排到大气中的部分能量。当 *EGTM* 为零时，就意味着当外界大气温度处于平功率温度时，发动机海平面全功率起飞时，*EGT* 将达到红线值。若进一步衰退将导致可用推力下降或 *EGT* 超出红线值。一般情况下，发动机巡航阶段的 *EGT* 增长速度与起飞阶段的 *EGTM* 下降速度大致相同，因此，在没有 *EGTM* 衰退率的情况下，可用巡航时的 *EGT* 衰退率近似代替。

为了计算巡航 *EGT* 的衰退率，首先从所选时间段的报告中第一个点到最近一个点获得 *EGT* 增量，图中报告每一行代表一个月数据的平均值，然后再找出对应这段时间发动机的飞行小时数或循环数，用 *EGT* 增量除以飞行小时数或循环数即可获得该时间段的 *EGT* 衰退率。对大部分发动机而言该值能有效地代表其 *EGTM* 的衰退程度，但前提是确保指示系统读数误差严格控制，以保证数据的准确性。

这样对于在翼发动机，只要知道当前的 *EGTM*，就可以利 *EGTM* 衰退率的估计值大致预测其剩余在翼寿命，参见图 3.52。*EGTM* 衰退率是一个很有用的工具，其在基于发动机性能规划维修时间时非常有用，通过上述的巡航数据历史压缩报告可以近似估计发动机 *EGTM* 的衰退率。但值得注意的是，下列因素可能会导致不能正确计算 *EGT* 衰退率：

（1）短期内 *EGT* 快速变化可能是由于故障引起的，而非正常的发动机退化；

（2）衰退率可能会加快（或减缓），而不是保持不变。

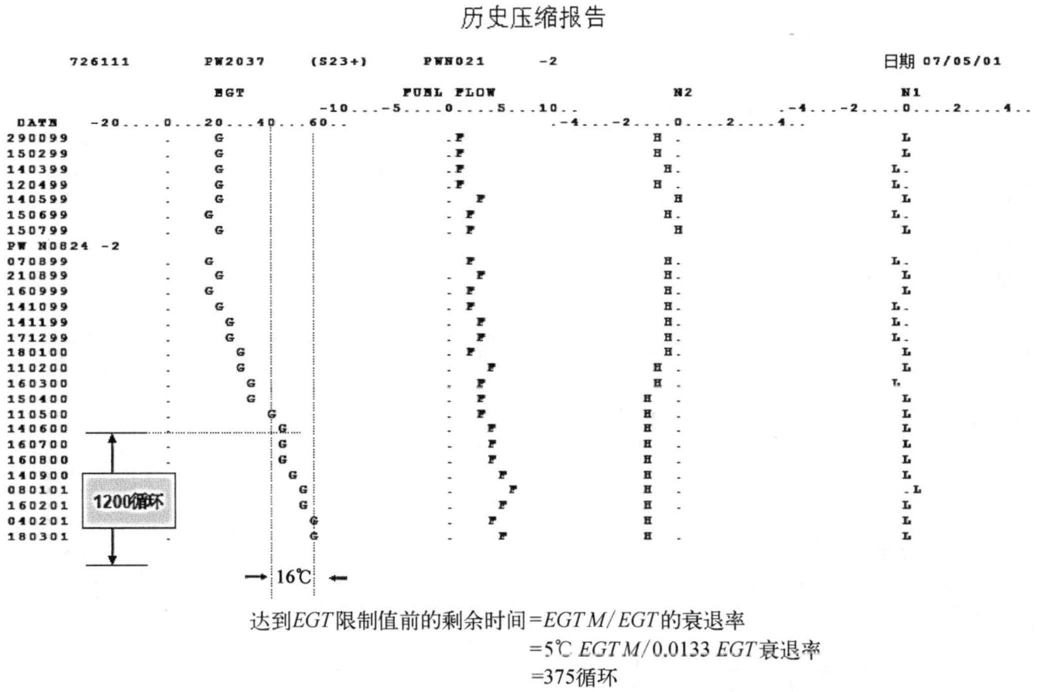

图 3.52　*EGT* 衰退率和发动机在翼剩余寿命

预测发动机在翼寿命时，可从每个型号的发动机机队中，按不同的方式对发动机进行分组，例如，可将 *EGT* 温度排序较高的发动机分为一组，并确认其中每台发动机的实际起

飞 *EGTM*；也可把飞行时间/循环数较长的发动机分为一组，估算其中每台发动机的 *EGT* 衰退率。

最好能结合实际经验，制定出巡航阶段 Δ*EGT* 和起飞 *EGTM* 之间的关系。利用这种关系对从历史压缩报告中估计的 *EGT* 衰退率进行适当调整或修正。一般而言，对于大多数发动机，当巡航阶段的 Δ*EGT* 变化小于 10℃时，可以按巡航 Δ*EGT* 变化 1℃对应 *EGTM* 变化 1℃的关系计算。对发动机 *EGTM* 排序较差的发动机，尽量对其 *EGTM* 衰减率进行必要的调整，以准确估计发动机 *EGT* 超限之前的剩余飞行时间/循环。要注意的是，估算的起飞 *EGTM* 可能有±5℃的误差，这意味着估算得到的起飞 *EGTM* 为 5℃时，实际上发动机的 *EGTM* 可能为 0℃。

3.5.2.4 利用监控数据评估发动机返厂大修效果

历史压缩报告不仅能够显示出 *EGT* 的衰退程度，也可以用来跟踪发动机返厂大修后 *EGTM* 的恢复水平。因此，通过创建一个包含发动机大修级别和 *EGTM* 恢复情况的数据库，可以评估返厂大修后的性能提升情况。为保证评估的有效性，返厂前后所使用的发动机/飞机组合的发动机性能基线应相同。

从图 3.53 所示的历史压缩报告中可分别确定发动机下发前和大修后装机所对应的巡航 Δ*EGT*，这两点的差值就代表了经过返厂修理后发动机的性能改进情况。还可对机队中经历类似修理范围的发动机做同样对比，比较它们的性能改进情况，评估维修工作的有效性。

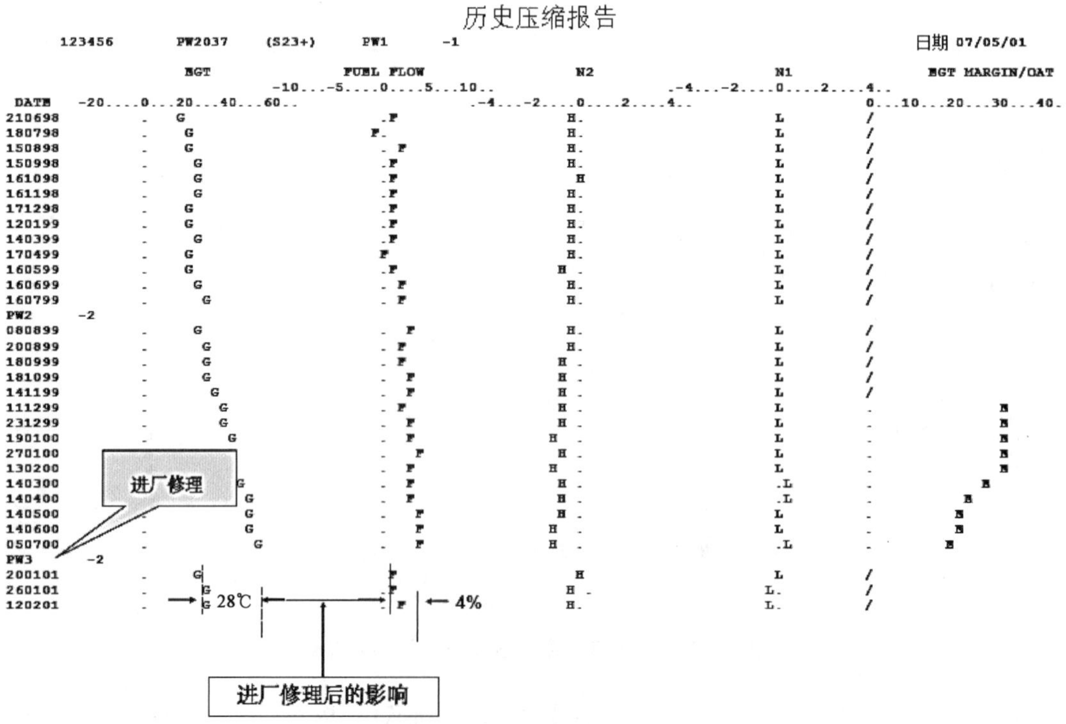

图 3.53 返厂修理效果分析

如果发动机经过大修重新装机使用后，发动机性能监控系统没有监测到性能数据发生了好转，那么可能存在指示、引气泄漏、发动机位置偏差等问题。需注意的是 *EGT* 指示系统的精度对监控结果影响较大。可通过建立发动机大修数据库，分析典型大修改进效果，并分析、识别数据不准确的程度。

同样，对大修后发动机燃油流量（*Wf*）水平的变化也可以做出类似的估计。

1. 修理效果评估案例一

本案例选用系列号为 5603 的发动机，其在表 3.14 性能排序报告中排名“最差”。利用表 3.15 及图 3.54 所示发动机在翼时间报告开展下列评估：

表 3.15　系列号 5603 发动机性能评价

注意		Fan	LPC	HPC	HPT	LPT	AGB	MGB	D/CC	IC
5 836	上次修理后的飞行小时数	11 022	11 022	11 022	11 022	17 783	11 022	5 836	11 022	11 022
1 383	上次修理后的飞行循环数	2 568	2 568	2 568	2 568	4 200	2 568	1 383	2 568	2 568
11 022	上次 MSR 后的飞行小时数	15 498	17 783	11 022	11 022	17 783	15 498	5 836	11 022	11 022
2 568	上次 MSR 后的飞行循环数	3 614	4 200	2 568	2 568	4 200	3 614	1 383	2 568	2 568
	超出软时限的小时数	7 498	9 783	1 022	7 022	10 783	9 498	—	5 022	5 022
8 850	循环限制值	8 550	15 800	9 481	18 473	18 311	99 999	99 999	99 999	99 999
	上次修理的改装内容							×		

注：MSR＝大修；AGB＝角齿轮箱；MGB＝主齿轮箱；D/CC＝扩压器/燃烧室；IC＝中介机匣。

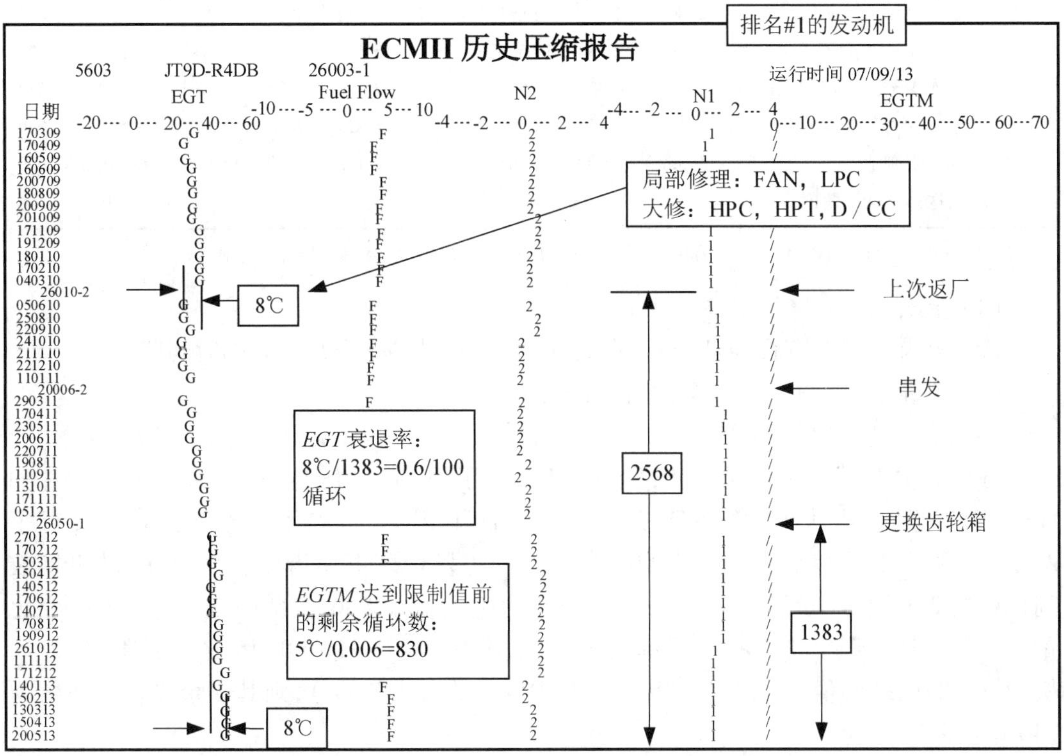

图 3.54　系列号 5603 发动机的性能评估

(1) 上次返厂大修的效果；

(2) 自齿轮箱更换后巡航 *EGT* 的衰退率(即主齿轮箱更换 30 个月以来的时间范围)；

(3) 实际 ΔEGT 相对 ΔEGT 阈值的距离；

(4) 发动机剩余在翼时间。

分析上次返厂大修方案可以发现，风扇、低压压气机和角齿轮箱(AGB)做了部分修理，其他部件如 HPC、HPT 等都做了大修。发动机大修装机后，巡航 ΔEGT 降低了 8℃。上次返厂至今发动机飞行了 2 568 个循环，且该发动机先前装在 26050 号飞机的 2 发位，之后更换齿轮箱，把其换装到该飞机的 1 发位置，这之后经过 1 383 个飞行循环，ΔEGT 升高 8℃，则计算出 *EGT* 衰退率为 0.6℃/100 循环。按图 3.46 定的界限，该发动机的 ΔEGT 已超阈值。由于 *EGTM* 剩余为 5℃(源自表 3.14)，则剩余飞行循环数为 830 个循环。

2. 修理效果评估案例二

本案例选用系列号为 5612 的发动机，其在表 3.14 性能排序报告中的排名“第三”。利用表 3.16 和图 3.55 所示发动机在翼状态报告开展下列评估：

表 3.16　系列号 5612 发动机性能评价

注意		Fan	LPC	HPC	HPT	LPT	AGB	MGB	D/CC	IC
12 134	上次修理后的使用小时数	12 134	12 134	12 134	15 629	15 629	12 134	3 883	12 135	12 135
2 851	上次修理后的使用循环数	2 851	2 851	2 851	3 634	3 634	2 851	886	2 851	2 851
12 134	上次 MSR 后的使用小时数	12 134	12 134	15 629	15 629	15 629	12 134	3 883	15 629	15 629
2 851	上次 MSR 后的使用循环数	2 851	2 851	3 634	3 634	3 634	2 851	886	3 634	3 634
	超出软时限规定的小时数	4 134	4 134	5 629	11 629	8 629	6 134		9 629	9 629
9 305	循环限制值	9 859	20 000	9 305	20 000	14 413	99 999	99 999	99 999	99 999
	上次修理的改装内容							×		

其中：MSR＝大修；AGB＝角齿轮箱；MGB＝主齿轮箱；D/CC＝扩压器/燃烧室；IC＝中介机匣。

(1) 上次返厂大修的效果；

(2) 自齿轮箱更换后 *EGT* 衰退率(即主齿轮箱更换 30 个月以来的时间范围)；

(3) 实际 ΔEGT 相对 ΔEGT 阈值的距离；

(4) 发动机剩余在翼时间。

分析上次返厂大修内容可以发现，只大修了风扇、低压压气机，而高压转子(如 HPC、HPT 等)没有大修，修后巡航 *EGT* 仅降低了 4℃，上次返厂至今发动机飞行了 2 851 个循环，且大修后先装在 26002 号飞机的 1 发位。更换齿轮箱后，把发动机换装到该机的 2 发位置，换发位后发动机至今发动机飞行了 886 个循环，巡航 *EGT* 的变化量为 12℃，则计算可得 *EGT* 衰退率为 1.35℃/100 循环。按图 3.46 定的界限，该发动机的 ΔEGT 已超阈值。由于 *EGTM* 剩余为 10℃(源自表 3.14)，则其剩余飞行循环数为 740 个循环。

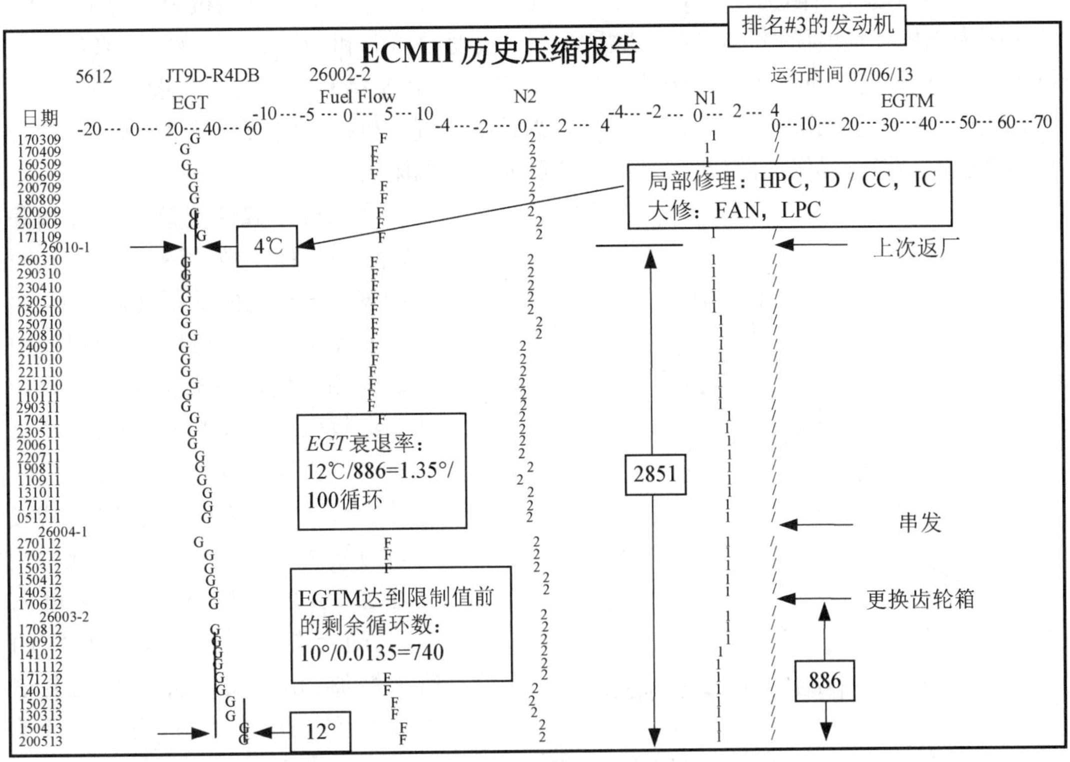

图 3.55　历史压缩报告示例

3.6　飞机性能监控与发动机状态监控数据综合分析

与发动机状态监控系统类似，飞机也有一套性能监控系统，其比较飞机实际性能与基准性能的偏差，以监控飞机性能衰退趋势。飞机性能衰退来自两方面，一是飞机自身性能退化，另一个是发动机性能衰退，因此若把飞机性能监控数据与发动机性能监控数据结合在一起，分析飞机性能退化的具体原因，就可以为飞机维修、发现性能退化的原因提供决策指导。

飞机性能衰退后，其燃油消耗就会增加，飞机燃油消耗高，则其飞行里程就减少。因此，通常用飞机的燃油里程(单位燃油消耗所能飞行的距离)来评估飞机性能状态，通过比较飞机实际燃油里程与基准燃油里程即可获得飞机性能的衰退情况，这也是飞机性能监控系统的基本原理。考虑到飞机燃油消耗反映了特定的飞机/发动机组合，因此，飞机燃油消耗量的变化不仅直接影响燃油成本，也反映了飞机性能和发动机性能的变化。引起飞机燃油消耗高的原因来自两方面：

(1) 飞机性能退化(机身阻力增加)，其影响因素有：① 机身表面的清洁程度；② 舱门、接近面板、整流罩等的封严效果，如风扇整流罩、反推装置等的平滑程度；③ 飞机系统校装/配平不到位，如方向舵、安定面、升降舵和襟翼、副翼的操作系统等，这些因素都会影响飞行阻力；

(2) 发动机性能退化，主要来自气路性能衰退和系统故障。

在上述引起飞机阻力增加的因素中飞机操纵系统和飞机配平对飞机阻力影响最大，这是因为飞机在巡航阶段飞行时通常需要一定程度的横向和/或纵向调整输入来保持飞机姿态，实现稳定飞行。飞机内部载荷分布不均、燃油不平衡和发动机推力设置不平衡等都可能产生进一步的配平要求，需要飞行操纵系统控制飞机操纵面，若飞机操纵系统的校装不合适也会影响操纵面的位置，这些都会影响飞机的阻力。

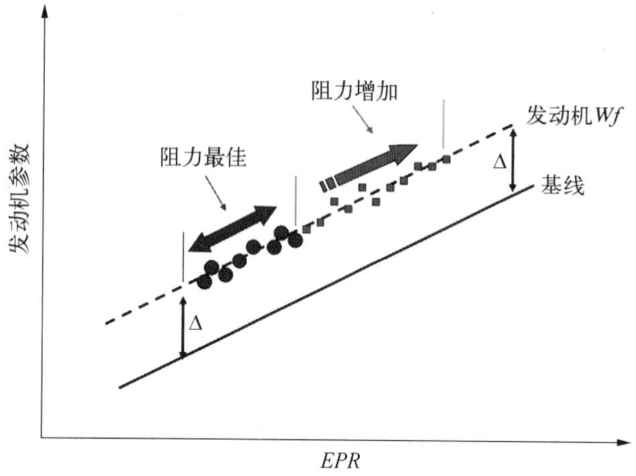

图 3.56　飞机性能退化与发动机参数偏差

发动机在翼性能监控系统跟踪巡航阶段性能参数的变化情况，其通过把飞行中记录的数据进行处理，然后与发动机性能基线比较，获得监控参数的偏差值。发动机性能参数是功率参数（*EPR* 或 N_1）的函数，飞机巡航时，飞机所需推力等于发动机产生的推力。当飞机性能退化后，其飞行阻力加大，相应所需发动机推力就会增加，参见图 3.56。从图中可以看出，随着飞机阻力的增加，所需的推力增加，相应发动机功率就会增大，燃油流量随之增加，飞机飞行单位里程所消耗的燃油量加大。但随着发动机功率参数的增加，发动机监控参数的偏差值（如 ΔWf）却基本保持不变，即发动机监控系统只能反映发动机的性能退化，而不能反映飞机的性能退化。因此，要确定飞机油耗高的原因，除了发动机状态监控软件外，还应使用飞机性能监控系统，基于这两套系统的输出结果，进行综合分析判断，找出飞机燃油消耗增加的原因，为飞机维修提供决策。

3.6.1　飞机性能监控指标

为了监控飞机燃油消耗，通常用燃油里程（*SR*）来反映飞机燃油消耗的变化，其定义为飞机消耗单位重量的燃油所飞行的距离，可用式（3.19）来计算，常用单位是海里*/公斤（或磅）。

$$SR = \frac{\text{飞行距离 / 小时}}{\text{燃油消耗量 / 小时}} \tag{3.19}$$

3.6.2　综合分析飞机性能监控和发动机性能监控结果

通过下列方式把飞机性能监控结果与发动机性能监控结果结合在一起，分析飞机燃油消耗增加的原因：

（1）利用飞机制造商提供的飞机性能监控系统计算飞机的燃油里程 *SR*，把实际燃油

* 1 海里 = 1 n mile = 1.852 km。

里程与飞机基准值比较，获得反映飞机性能退化的指标；

(2) 利用发动机性能监控系统，获得飞机所装发动机的平均燃油消耗量偏差值或 *EGT* 指数；

(3) 把飞机的性能参数指标与发动机的燃油偏差关联起来，即建立合适的比例尺度，把这两个参数绘制在同一张图上，参见图 3.57；

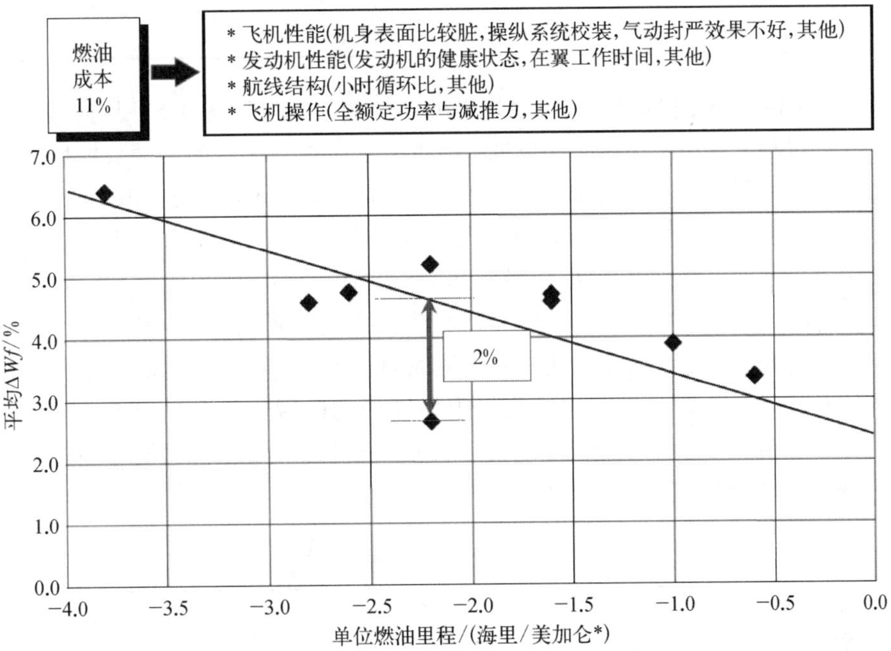

图 3.57　发动机与飞机燃油消耗数值的关联

(4) 分析机队中排名最差的飞机存在的问题，即利用建立的关联图，发现异常数据，分析异常数据产生的原因，确定飞机燃油消耗高是飞机性能退化造成的还是发动机性能退化造成的；

(5) 基于退化原因规划机队中性能排序最差飞机的维修任务。

表 3.17 列出了机队中飞机航程监控和发动机燃油流量监控数据，其中发动机燃油流量(*Wf*)偏差是利用发动机状态监控系统所获得的该架飞机所有发动机的 *Wf* 偏差的平均值，飞机的燃油里程偏差来自飞机性能监控系统。

表 3.17　飞机与发动机燃油消耗报告

飞机注册号	飞机性能排序	飞机 *SR* 偏差	发动机 *Wf* 偏差的平均值/%
26001	1	−3.8	6.4
26008	2	−2.8	4.6
26050	3	−2.6	4.8
26003	4	−2.2	5.2

* 1 美加仑 = 1 gal(US) = 3.785 43 L。

续 表

飞机注册号	飞机性能排序	飞机 *SR* 偏差	发动机 *Wf* 偏差的平均值/%
26007	5	−2.2	2.7
26010	6	−1.6	4.6
26005	7	−1.6	4.7
26009	8	−1.0	3.9
26006	9	−0.6	3.4

表 3.17 中飞机 *SR* 偏差和发动机平均燃油消耗的偏差可用图 3.57 表示出来。这种图形分析是一种寻找发动机和飞机之间燃油消耗差异的理想方法。图中的数据显示 26007 号飞机报告的发动机平均燃油流量偏差和飞机性能监控报告的 *SR* 之间的相差约 2%。从图中可分析出这部分额外燃油流量差异是由于飞机性能退化造成的,而非发动机原因引起。这样就需要对飞机开展某些维修工作,以降低其飞行阻力。另外,基于燃油消耗量的偏差和飞机每年飞行小时数即可计算出每年飞机多烧的燃油量,这样即可估算出燃油成本的增量。

从前面的分析可知,引起飞机性能退化的原因有很多,但不同原因对飞机性能的影响程度不同。从空气动力学角度对引起飞机阻力增加的原因进行分析可知,下列因素对飞机飞行阻力的影响程度由高到低的顺序是: 飞机飞行操纵系统、飞机配平、面板或舱门的封严和机身洁净度,参见表 3.18。

表 3.18　空气动力学角度排序飞机阻力因素

排　序	飞机阻力因素
1	飞行操纵系统校装
2	配平程序
3	气动封严
4	机身清洁

从表 3.18 可以看出,在这些因素中机身洁净程度影响最低,因此,当发现飞机性能退化是燃油消耗增加的原因后,因按该顺序寻找飞机性能退化的原因,并采取相应的维护措施,恢复飞机性能。

尽管飞机机身洁净程度影响最小,但保持机身清洁也是降低燃油消耗的手段之一,表 3.19 给出了各型波音飞机由于机身不清洁而产生的燃油消耗增量的估算值。

表 3.19　机身不清洁带来的燃油增量

飞机类型	燃油增量(美加仑/年/架)	参考条件
727	3 320	500 海里航程;2 120 架次/年
737	1 150	500 海里航程;2 120 架次/年
757	2 570	1 000 海里航程;1 300 架次/年
767	2 940	3 000 海里航程;590 架次/年
747	12 160	5 000 海里航程;409 架次/年

思　考　题

1. 什么是平功率温度？什么是起飞 *EGTM*、如何计算？
2. 简述评估发动机单元体性能的流程。
3. 简述高涵道比涡扇发动机的高、低压压气机的加、减速时共同工作线的变化特点。
4. 简述压气机、涡轮的流通能力和效率之间的关系。
5. 简述各性能参数发生偏移的原因（LPC 增压比、N_2、N_1、压气机总增压比）。
6. 影响涡轮落压比的因素有哪些？
7. 如何制定发动机试车台观察清单？
8. 简述发动机性能评估流程。
9. 下图是 PW4056 发动机机队试车数据（ΔF_n 与 ΔN_1），试分析发动机 404 号和 486 号数据异常的原因（不考虑指示错误）。

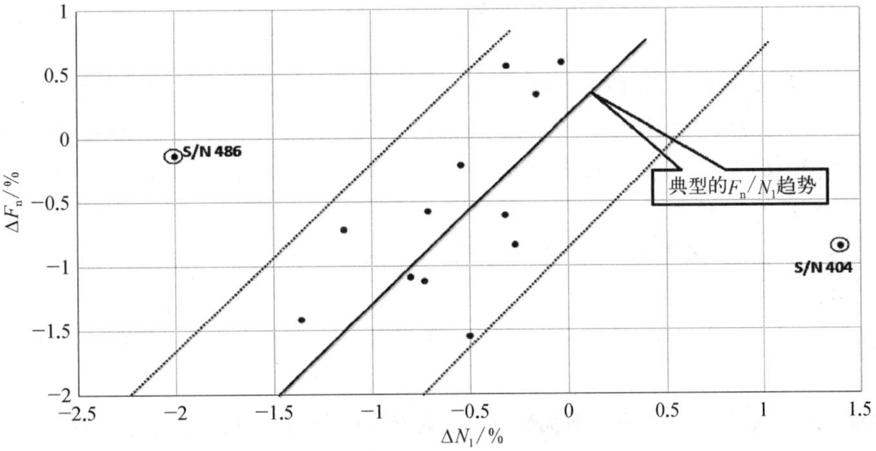

10. 下表是一台经过大修后的 PW4052 发动机试车台测量数据偏差值。参数偏差值是利用普惠公司的发动机基线与试车台测量数据经修正后计算得到。请利用这些数据评估该发动机各单元体的性能状态。为简化评估过程，可使用以下评估级别：

(1) 健康，代表单元体处于良好状态；

(2) 不良，代表单元体出现轻度性能衰退；

(3) 较差，代表单元体出现严重性能衰退；

(4) 待定，代表需要更多信息才能评估单元体状态。

PW4052 试车台测量参数偏差

参数名称	参数修正	单位	测量 1	测量 2	测量 3	测量 4
EPR	$P_{t4.9}/P_{t2}$	—	1.273	1.338	1.395	1.471
LPC 出口温度	$T_{t2.5}/\theta_{t2}$	℃	−1.03	−0.38	0.35	0.30
HPC 出口温度	T_{t35}/θ_{t2}	℃	0.12	0.98	1.58	1.14
ΔEGT	$T_{t4.9}/\theta_{t2}$	℃	9.13	7.99	9.42	16.35

续 表

PW4052 试车台测量参数偏差						
参数名称	参数修正	单位	测量 1	测量 2	测量 3	测量 4
LPC PR	$P_{t2.5}/P_{t2}$	%	-1.16	-0.59	-0.27	-0.60
ΔTER	$P_{S3}/P_{t4.9}$	%	-3.17	-2.30	-2.38	-2.45
ΔN_1	$N_1/\sqrt{\theta_{t2}}$	%	-1.07	-0.25	-0.34	-0.60
ΔN_2	$N_2/\sqrt{\theta_{t2}}$	%	0.37	0.52	0.62	1.11
ΔF_n	F_n/S_{t2}	%	-1.69	-2.15	-2.07	-1.12
ΔWf	$Wf/(K_c \times K_h \times S_{t2})$	%	0.63	1.22	1.20	2.12

风扇____________________　　高压压气机____________________

低压涡轮____________________　　低压压气机____________________

涡轮第一级导向器和高压涡轮____________________　　*EGT/Wf*____________________

其他____________________

参考文献

陈卫,程礼,李全通,2001. 航空发动机监控技术[M]. 北京: 国防工业出版社: 29-43.

郝英,2004. 发动机起飞 EGT 裕度的估算[J]. 航空维修与工程,2004(2): 39-40.

黄婕,2017. 发动机单元体送修等级决策方法研究[D]. 天津: 中国民航大学硕士学位论文.

李晓波,2016. 基于综合指数的单元体性能分析及其与整机性能的联系[D]. 天津: 中国民航大学硕士学位论文.

林兆福,范作民,1992. 发动机基线方程的建立和应用[J]. 中国民航大学学报,1992(4): 20-32.

普拉特·惠特尼公司,1992. 航空燃气涡轮发动机[M]. 北京: 宇航出版社: 166-175.

齐晓骥,2016. 基于多参数的发动机综合性能评估[D]. 天津: 中国民航大学硕士学位论文.

唐庆如,1997. 燃气涡轮发动机的性能衰退分析[J]. 燃气涡轮试验与研究,1997(4): 20-23.

王帅,许春生,2004. 发动机机队状态排序技术[J]. 航空维修与工程,2004(6): 33-35.

于文武,许春生,2007. 提高民航发动机起飞 EGT 裕度的措施[J]. 航空维修与工程,2007(3): 33-35.

张书刚,2014. 民用涡扇发动机在线健康诊断关键技术研究[D]. 西安: 西北工业大学博士学位论文.

Litt J S, Simon D L, Garg S, et al, 2004. A Survey of Intelligent Control and Health Management Technologies for Aircraft Propulsion Systems [J]. Journal of Aerospace Computing, Information, and Communication, 1(12): 543-563.

Pratt Whitney, 2016. Engine Fleet Management[Z]. USA, Pratt Whitney Company.

Pratt Whitney, 2015. Engine health monitoring (EHM) training guide[Z]. USA, Pratt Whitney Company.

第 4 章
发动机大修方案和大修成本计算

4.1 概　　述

航空公司制定发动机返厂大修决策时要考虑两个问题，一个是返厂率，另一个是返厂大修成本，应在这两个参数之间实现最佳平衡。大修决策受发动机工作条件和公司自身的财务条件影响。发动机运营方面的考虑主要是获得高效的性能，通常用发动机运行的可靠性来表征（参见第 1 章），而财务方面主要考虑发动机的大修成本，即降低大修成本。衡量航空公司维修策略的一个重要指标是单位飞行小时的维修成本，其计算和影响因素在第 1 章中讨论过。发动机大修方案不但会影响大修费用，而且也会影响 *SVR*，因此，本章主要讨论如何合理制定大修方案，以及基于大修方案估算大修成本。

发动机送修时，需要确定对发动机做什么样的修理工作，把发动机分解到什么程度，更换、修理哪些零部件等，即确定发动机的修理范围和修理内容，寿命件的更换策略以及所要实施的适航指令和服务通告，所有这些内容的集合即为大修方案。通常发动机大修方案取决于不同单元体性能衰退情况、在翼工作时间、下发原因和各寿命件的剩余寿命等。当发动机下发送厂修理时，除了分析发动机下发的根本原因之外，还应对各单元体的性能进行评估，并结合寿命件的更换策略和在翼目标，制定合理的大修方案。发动机返厂维修时，有不同的修理级别，经常会用到下列说法。

（1）大修（overhaul）：指按照满足适航管理部门如 FAA 要求的方法、技术和操作对发动机进行分解、清洗、检查、必要的修理和组装，并且按照 FAA 批准的标准和技术数据进行测试；

（2）部分大修（partial overhaul）：对子组件进行整修；

（3）性能恢复（performance restoration）：为提高发动机效率而实施的各种维修；

（4）翻修（refurbish）（针对发动机、单元体）：对发动机或单元体进行恢复以实现发动机以较好的成本效能运行；

（5）修理（repair）：通过更换或处理失效、磨损或损坏的部件，使其恢复到可用状态；

（6）恢复（restoration）：把某项目恢复到规定的标准所开展的必要工作。

对现代涡轮风扇发动机（双转子）而言，发动机返厂做高级别修理（大修、性能恢复）时，核心机（高压压气机、燃烧室和高压涡轮）通常会翻修，而低压转子部分（风扇、增压级和低压涡轮）的修理则应基于各部件的性能衰退情况而定。由于低压转子所经历的工作环境不像高压转子那么恶劣，其修理级别也会比高压转子低，平均在翼时间也比高压转子长。寿命件更换时，需要对相应的组件（单元体、子单元体）进行分解，所以，通常在相应的单元体做大修时，更换寿命件。对于高涵道比的涡扇发动机而言，发动机返厂时，对风扇叶片进行修理，恢复风扇叶片效率相对容易且容易实施，投资回报也较高。若发动机是由于事故（空停、外来物损伤等）而造成的下发修理，这时除了分析这些事故原因或进行修复之外，还应根据发动机的在翼时间、各单元体的工作时间，发动机性能等情况制定发动机修理方案。

为了指导用户制定发动机大修方案，发动机厂商都通常提供发动机维修指导性技术文档，如普惠公司的发动机维修计划指导（MPG）、罗罗公司的发动机管理大纲（EMP）和CFMI公司的发动机大修方案规划指导（WPG）等。尽管不同厂商以及不同型号发动机修理级别的划分有可能会存在一定差异，但划分思想基本上是一致的。为了使发动机大修指导技术文档更具有针对性，厂商会针对具体用户发动机实际运行情况制定更加符合某航空公司的客户化技术文档，以指导其制定更合理的大修方案。客户化技术文档是在通用型技术文档的基础上，针对具体用户发动机实际使用情况而制定的维修计划指导手册，是航空公司制定发动机大修方案的主要依据。这些技术文档都是帮助用户制定发动机大修方案的指导性文件，目的是管理发动机大修，实现以高成本效益保持最佳的发动机性能和可靠性。

在发动机大修指导技术文档中，通常给出建议的单元体的修理级别：一般性检查维修、性能恢复、大修等。基于发动机状态制定合理的发动机大修方案是一门综合发动机状态监控数据、故障数据、可靠性数据、运营成本和大修成本优化的问题。航空公司发动机送修时，如何合理地制定发动机修理范围（大修方案）是航空公司维修工程师需要恰当解决的问题。通常维修工程师基于发动机制造商提供的维修计划指导文件并咨询发动机维修车间、航线维修监控部门及制造商代表等专家意见，采集发动机状态监控软件、飞行报告、航线定检维护报告、大修厂试车台试车数据、历史返厂维修方案等制定发动机大修方案。在制定发动机大修方案时首先要了解发动机的状态，这包括下发的原因（寿命件到寿、性能衰退、转子振动超限、发动机超温、超转、滑油消耗量高等）、发动机的在翼时间（飞行循环数、飞行小时数）、发动机硬件损伤情况、发动机性能变化情况、维护历史数据、寿命件的剩余寿命等，另一个要考虑的是大修目标，如 *EGTM* 恢复目标、修后发动机目标在翼时间等。*EGTM* 代表了发动机性能恢复程度，尽量延长发动机修后目标在翼时间则有利于降低发动机的大修成本。

大修方案制定后，各单元体的修理级别就确定了，相应即可估算大修费用。可基于对同型号发动机的各单元体的不同级别修理所需费用的统计值来估算发动机的大修费用。

4.2 发动机大修方案

发动机返厂大修主要是性能恢复、更换（或修理）损伤的硬件和寿命件更换，相应的大修方案也是围绕着这一目的制定。大修方案决定发动机进厂后的修理范围和内容，不同的修理内容不但会影响单元体的分解程度，而且也会直接影响修后发动机的性能恢复程度、可靠性恢复程度和修后目标在翼时间。因此,大修方案的制定对发动机返厂大修具有重要意义。

发动机返厂大修是发动机维修的重要方面,用以恢复发动机性能和保障发动机持续适航。从整机的角度来说,发动机的大修等级一般为性能恢复和大修。现代民用航空发动机采用了单元体结构,发动机的大修方案是由各单元体的修理方案组成。也就说,发动机大修方案规定了各单元体所要执行的修理范围和等级。不同厂家的发动机大修指导技术文档中对其单元体都制定了各自相应修理级别。大修时,实施厂家发布的 SB 也是一项重要任务,通过 SB 的实施可提高发动机性能、或提高发动机在翼时间等,但 SB 的实施是需要一定费用的,航空公司可基于对 SB 的评估决定实施相应的 SB。

航空公司送修发动机时,可以自己制定大修方案,也可以联合大修厂共同制定大修方案。送修发动机时,航空公司会把制定的大修内容和发动机基本信息作为一个技术文件随发动机发送给大修厂,这个技术文件也叫送修工作包。其中,大修内容包括大修范围和级别以及要实施的适航指令、SB、大修目标等;发动机基本信息包括:寿命件状态、孔探报告,下发报告,附件信息等。表 4.1 是典型的发动机下发报告。

表 4.1　下发报告

发动机下发报告			
执管单位	某公司	发动机型号	V2522 - A5
发动机序号	V12345	飞机注册号/发动机位置	B - XXXX/1 发
总时间/总循环(*TT/TC*)	33651/19833	上次进厂后工作时间/循环(*TSLV/CSLV*)	13515/8208
装发日期	2011 - 06 - 23	装机后使用时间/循环(*TSI/CSI*)	13515/8208
拆发日期	2016 - 09 - 11	拆发原因	寿命件到寿
油封日期	2016 - 09 - 11	油封类型	12 个月
相关排故措施:无			
EGTM	61.5℃	EGT 平均衰退率	2.2℃/1000*FH*
在翼性能监控结果			
性能参数	装机初始值	下发时参数值	参数变化
Δ*EGT*_S/℃	6.1	36.2	+30.1
Δ*FF*_S/%	-1.76	2.57	+4.33
ΔN_1_S/%	-0.92	-0.55	+0.37
ΔN_2_S/%	-0.55	-1.17	-0.62
ΔN_3_S/%	N/A	N/A	N/A
性能评估结论:性能一般			
气路孔探检查情况:详见孔探报告。			
填　写:		批　准:	

注:_S 代表平滑值。

大修厂家基于送修包内容、发动机分解后的实际状态以及要实施的 SB 情况,可能会对航空公司制定的大修方案进行调整,以实现送修目的。表 4.2 是某航空公司的一台 V2533 - A5 发动机送修时,航空公司制定的各单元体(子单元体)修理级别和修订后的修理级别对比,有关修理级别的定义参考 4.2.2.3 小节。

表 4.2　V2533 - A5 发动机单元体修理级别

单　元　体	航空公司制定的修理级别	实际修理级别	
风扇	3	3	说明： (1) 发动机自新发的工作时间 18 546 小时，自新发的工作循环数 10 396 个循环； (2) 修理级别：1 级为目视检查；2 级为一般性修理/小型翻修；3 级为大修
中介机匣	2.5	2.3	
内部齿轮箱	2.2	2.3	
增压级	1	1	
高压压气机	2.9	2.9	
扩压器	2.3	2.3	
4 号轴承腔	2.9	2.9	
燃烧室	3	3	
高压涡轮 1 导	3	3	
高压涡轮	2.9	2.9	
低压涡轮	1	2.2	
涡轮排气机匣	2.3	2.3	
附件齿轮箱	1	2.1	

大修方案一般包含下列信息：发动机、单元体、子单元体等的修理级别定义，计划更换的主要零部件，计划实施的 AD/SB，发动机附件修理要求，制定大修方案所依据的发动机大修指导技术文档(EMP、MPG 等)版本号、版次。若方案内容有对 EMP、MPG 等工作范围指导文件的偏离，则应在显著位置明确标出。

4.2.1　发动机大修方案的制定

大修方案也叫作大修工作范围(workscope)。由于现代涡轮风扇发动机通常为单元体结构，因此，发动机的大修方案的制定可从单元体、子单元体的角度来定义其各自的修理级别。另外，还应综合考虑寿命件是否更换、适航指令和厂家建议的 SB 实施情况。

发动机大修方案的制定有不同的原则，一是送修时只针对出现故障的单元体进行维修，不考虑其他单元体的具体情况，这种修理表面上看可能当次大修费用低，但修后发动机实际在翼时间会低于预期的目标值，发动机性能恢复程度也不会很好，从而导致发动机在使用寿命期内返厂次数增加，增加维修成本。视情维修是现代涡扇发动机普遍采用的原则，因此，基于机会维修的理念，发动机返厂时，不只修理故障部件(单元体)，同时基于其他单元体的状态，也对其他单元体进行相应的修理，这将会大大提高大修后发动机的整体性能和在翼时间。这一原则在制定发动机大修方案中已被广泛采用。

1. 大修方案的影响因素

在制定发动机返厂大修方案过程中，首先是要了解发动机的状态。要评估发动机的当前状态，就应汇集下列主要信息：

1) 发动机下发原因

发动机返厂修理的目的之一就是解决下发的原因，因此，制定大修方案时首先要考虑下发原因，如果是在翼 *EGTM* 达到下发阈值，则执行发动机性能恢复级别修理，同时兼顾其他问题诸如 SB 改装、寿命件更换等；如果是寿命件到寿，则相应单元体要分解到零部件级，所以通常会对该单元体进行大修。

2）发动机状态数据

这主要包括状态监控数据、发动机故障记录、发动机内部损伤情况，这些信息反映了发动在翼状态。气路性能监控数据反映了发动机性能衰退情况，结合发动机各站位的性能参数还可分析不同单元体的性能衰退情况，分析造成发动机性能衰退的主要部件，从而为确定不同分单元的修理级别提供参考数据。

发动机故障数据反映了发动机日常工作中出现过的一些问题，如超温、超转、喘振等，不同故障对应不同的原因，这也为发动机分解检查范围、修理内容提供参考。发动机内部硬件损伤，大修时需要修理，不能修的需要更换，而不同部件的修理和更换所需发动机的分解程度不同，对应的修理范围也不一样。硬件损伤反映了发动机或系统的工作特征，例如若发现高压涡轮导向器烧蚀严重，则可能是环境空气污染严重而造成冷却孔堵塞，或高压压气机性能衰退严重。基于对发动机状态数据的分析和评估有针对性地制定大修方案，优化在翼时间，降低大修成本。

3）发动机在翼时间

发动机在翼时间，包括各单元体的在翼工作时间。各单元体、部件的飞行小时数或循环数越多，部件的磨损、损伤和性能衰退也就越严重，尤其是热端部件。相应下发后对各单元体的修理内容就越多，修理级别也越高，需要修理或更换的零件部也就越多，大修费用也会越高。对于有软时限要求的单元体，在制定大修方案时需要考虑各单元体的实际飞行小时或循环数与软时限的比较，基于大修指导文件给出单元体的合理修理级别，但发动机内部实际损伤状况也是要考虑的因素（如叶片损伤后需要更换或修理）。尽管软时限不是强制性时间限制，但它是反映各单元体在翼可靠性和性能的一个重要参数。若单元体的飞行时间超过了相应的软时限，尽管该单元体可继续工作，但其在工作过程中出现故障（如压气机喘振、涡轮叶片损伤等）的概率会增加，单元体的性能也会以更快的速度衰退。超出软时限越多，相应的风险也就越高。

发动机或单元体在翼时间的记录通常有两种，一种是自上次大修工作时间/工作循环（*TSO*/*CSO*）；另一种是发动机自上次返厂修理至今的工作时间/工作循环数（*TSLSV*/*CSLSV*）。这两个时间可能一致，也可能不一致，取决于上次返厂的修理级别。

4）寿命件的寿命状态

发动机在翼工作时间不能超过发动机内最短寿命件的寿命，因此，在翼时间、修后发动机的期望在翼时间和寿命件的剩余寿命在制定大修方案时一定要综合考虑，以达到尽量延长在翼时间，降低返厂次数的目的。

5）适航指令和厂家下发的服务通告

实施 AD 和 SB 也是返厂大修的重要内容，有些 AD 和 SB 会涉及部件的更换或改装，并且只有当发动机分解到一定程度才能实施，这样就需要调整修理级别。

6）发动机返厂大修记录

这主要包括历次大修时发动机下发原因和大修方案。制定大修方案时尤其要考虑上次返厂各单元体的修理级别。

7）大修目标

了解了发动机当前状态信息后，制定大修方案的第二步就是明确大修目标。制定合理的大修目标，如修后目标在翼时间、*EGTM* 恢复程度和返厂成本目标等，这些因素会影响修理级别和寿命件的更换策略。

租赁发动机返厂修理时，需要考虑退租条件。因为租赁公司通常会规定退租条件，如退租时寿命件剩余寿命，发动机性能状态（对 *EGT* 的要求）等。因此，在制定这些发动机返厂大修方案时还需考虑退租条件。

因此，在制定大修方案时，若忽略了大修出厂目标，则可能只是解决了发动机存在的问题，而不能实现期望的发动机在翼寿命。实现或超出了大修目标，则说明大修方案是成功的，并会带来降低发动机运行成本的好处。

2. 大修方案制定

发动机大修方案制定是基于厂家的技术指导文件（WPG、MPG、EMP 等）进行的，但发动机在翼飞行时间的长短、各单元体的硬件损伤情况、发动机下发原因，以及发动机大修目标等对大修方案的制定有很大的影响。当发动机下发送厂修理时，除了分析发动机下发的根本原因之外，还应对各单元体的性能进行评估，从而制定合理的大修方案。对现代涡轮风扇发动机（双转子）而言，发动机返厂做高级别修理（大修、性能恢复）时，核心机部分（高压压气机、燃烧室和高压涡轮）应该翻修，而低压转子部分（风扇、增压级和低压涡轮）的修理则应基于各部件的性能衰退情况而定。通常在下列情况对发动机进行性能恢复级别的修理：① 在翼飞行时间较长的发动机；② *EGTM* 较低（取决于不同发动机，如低于 10℃）；③ 发动机状态监控发现显示巡航 *EGT* 偏差较高（取决于不同发动机）；④ 发动机性能衰退，但没有发现具体原因；⑤ 发动机加、减速缓慢。

当寿命件更换时，需要对相应的组件（单元体、子单元体）进行分解，所以，最好是单元体大修和寿命件更换同时进行；或者当单元体中寿命件到寿，或有硬件需要修理时对单元体进行大修。因此，在制定大修方案时要充分考虑上述因素，即尽可能把单元体大修和单元体寿命件更换组合在一起。另外，单元体的在翼时间，LLP 件的剩余寿命对维修方案的制定影响很大，在制定大修方案时需要综合各影响因素，基于发动机期望在翼时间，根据机会维修的原理定义单元体的修理内容，协调发动机运行经济性和可靠性之间的关系，合理计划 LLP 件的更换时间和单元体的修理级别是制定维修和优化大修方案的关键。

通常航空公司制定发动机大修方案的流程包括两大步骤，第一步先基于发动机大修指导技术文件和上述大修方案影响因素，拟定大修方案初稿；第二步是当发动机到大修厂后，再根据发动机进厂检查情况，参考技术审查委员会（TRC）报告，可能会对拟定的单元体维修等级进行修改，最终确定大修方案。

对于大修机构来说，当发动机进厂文件准备完成后，就开展进厂接收工作，这项程序的目的是为了进一步查清发动机的具体情况，并做好记录。然后根据发动机大修方案技术指导，并结合运营商的具体要求，对前期制定的大修方案进行分析，以利于大修工作的展开，具体过程如下。

发动机到达大修厂后，首先做进厂检查，之后，大修厂的项目主管工程师通常会组织召开由航空公司、大修厂和制造商三方代表组成的技术评审委员会（TRC）会议，TRC 对客户制定或要求的工作范围（或应客户要求，由大修厂项目工程师代替客户制定的工作范围）进行综合评估。TRC 最后形成一份参会者共同认可、生效的 TRC 报告。航空公司一般会参考 TRC 的决策内容，调整初步拟定的大修方案。但在大修方案制定过程中，仅通过 TRC 会议不能够完全满足航空公司对维修工作范围的优化需求。对于航空公司来说，制定大修方案时，应该从发动机使用寿命周期出发（如使用 15 年或 20 年），在保障发动机运行可靠性的前提下，以降低单位飞行小时维修成本为目标，优化每次返厂大修方案，延长发动机在翼时间。

TRC 在对进厂发动机进行技术评审时，需要航空公司提供下列技术资料和信息。

1）发动机基本信息

主要包括所装飞机型号、发动机型号、发动机序号、下发时间、发动机总飞行时间/循环数（*TT/TC*）、*TSLSV/CSLSV*、*TSN/CSN*、滑油牌号、油封状态报告、发动机缺件清单、ETOPS 飞行要求、客户拟定的发动机修理方案。

2）发动机背景信息

主要包括下发原因以及发动机状态信息，如最近的发动机全面孔探检查报告、磁堵/滑油滤检查报告、异常事件报告、在翼性能监控项目报告、发动机寿命件清单或其他特殊事项。

3）单元体的基本信息

主要包括单元体序号、单元体总飞行时间/循环、单元体自上次修后工作时间/循环；单元体修理级别的历史报告，特别是上次返厂发动机和各单元体修理级别详细报告。发动机主要零件清单，包括发动机主要零件件号、序号、部件的总飞行时间/循环数、翻修后飞行时间/循环。

4）发动机的 AD、SB 状态信息

所有 SB 项目状态报告（包括原始装机 SB 项目）、此次进厂需要执行的 SB 清单以及客户计划在此次进厂要执行的 SB 清单（包括附件的 SB）；发动机 AD 状态、所有适用的 AD 项目状态报告；此次进厂需要执行的 AD 清单、客户计划在此次进厂要执行的 AD 清单（包括附件的 AD）。

5）发动机附件报表和/或工作指令，包括附件的件号、序号、总飞行时间、翻修后飞行时间和计划修理级别。

6）航空公司客户信息，包括飞行计划（推力使用情况）、航程长度、期望飞行时间/循环数（装机条件）、备发情况等。

在制定大修工作范围时，前面提到的各类信息，不但用来帮助制定发动机维修范围，还可用来对发动机大修方案进行优化，优化各单元体的修理级别，在保障发动机可靠性的前提下，延长发动机在翼时间，降低发动机大修成本。在大修方案规划过程中，应针对发动机使用寿命周期（或周期内一段时间）进行规划，制定多套大修方案，分别评估每套方案的大修成本和可靠性，从中选取最佳方案。在方案选择时，既要考虑成本因素，还要考虑发动机在翼性能，在保证发动机安全可靠的前提下，选择最佳方案。

4.2.2　典型涡扇发动机的大修方案

4.2.2.1　PW4000 大修方案

1. 普惠发动机维修等级定义

基于普惠公司的 MPG，PW4000 发动机整机的维修等级划分为三个等级，分别是一般修理、核心机的深度维修/核心机气路性能恢复、发动机的深度维修(大修)/发动机的气路性能恢复。

1）发动机一般修理

一般修理是发动机每次进厂维修的最低级别的车间修理。维修工作主要是按客户提出的具体要求,对出现的故障、问题进行排除和修理。在 MPG 中,其规定的修理工作内容主要是一些单元体级别的检查工作。

2）核心机深度修理/核心机气路性能恢复

核心机的深度修理,需对单元体进行部分分解并进行修理,恢复单元体的性能和工作稳定性。核心机的深度维修是发动机返厂进行热端修理检查的最低程度维修要求,所做工作见表 4.3。此时整台发动机满足核心机深度修理的最低修理要求,但不满足发动机深度修理的最低维修要求。

表 4.3　核心机深度维修

单　元　体	维　修　等　级
风扇叶片	深度修理
低压压气机	气路性能恢复
联轴器	部件级检查
风扇机匣	单元体级检查
中介机匣	单元体级检查
高压压气机	深度修理(或气路性能恢复)
扩压器和燃烧室	深度修理
高压涡轮导向器	深度修理
高压涡轮	深度修理(或气路性能恢复)
低压涡轮	单元体级检查或检查/修理/改装
涡轮排气机匣	单元体级检查
主齿轮箱	单元体级检查
角齿轮箱	单元体级检查

3）发动机深度维修/发动机气路性能恢复

发动机深度修理/发动机气路恢复是发动机热端/冷端部件在大修厂进行大修的最低维修范围。

一般当所有单元体都要进行深度维修或者气路性能恢复的时候才对发动机进行该级别的修理。该级别所对应的最低维修范围是对组成发动机的所有单元体都进行深度维修或气路性能恢复。发动机深度维修或发动机气路性能恢复的修理范围参见表 4.4。

表 4.4　发动机深度维修/发动机气路性能恢复

单　元　体	维　修　等　级
风扇叶片	深度修理
低压压气机	深度修理(或气路性能恢复)
联轴器	深度修理

续　表

单　元　体	维　修　等　级
风扇机匣	单元体级检查
中介机匣	深度修理
高压压气机	深度修理（或气路性能恢复）
扩压器和燃烧室	深度修理
高压涡轮导向器	深度修理
高压涡轮	深度修理（或气路性能恢复）
低压涡轮	深度修理（或气路性能恢复）
涡轮排气机匣	深度修理
主齿轮箱	深度维修（或如果未到深度维修级别，进行单元体级检查或检查/修理/改装）
角齿轮箱	深度修理（或如果未到深度修理，进行单元体级检查）

对于单元体而言，普惠公司的 MPG 把其返厂修理的级别分为四级，分别为单元体级别检查、检查和修理或改装、气路性能恢复和深度维修（单元体大修）。

1）单元体级别检查

单元体级别的检查，修理程度最低，不进行单元体的分解，单元体可以装在发动机上或从发动机上分解下来开展该级别的维修工作。主要是为保障单元体继续在翼使用而开展的一些检查工作。如发现问题，有必要开展进一步维修工作，则可根据情况调整。

2）检查和修理或改装

单元体检查和修理或改装工作需要对单元体进行部分分解，只需对特定部件进行检查、修理或改装，无须进行性能恢复或为保障可靠性而进行的翻修。主要是针对那些没有超过深度修理的阈值的单元体而开展的修理工作，只需根据检查的结果对其进行检查、修理或改装。

若单元体级别检查、检查和修理或改装这两个维修等级都不适用，则需要修改修理范围，如进行气路恢复或深度修理，要依据具体实际情况而定。

3）气路性能恢复

该修理需要对单元体进行部分分解，主要进行气路性能恢复和提高可靠性。对单元体进行有限的分解，有针对性地进行修理、改装和性能恢复。单元体做完该级别修理后，单元体自上次深度修理所累积工作时间不归零，时间继续累积，主要旋转部件不需进行无损探伤检测。该工作范围主要针对高飞行小时/循环比的发动机。

4）深度修理

深度修理，即对单元体大修。单元体要进行充分的分解，对部件进行修理，恢复单元体的性能和工作稳定性。主要的旋转部件需要充分分解，并进行无损探伤检测。一般当单元体累积的飞行时间超过深度修理推荐的门槛值时，才对单元体做该级别的修理。当单元体进行了深度维修后，其累积的飞行小时数/循环数要归零处理，修后的工作时间重新累积，这也是与前面修理级别的区别之一。

2. 单元体修理级别判断逻辑

针对普惠公司的发动机，为了帮助用户确定发动机单元体的修理级别，在 WPG 中给出了单元体的软时限,表 4.5 是 PW4000 发动机单元体的软时限实例。在工程实际中常依据单元体的飞行时间与软时限对比,作为制定单元体送修等级规则。图 4.1 是以 PW4000 风扇单元体为例,展示了其修理级别的判断逻辑。图 4.1 中把风扇单元体的在翼累积飞行时间与软时限比较,比较的基准是其是否达到了软时限的 80%。

表 4.5　PW4000 发动机单元体软时限

单　元　体	软　时　限
风扇叶片	5 000 循环/20 000 小时
低压压气机	5 000 循环/20 000 小时
低压压气机/低压涡轮联轴器	5 000 循环/20 000 小时
风扇机匣	5 000 循环/20 000 小时
中介机匣	5 000 循环/20 000 小时
高压压气机	7 500 循环/30 000 小时
燃烧室/扩压器	4 000 循环/16 000 小时
高压涡轮导向器	4 000 循环/16 000 小时
高压涡轮	4 000 循环/16 000 小时
低压涡轮	4 000 循环/16 000 小时
涡轮排气机匣	4 000 循环/16 000 小时
主齿轮箱/角齿轮箱	14 000 小时或 32 000 小时

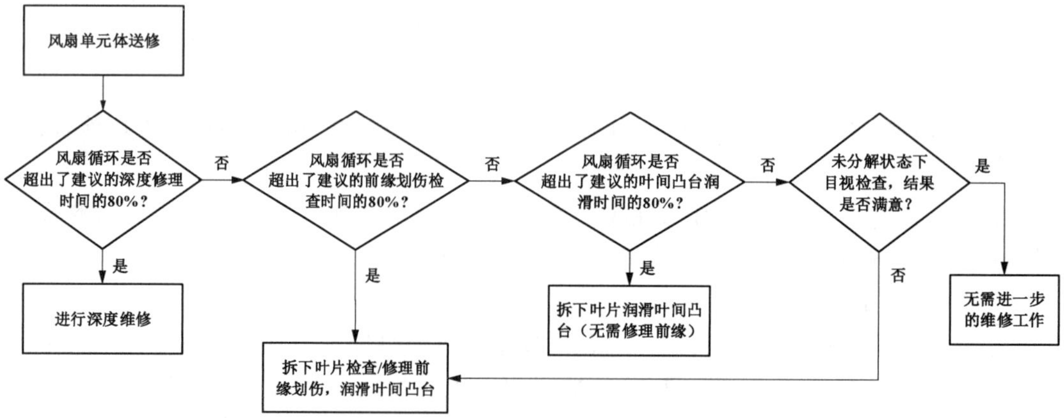

图 4.1　风扇单元体修理级别判断逻辑

风扇单元体修理的主要部件是风扇叶片,表 4.6 给出了基于飞行循环数的风扇叶片修理工作内容,详细检查内容和工作程序参见相关手册。

表 4.6　风扇叶片修理内容

		风扇叶片的工作范围	
修理级别	MPG 说明	工　作　内　容	间隔/注释
检查、修理/改装	(1) 拆下叶片,前缘不打磨	1. 一般性目视检查,用 10 倍放大镜放大检查叶根 2. 风扇叶片减振凸台润滑(参见发动机大修手册) 3. 叶根润滑	2 500 循环

续　表

风扇叶片的工作范围			
修理级别	MPG 说明	工　作　内　容	间隔/注释
	(2) 拆下叶片，前缘打磨	1. 一般性目视检查，10 倍放大镜检查叶根 2. 风扇叶片减振凸台润滑（参见发动机大修手册） 3. 叶根润滑 4. 叶片前缘打磨（参见发动机大修手册）	2 500 循环
深度修理	拆下叶片	荧光穿透检查、涡流探伤、目视检查、尺寸检查、叶片表面喷丸、叶根喷丸	5 000 循环送修

PW4000 发动机高压压气机单元体的送修等级判断逻辑参见图 4.2。从图可见，厂家建议的高压压气机深度修理（大修）的软时限是 4 000 个飞行循环或 16 000 飞行小时。每

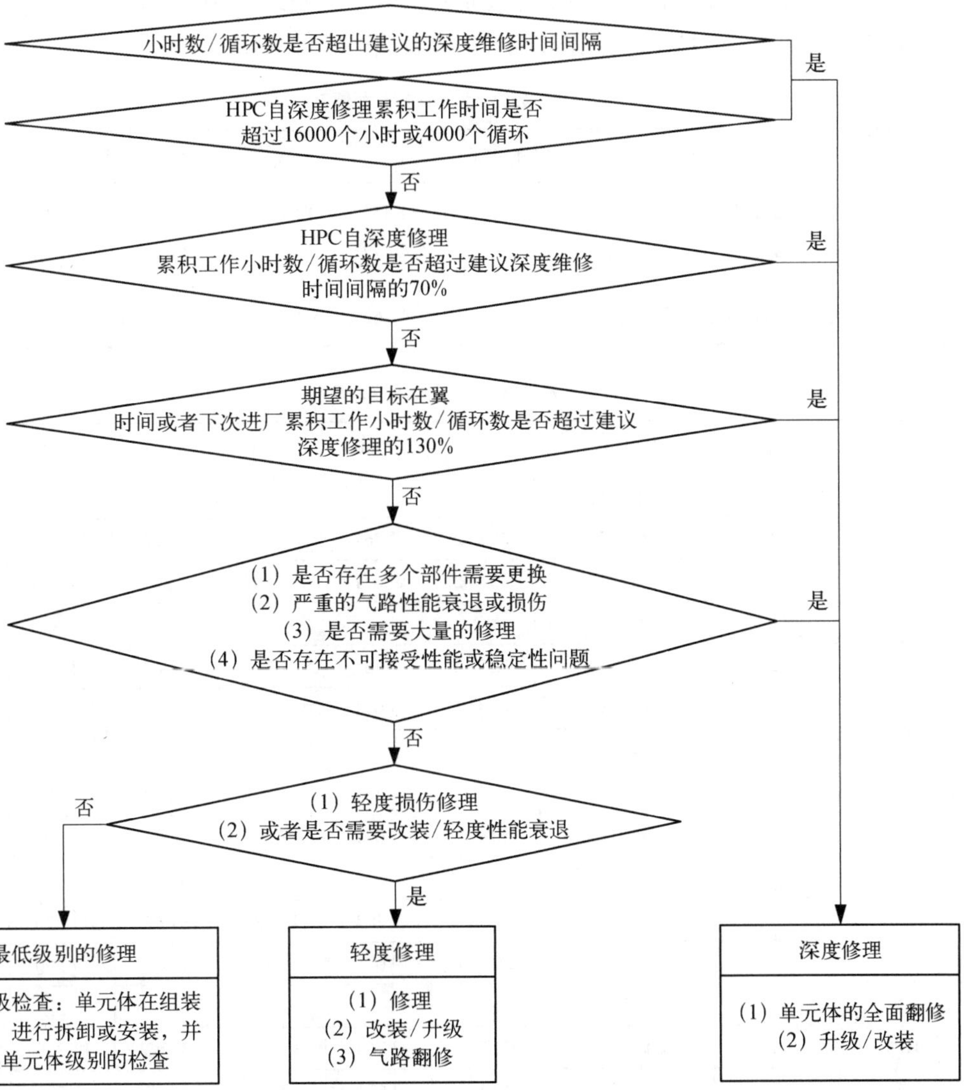

图 4.2　PW4000 发动机高压压气机修理级别判断逻辑

台发动机并非是按照一个飞行循环为 4 个小时的航程飞行，因此，判断时按先到时间计算。另外，由于软时限是个固定时间，为了保障修后发动机的性能，又要尽量延长发动机的在翼时间，所以，在判断逻辑中，当对比单元体的累积工作时间和软时限时，不是取固定值，而是在一定的范围内取值，如达到软时限的 70%到超出软时限的 30%。这样确保单元体不会出现过度修理或欠修状态，从而既保证了修后的性能和工作可靠性，又节约了成本。当然对于不同发动机、不同单元体来说，该阈值范围是不同的，需要基于发动机的实际情况和维修经验来确定和修正，以保证所制定的大修方案更合理。

不同单元体有各自的判断逻辑，这样当把组成发动机的所有单元体的维修等级确定了，就可得到发动机整机的维修范围。

3. 实际案例

下面是某航空公司的一台 PW4056 发动机三次返厂大修方案统计，每次返厂发动机的基本信息见表 4.7，各单元体的修理级别见表 4.8。修理级别中 RCC 代表高压压气机后机匣改装，CHM 代表核心机大修，HSHM 代表热端部件大修。

表 4.7 发动机基本信息

返厂次数	返厂原因	修理级别	*TSN*	*CSN*	*TSO*	*CSO*	*TSR*	*CSR*
1	第 2 级涡轮静子叶片损伤	CHM 和 RCC	11 452	4 702				
2	第 2 级涡轮静子叶片损伤和性能差	发动机大修	22 772	7 764	11 320	3 062	11 320	3 062
3	第 2 级涡轮静子叶片损伤	CHM	30 162	9 671	7 390	1 907	7 390	1 907

表 4.8 单元体修理级别

单元体	返厂次数	修理级别	*TSN*	*CSN*	*TSO*	*CSO*	*TSR*	*CSR*
LPC	1	一般修理						
	2	一般修理	22 772	7 764	11 320	3 062	11 320	3 062
	3	一般修理	30 162	9 671	7 390	1 907	7 390	1 907
HPC	1	大修						
	2	一般修理	22 772	7 764	11 320	3 062	11 320	3 062
	3	一般修理	30 162	9 671	7 390	1 907	7 390	1 907
DC	1	大修						
	2	大修	22 772	7 764	11 320	3 062	11 320	3 062
	3	大修	30 162	9 671	7 390	1 907	7 390	1 907
TN	1	大修						
	2	大修	22 772	7 764	11 320	3 062	11 320	3 062
	3	大修	30 162	9 671	7 390	1 907	7 390	1 907
HPT	1	大修						
	2	大修	22 772	7 764	11 320	3 062	11 320	3 062
	3	大修	30 162	9 671	7 390	1 907	7 390	1 907

续　表

单元体	返厂次数	修理级别	*TSN*	*CSN*	*TSO*	*CSO*	*TSR*	*CSR*
LPT	1	一般修理						
	2	大修	22 772	7 764	11 320	3 062	11 320	3 062
	3	大修	30 162	9 671	7 390	1 907	7 390	1 907
发动机附件	1	翻修部件：燃油计量组件、VSV 系统作动筒和 2.5 级放气活门作动筒 检查部件：滑油泵和燃油泵						
	2	翻修部件：主齿轮箱、角齿轮箱						
	3	翻修部件：主齿轮箱、角齿轮箱						

注：(1) TN 代表高压涡轮第一级喷嘴环；
　　(2) DC 代表燃烧室扩压器机匣。

4.2.2.2　CFM56 – 7B 大修方案制定流程

CFM56 系列发动机的大修方案制定流程与普惠的 PW4000 系列有一定差异。CFM56 系列发动机中不同型号送修工作范围决策流程也是不相同。图 4.3 给出了 CFM56 – 7B 发动机大修方案决策流程，CFM56 – 3 发动机大修方案制定流程参见图 4.4，相应发动机送修级别确定判断逻辑见图 4.5 所示。

基于 CFM56 – 7B 发动机的 WPG，发动机修理级别分为最低级别修理、气路性能恢复和大修，如表 4.9 所示。

表 4.9　CFM56 – 7B 发动机修理级别

送修级别	英文名称	维修工作范围
最低级别修理	Min(Minimun)	检查各单元体是否存在明显损伤
气路性能恢复	Per(Performance)	恢复 *EGTM*，降低燃油消耗率
全面翻修	FOH(Full overhaul)	单元体完全分解进行深度维修

1. 最低级别修理

该级别修理针对自上次大修到当前飞行时间较短的单元体。不需要对单元体进行分解。主要的工作是对处于未分解状态下的单元体的暴露区域做目视检查，按需要对暴露区域做简单的修理工作。检查修理的标准比较宽。

2. 气路性能恢复

核心机会因为零部件受热、腐蚀、疲劳、磨损等原因导致性能衰退。性能衰退使发动机的排气温度 *EGT* 升高，*EGT* 升高又加速叶片的磨损或裂纹的产生，从而加速发动机性能衰退。为了保护发动机和部件，发动机制造厂家设置了 *EGT* 的红线值，当 *EGT* 上升到快要接近红线值时，发动机就需要进厂做性能恢复级别的修理工作。在性能恢复修理过程中，通常要把核心机单元体进行分解，转子叶片和静子叶片要进行检查，并按需进行修理或更换。需要部分分解单元体组件，拆下转子、静子叶片、封严装置和机匣，进行检查、修理或更换。目的是恢复气流通道中转子和静子的叶尖间隙，修复损伤的零部件，达到最大程度恢复单元体的工作性能。确保所做的修理对发动机 *EGT* 裕度恢复贡献最大，以减

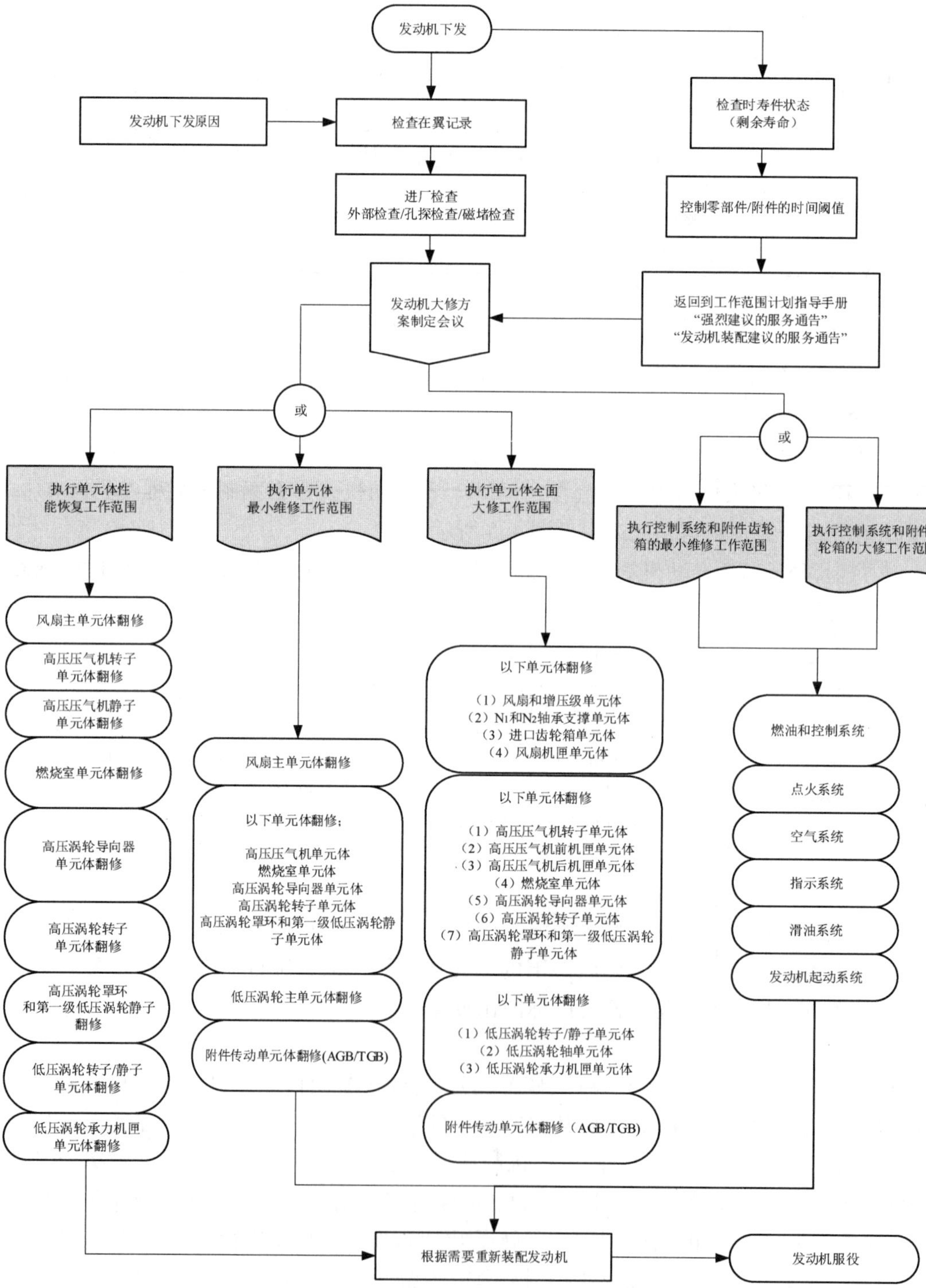

图 4.3　CFM56－7B 发动机送修范围决策流程图

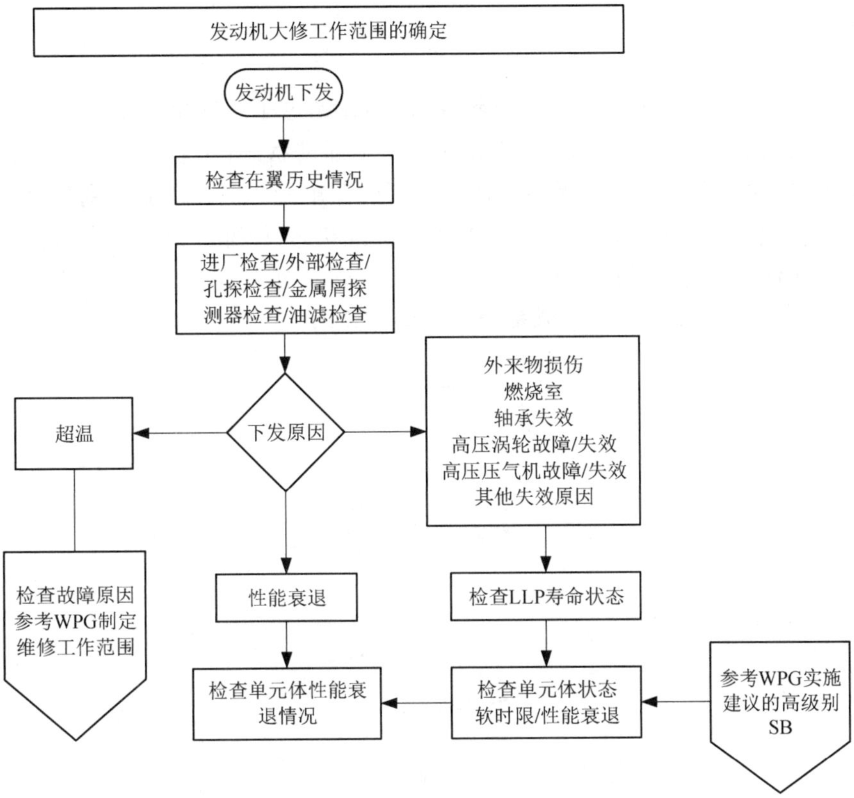

图4.4　CFM56－3发动机送修工作范围的制定流程

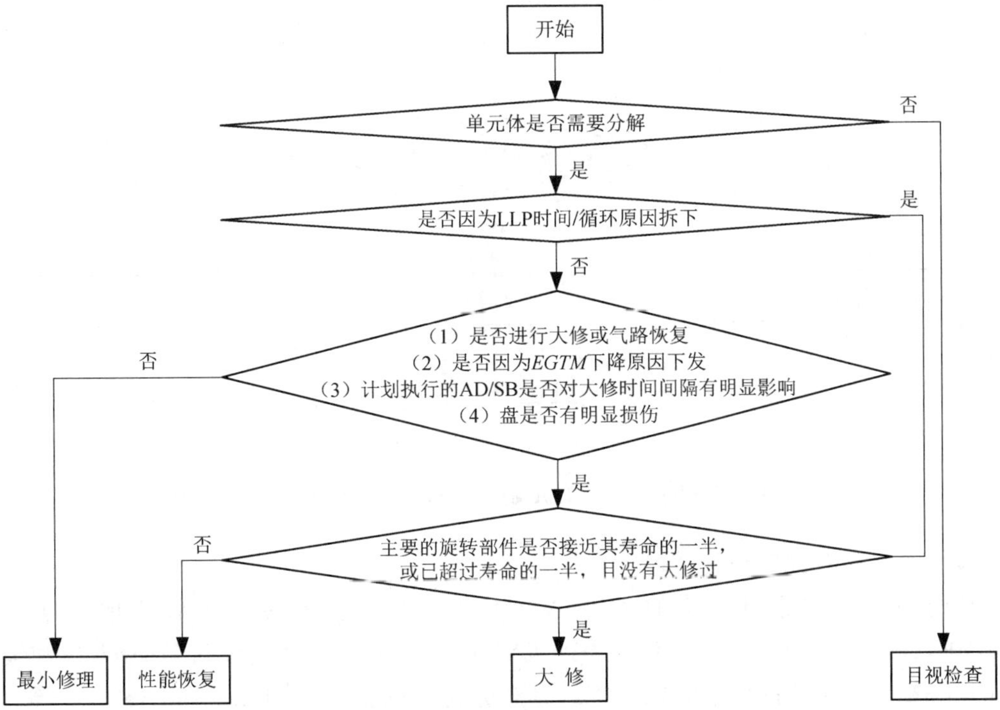

图4.5　CFM56－3发动机送修级别确定判断逻辑图

少发动机燃油消耗。

3. 大修

若单元体的使用时间(小时数或循环数)达到或超过了厂家推荐的门槛值,或零部件的状况很差时,就需要把单元体进行彻底分解到零部件状态,然后对零部件进行检查、修理或更换工作,并对寿命件进行无损探伤。除了确保单元体工作性能得到恢复外,还要确保所有零部件的状态达到手册中对单件要求的标准状态,使部件得到完全改善。

各单元体修理级别的判断,可参见 CFM56 不同系列发动机的 WPG,图 4.6 给出了 CFM56 - 5B 发动机高压涡轮转子修理级别的确定逻辑。

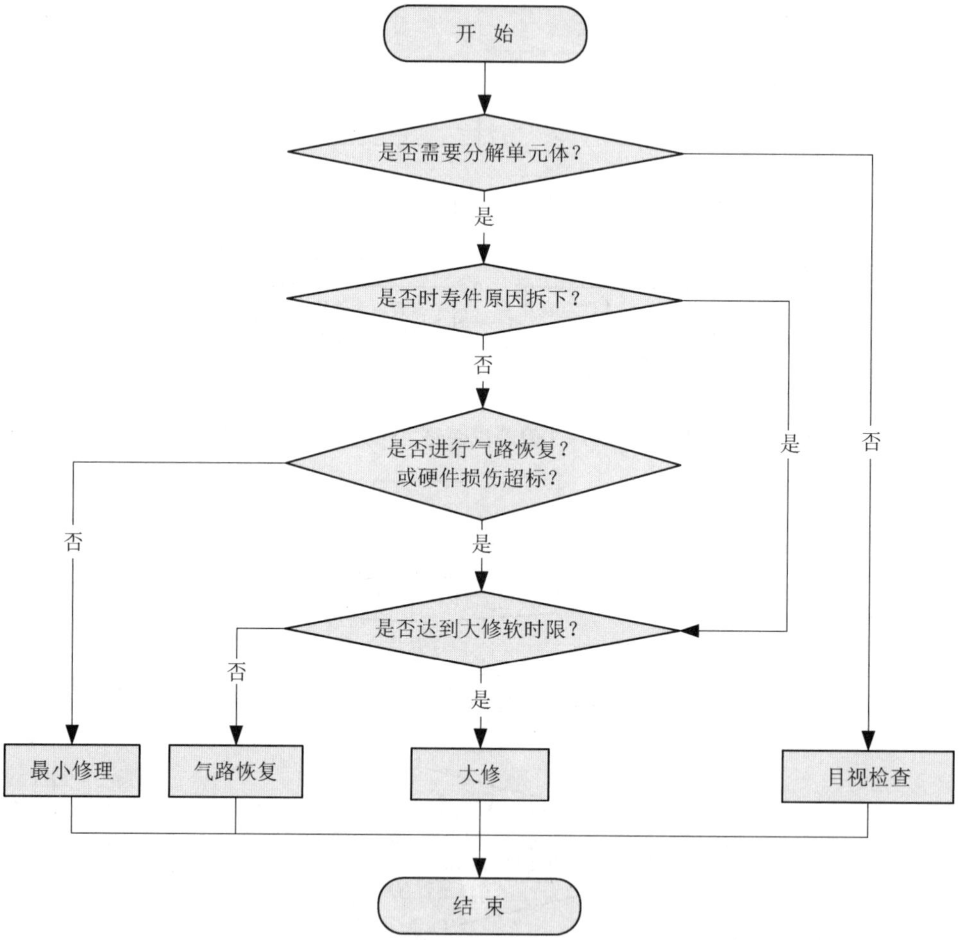

图 4.6　CFM56 - 5B 发动机高压涡轮转子的修理级别确定逻辑

4.2.2.3　V2500 大修方案

为了帮助制定发动机大修方案,V2500 发动机厂家开发了维修管理计划手册(eMMP),该手册给出了各单元体的修理级别,即级别 1(level 1)、级别 2(level 2)和级别 3(level 3),为了细化修理级别 2,又把级别 2 分为 level 2.3、level 2.6 和 level 2.9 等。其中 Level 3 为最高级别修理,为单元体大修。下面结合 eMMP 分析该发动机的大修方案制定流程。

1. 发动机大修级别定义

1）热端部件翻修（HSR）

该发动机的 HSR 相当于通常所说的发动机性能恢复或核心机性能恢复。HSR 主要针对燃烧室、高压涡轮开展高级别的修理，修后发动机具有期望的完整在翼时间。

对应的各部件的修理等级为：燃烧室、高压涡轮第一级导向器和高压涡轮选择 level 2.9/3 的修理。其他单元体则基于其从新件开始的使用时间或者自从上次 level 3 维修后的工作时间与建议的软时限对比确定维修等级。

2）一般修理（miscellaneous repair）

为使发动机能继续飞行到当前的目标在翼时间而开展的修理工作。相应的修理内容主要是针对引起下发的原因开展修理工作，并基于对与其有连接关系的组件的检查结果开展相应的维修工作。

3）特定修理（project visit）

发动机由于某项具体维修任务而返厂开展的修理，用来解决某已知的技术问题，以降低其对发动机运行干扰的风险，从而在机队范围内采取的快速修理。相应的修理内容仅聚焦在需要检查或改装的部件（单元体），其他部分需要进行健康状态评估看是否能继续使用。

4）核心机性能恢复（CPR）

该修理是在 HSR 的基础上，同时对高压压气机（HPC）进行 level 2.9/3 的修理。

2. 发动机维修级别选择

根据发动机自身状态选择相对应的维修等级。通常情况下，对整机而言维修级别可按下列规则选取：

（1）当寿命件到寿或者热端部件整体状态接近或超过 AMM 的限制值时，选择维修等级为 HSR；

（2）当需要恢复 *EGTM*，或者硬件状态导致需对多个单元体进行分解时，选择一般修理；

（3）当发动机是由于特定故障（如鸟击、漏滑油、单元体内一定数量的叶片损伤等）下发返厂，则选择的维修等级可以是特定修理，前提是修理后发动机有足够的 *EGTM*，并通过修后试车验收；

（4）如果 *EGTM* 达到了最小 5℃ 的范围内，则推荐的维修等级是一般修理或者是 HSR。

3. 定义单元体维修等级

在 eMMP 中，规定有各单元体的软时限，在定义单元体的修理级别时，其累积工作时间与相应软时限的对比是判断修理级别的准则之一。单元体的累积工作时间是指自新/上次深度修理后累积的在翼飞行时间。当发动机因故障或其他原因返厂修理时，若某单元体的累积工作时间超过了软时限，则对该单元体翻修（深度修理）；如果单元体的累积工作时间未到达其软时限，则对单元体做针对性的排故修理。软时限与硬时限不同，软时限不是强制性的在翼工作时间限制。当单元体工作时间超过软时限时，只要没有故障或发动机的性能允许,就可以继续在翼飞行。发动机下发送修都是有原因的,或是因为性能衰退,或是因为故障等。表4.10给出适用于V2500－A5发动机的单元体软时限。

表4.10　V2500－A5单元体软时限

适用推力级别	ATA章节	单元体名称	最低软时限(Hrs)	最低软时限(Cyc)	最大软时限(Hrs)	最大软时限(Cyc)	备　　注
所有	72－31－00	风扇	3 750(level 2.3)		12 150		应用于热端部件修理、其他修理
所有	72－32－00	低压压气机			35 000		
所有	72－32－00	内部齿轮箱、前轴承腔	8 000(level 2.2)		30 000		
所有	72－32－00	风扇机匣、风扇承力机匣、2.5级放气机构	15 000 (level 2.5)				基于TSN或者TSL level 2.5
所有	72－41－00	高压压气机	10 000 (level 2.1) 18 000 (level 2.9)		30 000		
所有	72－42－00	扩压器	HSR (level 2.3)			20 000	同样适用于所有LLP更换时
所有	72－42－00	燃烧室			HSR		
所有	72－43－00	4号轴承腔	HSR (level2.9)		30 000		
所有	72－44－00	高压涡轮第一级导向器			HSR		
所有	72－45－00	高压涡轮转子、静子			HSR		
所有	72－50－00	低压涡轮				18 000	
所有	72－50－00	涡轮排气机匣		6 000 (level 2.3)		30 000	
所有	72－60－00	外部齿轮箱	25 000 (level 2.2)		35 000		

注:1) Hrs:Hours,即飞行小时数;

2) Cyc:Cycle,即飞行循环数;

3) TSL:time since last...,自上次……的时间;

4) 表4.9中的最小软时限和最大软时限是针对发动机做热端部件修理时,用来判断各单元体的修理级别。最大软时限标注为HSR的,则代表做HSR返厂修理时,对这些单元体做level 2.9/3级别修理。

针对上述发动机不同返厂修理级别,eMMP给出了建议的各单元体的最低修理级别,参见表4.11。

表4.11　单元体最低修理级别

单　元　体	特定修理	一般修理	热端部件翻修	大修/深度修理
风扇	目视检查	level 1	level 1	level 1
低压压气机	目视检查	level 1	level 1	level 1
内部齿轮箱/前轴承腔	目视检查	level 1	level 1	level 1

续　表

单　元　体	特定修理	一般修理	热端部件翻修	大修/深度修理
风扇机匣组件	目视检查	level 1	level 1	level 1
高压压气机	目视检查	level 1	level 1	level 2.9/3
扩压器	目视检查	level 1	level 1	level 1
燃烧室	目视检查	level 1	level 3	level 3
4 号轴承腔	目视检查	level 1	level 2.9/3	level 2.9/3
高压涡轮导向器组件	目视检查	level 1	level 2.9/3	level 2.9/3
高压涡轮	目视检查	level 1	level 2.9/3	level 2.9/3
低压涡轮	目视检查	level 1	level 1	level 1
涡轮排气机匣	目视检查	level 1	level 1	level 1
外部齿轮箱	目视检查	level 1	level 1	level 1
附件和部件	目视检查	见相关章节	见相关章节	见相关章节

下面以 V2500 发动机的风扇单元体为例说明其维修等级判断逻辑，风扇转子结构见图 4.7，其维修等级判断逻辑如图 4.8 所示。

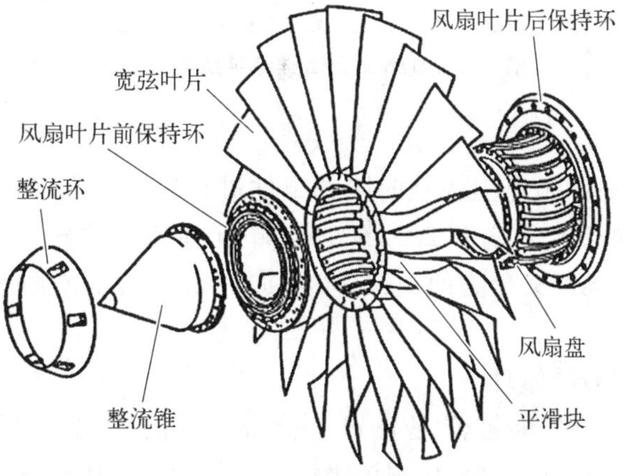

图 4.7　风扇单元体

在图 4.8 所示的风扇单元体维修等级选择逻辑中有如下四种维修级别：

1 级修理(level 1)-检查；

2.1 级修理(level 2.1)-在翼开展有限的修理；

2.3 级修理(level 2.3)-检查和修理；

3 级修理(level 3)-翻修。

1）1 级修理

这一等级的维修是在风扇处于未分解状态下进行的。通过检查确认其是否适合继续服役。检查可能发现故障，使得修理工作需要升级到更高级别。如果有必要修理，则把维修等级升到 level 2.1 或者更高。修理内容大体如下：维修前，先人工清洁风扇叶片。在不需要拆卸的前提下，目视检查风扇单元体外露区域、超声波检查风扇叶片内部结构，之后将所做维修工作内容记录在大修记录上。

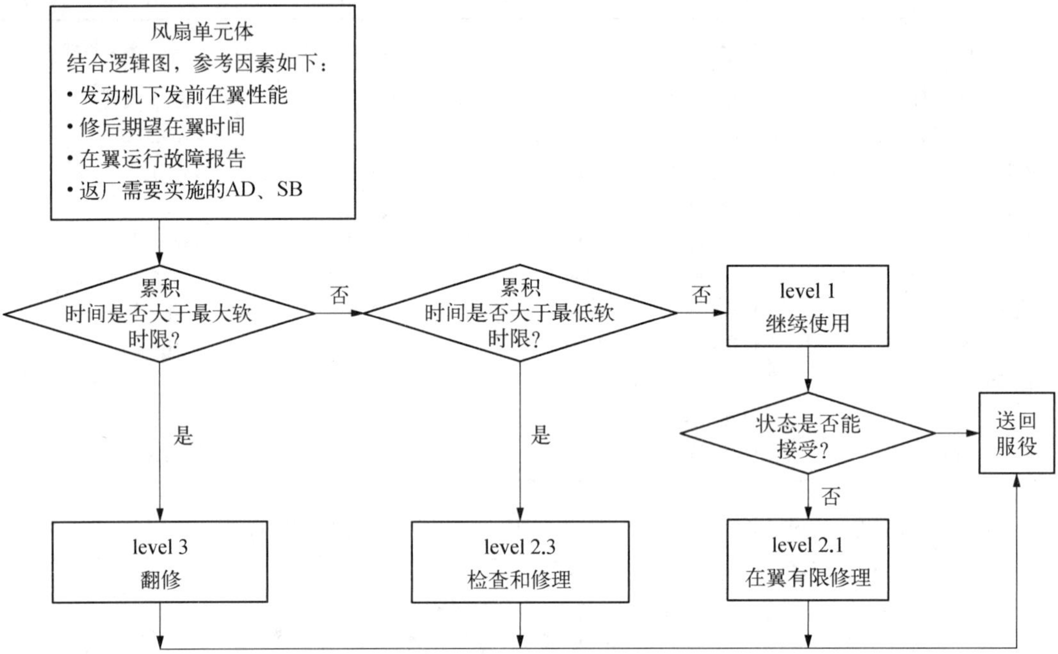

图 4.8　风扇单元体维修等级判定逻辑

2）2 级修理

level 2 修理是对那些低于最大软时限的组件进行目视检查和修理。在 2 级修理中，又可分为不同等级，如 2. 1、2. 3 和 2. 9 等，不同单元体稍有差异，详见 eMMP 中的规定。对于风扇单元体，2 级维修又分为两类，具体为 level 2. 1（在翼有限修理）和 level 2. 3（检查和修理）。

a）level 2. 1 在翼有限修理

对于这一等级的维修，能够修理 level 1 检查发现的小问题，适用于尚未到达 level 2. 3 维修所定软时限的组件。针对风扇该级维修工作内容大体如下。

在未分解状态下目视检查风扇单元体外表面，之后拆卸风扇叶片，这需要从风扇单元体上拆下前保持环、平滑块以及风扇叶片（注：风扇叶片后保持环留在风扇盘上）。目视检查螺栓、平滑块、前保持环、风扇盘、进气锥、进气锥整流罩、风扇叶片；超声波检查风扇叶片内部结构。最后装配并在大修记录上录入所进行的 level 2. 1 维修工作内容。

b）level 2. 3 检查和修理

当风扇单元体累积的工作时间达到最低软时限时，采用这一等级的维修。拆下风扇单元体，做无损探伤检测。主要修理工作内容有：① 拆卸进气锥和风扇转子；② 在装配状态下对风扇单元体外表面及安装边进行目视检查；③ 分解风扇转子（从风扇单元体上拆下前保持环、平滑块以及风扇叶片），目视检查后保持环、风扇盘等，依据发动机大修手册对相应部件进行特定的无损探伤检测；④ 重新组装风扇单元体，并在大修记录上录入所进行的 level 2. 3 维修工作内容。

3）level 3 翻修

该级别的修理也叫翻修或大修。这一等级的维修，能够恢复风扇单元体性能和寿命，并把单元体的累积工作时间清零，即翻修后工作时间重新累积。做该级别修理时，单元体需要完全分解和检查。相应的主要修理内容大体如下：① 拆卸、分解风扇单元体；② 仔细检查平滑块、风扇叶片、风扇盘、进气锥等，依据发动机大修手册利用无损检测技术详细检查风扇叶片；③ 重新组装风扇单元体，并在大修记录上录入所进行的 level 3 维修工作内容。

4. 发动机返厂大修方案制定流程

V2500－A5 系列发动机返厂维修方案的制定流程是：

（1）确定发动机返厂大修级别，即热端部件返厂翻修、一般修理和特定修理；

（2）确定修理目标，即目标在翼时间以及匹配寿命件的剩余寿命；

（3）基于不同返厂修理级别制定各单元体修理范围：① 热端部件返厂修理，基于各单元体的软时限制定修理级别；② 一般修理，对引起返厂的单元体进行 2 级（level 2）修理，其他单元体 1 级修理；③ 特定返厂修理，对引起返厂的单元体进行 2 级（level 2）修理，其他单元目视检查。

（4）基于发动机监控数据调整各单元体的修理级别，检查是否有要实施的 AD 和 SB。

5. 典型案例

V2500－A5 发动机额定起飞推力级别范围较大，从 22 000 磅到 33 000 磅。V2522－A5 额定起飞推力为 22 000 磅，V2527－A5 额定起飞推力为 26 500 磅，V2533－A5 额定起飞推力是 33 000 磅。下面分别看一下这三种额定推力发动机返厂时的在翼时间以及大修方案之间的差异。

1）V2522－A5

下面是某航空公司的 V2522－A5 的实际返厂情况。发动机的基本信息见表 4.12，第三次下发返厂时发动机状态信息如下：

表 4.12　V2522－A5 发动机基本信息

返厂次数	返厂原因	修理级别	*TSN*	*CSN*	*TSR*	*CSR*
1	HPC 检查	一般修理	4 311	2 728		
2	AD 指令	热端部件翻修	20 136	11 625	15 825	8 897
3	LLP 到寿	核心机性能恢复，更换所有 LLP	33 651	19 833	13 516	8 208

（1）发动机性能监控参数显示 *EGTM* 为 61.5℃，巡航 ΔEGT＝+36.2℃。

（2）孔探检查报告显示，低压压气机叶片无损伤；高压压气机中主要是机匣上的封严涂层有剥落，但总剥落面积未超 AMM 中的损伤限制；燃烧室有涂层剥落和烧伤，火焰筒头部折流板有裂纹，但都在 AMM 手册允许范围内，且不需缩短孔探检查时间间隔；高压涡轮第一级有一片工作叶片前缘有烧穿孔［位于叶片外端（叶尖）50% 区域内，孔的轴向长度 2.40 毫米，径向长度 2.90 毫米］，基于 AMM 手册规定要求缩短检查时间间隔至每 300 小时重复检查，另外还有三片工作叶片叶尖处有径向裂纹，涡轮机匣内表面的叶尖封严块有涂层剥落,但都在允许范围内,无须缩短孔探检查时间间隔,而高压涡轮第二级未见损伤;低压涡轮个别工作叶片有涂层损伤,未超限。

(3) 单元体中寿命件状态如下:该发动机转子上的寿命件寿命规定值都是 20 000 循环,在第二次返厂时,对高压压气机转子的 3~8 级盘和高压涡轮转子上的空气封严装置进行了更换,其他 LLP 均未更换,至当前发动机已经在翼工作 19 833 循环,因此,除了第二次返厂更换的寿命件剩余 11 792 循环外,其他 LLP 的剩余寿命为 167 循环,都基本到寿。

基于上述信息,航空公司在制定第三次返厂大修方案时,为了保障大修后所有寿命件的剩余寿命都在 15 000 循环以上,决定更换所有寿命件。因此,制定的返厂大修方案是核心机性能恢复和更换所有 LLP 件。具体大修内容是所有单元体进行大修(3 级),即完全分解,检查、修理和更换 LLP 件。

2) V2527 - A5

下面是该航空公司的 V2527 - A5 发动机返厂大修实例。发动机下发原因是热端部件性能衰退和寿命件更换,发动机返厂的大修级别为性能恢复和更换寿命件,各单元体的修理级别参见表 4.13。发动机下发的时间信息如下:*TSN* 为 20 174 小时,*CSN* 为 15 143 循环,*TSLSV* 是 20 174 小时,*CSLSV* 是 15 143 循环。

表 4.13 某 V2527 - A5 发动机各单元体修理级别

单 元 体	修理级别
风扇	3 级
增压级	3 级
增压级,包括 2.5 级放气活门机构	3 级
高压压气机(高压压气机转子和静子)	2.9 级
扩压器和 4 号轴承腔	3 级
燃烧室	3 级
高压涡轮第 1 级导向器	3 级
高压涡轮(转子和静子)	3 级
低压涡轮	3 级
涡轮排气机匣	2.3 级
附件齿轮箱	2.3 级

由于该发动机在翼飞行时间较长(15 143 循环、20 174 小时),与表 4.10 建议的各单元体的软时限比较可发现,除附件齿轮箱外,其他单元体在翼累计飞行时间都超过了其最低软时限。另外,该发动机的 LLP 件的寿命都是 20 000 个循环,大修方案采用了提前更换寿命件的策略,所以,除涡轮排气机匣和附件齿轮箱外,其他单元体的修理级别都很高(2.9 或 3 级),这样,修后发动机性能恢复会较高,并且,单从寿命件的角度来说,修后发动机的期望在翼时间最大可达到 20 000 循环。

3) V2533 - A5

下面是该航空公司的 V2533 - A5 发动机首次计划下发返厂大修数据,*TSN* 为 18 459 小时,*CSN* 为 8 381 循环,寿命件规定寿命也是 20 000 循环。大修方案参见表 4.14。未更换寿命件。

表 4.14　某 V2533 - A5 发动机各单元体修理级别

单　元　体	修理级别
风扇	3 级
增压级	2.3 级
中介机匣,包括 2.5 级放气活门机构	2.5 级
高压压气机	2.9 级
4 号轴承腔	2.9 级
燃烧室	3 级
高压涡轮第 1 级导向器	3 级
高压涡轮(转子和静子)	3 级
低压涡轮	2.3 级
涡轮排气机匣	2.3 级
附件齿轮箱	2.1 级

4.3　发动机大修成本和估算

4.3.1　发动机大修成本

1. 大修成本组成

发动机返厂大修过程复杂,涉及的工作程序较多,产生费用的因素很多,为了分析发动机大修成本变化和影响因素,通常把大修成本划分为四个方面:

(1) 材料成本;

(2) 工时成本;

(3) 修理费用,包括外送修理成本;

(4) 寿命件成本。

不同型号的发动机大修成本有一定差异,并且窄体客机和宽体客机的发动机大修成本也会不同。图 4.9 按工时成本、修理成本、材料成本和附件修理及其他成本四个方面给出了常见发动机机型大修成本中的占比情况。图中发动机 CFM56 - 7B/5B 和 V2500 是当前窄体客机的主力机型,PW4000 和 CF6 用于宽体客机。

从图 4.9 可以发现,相对较新型的发动机(CFM56、V2500 和 PW4000)材料成本占比会高些,而老型号(如 CF6 - 80 系列)材料成本占比会低些,但其修理费用高。统计表明安装在宽体客机 B767 - 300 飞机上的 PW4000 发动机返厂大修费用在 200 万~350 万美元,而装在 B777 飞机上的 Trent 发动机的大修费用在 700 万~1 000 万美元。当把发动机返厂大修成本按材料成本、修理成本和工时费用来统计时,通常材料成本约占 60%~70%,若更换寿命件,则占比会更高;直接的工时费用占 20%~30%;修理费用占 10%~20%。在大修材料成本中叶片成本占比较高,这主要是由于叶片单件价格高,且数量大。例如单片高压涡轮叶片的价格可能会高达上万美元,一级高压涡轮可能会有 60~80 片工作叶片,这样一级叶片的价格会高达上百万美元。例如一套 CFM56 - 7B 发动机高压涡轮

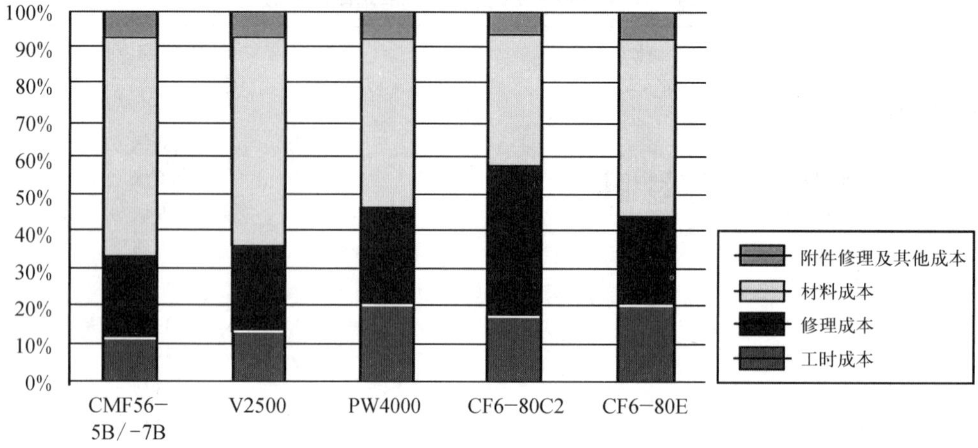

图 4.9　发动机大修成本分布

工作叶片(76 片),其 2018 年的目录价格是 1 222 080 美元。而压气机由于级数多,叶片数目多,相应叶片成本也很高,整套高压压气机工作叶片的价格可达 15 万~30 万美元。另外,由于发动机大修目的是性能恢复和寿命件更换,因此,另一种大修成本划分的方法是将其分为性能恢复成本和寿命件成本。性能恢复成本包括大修时相应的工时和材料费用,寿命件成本只反映其更换费用,而寿命件更换并不是每次返厂都会发生。

可以发现大修成本中材料成本占比最高,节约材料成本对降低大修成本至关重要。发动机大修时,对损伤部件有三种处理方法,一是更换原始设备制造商(OEMs)的零部件;二是对可修理的部件进行修理;三是用零部件批准制造(PMA)件替代 OEMs 件。其中 OEMs 的零部件最贵,这主要是因为其先期在研制和开发过程中资金投入较高,所以其零部件定价会高些。PMA 件相对 OEMs 件要便宜很多,能节约 45%~75%的成本,并且 OEMs 还会每年对部件提价 6%左右,所以,现在 PMA 市场在不断增长。但发动机制造商也在不断通过对使用 PMA 件的发动机设置技术支持和担保方面的限制来巩固其市场地位。PMA 件的合法性是明确的,基于 FAA 的管理条例,PMA 件可等同原始设备商的零部件。损伤部件修后再用也可节约大量材料成本,通常部件修理费用比更换新件便宜 5~10 倍。部件修理的主要目标是在降低大修成本的同时保障发动机在翼时间。现在的修理技术主要是叶型修理,即修理工作叶片和静子叶片,由于在发动机上其数量大,相应其带来的收益也高。随着发动机零部件修理技术的不断开发,可修理部件越来越多,相应会带来发动机大修成本的大幅降低。但使用修理零部件时,需要考虑的是修后发动机在翼时间比更换新件要短。尽管如此,由于大修成本低,所以总的来说其单位飞行小时的维修成本还是更低的。在使用修理部件时,需要注意对于大多数可修理部件,一般可修理两次,之后只能报废,并且第二次修理的费用比第一次高。

在航空维修界,对多数机型来说,通常把发动机返厂大修分为首次返厂和随后的返厂,并把随后的返厂叫成熟期返厂。一般发动机首次运行,在翼时间会长些,这主要是由于随着发动机服役年限的增加,发动机硬件的衰退率会增加而引起的。但到达成熟期后,发动机的返厂时间间隔和成本就会相对稳定。

发动机大修时不同单元体、部件的更换/修理程度不同,相应费用的占比也不同。有统计表明,在不包含寿命件费用的前提下,发动机大修成本中各部件的维修成本大约占比情况如下:低压压气机 5%,高压压气机 22%,燃烧室 10%,高压涡轮 45%,低压涡轮 15%,其他部件 5%,也就是说热端部件在维修成本中占多数。

2. 发动机大修成本影响因素

发动机在使用寿命期内,会返厂多次,影响发动机大修成本的主要因素包括:发动机的额定起飞推力、发动机的使用环境和运行条件(减推力起飞、飞行小时/循环比和起飞环境温度)、发动机机龄和返厂大修方案。

发动机的额定推力不但对发动机下发时间有影响,而且也影响其大修成本。额定起飞推力越高,相应发动机在额定推力起飞时,*EGT* 就越高,对发动机硬件的影响就越大,发动机的 *EGTM* 也越低。CFM56－3 系列发动机用于波音 737－300/400/500 飞机,装在不同飞机上其额定起飞推力和外界大气温度为 30℃时的 *EGTM* 也不同,具体数据和发动机返厂规划、相应的大修成本估算见表 4. 15。

表 4. 15　CFM56－3 大修规划和大修成本

额定起飞推力和 *EGTM*	大修信息	第一次下发	第二次下发	第三次下发
23 500 磅 30℃	下发时间间隔(循环)	7 000	5 000	5 000
	累积时间(循环)	7 000	12 000	17 000
	大修方案	核心机性能恢复	核心机性能恢复	核心机性能恢复+更换高压系统 LLP 件
	大修成本	860 000	860 000	900 000
22 000 磅 40℃	下发时间间隔(循环)	10 000	7 500	6 500
	累积时间(循环)	10 000	17 500	24 000
	大修方案	核心机性能恢复	核心机大修+更换高压系统 LLP 件	核心机性能恢复+低压涡轮大修+更换低压涡轮 LLP 件
	大修成本	860 000	1 000 000	1 085 000
20 000 磅 80℃	下发时间间隔(循环)	16 000	12 000	8 000
	累积时间(循环)	16 000	28 000	36 000
	大修方案	核心机和低压涡轮大修+更换高压系统和低压涡轮 LLP 件	核心机性能恢复+风扇和增压级大修+更换风扇和增压级 LLP 件	核心机和低压涡轮大修+更换高压系统和低压涡轮 LLP 件
	大修成本	1 225 000	970 000	1 225 000
18 500 磅 90℃	下发时间间隔(循环)	18 000	10 000	10 000
	累积时间(循环)	18 000	28 000	38 000
	大修方案	核心机和低压涡轮大修+更换高压系统和低压涡轮 LLP 件	核心机性能恢复+风扇和增压级大修+更换风扇和增压级 LLP 件	核心机和低压涡轮大修+更换高压系统和低压涡轮 LLP 件
	大修成本	1 225 000	970 000	1 225 000

注:表中数据是针对发动机平均起飞温度适中,不属于高温的机场;成本单位为美元。

发动机的使用环境和运行条件对发动机的性能衰退以及硬件损伤有影响,因此,它们也是影响发动机大修成本的关键因素。发动机机龄状态对发动机各单元体的维修材料费用会有不同的影响,特别是对热端部件影响最大。因此,发动机的机龄会对大修成本有一定影响,通常来说,机龄较老的发动机相对新发动机,其在翼时间较短,维修成本也会高些。

大修方案决定了每个单元体的修理深度,相应也就决定了修后发动机在翼时间和大修成本。在制定大修方案时,单元体的修理级别低,尽管可以少花钱,但带来的问题是修后在翼时间短;而如果只是单纯加大单元体的修理深度,虽然可增加在翼时间,但会使大修费用增加很多,也不一定会带来较低的运营成本。因此,基于发动机实际运行和维修状态优化大修方案,是发动机维修管理的长期目标。图 4.10 给出了两种大修方案规划的对比。图中把发动机分为四个单元体,它们是由风扇和增压级组成的低压压气机单元体、高压压气机单元体、高压涡轮单元体和低压涡轮单元体。图中的数字乘以数值 1 000 代表其所在单元体中 LLP 件的寿命。例如低压压气机单元体中的 30 代表该单元体中的 LLP 件寿命为 30 000 循环。图中灰色单元体代表返厂时,更换了 LLP 件;两图之间的数字代表两次返厂之间发动机的工作循环数。方案一在规划时,以最大化 LLP 件的使用寿命为目标,没有浪费 LLP 件成本,在 40 000 个循环内,发动机返厂 5 次。方案二在规划时,以最小化返厂次数为目标,在 40 000 个循环内,发动机返厂 4 次,每次返厂都有 LLP 件提前换掉,这样会浪费部分 LLP 件成本。其中第一次返厂核心机(高压压气机和高压涡轮)的 LLP 提前 7 000 循环更换,第二次返厂低压压气机单元体的 LLP 提前 8 000 循环更换,低压涡轮的 LLP 提前 3 000 循环更换,第三次返厂核心机的 LLP 提前 2 000 循环更换,最后一次返厂低压涡轮的 LLP 提前 7 000 循环更换。具体每次返厂的大修内容和费用见表 4.16。

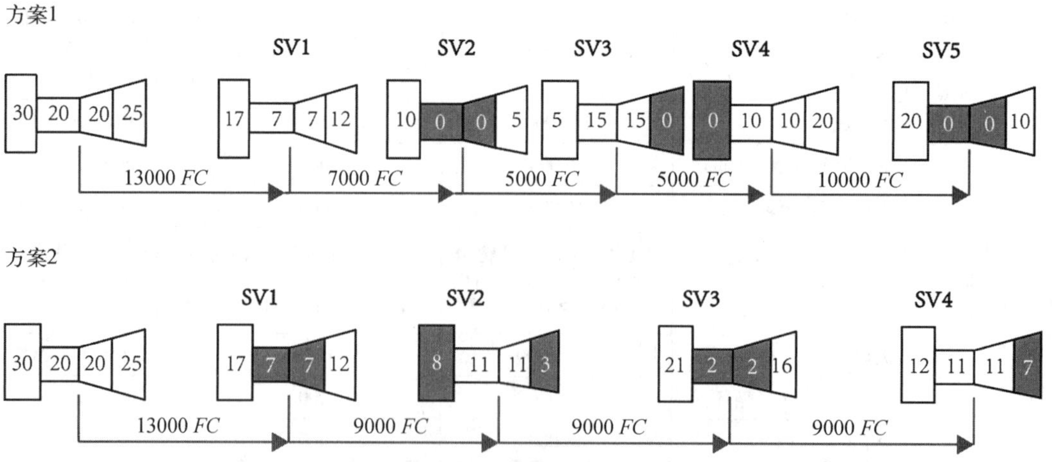

图 4.10　不同大修方案规划对比

若发动机飞行小时/飞行循环比是 2,则两种方案的发动机飞行小时数都是 80 000 小时。在不包括 LLP 件费用的情况下,方案一总费用 840 万美元,单位飞行小时维修费用是 105 美元/小时;方案二的总费用 700 万美元,单位飞行小时维修费用是 87.5 美元/小时。

表 4.16　返厂大修规划

大修规划方案	第一次返厂	第二次返厂	第三次返厂	第四次返厂	第五次返厂
方案一	核心机性能恢复 大修费用 160 万美元	核心机性能恢复+更换核心机 LLP 件 大修费用 180 美元	核心机和 LPT 性能恢复+更换低压涡轮 LLP 件 大修费用 160 万美元	核心机性能恢复+更换风扇的 LLP 件 大修费用 160 万美元	核心机性能恢复+核心机的 LLP 件更换 大修费用 180 万美元
方案二	核心机性能恢复+更换核心机 LLP 件 大修费用 180 万美元	核心机和 LPT 性能恢复+更换风扇和低压涡轮 LLP 件 大修费用 180 万美元	核心机性能恢复+更换核心机 LLP 件 大修费用 180 万美元	核心机和 LPT 性能恢复+更换低压涡轮 LLP 件 大修费用 160 万美元	

当把更换 LLP 件成本计算在内时，方案一 LLP 件总费用是 300 万美元，方案二 LLP 件总费用是 380 万美元，对应总的单位飞行小时维修费用分别是 142.5 美元/小时和 135 美元/小时。

从这两个方案对比可见，尽管方案二在 LLP 件方面的投资较多，但由于少返厂一次，其总返厂费用和单位飞行小时维修费用都更低。

发动机制造商也在通过新技术和新材料的使用，延长发动机在翼时间，降低维修成本。例如 CFM56 发动机，通过“技术嵌入(tech insertion)”能使发动机额外获得 15～20℃ 的 EGTM，从而使其在翼时间得到延长。CFMI 公司声称，由于不同发动机的额定起飞推力不同，通过该技术能使维修成本降低 5%～12%。国际航空发动机公司(IAE)通过对 V2500－A5 发动机实施“SelectOne”技术，提高了发动机在翼性能保持能力，使燃油消耗降低 1%，并提高了发动机在翼耐久性和可靠性，其声称可使发动机在翼时间增加 20%，从而使维修成本降低。复合材料零部件在新一代发动机中的使用越来越多，相应其对发动机的维修活动也会产生影响，例如对其进行各种损伤检查技术的要求也越来越高，相应耗时也会增加，从而也会影响发动机维修成本。另外，复合材料零部件可能存在的一个问题是修理技术，有些复合材料零部件可能不可修理，只能报废更换。但总体趋势是，随着技术的不断发展，发动机在翼时间会不断延长，例如 CFM56－7 系列发动机要比 CFM56－3 在翼时间长很多，从而也会对发动机维修成本产生影响。

4.3.2　发动机大修成本估算

发动机大修成本估算有不同的方法，在第 1 章讨论飞机运营成本时，把其分为直接运营成本和间接运营成本，而在直接运营成本中包括维修成本，也就是说发动机维修成本是飞机直接运营成本的一部分。在民航飞机的发展史上，对飞机直接运营成本建模一直以来是一项重要任务，其是评估飞机设计经济性的重要工具。国外很多飞机直接运营成本的计算方法都是基于美国航空运输协会(ATA)的飞机直接运营成本评估方法给出的，其中包括发动机维修成本的估算方法。美国宇航局联合美国航空公司、波音公司和普惠公司也提出了飞机直接运营成本计算方法，即 NASA 方法。NASA 方法把发动机维修成本计算和飞机设计参数联系起来，并结合了航空公司实际运营成本的计算方法，把发动机维修费用计算细化到单元体。空客公司也开发了自己的维修成本计算方法，其维修成本的计算是按 ATA 章节进行的。这些方法中包括了发动机总维修成本的估算，即航线维护成本和返厂大修成本。通常把发动机维护所涉及的设施、备发、发动机租赁、员工培训和管理方面的成本归为间接成本。

数学建模的方法估算发动机维修成本是常用的估算方法，其基于大量数据统计，选择代表成本的独立变量和决定成本因素的因变量，利用回归算法，建立成本变量与因变量之间的数学关系。例如对涡扇发动机，选择起飞推力、涵道比和工作严酷度（*SF*）为因变量，建立发动机维修成本与这些参数之间的关系，从而估算发动机大修费用。

归纳起来，目前常用的发动机大修费用的估算方法有：① 建立大修成本和成本影响参数之间的函数关系，即根据不同类别发动机大修成本数据的统计，选取发动机的一些特征参数，建立维修费用与特征参数之间的关系；② 工程估算法，它是一种从下向上、逐级分解的估算方法，需要将各费用项目逐步细化到每个系统和部件，然后把所有成本单元累加起来；③ 仿真模型估算法，以及灰色理论、神经网络法等；④ 利用随机事件仿真模拟发动机返厂大修，估算大修费用也是工程上常用的方法，其可模拟发动机使用寿命周期内的每次返厂，并与每次返厂的大修方案相结合，计算返厂大修成本。

在 MRO 业界，通常把发动机返厂成本划分为四个主要成本，即材料成本、工时成本、修理成本和寿命件成本。其中材料成本是指更换发动机叶片、紧固件等费用；工时成本是指发动机分解、组装等花费的工时；修理成本是指外包修理费用，即大修厂自身不能完成的修理，需要转包给其他厂商完成，从而产生的费用；寿命件成本是指修理时更换掉的寿命件的成本。

对于单元体结构的发动机而言，由于每个单元体的衰退情况不同，因此，每个单元体的返厂修理相对独立，即每个单元体都有自己的修理级别和相应的维修成本，因此，本节在讨论发动机返厂大修成本时，从单元体的角度出发，基于上述四个主要成本因素来计算每个单元体的大修成本，最后给出总的返厂大修成本。

另外，本节在后面计算返厂成本时，是基于统计的发动机各单元体维修级别和相应维修费用进行的。发动机维修成本的估算经常采用的方法是计算单位飞行小时的维修成本（*MC/FH*），这个参数也是评估飞机、发动机维修经济性的指标之一。

4.3.2.1　寿命件成本分摊

发动机转子上的寿命件的特点是价格高、寿命长。现代涡扇发动机转子的 LLP 件大多在 10 000~30 000 个飞行循环，这样更换的频次不多，因此，在计算大修成本时，通常将其分摊到单位飞行小时上。在实际发动机大修时，寿命件更换时都会剩余一定的寿命，即报废的寿命件有一定的剩余寿命，或叫残余寿命。这样在分摊费用时应该把这部分去掉。

对残余寿命并无明确规定，这主要取决于发动机下发时机和修后期望的在翼时间。一般当寿命件的寿命影响发动机在翼时间时，会提前更换寿命件。通常来说，寿命件的平均残余寿命为全寿命的 5%~15%。计算时把这个数值叫做残余寿命系数。下面介绍用于寿命件的单位飞行小时分摊成本的计算方法。

寿命件的寿命是按飞行循环数给出的，所以，首先需要将其转换为飞行小时数，这需要知道飞机飞行一个航程的小时数，即飞行小时/循环比（*FH/FC*）。然后计算寿命件的

实际飞行寿命(飞行小时数)。分摊计算的具体步骤如下:

(1) 计算寿命件的有用寿命(飞行小时数):

$$寿命件的有用寿命 = 寿命件寿命(循环数) \times (1 - 残余寿命系数) \times FH/FC \tag{4.1}$$

(2) 由于机队有备发,所以需要把飞机每年的飞行时间分摊给每台发动机,即

$$每台发动机的年利用率 = 飞机年利用率 \div (1 + 备发率) \tag{4.2}$$

(3) 计算寿命件在发动机上的使用年限:

$$寿命件在发动机上使用年限 = 寿命件有用寿命 \div 发动机利用率 \tag{4.3}$$

(4) 计算发动机寿命周期内需要的寿命件套数:

$$寿命件套数 = (发动机寿命 \div 寿命件在发动机上使用年限) - 1 \tag{4.4}$$

(5) 计算寿命件的使用周期数:

$$寿命件使用周期数 = 发动机寿命 \div 寿命件在发动机上使用年限 \tag{4.5}$$

(6) 计算寿命件在工作周期内的总飞行小时数:

$$寿命件的总飞行小时数 = 寿命件使用周期数 \times 寿命件有用寿命 \tag{4.6}$$

(7) 计算发动机寿命周期内寿命件总成本:

$$寿命件总成本 = 寿命件套数 \times 寿命件单价 \tag{4.7}$$

(8) 计算单位飞行小时的成本:

$$寿命件的单位飞行小时成本 = 寿命件总成本 / 寿命件在发动机上累积总飞行小时数 \tag{4.8}$$

计算案例 4.1

已知某寿命件的循环数为 20 000 个循环,每套的价格为 400 000 美元,飞机的年利用率为每年飞行 3 200 小时,飞行小时/循环(*FII/FC*)为 2,备发率为 25%,残余寿命系数为 15%,发动机寿命为 20 年,计算寿命件的单位飞行小时成本。

解:

由式(4.1)可知,寿命件有用寿命=20 000×2×(1−0.15)= 34 000 小时

由式(4.2)可知,发动机年利用率=3 200÷(1+0.25)= 2 560 小时

由式(4.3)可知,寿命件在发动机上使用年限=34 000÷2 560=13.28 年

由式(4.4)可知,寿命件套数=20÷13.281=0.51,取值 1

由式(4.5)可知,寿命件使用周期=20÷13.28=1.51,取值 2

由式(4.6)可知,寿命件的总飞行小时=2×34 000=68 000 小时

由式(4.7)可知,寿命件总成本=1×400 000=400 000 美元

由式(4.8)可知,寿命件的单位飞行小时的成本=400 000÷68 000=5.88 美元

4.3.2.2 大修成本计算

为了说明大修成本的计算过程，下面以实例给出大修成本的计算流程。

1. JT8D－9A 大修成本计算

表 4.17 为 JT8D－9A 发动机部分寿命件的剩余飞行小时数。某航空公司在此台发动机彻底大修（所有单元体都完全修理）后立即购买了它。自上次大修（自购买以来）以来，发动机已经累积工作了 2 291 个循环数（4 281 小时）。由于 C4 盘剩余寿命即将到寿（C4 盘上的剩余循环数为 14 个循环）而下发送修，更换即将到寿的寿命件。发动机计划的飞行小时循环比为 2。航空公司工程师为选择合理的送修方案，制定了三种不同的大修方案，即图 4.11 所示的方案 a、b、c。

表 4.17 JT8D－9A 发动机部分寿命件的单位飞行小时成本和剩余小时数

寿命件	单位飞行小时成本/美元	剩余飞行小时数
C4	到寿	到寿
C3	1.27	3 362
C6	0.46	6 078
C13	0.90	9 622
T2	0.54	9 972
T3	0.58	10 420
T4	0.58	11 586

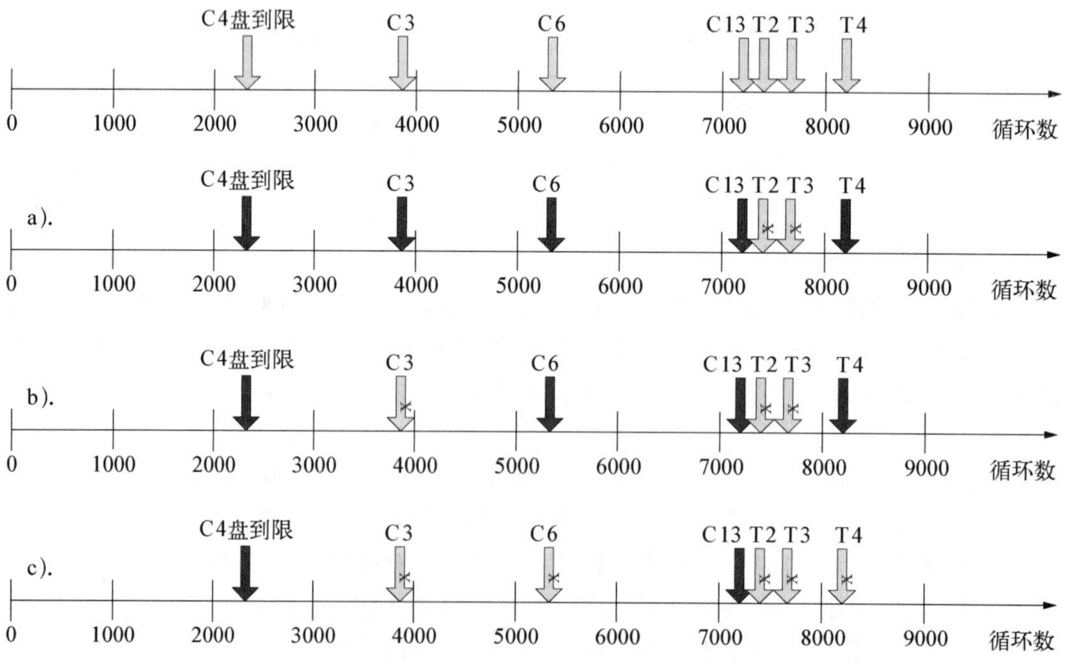

图 4.11 JT8D－9A 三种不同的维修方案

基于送修方案，计算三种不同维修方案的平均返厂成本、平均返厂率和单位飞行小时的维修成本（考虑寿命件的报废成本）。

假设条件：

（1）热端部件建议的大修软时限为 6 000~8 000 循环；

（2）热端部件翻修费用为 30 万美元，费用包括替换所有的 HPT 寿命件的人工成本（不包括寿命件自身费用）；

（3）返厂更换寿命件的费用是 20 万美元（不包括寿命件自身费用）。

本案例的计算过程如下：

计算所涉及的公式为式（4.9）、式（4.10）和式（4.11）。

每千飞行小时的平均返厂率 SVR：

$$SVR = \frac{N}{T} \times 1\,000 \tag{4.9}$$

式中，N 为返厂次数；T 为累积在翼飞行时间（小时）。

平均返厂维修成本 MC：

$$MC = \frac{\sum_{i=1}^{N} SVC_i}{N} \tag{4.10}$$

式中，SVC_i 为发动机第 i 次返厂的大修成本。

单位飞行小时的维修成本：

$$MC/FH = SVR \times MC \tag{4.11}$$

（1）方案 a 的成本计算

发动机分别由于 C4、C3、C6、C13 和 T4 到寿返厂 5 次，并且在 C4、C3、C6 和 T4 返厂时，只是更换了到寿寿命件，相应 SVC 为 20 万；在 C13 到寿返厂时，发动机已经在翼累积飞行了 7 000 循环，但一直没对热端部件翻修，而建议的热端部件的软时限为 6 000~8 000 循环，因此，在 C13 到寿返厂时，对发动机做热端部件翻修和寿命件更换，所以，相应的 SVC 为 50 万。因此，基于方案 a 分析有

$$SVR = 5/(4\,281 + 11\,586) \times 1\,000 = 0.315\,1/\text{千飞行小时}$$

在不考虑寿命件报废所浪费的费用时，返厂总维修成本为

$$\begin{aligned}\sum_{i=1}^{5} SVC_i &= 200\,000 + 200\,000 + 200\,000 + (300\,000 + 200\,000) + 200\,000 \\ &= 1\,300\,000\ \text{美元}\end{aligned}$$

相应平均返厂成本 MC 为

$$MC = 1\,300\,000/5 = 260\,000\ \text{美元}$$

单位飞行小时的维修成本为

$$MC/FH = SVR \times MC = 260\,000 \times 0.315\,1/1\,000 = 81.926\ \text{美元/飞行小时}$$

在方案 a 中,T2 和 T3 盘两个寿命件提前更换,浪费了一定的寿命。T2 和 T3 盘的更换是在 C13 返厂时进行的,因此,T2 和 T3 浪费的寿命分别为

盘 T2=(9 972−9 622)= 350 小时;盘 T3=(10 420−9 622)= 798 小时。

寿命件成本浪费额为

$$(9\,972 - 9\,622) \times 0.54 + (10\,420 - 9\,622) \times 0.58 = 651.84 \text{ 美元}$$

当考虑寿命件浪费成本时,返厂总成本为

$$\begin{aligned}\sum_{i=1}^{5} SVC_i &= 200\,000 + 200\,000 + 200\,000 + [300\,000 + 200\,000 + (9\,972 - 9\,622) \times \\ &\quad 0.54 + (10\,420 - 9\,622) \times 0.58] + 200\,000 \\ &= 1\,300\,651.84 \text{ 美元}\end{aligned}$$

对应的平均返厂维修成本 MC:

$$MC = 1\,300\,651.84/5 = 260\,130.368 \text{ 美元}$$

考虑寿命件报废时,单位飞行小时的维修成本:

$$MC/FH = SVR \times MC = 260\,130.368 \times 0.315\,1/1\,000 = 81.97 \text{ 美元 / 飞行小时}$$

(2) 方案 b 的成本计算

与方案 a 分析类似,方案 b 共返厂 4 次,在第一次因 C4 返厂时,同时更换了寿命件 C3,第三次因 C13 返厂时,做热端部件翻修,同时更换寿命件 T2 和 T3,则有

$$SVR = 4/(4\,281 + 11\,586) \times 1\,000 = 0.252\,1/\text{ 千飞行小时}$$

在不考虑寿命件报废所浪费的费用时,方案 b 的返厂总成本为

$$\sum_{i=1}^{4} SVC_i = 200\,000 + 200\,000 + (300\,000 + 200\,000) + 200\,000 = 1\,100\,000 \text{ 美元}$$

平均返厂维修成本为 MC:

$$MC = 1\,100\,000/4 = 275\,000 \text{ 美元}$$

单位飞行小时的维修成本为

$$MC/FH = SVR \times MC = 275\,000 \times 0.252\,1/1\,000 = 69.328 \text{ 美元 / 飞行小时}$$

在方案 b 中,C3、T2 和 T3 盘都是提前更换,有寿命浪费。盘 C3 是在 C4 返厂时更换的,盘 T2 和 T3 是在 C13 返厂时更换的,因此,C3、T2 和 T3 浪费的寿命分别为

盘 C3=3 362 小时;盘 T2=350 小时;盘 T3=798 小时。

寿命件所产生的浪费金额为

$$3\,362 \times 1.27 + (9\,972 - 9\,622) \times 0.54 + (10\,420 - 9\,622) \times 0.58 = 4\,921.58 \text{ 美元}$$

考虑寿命件报废时,返厂总成本为

$$\sum_{i=1}^{4} SVC_i = (200\,000 + 3\,362 \times 1.27) + 200\,000 + [300\,000 + 200\,000 + (9\,972 - 9\,622) \times 0.54 + (10\,420 - 9\,622) \times 0.58] + 200\,000 = 1\,104\,921.58 \text{ 美元}$$

考虑寿命件报废时，平均返厂维修成本 MC：

$$MC = 1\,104\,921.58/4 = 276\,230.395 \text{ 美元}$$

考虑寿命件报废时，单位飞行小时的维修成本为

$$MC/FH = SVR \times MC = 276\,230.395 \times 0.252\,1/1\,000 = 69.64 \text{ 美元/飞行小时}$$

(3) 方案 c 的成本计算

与方案 a 分析类似，方案 c 共返厂 2 次，在第一次因 C4 返厂时，同时更换了寿命件 C3 和 C6，第二次因 C13 返厂时，做热端部件翻修，同时更换寿命件 T2 和 T3，则有

$$SVR = 2/(4\,281 + 9\,622) \times 1\,000 = 0.143\,9 \text{/千飞行小时}$$

在不考虑寿命件报废所浪费的费用时，方案 c 的返厂总成本为

$$\sum_{i=1}^{2} SVC_i = 200\,000 + (300\,000 + 200\,000) = 700\,000 \text{ 美元}$$

不考虑寿命件报废所浪费的费用时，平均返厂维修成本 MC：

$$MC = 700\,000/2 = 350\,000 \text{ 美元}$$

单位飞行小时的维修成本为

$$MC/FH = SVR \times MC = 350\,000 \times 0.143\,9/1\,000 = 50.365 \text{ 美元/飞行小时}$$

在方案 c 中，盘 C3、C6、T2、T3 和 T4 都是提前更换，有寿命浪费。盘 C3、C6 是在 C4 返厂时更换的，盘 T2、T3 和 T4 是在 C13 返厂时更换的，它们所浪费的寿命分别为

C3 = 3 362 小时；C6 = 6 078 小时；T2 = (9 972 − 9 622) = 350 小时；

T3 = (10 420 − 9 622) = 798 小时；T4 = (11 586 − 9 622) = 1 964 小时

寿命件所产生的报废成本为

$$3\,362 \times 1.27 + 6\,078 \times 0.46 + (9\,972 - 9\,622) \times 0.54 + (10\,420 - 9\,622) \times 0.58 + (11\,586 - 9\,622) \times 0.58 = 8\,856.58 \text{ 美元}$$

考虑寿命件报废时，方案 c 的返厂总成本为

$$\sum_{i=1}^{2} SVC_i = (200\,000 + 3\,362 \times 1.27 + 6\,078 \times 0.46) + [300\,000 + 200\,000 + (10\,420 - 9\,622) \times 0.58 + (11\,586 - 9\,622) \times 0.58] = 708\,856.58 \text{ 美元}$$

平均返厂维修成本 MC：

$$MC = 708\,856.58/2 = 354\,428.29 \text{ 美元}$$

考虑寿命件报废时，单位飞行小时的维修成本 MC/FH 为

$$MC/FH = SVR \times MC = 354\,428.29 \times 0.143\,9/1\,000 = 51.00 \text{ 美元/飞行小时}$$

把上面计算结果归纳为表 4.18，可见这三种方案规划，发动机总飞行小时数基本一致，尽管方案 a 的 LLP 件浪费最少，但其单位飞行小时维修成本 MC/FH 最高，方案 c 的 LLP 浪费最多，但 MC/FH 最低。也就是说尽管表面上看 LLP 浪费了部分成本，但总的维修成本是降低了，因此，当 LLP 件影响发动机在翼时间时，提前更换可避免下发次数增加。

表 4.18　返厂方案总结

返　厂　方　案	a	b	c
发动机总飞行小时数	15 867	15 867	13 903
返厂次数	5	4	2
寿命件浪费成本(美元)	651.84	4 921.58	8 856.58
考虑 LLP 浪费的 MC/FH(美元/小时)	81.97	69.64	51

2. JT8D 发动机不同维修方案的对比和评估

已知一台 JT8D 发动机的信息见表 4.19、表 4.20、表 4.21，发动机的计划飞行小时循环比为 2 小时/循环；对低压涡轮执行 SB 的费用为 30 000 美元(SB 执行后能使低压涡轮在翼时间达到 8 000 循环)；当前由于高压涡轮叶片损伤而下发返厂(上次返厂是在 4 659 个循环时)，计算以下六个维修方案的返厂率 SVR、平均返厂成本和单位小时的维修成本 MC/FH(考虑寿命件提前报废浪费的寿命成本，假设寿命件低压短轴的分摊成本为 1.42 美元/飞行小时，寿命件涡轮盘的分摊成本为 2.35 美元/飞行小时)，从可靠性(低压压气机、高压压气机等部件的软时限)角度出发对维修方案进行风险分析和评估。

表 4.19　JT8D－200 发动机当前的时间信息

上次大修后的飞行循环数	上次修理后的飞行循环数	低压短轴的剩余循环数	低压涡轮盘的剩余循环数
8 881	4 222	3 976	11 119

表 4.20　JT8D－200 的平均维修成本信息

只更换寿命件的成本	热端部件翻修成本	大修(HM)的成本
20 万美元	30 万美元	50 万美元

表 4.21　JT8D－200 单元体软时限

单元体	风扇	低压压气机	高压压气机	燃烧室	高压涡轮	低压涡轮
软时限	10 000 飞行循环	10 000 飞行循环	10 000 飞行循环	视情	视情	3 000~8 000 飞行循环

计算过程所涉及的公式为式(4.9)、式(4.10)和式(4.11),下面按不同大修计划和相应的大修方案来分别计算相应的费用。

1) 维修方案一

维修方案一参见图 4.12,第二次返厂翻修燃烧室、高压涡轮第一级导向器、高压涡轮和低压涡轮,不报废寿命件;由于寿命件到寿,下一次进厂在 12 857 个循环(自 HSR 后 3 976 个循环),并进行完全大修。每次发动机返厂修理均未执行低压涡轮的服务通告。

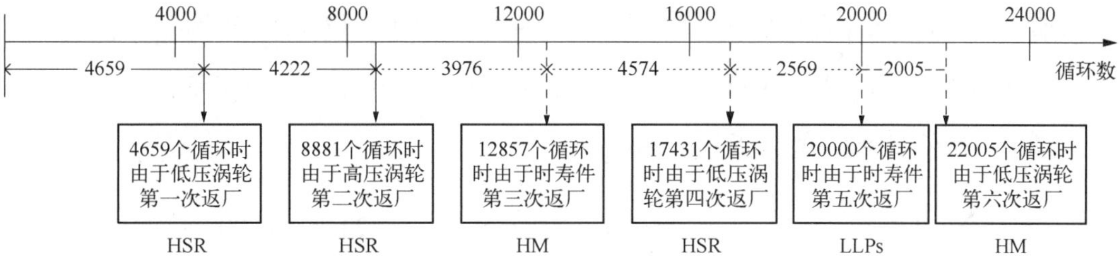

图 4.12　维修方案一

基于返厂维修方案计算每千飞行小时的平均返厂率:

$$SVR = 6 \div (22\,005 \times 2) \times 1\,000 = 0.136\,3/\text{千飞行小时}$$

寿命件报废成本:由于寿命件都是到寿更换,寿命件成本无浪费。

考虑寿命件报废时,总的返厂维修成本:

$$\sum_{i=1}^{6} SVC_i = 300\,000 + 300\,000 + 500\,000 + 300\,000 + 200\,000 + 500\,000 = 2\,100\,000\ \text{美元}$$

考虑寿命件报废时,平均返厂维修成本 MC:

$$MC = 2\,100\,000 \div 6 = 350\,000\ \text{美元}$$

考虑寿命件报废时,单位飞行小时的维修成本:

$$MC/FH = SVR \times MC = 0.136\,3/1\,000 \times 350\,000 = 47.71\ \text{美元/小时}$$

2) 维修方案二

维修方案二参见图 4.13,第二次返厂翻修燃烧室、高压涡轮第一级导向器、高压涡轮

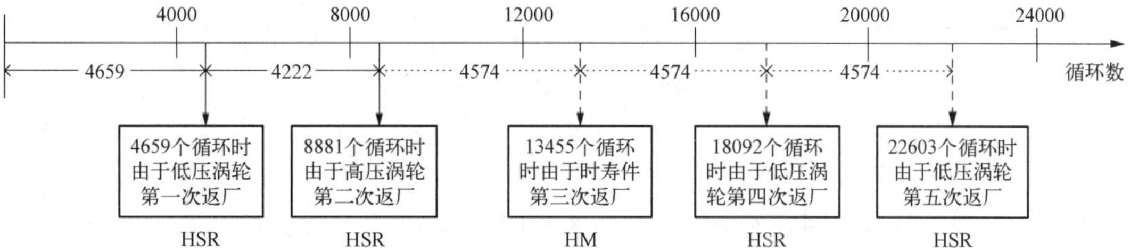

图 4.13　维修方案二

和低压涡轮、报废低压短轴寿命件；下一次在 13 455 个循环时由于低压涡轮性能衰退而返厂修理[自热端部件翻修之后工作了 4 574 个循环]，并进行全面大修；在 18 029 个循环时第四次返厂，报废低压涡轮盘寿命件。每次发动机返厂修理时均未执行低压涡轮的服务通告。

基于返厂维修方案计算每千飞行小时的平均返厂率：

$$SVR = 5 \div (22\,603 \times 2) \times 1\,000 = 0.110\,6/\text{千飞行小时}$$

寿命件报废成本：低压短轴在第二次返厂时更换，浪费寿命 3 976 循环，低压涡轮盘在第四次返厂时更换，浪费寿命(11 119−4 574−4 574)循环，则寿命件报废成本为

$$(3\,976 \times 2 \times 1.42) + (11\,119 - 4\,574 - 4\,574) \times 2 \times 2.35 = 20\,555.54\ \text{美元}$$

考虑寿命件报废时，总的返厂成本：

$$\begin{aligned}\sum_{i=1}^{5} SVC_i &= 300\,000 + (300\,000 + 3\,976 \times 2 \times 1.42) + 500\,000 + \\ &\quad [300\,000 + (11\,119 - 4\,574 - 4\,574) \times 2 \times 2.35] + 300\,000 \\ &= 1\,720\,556\ \text{美元}\end{aligned}$$

考虑寿命件报废时，平均返厂维修成本 MC：

$$MC = 1\,720\,556 \div 5 = 344\,111\ \text{美元}$$

考虑寿命件报废时，单位飞行小时的维修成本：

$$MC/FH = SVR \times MC = 0.110\,6/1\,000 \times 344\,111 = 38.06\ \text{美元/小时}$$

3) 维修方案三

维修方案三参见图 4.14，第二次返厂翻修所有单元体，报废低压短轴寿命件，执行服务通告费用 30 000 美元，SB 实施后低压涡轮在翼时间增加至 8 000 个飞行循环；在 16 881 个循环时第三次返厂，进行 HSR 热端部件翻修，不报废寿命件；在第四次返厂时报废低压涡轮盘寿命件。

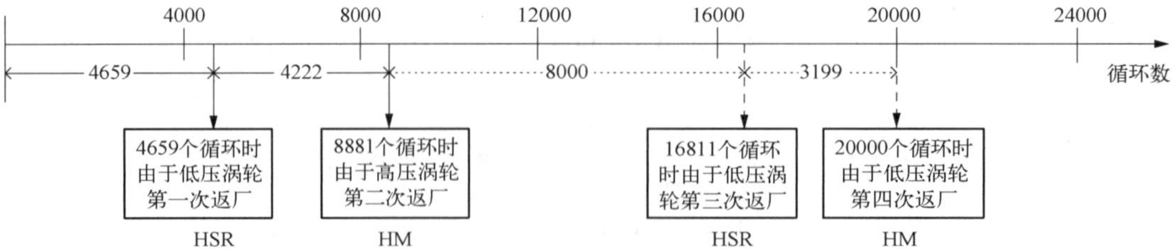

图 4.14　维修方案三

从该返厂维修方案可见，每千飞行小时的平均返厂率为

$$SVR = 4 \div (20\,000 \times 2) \times 1\,000 = 0.1/\text{千飞行小时}$$

由于第二次返厂时，低压短轴提前更换，寿命浪费 3 976 循环；第四次返厂时，寿命件

低压涡轮盘到寿更换，则寿命件报废成本为

$$3\,976 \times 2 \times 1.42 = 11\,291.84 \text{ 美元}$$

考虑寿命件报废时，总的返厂维修成本：

$$\sum_{i=1}^{4} SVC_i = 300\,000 + (500\,000 + 30\,000 + 3\,976 \times 2 \times 1.42) + 300\,000 + 50\,000$$
$$= 1\,641\,292 \text{ 美元}$$

考虑寿命件报废时，平均返厂维修成本 MC：

$$MC = 1\,641\,292 \div 4 = 410\,323 \text{ 美元}$$

考虑寿命件报废时，单位飞行小时的维修成本：

$$MC/FH = SVR \times MC = 0.1/1\,000 \times 410\,323 = 41.03 \text{ 美元/小时}$$

4）维修方案四

维修方案四参见图 4.15，第二次返厂翻修燃烧室、高压涡轮第一级导向器、高压涡轮和低压涡轮，在 8 881 和 16 881 个循环返厂时分别报废低压短轴和低压涡轮盘寿命件，返厂送修时执行服务通告费用 30 000 美元，SB 实施后低压涡轮在翼时间增加至 8 000 个飞行循环。在 16 881 个循环返厂时执行 HM 等级维修。

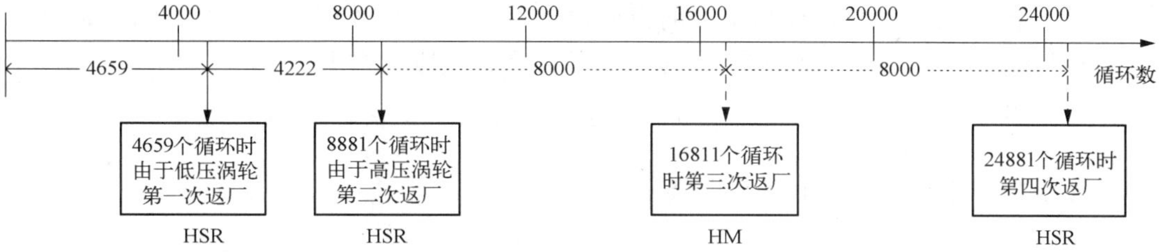

图 4.15　维修方案四

从该返厂维修方案可见，每千飞行小时的平均返厂率为

$$SVR = 4 \div (24\,881 \times 2) \times 1\,000 = 0.080\,4/\text{千飞行小时}$$

由于第二次返厂时，低压短轴提前更换，其浪费 3 976 循环；第三次返厂时，寿命件低压涡轮盘提前(11 119−8 000)循环更换，所以，寿命件报废成本为

$$(3\,976 \times 2 \times 1.42) + (11\,119 - 8\,000) \times 2 \times 2.35 = 25\,951.14 \text{ 美元}$$

考虑寿命件报废时，总的返厂成本：

$$\sum_{i=1}^{4} SVC_i = 300\,000 + (300\,000 + 30\,000 + 3\,976 \times 2 \times 1.42) +$$
$$[500\,000 + (11\,119 - 8\,000) \times 2 \times 2.35] + 300\,000$$
$$= 1\,455\,951 \text{ 美元}$$

考虑寿命件报废时，平均返厂成本 MC：

$$MC = 1\,455\,951 \div 4 = 363\,988 \text{ 美元/次}$$

考虑寿命件报废时,单位飞行小时的维修成本:

$$MC/FH = SVR \times MC = 0.080\,4/1\,000 \times 363\,988 = 29.26 \text{ 美元/小时}$$

5)维修方案五

维修方案五参见图 4.16,第二次返厂翻修所有单元体,在 8 881 和 16 881 个循环返厂时分别报废低压短轴和低压涡轮盘寿命件,执行服务通告费用 30 000 美元,SB 实施后使低压涡轮在翼时间延长至 8 000 个飞行循环;在 16 881 个循环第三次返厂,执行 HSR 级别修理。

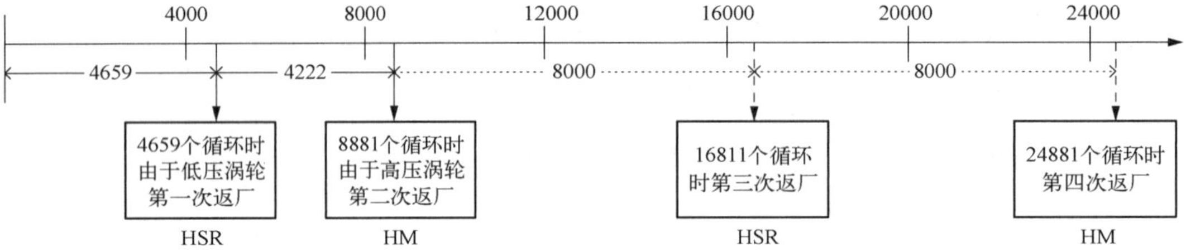

图 4.16 维修方案五

从该返厂维修方案可见,每千飞行小时的平均返厂率为

$$SVR = 4 \div (24\,881 \times 2) \times 1\,000 = 0.080\,4/\text{千飞行小时}$$

由于第二次返厂时,低压短轴提前更换,其浪费 3 976 循环;第三次返厂时,寿命件低压涡轮盘提前(11 119−8 000)循环更换,所以,寿命件报废成本为

$$(3\,976 \times 2 \times 1.42) + (11\,119 - 8\,000) \times 2 \times 2.35 = 25\,951.14 \text{ 美元}$$

考虑寿命件报废时,总的返厂成本:

$$\begin{aligned}\sum_{i=1}^{4} SVC_i &= 300\,000 + (500\,000 + 30\,000 + 3\,976 \times 2 \times 1.42) + \\ &\quad [300\,000 + (11\,119 - 8\,000) \times 2 \times 2.35] + 500\,000 \\ &= 1\,655\,951 \text{ 美元}\end{aligned}$$

考虑寿命件报废时,平均返厂成本 MC:

$$MC = 1\,655\,951 \div 4 = 413\,988 \text{ 美元}$$

考虑寿命件报废时,单位飞行小时的维修成本:

$$MC/FH = SVR \times MC = 0.080\,4/1\,000 \times 413\,988 = 33.28 \text{ 美元/小时}$$

6)维修方案六

维修方案六见图 4.17,第二次返厂翻修所有单元体,在 8 881 和 16 881 个循环返厂时分别报废低压短轴和低压涡轮盘寿命件,返厂送修时执行服务通告花费 30 000 美元,SB 实施后低压涡轮在翼时间增加至 8 000 个飞行循环。在 16 881 个循环时第三次返厂,执行 HM 等级维修。

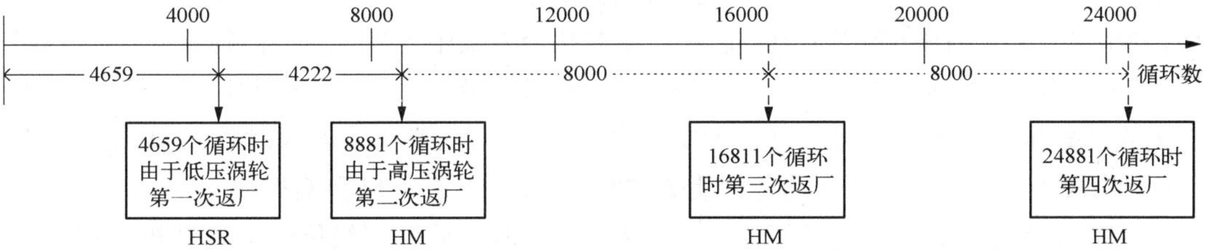

图 4.17　维修方案六

从该返厂维修方案可见，每千飞行小时的平均返厂率为

$$SVR = 4 \div (24\,881 \times 2) \times 1\,000 = 0.080\,4/\text{千飞行小时}$$

由于第二次返厂时，低压短轴提前更换，其浪费 3 976 循环，而第三次返厂时，寿命件低压涡轮盘提前(11 119−8 000)循环更换，所以，寿命件报废成本为

$$(3\,976 \times 2 \times 1.42) + (11\,119 - 8\,000) \times 2 \times 2.35 = 25\,951.14\text{ 美元}$$

考虑寿命件报废时，总的返厂成本：

$$\sum_{i=1}^{4} SVC_i = 300\,000 + (500\,000 + 30\,000 + 3\,976 \times 2 \times 1.42) + [500\,000 + (11\,119 - 8\,000) \times 2 \times 2.35] + 500\,000 = 1\,855\,951\text{ 美元}$$

考虑寿命件报废时，平均返厂成本 MC：

$$MC = 1\,855\,951 \div 4 = 463\,988\text{ 美元}$$

考虑寿命件报废时，单位飞行小时的维修成本：

$$MC/FH = SVR \times MC = 0.080\,4/1\,000 \times 463\,988 = 37.3\text{ 美元/小时}$$

7）方案评估

在本案例的六个送修方案规划中，方案四单位飞行小时维修成本最低，方案一最高。但在选择维修方案时，低单位飞行小时维修成本只是一方面，另外还要考虑发动机在翼的性能风险，在这里由于缺乏其他数据，仅通过单元体大修时各单元在翼累积的飞行小时数与其软时限的对比来分析。

（1）维修方案一共六次返厂，尽管没有寿命件的寿命浪费成本，但返厂次数较多，平均返厂率较高，因此单位飞行小时维修成本较高。方案中到第三次返厂时才对高压压气机、低压压气机大修，这样它们自上次深度修理后累积的工作时间为 12 857 个飞行循环，超过软时限(10 000 循环)，接近软时限的 130%，在这几个方案中，属于中等风险。

（2）维修方案二共 5 次返厂，在第三次返厂时进行全面大修，这时高、低压压气机自上次大修后累积的在翼飞行时间为 13 455 个循环，超出软时限 3 455 个循环，在这几个方案中，属于中等风险。

（3）维修方案三共 4 次返厂，第二次返厂和第四次返厂都进行了发动机大修。第四次返厂发动机大修时，高、低压气机自上次大修后累积的在翼工作时间为 11 119 个飞行循环，也超出了其软时限（超出 1 119 循环），在这几个方案中，也属于中等风险。

（4）维修方案四共 4 次返厂，第三次返厂维修等级为大修，大修时高、低压气机自上次大修后累积的在翼工作时间为 16 881 个飞行循环，大大超出了其软时限（超出 6 881 个循环），虽然维修成本很低，但是在这几个方案中，发动机在翼风险偏高。

（5）维修方案五共 4 次返厂，第二次返厂和第四次返厂维修等级为发动机大修。第四次返厂大修时，高、低压气机自上次大修后累积的在翼飞行工作时间为 16 000 个飞行循环，也大大超出了单元体的软时限，在这几个方案中，风险也偏高。

（6）维修方案六共 4 次返厂，第二次、第三次、第四次返厂维修等级都是全面大修，对应的高、低压气机自上次大修后累积的在翼时间均未超过单元体的软时限，大修时执行服务通告能够有效地延长低压涡轮的在翼寿命，维修方案六风险最低，且维修成本适中。

综合维修方案结果见表 4.22。比较这六个大修方案规划，方案六既保证了发动机在翼性能，单位飞行小时的成本也不高，因此，其是最佳方案。

表 4.22　大修方案规划总结

返厂方案	*SVR*/每千飞行小时	返厂总成本/美元	（*MC/FH*）/（美元/飞行小时）	性能风险
方案一	0.136 3	2 100 000	47.71	中等
方案二	0.110 6	1 720 556	38.06	中等
方案三	0.1	1 641 292	41.03	中等
方案四	0.080 4	1 455 951	29.26	高
方案五	0.080 4	1 655 951	33.28	高
方案六	0.080 4	1 855 951	37.3	低

4.4　发动机下发决策评估

发动机在翼期间，当发现硬件损伤或性能衰退到一定程度而影响发动机下发时，工程技术人员需要对发动机是否继续在翼飞行或即刻下发做出决策。决策时既要考虑发动机在翼飞行可能存在的风险，避免发动机非计划下发，又要考虑大修费用。下面以某航空公司 B767－300 飞机的 PW4060 发动机为例说明在考虑失效风险和返厂费用的前提下，如何选择返厂时间。下发决策基于下面提供的发动机信息开展，并且若不即刻下发，发动机需要在翼继续飞行 5 个月，且派往外地，每天大约飞行 14 个小时，5 个月大约飞行 1 200 个小时，170 个循环。

4.4.1　发动机基本信息

1. 发动机返厂历史

发动机系列号为 234005，上次返厂日期是 2005 年 6 月 22 日，当次返厂修理方案是对低压压气机、风扇和附件齿轮箱进行一般修理，对高压涡轮导向器、扩压器和燃烧室进行性能恢复，对高压压气机和高压涡轮进行大修。其他时间信息见表 4.23。

表 4.23　发动机时间信息

CSN/循环	*TSN*/小时	*TSLSV*/小时	*CSLSV*/循环
10 177	51 104	15 598	3 235

2. 发动机性能监控信息

发动机状态监控系统给出的当前巡航状态下的数据为 $\Delta EGT = 42$℃，$\Delta Wf = 10\%$，起飞 $EGTM = 10$℃。飞行员报告说该发动机与另一台发动机比，燃油消耗、排气温度和转子转速都要高。

3. 硬件损伤状态

孔探发现发动机内部损伤有：10 片高压涡轮第一级工作叶片有涂层脱落，高压涡轮导向器叶片有涂层脱落，风险分析认为涂层脱落造成发动机失效风险较低。发现高压涡轮第一级导向器在靠近后缘两排气膜冷却孔附近有裂纹，但在飞机维护手册给出的限制范围内，维护手册规定隔 250 个循环再次孔探检查；若裂纹向前缘扩展到距离后两排冷却孔 13.0 毫米，裂纹宽度不超过 40.0 毫米，损伤仍在限制范围内，孔探检查时间缩短为 150 个循环；若超过上述限制，则发动机下发。基于实际数据分析和厂家维修建议，叶片失效风险极低，按飞机维修手册规定时间间隔重复孔探检查即可。

4. 发动机大修成本估算

该用户基于机队以往 PW4060 发动机返厂大修数据和对系列号为 234005 发动机的分析，评估了发动机即刻下发返厂大修成本和继续在翼飞行维修成本的增加，评估结果为：若发动机即刻下发返厂大修，则大修费用约为 3 000 000 美元；若继续飞行 5 个月（大约 1 200 飞行小时，170 个循环），则由于发动机继续衰退，估算的发动机返厂维修成本增加量见表 4.24。

表 4.24　返厂费用增加量

说　明	叶片数量	单价/美元	报废率增加量	成本增加量/美元
HPT 第一级静子叶片	34	14 557	10%	49 494
HPT 第二级静子叶片	21	23 525	0	0
HPT 第一级工作叶片	60	11 530	10%	69 180
HPT 第二级工作叶片	82	9 430	0	0
其他部件				50 000
总和				168 674

4.4.2　发动机下发决策分析

由于该架飞机在今后 5 个月要调到外地飞行，若期间出现故障而下发，不但会导致对飞机运行的影响，而且还会造成异地换发等问题，从而增加维修成本。因此，现需要对该发动机是否下发返厂做出决策。

从返厂历史可见,该发动机自上次返厂至今已经飞行了 3 235 个循环,15 598 小时。继续飞行 5 个月后,相对来说属于在翼较长的发动机;从硬件损伤评估看,继续工作 5 个月,大约 170 个循环,由于当前涡轮损伤手册给出的重复检查时间间隔是 250 个循环,因此,可判断在 5 个月内出现由于涡轮叶片损伤而导致下发的风险应该很低;从性能监控数据看,*EGT* 裕度满足继续飞行的需要,只是发动机燃油经济性会差些,因此决策时,发动机硬件和性能上是满足的,决策时主要考虑成本问题。下面按继续飞行可能产生非计划下发和维修费用的角度,对下发决策开展分析。

4.4.2.1 下发决策

基于上述信息,对发动机是否下发送修有两个决策:① 决策一,即刻下发送修;② 决策二,发动机继续飞行 5 个月。发动机继续在翼飞行可能会有下列情况发生。

(1) 发动机在翼继续飞行 5 个月(1 200 飞行小时)期间无故障,即按计划 5 个月后下发,记为事件 E_{21},其发生概率 $P(E_{21})$ 记为 P_{21},相应返厂大修成本为 SVC_{21}。

(2) 在这 5 个月期间,发动机出现故障而非计划下发,记为事件(E_{22}),E_{22} 发生概率 $P(E_{22})$ 记为 P_{22}。E_{22} 发生也有两种情况,即飞行中发生空停,飞机备降(E_{221}),发生概率 $P(E_{221})$ 记为 P_{221};另一种是故障在地面发生,飞机在航空公司有基地的机场地面测试或检查时发现故障而下发(E_{222}),故障对发动机内部没有造成损伤,发生概率 $P(E_{222})$ 记为 P_{222}。

E_{221} 事件发生,即飞行中故障,引起空中停车,可能产生下列费用:① 下发返厂维修成本 SVC_{221};② 由于故障部件引起的发动机损伤而增加的维修成本 C_{bd};③ 运输成本 C_{L1},即在备降机场换发处理成本;④ 飞机停场期间的成本 C_{AOG1}。

E_{222} 事件发生,发动机下发送修,可能产生的费用包括:① 返厂修理费用 SVC_{222};② 飞机换发处理成本 C_{L2};④ 飞机停场期间的成本 C_{AOG2}。

4.4.2.2 决策风险和成本分析

1. 决策一

若发动机即刻下发送修,则无故障风险。其返厂成本为 SVC_0 是 300 万美元,由于发动机自上次返厂至今已经飞行了 15 598 小时,则 $MC/FH = 192.3$ 美元/飞行小时。

2. 决策二

决策二可能出现下列三种情况。

(1) 继续飞行 5 个月并按计划下发,即无非计划下发发生,事件 E_{21},则 5 个月后返厂大修成本为 SVC_{21}。其计算式为

$$SVC_{21} = SVC_0 + \Delta SVC \tag{4.12}$$

即 SVC_{21} 是在即刻下发返厂成本的基础上加上由于继续飞行硬件损伤增加而导致的返厂维修费用的增量。由式(4.12)可得

$$SVC_{21} = 3\,000\,000 + 168\,674 = 3\,168\,674 \text{ 美元}$$

基于当时发动机厂家的信息,该发动机的非计划换发率为 0.026/1 000 飞行小时,空

停率是 0.005/1 000 飞行小时。根据这两个可靠性数据估算发动机在这 5 个月期间发生非计划下发的可能性。

首先计算继续飞行 5 个月发生 E_{22} 事件的概率 P_{22}。基于第 1 章泊松分布函数，则有继续飞行 5 个月发生非计划下发的概率 $P(E_{22})=P_{22}$：

$$P_{22} = \lambda e^{-\lambda} \tag{4.13}$$

式中，λ 为在 1 200 飞行小时内发生非计划下发的次数，即

$$\lambda = 1\,200 \times 0.026/1\,000 = 0.031\,2$$

由式(4.13)有 $P_{22}=0.030\,24$，则继续飞行 5 个月不发生非计划下发的概率为

$$P(E_{21}) = 1 - P(E_{22})$$

$$P_{21} = 1 - P_{22} = 1 - 0.030\,24 = 0.969\,8$$

即继续飞行 5 个月而不发生非计划下发的概率是 96.98%，发生故障而非计划下发的概率是 3.12%。

(2) 当事件 E_{22} 发生后，基于贝叶斯定理分别计算飞行中发生故障(空停)而下发(E_{221})和地面发生故障下发(E_{222})的概率。

$$P(E_{221}) = P(E_{221} \mid E_{22})$$

$$P(E_{222}) = P(E_{222} \mid E_{22})$$

首先利用泊松分布计算继续飞行 5 个月发生空停的概率 P_{221}，由式(4.13)有

$$P_{221} = IFSD \times 1\,200 \times e^{-IFSD \times 1\,200}/P_{22} = \frac{0.005}{1\,000} \times 1\,200 \times e^{-\left(\frac{0.005}{1\,000}\right) \times 1\,200} \Big/ 0.03 = 0.197\,2$$

$$P_{222} = 1 - P_{221} = 1 - 0.197\,2 = 0.802\,8$$

(3) 在 E_{221} 发生的情况下，返厂维修成本 SVC_{221} 为

$$SVC_{221} = SVC_0 + \Delta SVC + C_{bd} \tag{4.14}$$

ΔSVC 与继续飞行的时间有关，为了估算，时间取一半(600 小时)，则

$$\Delta SVC = \frac{600}{1\,200} \times 168\,674 = 84\,337 \text{ 美元}$$

由于部件损伤，而增加的维修成本 C_{bd} 可按经验估算。基于该发动机使用维修经验统计，估算值取 500 000 美元。则由式(4.14)有

$$SVC_{221} = SVC_0 + \Delta SVC + C_{bd} = 3\,000\,000 + 84\,337 + 500\,000 = 3\,584\,337 \text{ 美元}$$

运输成本 C_{L1} 包括把好发动机送到换发地和把故障发动机运回的成本，基于统计数据估算，这里按 250 000 美元计算。这里不包含发动机拆/装的人力成本。

飞机停场费用 C_{AOG1} 可按停场天数和每天的运营收入估算。若每天按 8 飞行小时计算，每小时费用按 2 000 美元计算，由于飞机备降，发动机换发时间会长些，停场时间按 7 天计算，则

$$C_{AOG1} = \text{停场天数} \times \text{每天飞行时间} \times \text{每天费用} = 7 \times 8 \times 2\,000 = 112\,000 \text{ 美元}$$

（4）在 E_{222} 发生的情况下，返厂维修成本 SVC_{222} 为

$$SVC_{222} = SVC_0 + \Delta SVC = 3\,000\,000 + 84\,337 = 3\,084\,337 \text{ 美元}$$

运输成本 C_{L2} 相对第一种情况要少些，基于统计数据估算为 100 000 美元，飞机停场天数为 5 天，C_{AOG2} 为

$$C_{AOG1} = \text{停场天数} \times \text{每天飞行时间} \times \text{每天费用} = 5 \times 8 \times 2\,000 = 80\,000 \text{ 美元}$$

4.4.2.3 下发决策选择

基于硬件损伤和性能监控分析，发动机继续飞行 5 个月的失效风险很低，因此，影响下发决策的因素主要是经济因素。在上面对各种成本计算中，没有包含燃油消耗增加而产生的成本。比较两个决策时，可按单位飞行小时维修成本来分析。

决策一的单位飞行小时维修成本是 192.3 美元/小时。

决策二中，发生两种情况，即 E_{21} 和 E_{22}，总成本为维修成本和其他成本之和。由于各事件发生有一定的概率，因此计算时，应利用各事件成本与相应的发生概率来计算相应事件的成本：

$$E_{21} \text{ 的总成本} = SVC_{21} \times P_{21} = 3\,168\,674 \times 0.969\,8 = 3\,072\,980 \text{ 美元}$$

E_{21} 总飞行时长为 15 598 + 1 200 = 16 798 小时，则单位飞行成本为 182.94 美元／小时。

$$E_{22} \text{ 的成本} = (E_{221} \text{ 的成本} \times P_{221} + E_{222} \text{ 的成本} \times P_{222}) \times P_{22}$$

$$E_{221} \text{ 的成本} = SVC_{221} + C_{L1} + C_{AOG1} = 3\,584\,337 + 250\,000 + 112\,000 = 3\,946\,337 \text{ 美元}$$

$$E_{222} \text{ 的成本} = SVC_{222} + C_{L2} + C_{AOG2} = 3\,084\,337 + 100\,000 + 80\,000 = 3\,264\,337 \text{ 美元}$$

$$E_{22} \text{ 的成本} = (E_{221} \text{ 的成本} \times P_{221} + E_{222} \text{ 的成本} \times P_{222}) \times P_{22} = (3\,946\,337 \times 0.197\,2 + 3\,264\,337 \times 0.802\,8) \times 0.030\,24 = 102\,780 \text{ 美元}$$

E_{22} 发生时飞行小时=15 598+600=16 198 小时，相应单位飞行小时成本为

$$102\,780/16\,198 = 6.35 \text{ 美元／小时}$$

决策二可能产生单位飞行小时成本为

$$182.94 + 6.35 = 189.29 \text{ 美元／小时}$$

决策一与决策二对比，决策二单位飞行小时维修成本比决策一少 3.01 美元/小时。也就是说，继续飞行 5 个月下发是可行的，因此，选择决策二。

思　考　题

1. 影响发动机返厂的因素有哪些?
2. 影响冷端、热端部件在翼时间的因素有哪些?
3. 简述制定工作范围的判断准则。
4. 简述制定发动机大修方案的步骤。
5. 根据寿命件成本分摊方法,结合下列已知条件:飞行小时/飞行循环比为 2.5,飞机年利用率为 4 000 小时,备发率为 18%,残余寿命因子为 15%,发动机使用寿命 20 年,完成下表。

部　件	高压涡轮一级轮毂	低压涡轮轴
价格(万美元)	30	80
部件寿命(循环)	15 000	20 000
可用寿命		
在翼年数		
套数		
周期数		
总发动机小时数		
总成本		
均摊成本(美元/飞行小时)		

6. 已知某发动机在 2 291 个循环(4 281 小时)的时候 C4 盘到寿,此时 C3、C6、C13、T2、T3、T4 盘剩余的小时数分别为 3 362 小时、6 078 小时、9 622 小时、9 972 小时、10 420 小时、11 586 小时,现在要对发动机设计维修方案。如果采用如思考题 6 图所示的方案 a 进行维修,试计算平均返厂成本、平均返厂率以及单位飞行小时的维修成本。假设:热端部件的软时限为 6 000 到 8 000 个循环;热端部件翻修费用为 100 万元(此费用包含更换到寿的 LLP);单独更换某一个单元体的 LLP 的费用为 60 万元。不考虑寿命件的报废成本。

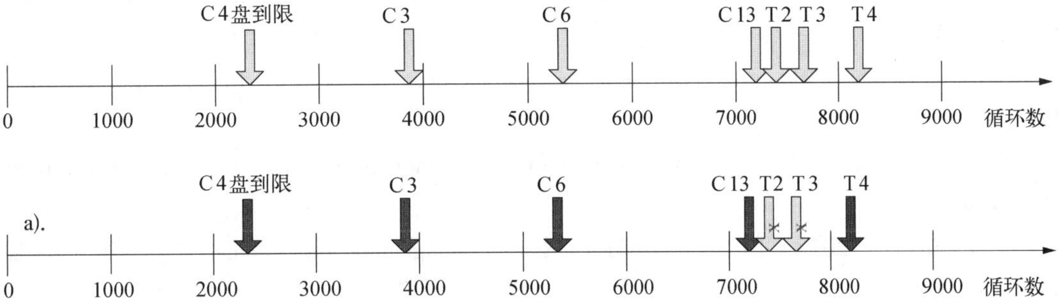

思考题 6 图

7. 已知一台 JT8D 发动机的在 4 659 个循环的时候由于 LPT 的原因返厂,并对 LPT 单元体进行了翻修。之后又运行了 4 222 个循环，由于 HPT 的原因需要返厂翻修（此时需要对维修的工作范围进行决策）。此时寿命件低压轴剩余 3 976 个循环，低压涡轮盘还剩余 11 119 个循环。假设低压压气机和高压压气机的软时限都为 10 000 个循环；低压涡轮轴和盘单位小时成本分别为人民币：8.0 元/FH，15 元/FH；小型修理（包括寿命件更换）的费用为 1 500 000 元，热端部件翻修的费用为 2 000 000 元，大修的费用为 3 000 000 元；所有航段的小时循环比为 2。从单位小时的维修成本与可靠性的角度出发，对以下两种维修方案进行评估，并说明哪种方案较好。

方案（一）：

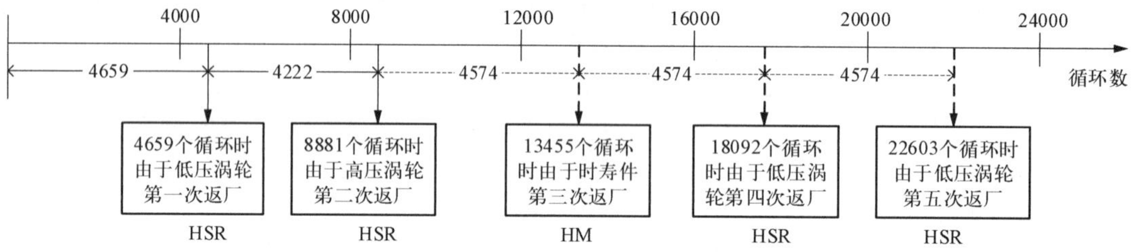

思考题 7 图(1)

方案（二）：

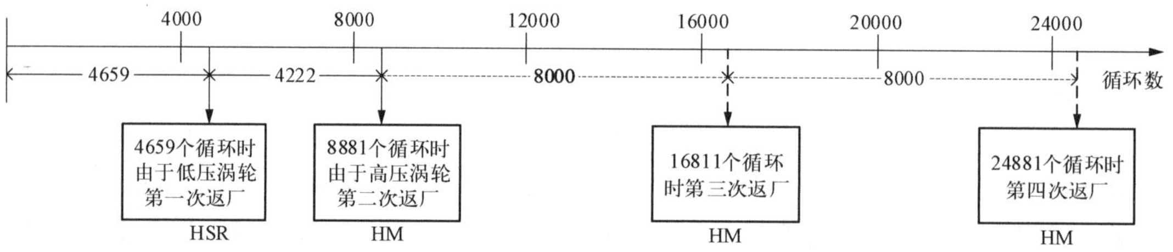

思考题 7 图(2)

参考文献

CFMI, 2006. CFM56 - 3 maintenance analysis & budget[J]. UK, Aircraft Commerce, 5(45): 18 - 30.

GE Aircraft Engine/CFMI, 2014. CFM56 - 7B workscope planning guide[Z]. USA, GEAE/CFMI.

IAE, 2015. V2500 - A5 maintenance management plan[Z]. USA, Pratt Whitney Company.

Pratt Whitney, 2016. PW4000 maintenance planning guide[Z]. USA, Pratt Whitney Company.

Rolls Royce, 2018. RB211 - 535E4 engine management programme[Z]. UK, Rolls Royce Company.

第 5 章
发动机维修管理

5.1　发动机维修概述

5.1.1　维修理念

维修或维护是确保系统或设备以固有的设计可靠性和安全性水平继续完成设计所赋予的功能的过程。对于航空公司来说，维修是指为了使飞机、发动机、系统或部件保持或恢复至可用状态所采取的各种措施，包括检查、评估衰退状态、勤务、修理、改装和大修。民用航空工业发展至今，维修理念也在随着人们对产品失效模式、失效规律以及产品可靠性和维修性的认识在不断变化。飞机发动机的维修发展经历如下几个阶段：

1. 定时维修(hard time，HT)

在航空工业发展的早期，维修的基本理念是机械部件随着工作时间的增加磨损会不断加大，可靠性下降，基于此人们认为，到一定时间就得对其进行修理，且修理次数越多，出现失效的概率就越低。因此就规定了产品的使用时间(HT)，在规定的时间大修所有的部件。HT 的设定是通过把失效率限制在可接受的范围来确定的。这种维修方法属于预防性维修，即在部件失效之前采取维修措施，采取的维修措施包括大修、恢复或更换，目的是通过维修使部件能再次工作到预定的下次维修。维修时，需要在达到规定的寿命之前把部件从设备上拆下来进行大修、部分大修，或报废更换。时间的规定可以是日历时间、发动机的飞行循环数或飞行小时数。早期的发动机通常采用这种定时维修方法，当在翼时间达到规定寿命后，把发动机拆下送厂分解大修，其中很多部件被更换掉，但实际上多数部件并未达到报废寿命，因而造成了不必要的浪费，增加了维修成本。

对于寿命分布是与时间相关的设备或部件，HT 维修是有效的，例如磨损型寿命分布；若部件的寿命分布与时间无关，如随机分布，则通过这种定寿方法无法预防设备或部件的失效，起不到提高可靠性的目的。到了限制寿命可采取的维护措施可以是大修、检查、恢复或更换。对于有安全影响的关键部件，失效率控制水平是很低的，相应的时间限制是强制性的。例如发动机上 A 类寿命件(压气机盘、涡轮盘、轴等)，这些部件都规定有使用寿命，在到达规定的寿命时，不管其状态如何，必须更换它们。但随着航空工业的发展，人们发现，某些类型的失效仅仅通过增加修理的深度或频次是不能预防的，同时还发现某些失效的发展与人们的期望正好相反，失效的可能性并不随着工作时间的增加而增加。美国联合航空公司对部件失效分布规律进行的实验研究表明，失效有 6 种模式，见图 5.1。图

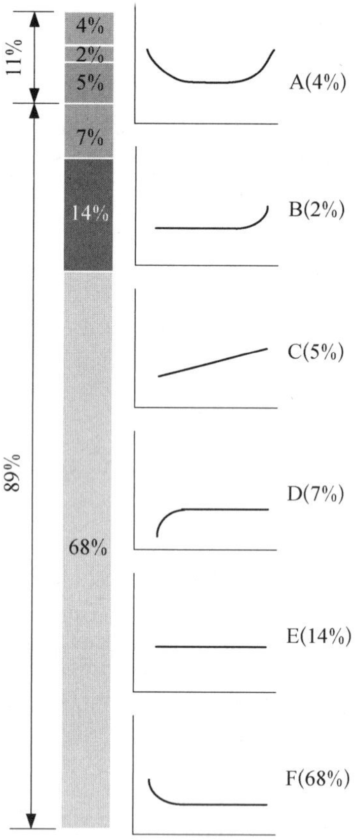

图 5.1　失效模式

中纵坐标代表失效率，横坐标代表时间。

从图 5.1 失效模式可见，曲线 A 是典型的浴盆曲线，即在部件投入使用的初期阶段失效率较高，这叫作早期失效。而出现这种失效的原因可能是产品设计问题、生产质量问题、生产中的人为因素或使用不当。一旦问题得到解决，或问题部件得到处理，设备的失效率就会降低下来，并在一定的使用时间内基本不变或缓慢上升，直到达到部件的机械损伤极限，到了部件寿命的后期，失效率开始升高，出现由于磨损而引起的失效。

曲线 B 表明没有早期失效特征，失效率随着使用时间的增加一直在缓慢升高，直到部件寿命后期，失效率开始快速升高，即进入磨损失效区间。

曲线 C 无早期失效，失效率随使用时间一直在上升，无明显磨损失效特征。

曲线 D 表明部件开始使用时，其失效率随着时间增加而增加，直到稳定在一定的水平，之后失效率不再明显变化，无明显磨损失效特征。

曲线 E 表明在整个寿命内，失效率不变或稍增加，无早期失效和磨损失效特征。

曲线 F 表明部件有早期失效寿命特征，但随后失效率基本不变或稍有增加，无磨损失效特征。

从上面的失效模式可知，只有对磨损型失效，制定寿命限制，即到达设定使用寿命（图中 A、B 和 C 三种分布）时对部件进行大修或更换，维修才有意义，而对于失效率不变的寿命分布，通过设定维修时间是不能达到维修目的的，对属于这些分布的部件应该采取其他的维修措施。美联航的实验还发现，只有 11%的试验件寿命分布属于 A、B 和 C 类型，而其他 89%的试验件是 D、E 和 F 类型。也就是说只有 11%的部件通过定期维修可得到恢复，而其他 89%的部件采用定期维修是没有意义的。另外，定期维修时对设备修理而进行的分解和组装还会导致早期失效问题，因此，人们就开始探索新的维修方式。

2. 视情维修（on-condition, OC）

随着对失效机理的认识，发现部件在失效前要经历多个衰退状态，而部件的健康状态是可以监控和预测的，通过优化维修措施、规划定期维修任务可预防设备的失效，降低维修成本，视情维修就是基于这样的理念而出现的，它是一种既能保持设备可靠性水平，又使成本效益较高的维修方式。HT 维修是通过限制使用寿命来实现的，而视情（OC）维修是通过定期对部件、设备或系统按规定的标准进行检查、测试，决定其是否可以继续服役。视情检查是测量或评估磨损或衰退的程度。若检查不通过，则需进行修理、大修，恢复或更换超出限制的部件，以恢复到其能安全工作到下次 OC 检查时间。若部件不能修理或大修，或通过修理不能使其工作到下次 OC 检查时间，则进行更换处理。

视情检查不需要对部件、系统等进行分解，而是通过检查、测试或性能评估来分析其具体状态,这些检查、评估都有具体的数据指标。例如对压气机、燃烧室和涡轮部件的定期孔探检查就是一种视情维修。通过定期孔探决定内部损伤情况,基于维护手册给定的损伤限制,决定发动机是否可继续使用到下次孔探时间,或何时下发返厂修理,各种损伤限制在飞机维修手册中都有具体尺寸标准,由于维护手册是时效性的,所以一定要参考有效的最新手册。

视情维修是现代发动机维护所采用的一种以可靠性为中心的维修策略,即根据发动机的具体工作情况、健康状态决定采取什么样的维护任务,从而在保障一定可靠性水平的基础上,最大限度地延长发动机的在翼寿命。整台发动机不再有一固定寿命,发动机不再按固定寿命来拆换,而是按发动机的技术状态、性能状态、故障信息等能反映发动机健康状态的信息来决定是否下发和返厂大修。尤其是单元体结构的发动机,可只针对某个单元体进行更换和修理,从而可最大化每个单元体的在翼时间,尽可能使发动机的在翼寿命更长些。发动机的健康状态可通过定期检查(如压气机、涡轮叶片、燃烧室等部件的孔探结果)、发动机气路性能参数的变化量和变化趋势(如转子转速裕度、排气温度裕度等)、滑油系统的监控数据和转子振动监控数据反映出来。但一些寿命件,如压气机盘、涡轮盘、压气机轴、涡轮轴等还是有强制寿命(HT)要求的,这些部件的使用时间一定不能超过其规定寿命。视情维修的发动机允许系统中的某些部件出现故障,但由于系统都采取了一定的余度设计,部件故障后不会对安全造成影响。

视情维修也是一种预防性维护,但它是通过对系统中的部件按一定的标准做定期检查和测试后决定该部件是否可继续使用,或继续使用到规定的下次检查、测试时间,或延长、缩短下次检查、测试的时间间隔,或若要发动机继续工作,必须对发动机做某些维护工作,或发动机再工作多久就得下发修理。所以说,视情维修是在部件出现故障之前就把它拆下来,而不是把部件一直用到出现故障为止。视情维修和那种用到失效才维修的维修理念是不一样的。

视情检查是检查发动机的持续适航性,或检查发生失效的可能性。航空公司通常采取下列措施来实施对发动机的视情维修:

(1) 发动机性能参数监控,如排气温度(EGT)的变化、EGT裕度变化、发动机转子振动情况、滑油消耗量等。它们反映了发动机气路性能衰退情况和可能存在的故障,以及发动机硬件存在的问题;

(2) 发动机孔探检查结果,反映发动机内部损伤情况;

(3) 发动机日常工作中的故障信息等,基于这些发动机状态信息,航空公司可决定发动机日常维护和故障排除工作,计划发动机下发时间,制定返厂大修范围。

采用视情维修时需要搜集大量发动机数据信息,对收集到的信息、数据与规定的标准对比,分析判断发动机的损伤程度、性能衰退情况和发动机可能存在的故障,决定发动机是否还能继续安全飞行。

3. 状态监控(condition monitoring, CM)

当HT和OC维修方式都不适用时,采用CM维修。采取CM维修的项目不需要定期检查或勤务来判断其结构的完整性以及是否能继续工作,而是通过监控代表设备机械性能的某些参数(如振动值、滑油消耗量等)来决定是否采取维护措施,这包括监控部件或系统的失效率、拆卸情况等,这些部件或系统没有确定寿命限制或明显的磨损寿命。CM维修与HT和OC维修不同,它不是失效预防性维修,没有合适的维修任务来评估CM项目的期望寿命,也没有明显的磨损寿命周期。因此,这类部件既没有时间也没有状态标准控制它们的维修,通常会一直用到失效为止。即CM维修策略不是用来防止失效,而是允许部件失效后采取修正措施,因此,CM维修通常适用于那些失效后对飞行安全或适航性没有严重影响或有余度的部件,或对安全/适航无影响的部件。

不同维修方式有其各自的适用性和有效性准则。适用性取决于要维修对象的故障特性,那种逐渐发展的故障和磨损型故障,适合定时或视情维修方式,而那种突发性和偶然性故障,适用于状态监控方式。有效性取决于维修对象的故障后果,由于CM维修方式不能预防故障的发生,所以,对具有安全性和使用性故障后果的故障,采用CM方式的维修是无效的,而定时方式或视情方式则可能有效。

对于现代发动机而言,在设计时所采用的维修理念借鉴了上述维修方式,因此,在制定维修任务时,它们同等重要。对于一些寿命件采用定寿的方法进行定期更换,如发动机转子所包含的寿命件;对于发动机整体而言没有确定的HT来控制整机的下发和大修,而是采用视情维修的方式;发动机上的某些部件则采用监控维修的原则,即可一直用到失效为止,如压力、温度传感器等。视情维修是现在发动机维修的主要理念,这一理念的实现是通过建立发动机定期维修任务和维修时间间隔来实现的。发动机在翼期间实施这些维修任务来发现、监控和控制退化,从而保障发动机安全地运行到规划的下发时间。MSG－3和系统安全分析是当前建立这些定期维修任务和维修时间间隔的主要方法。

为了实现发动机状态监控,现代发动机在设计时就考虑了各种监控方法:① 各种反映发动机工作状态的传感器如转子转速传感器,不同站位的压力、温度传感器、振动传感器、滑油参数和磁性屑传感器等,利用这些传感器提供的信息评估发动机的气路性能和转子机械结构状态;② 利用FADEC系统探测、诊断并记录故障信息,帮助维护人员及时排除故障;③ 利用孔探、超声波检查等手段,检查可能存在的腐蚀、裂纹等损伤。

把状态监测、故障诊断、状态预测和维修决策综合在一起的多位一体维修方式是维修的发展方向,属于预测维修,或叫基于状态的维修。其目的是基于发动机实际工作状态和参数,利用性能数据和硬件损伤数据,分析可能存在的故障,评估发动机健康状态,制定维修方案,从而实现在保障运行可靠性的前提下,优化维修计划,降低维修成本。

5.1.2 飞机发动机维修种类

发动机维修目的是保持其固有的可靠性设计水平,使发动机处于持续适航状态,让飞机安全飞行。发动机的维修活动可分为计划(定期)维修(scheduled maintenance)和非计划(非定期)维修(unscheduled maintenance)。

随着发动机使用时间的增加,部件(系统)性能逐渐衰退,当衰退到一定程度时需要采取必要的维护措施,如勤务、检查、更换部件等以使其恢复到设计的性能水平和可靠性水平,该维护属于预防性维护,且通常按一定的时间间隔进行,时间间隔的计量可以是飞行小时数、飞行循环数或日历时间，常说的字母检如 A 检、B 检和 C 检等。波音 737-600/700/800 飞机，A 检是 600 飞行小时，C 检是 6 000 飞行小时；空客公司的 A330/340 系列飞机，建议 A 检时间为 600 个飞行小时，1C 检是 18 个月，4C 检查是 5 年，8C 检是 10 年。但现在飞机发动机定期维修方案制定时，不再使用字母检查，而是直接使用飞行小时数、飞行循环数或日历时间来设定维修间隔。例如波音 B787 飞机在设计时，对于航线维护部件，其维修时间间隔的设计目标是 1 000 飞行小时，飞机大修的时间间隔是 48 000 飞行小时/24 000 循环/12 年。对于动力装置来说，B787 在确定维修时间间隔时，当用飞行小时或飞行循环作指标参数时，若规定的时间间隔少于 1 000 时，按 100 递增；若在 1 000 至 12 000 之间时，按 500 递增；若间隔大于 12 000 时，递增间隔为 1 000；当用日历时间时，按天或年来规定时间间隔时，一个日历时间为 48 小时，即那些每天首次飞行前所需做的维修任务，都归入了时间间隔为 48 小时的维修任务中。飞机、发动机的初始最低定期维修任务是基于维修审查委员会报告（MRBR）、适航性限制项目维修任务（ALI）和审定维修要求的维修任务（CMR）制定的。具体维修任务包含在飞机厂家提供的维修大纲中，如波音公司的 MPD（maintenance planning data）和空客公司 MPD（maintenance planning document）。由于这些定期维修是飞机、发动机厂家给出的初始维修计划，航空公司应基于厂家提供的 MPD、民航管理当局的要求和自己已有的维护经验等制定自己的定期维修方案。维修时间间隔的控制对降低维修成本有着重要意义。由于飞机、发动机实际运行环境以及航路特点等的不同，航空公司可根据实际情况对厂家给定的维修任务的时间间隔进行调整，优化在翼维修方案。事实上，随着产品的成熟，波音和空客公司也一直在不断鼓励客户延长维修时间间隔。但维修时间间隔的调整需要航空公司基于自己的运行经验和环境，不断搜集飞机、发动机可靠性数据，建立可靠性管理程序，为维修时间间隔和维修措施的调整提供依据。

飞机的初始最低维修大纲是基于 MSG-3 制定的，MSG-3 采用任务导向型维修任务制定方法。对于动力装置和飞机其他系统，其给定了 5 种定期（计划）维修任务来预防失效，保持发动机、飞机各系统或部件的固有可靠性水平。这 5 种定期维修任务分别是：润滑/勤务、检查/功能检查、目视检查/工作检查、恢复和报废。定期维修任务都有一定的时间间隔，合理规划安排这些检查项目，形成定期检查任务包，计划飞机停场时间，降低维修成本。

飞机的计划维修工作（其中包括发动机定检）是指以一定的时间间隔开展某种维修任务，如检查、探测或更换磨损部件、调整、校装等。发动机的计划维修的主要工作是各种拆装和各种检查，如燃油、滑油滤的拆装更换、加滑油以及防腐等，对应的工作量占据了整个飞机维修工作量较大比例。MPD 以及工卡等对相应的施工部位、施工程序（或参考的飞机手册）有较为详细的说明，并且还会给出参考工时以及停场时间。因此，尽管例行工作的工作量较大，对生产计划的影响却较小。

非定期（非计划）维修是指那些由于与工作时间无关的事件所引起的维修，如发动机的外来物损伤、飞机硬着陆等事故后所作的检查和维护修理。另外发动机出现了故障，必须排除故障、采取维护措施以恢复其工作。例如发动机指示系统给出的一些不正常现象，如超转、超温等，或发动机自检设备（built in test equipment，BITE）给出的故障信息等，这些都需要及时采取一些必要的检查和修理措施。发动机的非计划维修可能造成航班的晚点或取消,所以,对于航空公司来说,能准确、及时地排除故障是很重要的。这就要求维护人员要掌握必要的维护信息,熟悉排故程序。现代发动机都采用了 FADEC(全功能数字式发动机电子控制系统)系统,它能在发动机工作过程中监控发动机的工作状态,出现故障后能自动记录、储存故障数据和故障出现时发动机的工作状况,并给出警告信息。这样就为非定期维护提供了必要的发动机健康状况信息,根据这些信息和 MEL 规定放行飞机,并合理安排发动机的非计划维护,有计划地分配维护工作,从而避免飞机延误和航班取消。非计划维修工作的不确定性给生产计划带来严重影响。

从航空公司运营的角度来说,发动机维护又可分为两大类:在翼维护和下发返厂修理。而计划维修和非计划维修都属于在翼维修,属于航线维护和定期检查维护。

5.1.2.1 航线维护

航线维护是指对飞机在运营期间,在不影响飞机飞行的情况下在飞机上所开展的维护工作,包括排故、修理、部件拆除和更换以及日常勤务。通常日检、48 小时检,以及某些 A 检项目等,如动力装置检查、滑油检查等都属于航线维护级别。这一级别的维修工作一般局限于快速确定并快速更换故障部件,这些部件通常叫做航线可更换组件(LRUs)。随着现代飞机机载维修系统(如中央维护系统、飞机状态监控系统)的不断引入,故障部件的识别和显示能力在不断提高,进而大大提高了航线维修的工作效率。通常飞机维修控制中心(MCC)控制航线维修工作。航线维护包括航前、航后和过站(短停)。通常 MCC 是航线维修的中心,其作用可归纳为以下几点。

(1) 保证每架飞机每天首次飞行之前完成日检;

(2) 对于所有的过站飞机进行过站或回程飞行维修;

(3) 协调飞机的勤务(如食品、水、废弃物、燃油等问题);

(4) 在给定的周转时间内排除故障或进行计划维修,或者将维修任务保留到更合适的时间;

(5) 必要时与航材、工程、计划以及机务工程部的其他部门协调,协助解决维修问题;

(6) 与飞行运行部门协调飞机维修或故障保留项目;

(7) 对运行中的所有飞机进行跟踪,随时掌握飞机的位置、维修需求及状态;

(8) 必要时与其他航空公司或第三方(合同方)协调外站维修问题;

(9) 收集、整理并呈交航空公司或航空管理局要求的飞机运行的飞行记录、质量控制记录、可靠性报告和其他故障事件报告(如发动机空中停车、鸟撞击等)。

1. *航前*

指每天第一次飞行前的维护检查工作,包括外部检查,如绕机检查和通电检查。不同飞机要求检查的任务会不同,可能包括飞机通电后检查惯导、故障信息检查、APU 滑油量检查、气象雷达操作测试等,还可能放燃油、轮胎充气和送飞机等。

2. *短停或过站*

飞机停场时间短,维护工作主要有过站检查,如发动机滑油量检查,若有需要还要加滑油;检查发动机整流罩、进气道、各接近面板、风扇叶片等的状态、发动机排放口的油液滴漏情况等。除了这些维护工作之外,维护人员还要进入飞机,检查飞行履历本,以及与机组交流飞行过程中有无问题,若有问题还要进行维修处理或排故工作;对不能排除的故障现象,参考 MEL 决定是否放行飞机。除了飞机维护工作之外,还有飞行交接工作,如乘客、货物等上下飞机工作,以及飞机勤务加油、加水等。

航空公司除了运营基地,还有一些航站。通常,航站业务是基地业务的缩小版。航站的人员和技能、零件和器材、设施等都不及基地。航站保留未修复的维修项目数量要比基地保留的多。对于保留未修项目,必须与 MCC 进行协调。若航站在解决问题时缺少人力和资源,需由基地的 MCC 帮助解决。

3. 航后

指每天飞行后的维护工作,一般在飞机所在基地完成。在这期间需要排除空勤、地勤人员反映的运行故障,发动机加滑油,并做飞机内外的清洁工作。

每架飞机都有飞行记录本(履历本),用以记录每次飞行的具体信息。飞行记录本中有一栏是留给机组填写飞行过程中遇到的故障。飞机着陆后,维修人员检查记录本,处理飞行员记录的问题,基于实际问题采取排故或者故障保留措施。维修任务完成后,维修人员会把相关的信息记录在记录本上,放行飞机。为了减少由于飞机故障而导致的航班延误,飞行中出现的问题应提前通知地面维修人员,使维修人员在飞机到港之前就做好排故准备。现代飞机上采用电子式飞行记录本即可实现这一功能。飞行中飞行员利用 ACARS 向基地传送数据,在飞机着陆之前就可把飞行记录发送给 MCC,让维修人员提前准备处理方案,尽量减少飞机维修时间和航班延误。虽然航线维修仅仅是航线业务的一部分,但是极其重要,并且必须在有限的活动范围和有限的时间内完成。过站维修并不一定由航空公司航线维修部门完成,可通过外包给第三方来完成。

飞行记录本有单独的章节,供维修人员填写一些保留的维修项目,以便于飞行机组能够了解飞机的当前状态。按照航空公司的最低设备清单要求,应表明保留维修项目必须完成的日期。

5.1.2.2　定期检查

定期检查简称定检,通常在机库或维修基地进行,通常这些维修工作耗时较长,不适合在航线开展。主要维修活动是高级别的 C 检和 D 检。发动机定检是按照发动机维修方案所规定的维修时间间隔,开展维修工作,具体维修任务在飞机厂家提供的技术文档 MPD/航空公司的维修方案中。发动机定期检查任务有:动力装置外部目视检查,发动机孔探检查(压气机、燃烧室和涡轮),定期检查和更换某些部件,如定期检查风扇叶片、风扇叶片清洗、滑油系统的磁堵、滑油量检查,加滑油、定期更换/清洗燃油滤和滑油滤等。定检通常需要飞机停场开展,会影响飞机运营,所以需要合理计划飞机定检时间,以更好地完成维修任务,保障飞机运行。

5.1.2.3　大修

发动机大修是指把发动机从飞机上拆卸下来,送到大修厂进行维修。发动机大修周期较长,一般为 30 天到 60 天,这段时间叫大修厂周转时间(*TAT*)。对航空公司而言,从把发动机拆下到从大修厂返回这段时间(包括了在中间运输环节)一直是缺少发动机的,为了保障飞机继续飞行,需要有备发装上飞机。周转时间是影响备发数量的一个重要因素,将在 5.6 节中介绍。发动机大修流程通常包括进厂检查、分解、清洗、检查、修理、组装和试车。发动机返厂大修的目的是恢复发动机性能,修理损伤、损坏的部件和更换寿命件。发动机返厂后如何修理,即制定发动机修理方案是一项重要任务,其直接影响大修费用、修后发动机性能恢复程度和修后在翼时间。发动机大修费用较高,合理计划发动机下发和制定大修范围是发动机管理的重要内容。

5.2 发动机维修方案制定

由于发动机及其部件的设计和工作特点,随着运行时间的增加,部件到寿和性能衰退是不可避免的,因此,为了保持航空器的可靠性水平和持续适航,必须对发动机开展定期维护和勤务,以保证其设计的可靠性水平。对于日常工作出现的故障问题,为了减少维护对飞机日常运行的影响,在设计和维修上采取了三个措施,即余度设计、航线可更换组件和最低设备清单。采用余度设计的系统或部件,当一个失效后,还有一个部件或系统能保证正常工作,事后进行排故和修理。对于航线可更换部件,经过排故流程确认故障后,可及时更换部件,使飞机发动机短时内恢复运行,然后再报废或修理更换下来的故障部件。最低设备清单允许在某些部件不能正常工作的情况下放行飞机,但前提是其功能失效不影响飞行安全,随后在规定的时限内完成修复。维修方案包括定期维修任务(预防性维修)以保持可靠性水平,非定期维修任务以解决运行中出现的问题,另外,还包括对维修活动效果的连续监控和分析以改进维修方案,提高维修效率,降低维修费用。

飞机在取证前,制造商一定要制定好维修方案(大纲),其中包括发动机定期维修任务,以指导用户开展维护工作,保证飞机持续适航。制定维修方案的目标有以下几条。

(1) 确保发动机设计所固有的安全和可靠性水平;

(2) 当发动机性能衰退或出现硬件损伤后,通过维修恢复发动机固有可靠性水平和性能水平;

(3) 以最低的成本实现上述目标;

(4) 搜集飞机发动机运行和维护数据信息,用来调整或优化维修任务,为提高或改进飞机发动机安全和可靠性水平提供必要信息反馈;当固有可靠性水平不能满足时,提供必要的信息以改进设计;

(5) 不断优化维修方案,以最低的维修成本保证飞机发动机固有安全性和可靠性水平。

这些维修目标的实现是通过对发动机实施定期和不定期维修实现的。定期维修任务是由生产商、用户等制定的按一定时间间隔开展的维护工作;对于航空公司而言,要基于厂家给出的维修大纲,制定符合自己运行情况并满足民航管理局要求的维修方案。中国民航局的 CCAR121-53 对航空公司航空器维修方案制定和优化给出了具体要求和建议。航空公司应基于相应机型现行有效的维修审查委员会报告、审定维修要求、适航限制维修项目或厂家提供的持续适航文件如维修计划文件和管理局方的要求制定自己飞机的维修方案(其中包括发动机)。非定期维修任务来自定期维修、故障排除和数据分析结果。

MSG-3 是现代民航飞机、发动机的定期维修方案的开发指南,其核心思想是基于对组成发动机的各系统、子系统或部件的功能失效分析，制定预防功能失效的维修任务，并根据部件的失效率、非计划拆换率等数据设定开展维修任务的时间间隔，以保持发动机设计固有的可靠性。在 MSG 之前，飞机、发动机维修任务是基于“定寿”的预防性维修理念制定的，即定期更换部件或恢复部件的性能，修后的部件寿命完全恢复，寿命消耗清零，重新计数，并且把部件的寿命写入维修方案中。在制定维修工作计划时，要根据这些硬性寿命来制定相应的方案。这种方式一般来说比较保守，大多数部件起初规定的寿命都比较短，部件的可靠性在使用中不断得到验证，这样带来的好处是部件的可靠性有保证，缺点是不经济，维修成本高。另外，若所更换部件的剩余寿命较长的话，造成的浪费就更加严重。采用这种定寿维护时，部件的更换率较高，所以，其带来的另一个问题就是零部件的储备高。对航空公司来说，这也是一笔不小的费用。为了开发更有效的飞机维修方案逻辑决策系统，用于制定飞机定期维修方案，1968 年来自航空公司的代表制定了一套用来制定波音 747 飞机的定期维修方案的“维修评估和方案开发”决策逻辑系统，这就是 MSG－1。后来在其基础上，经过更新和删改，演变成了具有通用性的飞机定期维修方案制定系统，即 MSG－2。MSG－2 又演变成了现在的以维修任务为导向的飞机定期维修方案开发系统 MSG－3。当然 MSG－3 也在随着技术的发展而不断更新。FAA 发布的 AC－121－22A 规定，所有新飞机或衍生型飞机的定期维修任务的开发都应采用最新版本的 MSG－3。厂家把基于 MSG－3 分析结果制定的维修任务以维修审查委员会报告(MRBR)的形式给出，是飞机初始最低定期维修任务的一部分。针对 MRBR 的制定、批准和使用中国民用航空局飞行标准司发布了 AC－121/135－67。

5.2.1　基于 MSG－3 的定期维修方案制定

针对 MSG－3 的使用，中国民用航空局飞行标准司于 2010 年颁布了管理文件 MD－FS－AEG003 用来指导如何利用该规范。

对动力装置和飞机其他系统，MSG－3 采用“自上而下”的分析方法，即从系统顶层逐步分析到部件层，以减少维修任务。动力装置和系统的维修任务分析流程是：① 按 ATA100 规定对飞机系统/动力装置进行分解，即划分为系统、子系统、子子系统和部件；② 确定重要维修项目(MSI)；③ 对 MSI 的功能失效进行分析；④ 基于 MSI 功能失效影响类别，针对每项失效原因选择维修任务，并给出实施该维修任务的时间间隔。

5.2.1.1　确定 MSI

MSI 是指那些失效后会对飞机安全、运行和经济性有影响的系统或子系统，以及有隐蔽故障的系统或子系统。通过对系统进行安全分析、失效模式和影响分析来确认失效后果。

MSG－3 给出了选择 MSI 的准则，它们是：

(1) 失效是否影响地面或空中运行的安全?

(2) 机组执行正常工作职责时，失效是否可发现? 通常靠驾驶舱的指示发现问题。

(3) 失效是否对飞机运行有重大影响?

(4) 失效是否有重大经济影响?

对发动机分解后每个系统中的项目都要回答上述四个问题，在回答上述问题时，只要有“是”回答,则该项目的最高管理层即为 MSI 备选项目。在 MSG-3 的解释中,所谓“最高可管理层”是指该分解层应涵盖了下一层所有可能出现的功能、失效、失效影响和失效原因。通常该最高管理层比失效项目所在分解层高一层。多数情况下,MSI 是一个系统或子系统。

MSI 确定后,为了帮助维修任务分析人员开展后续分析工作,需要对相应的系统、子系统和部件进行说明和描述,这包括功能介绍、工作原理/结构简图,装机数量、件号、项目所在区域和可靠性数据(*MTBF*、*MTBUR*)等。下一步是对 MSI 进行维修任务分析。需要注意的是,尽管项目被选为 MSI,但在后续分析中并不意味着一定会得到维修任务。

5.2.1.2 MSI 功能失效分析,确定失效影响

在针对各 MSI 项目进行定期维修任务分析时,MSG-3 所关注的是功能失效的后果,而不是故障本身。把系统功能失效后果按安全性和经济性分类,同时,还把失效分为隐蔽失效和明显失效。然后针对 MSI 的每个功能失效和失效原因进行分析,选择相应的维修任务,并确定实施维修任务的时间间隔。

从图 5.2 可见 MSG-3 分析有两层,第一层是确定功能失效后果。首先确定失效是明显还是隐蔽的。所谓明显是指机组人员按正常操作程序飞行(飞机飞行手册中规定有正常飞行操作程序)时,出现的功能失效是否可被机组发现。机组发现失效主要是通过其身体感官(如听觉、视觉、振动、温度、气味等)实现的。机组包括驾驶舱内的飞行人员和客舱的乘务人员,但地面人员不包括在内。例如 FADEC 控制的发动机,EEC 具有自检功能,其能探测并发现其所控制的各系统可能出现故障,并对发现的故障进行分类,通常影响发动机工作、飞行安全或飞机放行的故障都会及时给出指示,以便采取措施,但对于一些级别低的,可推迟修理时间(一般可推迟数百个飞行小时)的故障通常不会给出指示,要发现这些不被显示的问题只有通过定期查看相应的维护系统才能实现,因此,这些故障属于隐蔽故障,是需要定期查看这一维修任务来完成的。所以在分析过程中,只要可以显示给按正常操作程序飞行的机组人员的失效都属于明显失效,否则为隐蔽失效。

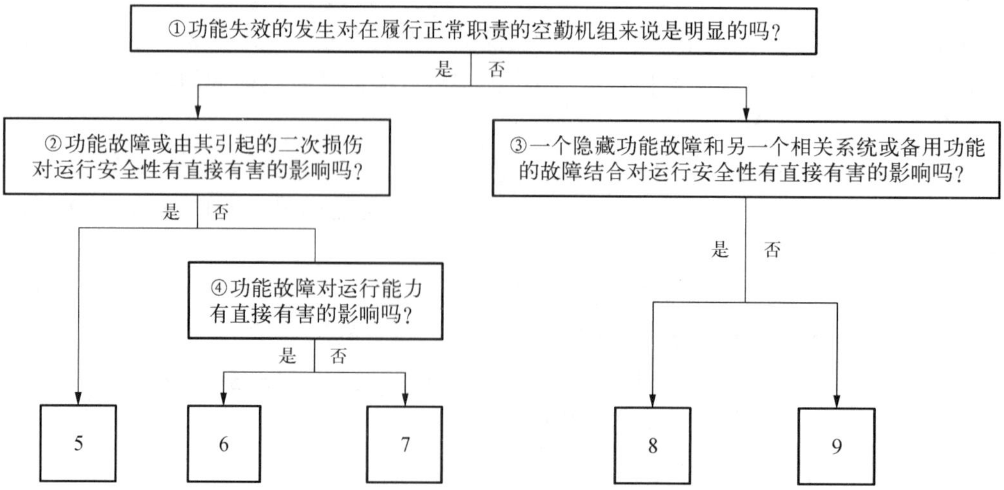

图 5.2　动力装置和系统的 MSG-3 功能失效决策逻辑

不管是明显失效还是隐蔽失效，下一步是判断该功能失效是否对飞机飞行有安全影响。在判断对飞行的安全影响时，明显失效和隐蔽失效的判断原则是不同的。有安全影响的明显失效判断准则是：功能失效或功能失效所造成的二次损伤对飞行安全有直接影响。所谓对安全的直接影响就是指系统功能失效会使飞机不能继续安全飞行和/或对机上人员造成严重或致命伤害。所谓“直接”就是指失效本身或失效引起的二次损伤会造成安全影响，而不是该失效与其他功能失效结合才造成安全影响。有安全影响的隐蔽失效判断准则是：隐蔽失效本身不会影响飞行安全，但隐蔽功能失效再加上另外一个相关系统的失效或者是备用系统的失效会共同造成对飞行安全的严重影响。

失效后果分析中的工作（或称作使用）影响（operational effect）是指功能失效后会影响飞行任务的完成，例如：失效影响飞机的飞行高度、着陆、飞行距离、最大起飞重量以及飞机的日常使用等；失效导致飞机延误、航班取消、停飞等也属于有工作影响；失效后要继续飞行需要机组参考非正常操作检查单或应急检查单；或签派飞机时需要参考 MMEL；这些都属于有工作影响的功能失效。

针对无安全影响的明显失效，下一步分析就是判断有无直接的工作影响，若回答为否定，则该功能失效为有经济影响。针对隐蔽失效，分析结果就两种：有安全影响和无安全影响。

经过第一层分析后可得到 5 种失效后果：

（1）明显失效有安全影响，代码 5；

（2）明显失效有工作影响，代码 6；

（3）明显失效有经济影响，代码 7；

（4）隐蔽失效有安全影响，代码 8；

（5）隐蔽失效无安全影响，代码 9。

即明显失效后果有三种，而隐蔽失效的影响分为有安全影响和无安全影响两种。

5.2.1.3　维修任务选择

第二层就是基于不同失效类别，针对 MSI 的每项功能失效和失效原因按相应的逻辑决策系统选择有效且经济的维修任务，来预防该功能失效的发生。所谓维修任务有效是指该维修任务一定能降低失效风险。考虑到维修的经济性，MSG－3 的维修任务选择逻辑是从最经济的维修任务开始，逐渐到成本最高的维修任务。不同失效后果采用不同逻辑决策系统，可选择的维修任务是：润滑/勤务、检查/功能检查、目视检查/工作检查、恢复和报废。也就是说对系统所开展的定期维修任务就是其中一项或多项任务的组合，并且这些维修任务是按照一定时间间隔开展的。

1. 润滑（lubrication, LU）/勤务（servicing, SV）

润滑是指补充滑油、润滑脂等物质以减少摩擦或把热量带走，以保持所维修项目设计固有的能力，如润滑操纵钢索等。勤务是指为了使部件或系统能保持其设计固有的能力而做的工作，如添加消耗掉的物质，以满足部件的需求，又如补充发动机滑油、飞机燃油、液压油等。

2. 工作检查/目视检查（operational/visual check, OP/VC）

工作检查用来发现故障，检查某系统或部件是否能完成设计所要求的功能，是否能正常工作。工作检查不需要量化误差范围，也不需要借助其他特殊设备或工具，只是对被检查的部件或系统进行运转测试。工作检查是查找故障过程，而目视检查就是通过观测决定所检查项目能否完成设计所要求的功能。这种维修任务是针对隐蔽故障的查找。

3. 检查/功能检查(inspection/functional check)

详细目视检查部件或系统，有检查标准，查找潜在的失效。检查包括一般目视检查、详细检查和专项详细检查。

1) 一般目视检查(general visual inspection, GVI)

一般性查看项目的内、外表面和安装、组装情况，检查是否有明显的损伤、失效或不规则形状。被检查的项目应在触手可及的范围内，在正常光源(日光、车间灯光或手电筒光)下进行，可借助镜子查看，以便看到全部外表，可能需要打开接近面板，或需要一些辅助设备(如梯子、工作台)来接近被检查的项目，为了能看清楚可能需要一些基本清洁工作，没有检查的量化指标。

2) 详细检查(detailed inspection, DET)

深度检查特定项目、安装或组装有无损伤、失效或不规则形状。需要一定辅助光源以增强光亮，要借助放大镜、镜子等辅助设备，可能需要表面清洁和专门接近程序。

3) 专项详细检查(special detailed inspection, SDI)

深度检查特定项目、安装或组装有无损伤、失效或不规则形状。检查时需要大量利用专项检查技术或设备，检查时可能需要繁杂的清洗和一定的接近或分解程序。

4) 功能检查(functional check, FC)

是指检查系统或部件是否能发挥所规定的各项功能，是否满足设计规范；检查功能是否能在规定的限制范围内完成。通常功能检查有量化指标，有检查标准，检查时可能需要其他设备、工具来辅助，用来发现潜在的失效。该检查比工作检查更具针对性、更详细。通常在对部件或系统做了维护工作后进行功能检查，如部件拆装后进行的功能检查。

4. 恢复(restoration, RS)

把部件恢复到规定的标准状态，具体维修任务可以是修理、更换、清洁或彻底大修。

5. 报废(discard, DS)

在规定的寿命限制时间把部件拆下。

从 MSG－3 的维修任务选择逻辑可以看出，针对每一种功能失效后果(5、6、7、8、9)的失效原因不管对第一个问题“润滑/勤务”的回答如何，都要继续回答任务选择逻辑中的下一个问题。但由于失效影响不同，在选择回答下面问题的逻辑上稍有不同。针对有安全影响的明显(5)和隐蔽失效(8)，随后的每个问题都需回答，其他类别(6、7、9)则只要随后的问题回答中有一个“是”，即可退出任务选择逻辑。另外，针对不同类别功能失效，选择维修任务的逻辑中的需要回答的问题也稍有不同，其中工作检查这一维修任务用于隐蔽类功能失效，该维修任务是运行该系统，看是否存在故障。图 5.3 给出了有安全影响明显失效的维修任务选择逻辑。

对于有安全影响的失效，若分析结果无维修任务可选来防止失效发生，则应重新设计；而其他类别失效若无维修任务可选，则重新设计只是一个可选项，需要基于实际情况具体分析。

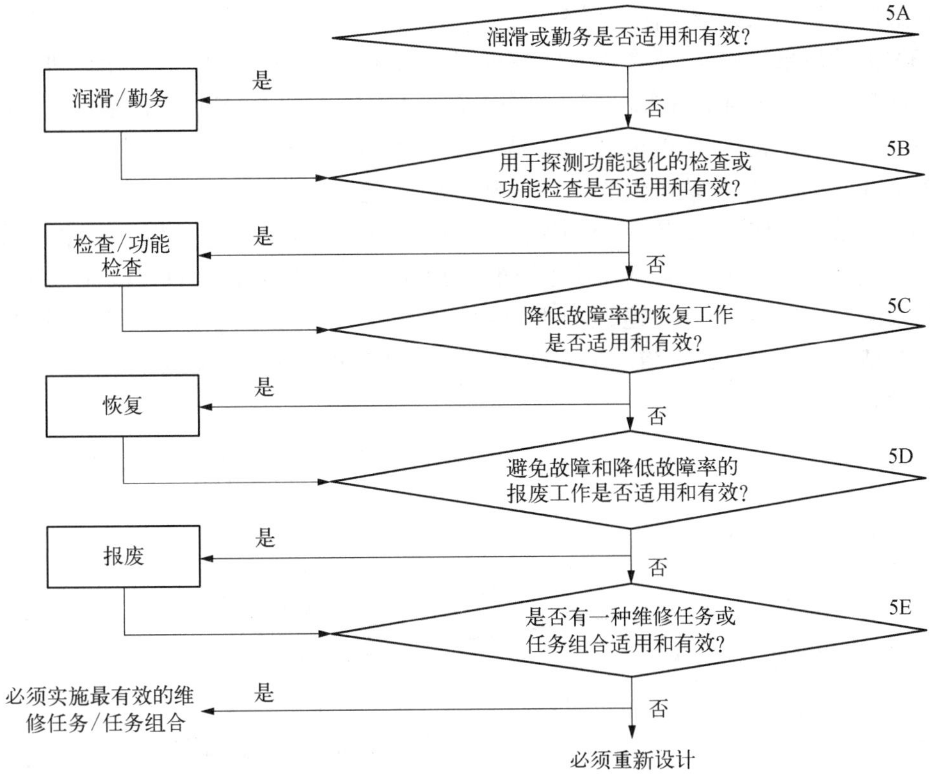

图 5.3　有安全影响明显类故障维修任务选择逻辑

在维修任务选择过程中,不同的维修任务都有其适用性和有效性(安全有效性、工作有效性和经济有效性)要求。MSG-3 给出了不同维修任务选择时,其适用性和有效性判断准则。适用性准则是基于项目失效特点判断;有效性是基于项目失效的后果来判断,有效性从下面三个方面考虑:安全方面、运行方面和与安全无关的其他方面(如经济性)。在选择维修任务时,若确认某维修任务不适用,则该维修任务的有效性就不需评估了。

从图 5.3 可见,对于该类失效,从上到下需要分别回答 5 个问题(A、B、C、D、E)。即有 5 个维修任务可选,维修任务 A 是润滑/勤务,维修任务 B 是检查/功能检查,维修任务 C 是恢复,维修任务 D 是报废,最后一个选项 E 是若有多个任务可选,则进行任务组合。

在确定维修任务时,要注意以下几点。

(1) 对于失效后果代码 5,选择维修任务的目的是保障安全工作。因此,在维修任务选择逻辑流程中,每个维修任务都应分析一遍(但检查/工作检查不需要,该维修任务是用来发现故障),最后把适合的任务归纳起来,因此,最终的维修任务可能是一项,也可能是几项任务的结合。若最终分析结果是无维修任务可以有效地防止失效发生,则必须对该项目重新设计。

(2) 失效后果代码 6,维修任务的目的是把失效风险降低到可接受的水平,在回答完第一个维修任务(润滑/勤务)是否适用后,不管回答“是”还是“否”,都要按逻辑继续回答下面的问题,但下面问题的回答只要是“是”,就结束分析,所得到的维修任务即可满足要求。若最终分析结果无维修任务可选,则若该失效对运行影响很严重,建议重新设计。

(3) 失效后果代码 7,维修任务的目的是所选的维修任务的成本要比修理成本低。同样在回答完第一个维修任务(润滑/勤务)是否适用后,不管回答“是”还是“否”,都要继续回答下面的问题,但下面的回答只要是“是”回答,就不再继续。若最终分析结果无维修任务可选,则如果该失效产生的经济影响很大,也建议重新设计。

(4) 失效后果代码 8,选择维修任务的目的是确保必要的可用性以避免多失效而引起对安全的影响。因此,所有维修任务(润滑/勤务、检查/功能检查、目视检查/工作检查、恢复和报废)选项都要分析一遍,参见图 5.4。最终的维修任务可能是一项,也可能是几项任务的结合。若最终分析结果是无维修任务可以有效地防止失效发生,则必须对该项目重新设计。

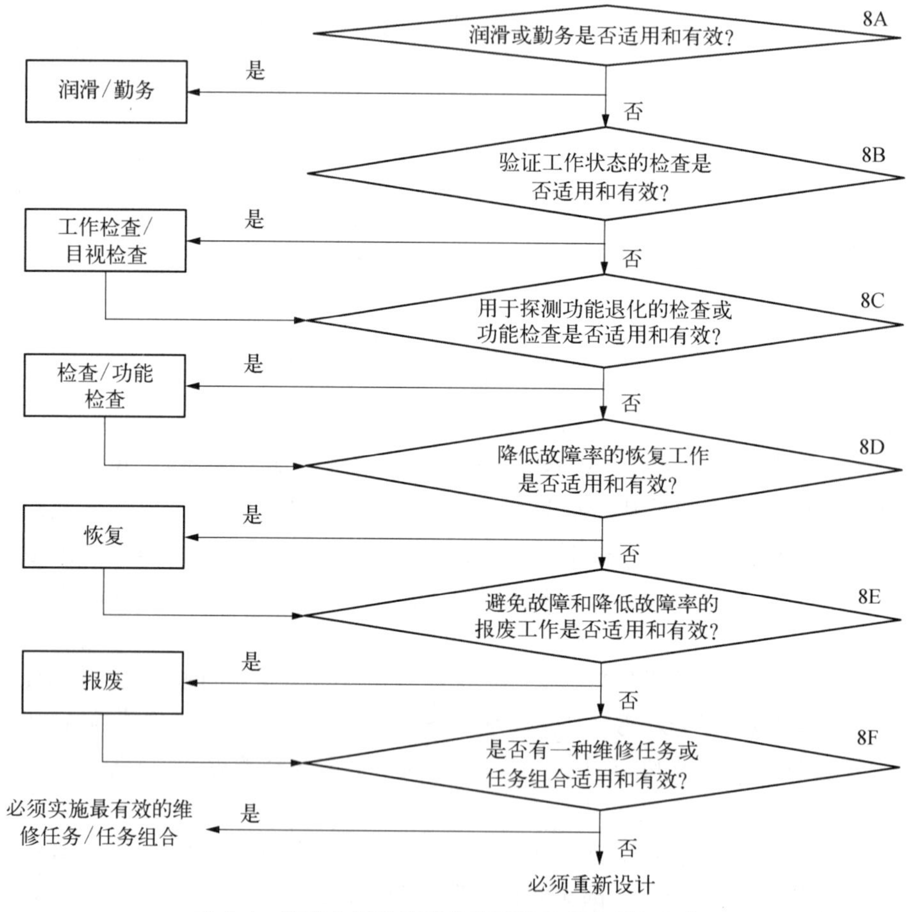

图 5.4　有安全影响隐蔽类故障维修任务选择逻辑

(5) 失效后果代码 9,维修任务的目的是确保必要的可用性以避免多故障出现而影响经济性。其维修任务选择逻辑与代码 8 类似,但在回答完第一个维修任务(润滑/勤务)是否适用后,不管回答“是”还是“否”,都要再继续回答下面问题,但下面的回答只要是“是”回答,就不再继续,不需要 5.4 图中 8F 选项。若最终分析结果是无维修任务可选,则如果经济影响严重,也建议重新设计。

5.2.1.4 确定维修间隔

定期维修任务分析的另一个重要内容是给出维修任务的时间间隔,即每隔多久实施一次维修任务。在确定时间间隔时一定要注意① 初始维修大纲的目的是确定最低维修需求,用户可以自愿选择比维修大纲给出的维修任务更多的维修工作;② 基于运行经验,测试、实验/数据分析和可靠性数据确定间隔。因此,在确定维修时间可综合考虑下列主要信息:

(1) 部件故障数据,如失效率、失效特征、MTBF 和 MTBUR 等;

(2) 来自其他发动机的经实践证明有效且经济的定期维修工作经验,该参考发动机与所分析的发动机之间应有足够的相似性,如分析 PW4000 时,可采用 JT9D 的经验;

(3) 制造商的系统测试实验数据和技术分析数据;

(4) 客户需求;

(5) 工程判断,如果缺少上述数据,则只能由有经验的工作组和工业指导委员会的人员运用良好的工程判断力和使用经验,结合准确的数据(可靠性、余度、对飞机签派的影响等)来确定工作频度和间隔。定期报废的时限则由制造商根据部件寿命给出。

在这些数据分析过程中,为了得到合适的维修间隔,要重点考虑:

(1) 相似或同样部件、组件、系统的使用经验以及在其他飞机上的维修间隔的定义;

(2) 该系统、部件设计上有哪些改进;

(3) 生产商建议的维修间隔。

在利用其他飞机的相似部件或系统的数据时,首先要确定对应飞机上的类似部件或系统是否有相同的失效原因,然后对具有相同失效原因的维修任务进行评估。评估时需要搜集对应飞机的相关部件或系统的历史数据(维修数据、厂商的测试数据等),对得到的数据进行处理(分类、清洗和标准化等)和分析,找出适合的分布曲线,常用威布尔分布来处理数据。基于得到的寿命分布,利用存活率确定时间间隔。对于不同失效后果(5、6、7、8、9)取不同的存活率阈值,失效影响后果越严重,则阈值越高。例如有安全影响的失效 5 和 8,存活率阈值可取 90%等。针对不危及系统安全的故障,当按经济性要求确定视情维修间隔期时,可按最少费用的要求来确定视情维修间隔期。

维修间隔参数有日历时间、飞行小时数、飞行循环数可选。对于发动机来说常用的时间间隔参数是飞行小时数和飞行循环数,也会有日历时间。对于不同的维修任务,确定相应的时间间隔时,可从下列角度考虑。

1. 润滑/勤务

润滑/勤务的时间间隔主要考虑耗材(如滑油、燃料等)的消耗率,以及它们的存储量或衰退特征,另外还需考虑部件、系统的工作环境和天气等因素的影响。

2. 工作检查/目视检查

确定该维修任务的时间间隔时,要考虑的因素是① 隐蔽功能失效的潜在暴露时间和隐蔽功能失效的可能后果;② 间隔能把相关的多失效可能性降低至可接受的水平;③ 针对发现故障的检查任务,要考虑任务本身使隐蔽功能处于失效状态的概率。

3. 检查/功能检查

该检查主要是查找潜在的失效,因此,其时间间隔应在潜在失效能被探测到的时间点和该潜在失效能导致功能失效的时间点之间。也就是说通过检查可预防功能失效的出现，或将故障发生概率控制在规定的可接受水平之内。因此，维修间隔期必须小于由潜在故障发展到功能故障的时间，在该时间内可以做几次检测，以防漏检。另外，这两个时间点之间的最短时间间隔应该足够长，以便采取相应的措施避免失效的发生。

4. 恢复/报废

维修时间间隔应有明显的时间特征，到了该时间则功能开始明显衰退，失效的概率明显增加。由于某些部件维修时接近困难，需要系统或组件的分解或拆卸，这时，在确定维修时间间隔时，允许的最长时间间隔应该符合部件固有的可靠性。

对影响安全的重要失效原因确定维修时间间隔时，通常按照故障发生概率来确定，以确保期望的安全性水平。对于具有安全性故障后果且又不能定义潜在故障的维修项目，如发动机转子上的寿命件，在给定的寿命内发生失效的概率基本为零。该寿命又叫安全寿命，它是对有安全性故障后果的部件规定的使用时间。安全寿命是按照试验数据所确定的平均寿命值再除以分散系数得到的。安全寿命比其平均寿命要小得多。部件在安全寿命期内不会发生故障，一旦达到规定的安全寿命，需要对部件进行修复或者报废。

通常在开发新机型维修大纲时，由于缺少实际使用数据，因此，在投入运行后，基于数据收集和分析，可对维修任务和间隔进行修正。

5.2.2 航空公司初始维修方案的制定和优化

5.2.2.1 航空公司初始维修方案的制定和更新

航空公司接收新飞机后需要制定符合自己情况的初始维修方案，初始维修方案是按厂家提供的现行有效的 MRBR、CMR 和 ALI，或 MPD 以及管理局方的要求和航空公司自己类似机型的维护经验制定的，参见图 5.5 所示。通常来说 MRBR/MPD 适合于新飞机用户制定初始维修方案，航空公司维修方案制定后提交管理局方批准。厂家的 MPD 对不同用户都一样，但厂家是按照设计的工作条件（天气条件、地理环境、平均年利用率、平均飞行航程和标准运行程序）开发的，但营运人的飞机工作环境、飞行条件、航路结构等都不同，相应所需做的维修任务会有所差异。例如波音 787 飞机在制定其维修大纲时考虑的飞机飞行小时和飞行循环的条件如下：每天飞行 7.5~17.1 小时，每天飞 1.4~7.5 循环，

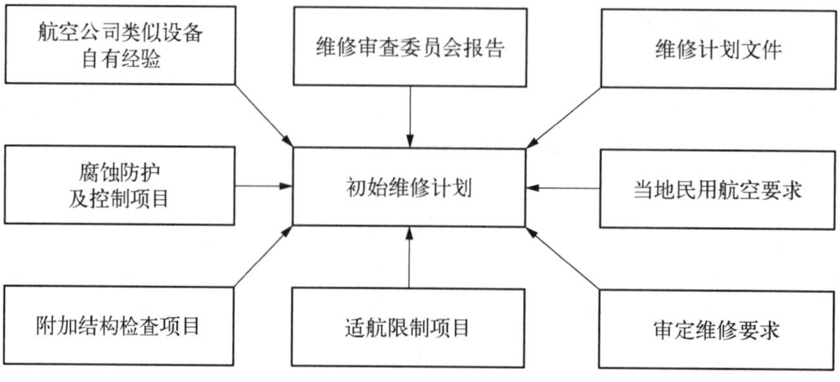

图 5.5 航空公司初始维修方案的制定

一个飞行循环为 1.1~12.5 小时。因此航空公司应基于自己飞机的实际运行情况和运行经验制定适合自己的维修方案,以更好地适应实际需要,降低维修成本和故障成本。例如在沿海区域飞行的飞机,飞机、发动机的腐蚀会更严重,对腐蚀控制的要求可能比 MRBR 中要求的时间间隔更短,而同样的飞机在沙漠干燥地域飞行,则其对腐蚀控制的需求会相对低一些。那些对沙粒和灰尘比较敏感的部件,则在维修方案中可能会需要更加注意,如风扇叶片、压气机叶片的磨蚀的检查等。

航空公司基于厂家的 MPD 和自己的维护经验制定适合自己的初始维修方案开展对飞机发动机的预防性维护。在飞机发动机服役期间,由于 AD、SB 等的发布或 MPD 的版本更新可能会造成维修方案的调整。但需要注意的是 SB 给出的补充维修项目有的可能是仅限于某些构型标准的发动机,所以在添加这些维修任务时一定注意其适用性。航空公司基于维修方案开展维护的效果可从机队运行可靠性数据反映出来,航空公司基于制定的可靠性方案连续不断地监控维修活动(有关内容参考第 2 章),对维修方案的实施效果进行评估,并建立确定各种维修(大修、定检等)间隔的标准,对维修方案进行优化,以降低运行成本,提高经济效益。因此,维修方案是一动态发展过程,如图 5.6 所示。通过不断对维修方案的修正,确保维修活动适合航空公司飞机发动机实际运行状态和维修技术能力,保障飞机发动机的可靠性和安全飞行。

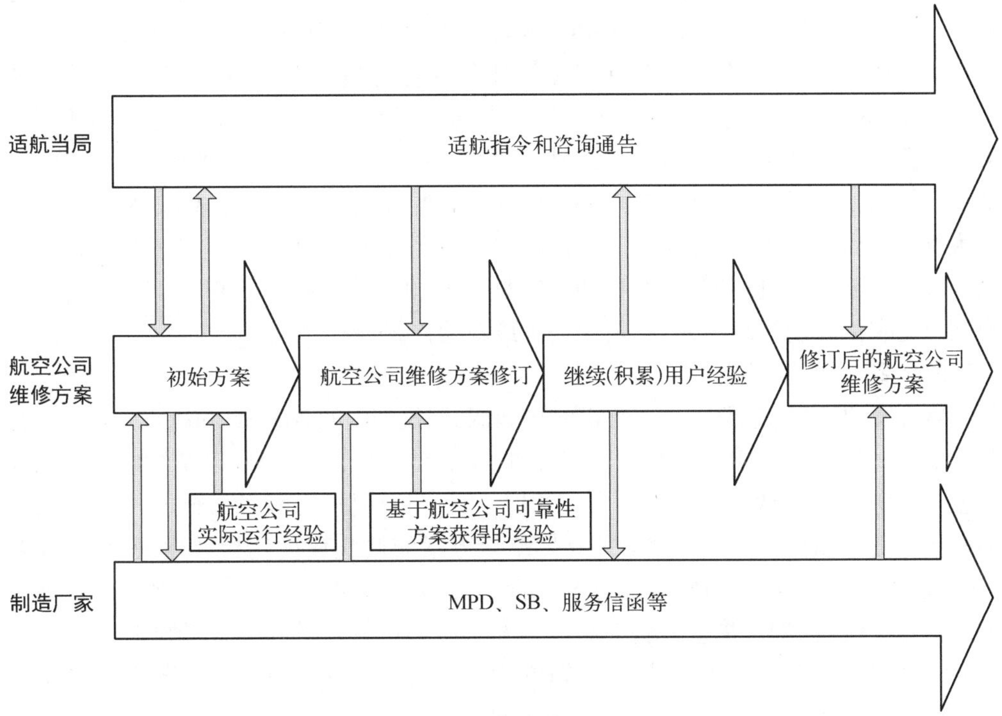

图 5.6　航空公司维修方案发展流程

航空公司的维修方案是对航空器开展维修活动的依据和标准,是对飞机进行维修活动的总方案、总要求,是航空公司保持机队持续适航的具体方法。对发动机而言,其在翼维修任务规划流程参见图 5.7。

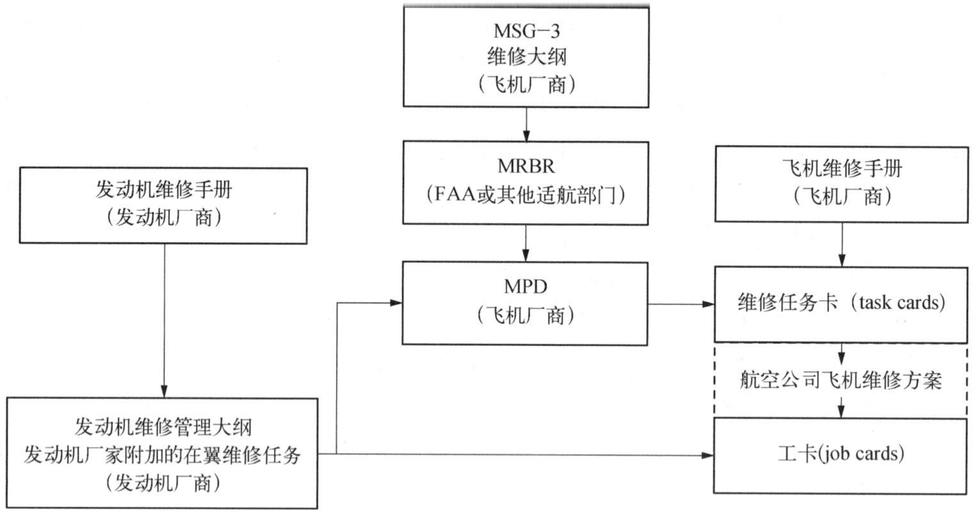

图 5.7　发动机在翼维修任务规划流程

从图 5.7 可见,飞机厂商基于 MSG－3 制定飞机维修大纲,经官方(如 FAA)审核批准之后形成维修审查委员会报告。MRBR 是适航部门批准的技术文档,其定义了对飞机所要开展的最低检查和维修任务,并给出了开展各项任务的时间间隔。为了让用户更方便地使用这些信息,飞机厂商基于 MRBR、CMR、ALI 编写了 MPD,MPD 还会包含一些来自从飞机运行中所获得的经验。MPD 把维修任务组合打包,在此基础上制定维修任务卡(task cards)和航空公司的工卡(job cards)。发动机厂家的发动机维修管理大纲主要包括在翼维修计划和发动机大修管理。发动机厂家的在翼维修计划也会包含除满足 MRBR 之外的一些源自实际运行经验的维修任务,例如风扇叶片的定期清洁。MPD 和发动机维修管理大纲确定做什么维修及何时开展维修,飞机和发动机维修手册提供了开展这些维修活动的程序步骤。飞机厂家的 MPD 和发动机厂家的发动机维修管理大纲相结合能确保用户获得完整的发动机维修方案,其涵盖了最新的在翼维修建议。

5.2.2.2　维修方案优化

维修方案的优化来自两方面,即 MPD 的改版、服役期间的 AD/SB 和航空公司可靠性方案分析结果。对于厂家 MPD 改版可能涉及维修任务的增加或删减,以及维修时间间隔调整,航空公司应对这些改变基于自己实际情况进行工程评估。针对维修任务的调整、时间间隔的更改等,CCAR121－53 给出了具体维修方案的调整和优化指导建议,其要求航空器营运人应当对航空器的初始维修方案进行必要的调整和优化,以持续保持航空器的维修方案符合民航局要求,并达到航空器运行安全性和可靠性的目的。美国联邦航空管理局的咨询通告 AC120－16F 要求对维修方案要建立并保持一套持续分析和监控系统(CASS),以分析并监控维修方案的性能和有效性。

航空公司在实际运营中,通过实施可靠性方案,并基于自身的维修能力,对维修方案进行更改和优化,使维修活动能反映飞机发动机的实际运行特点,使得航空器维修工作既能保证飞行安全,又能最大限度地降低维修成本。机队运行的可靠性数据为维修方案更改提供数据分析,航空公司基于可靠性方案修订飞机维修方案的流程参见图 5.8。维修

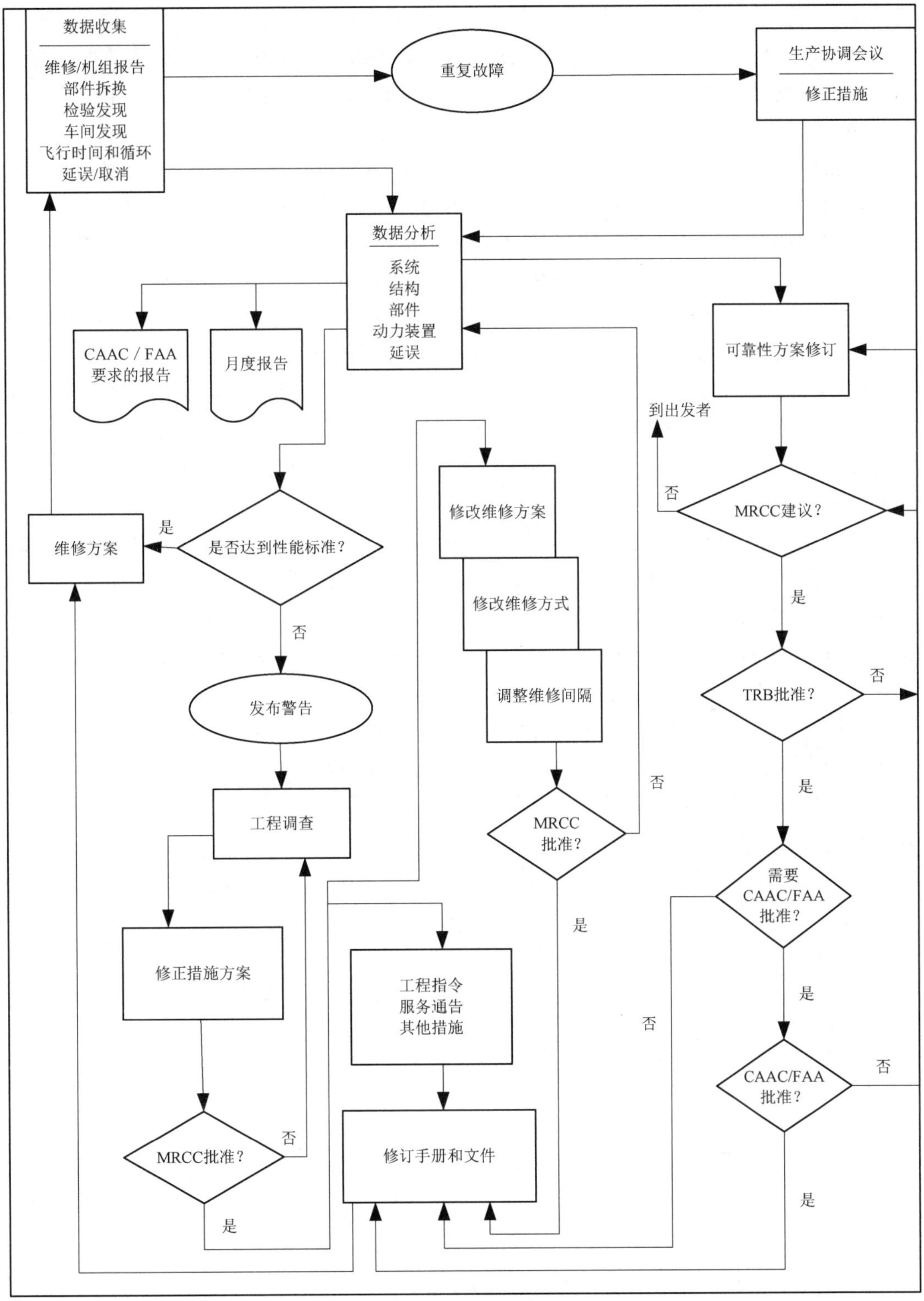

图 5.8　基于可靠性方案的维修方案修订流程

MRCC：可靠性管理委员会；CAAC：中国民航管理局；TRB：技术审查委员会

方案调整/优化过程的第一步是搜集数据，如定期维修方案、维修履历、部件更换、航班延误/取消等数据，然后对数据进行分析处理（参见第 2 章可靠性方案部分），把监控性能与维修方案中的维修任务和间隔进行关联，寻找可优化的维修任务和维修间隔，第三步是对优化结果进行工程评估。评估通过后，有些更改还需局方批准。

通常航空营运人对维修方案调整和优化的内容主要包括：① 维修间隔划分的修改，调整计时单位，如飞行小时、飞行循环和日历时间；② 维修间隔时间的增加或缩短，通常间隔时间的调整不超过原值的 10%；对于维修间隔增加时，调整结果需要可靠性控制部门批准，有的还需要管理局方的批准；③ 维修任务或维修方式的改变；④ 维修任务的增加或删除；⑤ 工作内容的更改。但在维修任务修改或删减时一定要注意不涉及 CMR 和 ALI 的维修任务以及在 MSG－3 分析中有安全影响的项目维修任务。

S4000P 是欧洲航空航天与防务工业协会（ASD）发布的制定和持续改进装备预防性维修方案的国际规范。该规范包含两大部分，第一部分给出了制定预防性维修方案的规范和流程，第二部分是装备服役期间维修优化流程（ISMO）规范，从而实现预防性维护在产品的寿命周期内不断更新优化。

从产品改进的角度来说，基于运行中发现的问题，不断提出改进措施也是厂商产品改进的工作内容。对于生产厂商（发动机制造商）来说，取得型号证只是证明产品投入使用时是适航的，但它并不能保证产品像当初设计的那样可靠，也不能保证产品具有所设计的运行经济性，产品在服役期间也不一定总满足适航条件，因此，发动机厂商要在发动机服役期间不断基于运行数据，监控产品的可靠性，改进产品，或改变维修策略。这样就需要不断从用户得到应用反馈，以监控产品的可靠性，发现存在的问题，提出改进措施，并以服务通告的形式告知用户。因此，在发动机服役期内，保持与用户沟通，不断获取发动机实际使用数据，也是发动机生产商改进产品的过程，参见图 5.9。产品的改进会影响维修活动，因此，可能会涉及维修活动调整。

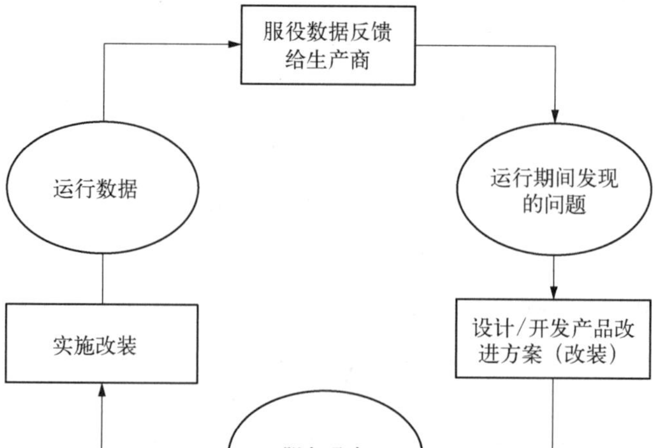

图 5.9　产品改进流程

S4000P 中的 ISMO 把维修任务优化分为 3 个阶段，准备阶段、分析阶段和后续阶段，参见图 5.10。S4000P 给出了各阶段的分析逻辑流程。

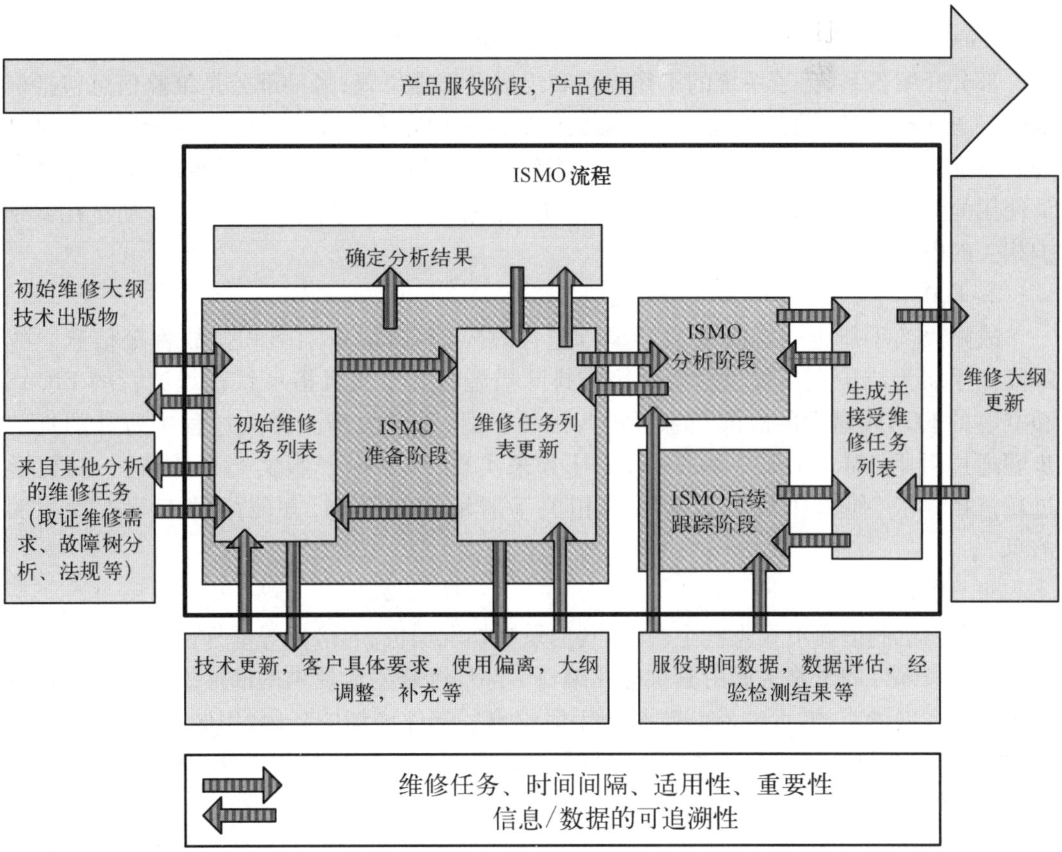

图 5.10　ISMO 流程

5.3　维修技术文件

FAA 咨询通告 AC120-16E 对航空公司的文档系统做出了规定，其涉及飞机维修技术文件系统、维修记录文档系统以及文档保存系统等。这里主要讨论用于飞机发动机维修指导所涉及的技术文件。AC120-16E 规定航空公司的飞机维修方案包含 10 个要素，维修手册就是其中之一。针对发动机维修所涉及的，由厂商所提供的维护手册主要包括：飞机维修手册（AMM）、故障隔离手册（FIM）、部件维修手册（CMM）、主最低设备清单（MMEL）、图解零件目录手册（IPC）、维修大纲、放行偏离指导手册（DDG）、构型偏离清单（CDL）、服务通告、发动机维修管理手册（EMM）或发动机维修方案计划指导手册、发动机手册（大修、车间手册）（EM）和动力装置装配手册（PPBM）。另外，还有一些由管理局方发布的技术文档，如美国联邦航空管理局发布的联邦航空管理条例、中国民航管理发布的管理条例、适航指令、咨询通告（AC）和航空公司自己编写的技术文档如工卡（task card）、最低设备清单（MEL）、工程指令（EO）等。

5.3.1 维修技术文档简介

1. AMM

AMM 包含飞机以及机上所有设备的工作原理和维护信息。该手册通常有两大部分：第一部分介绍各系统、子系统的工作原理和组成及部件位置；另一部分是维修信息包括标准施工、检查、测试、勤务和航线可更换组件的拆装程序等。飞机维护手册是用来满足外场人员维护飞机和安装在飞机上的组件、系统、子系统的资料，而不是翻修和部件维修人员使用的资料。燃气涡轮发动机驱动的飞机维护手册中 70 章至 80 章为与发动机在翼维护相关的内容。

2. FIM

故障隔离手册也叫排故手册(TSM)包含故障信息、故障索引和排故程序信息。故障隔离手册为维护人员提供故障原因和排除措施。基于飞机指示系统如波音的 EICAS 和空客的 ECAM 显示的故障信息可进入排故手册，排除故障。排故过程中所涉的拆装步骤通过引用 AMM 手册中的任务、子任务来实现，对于电子版文档系统，这一功能通过超链接完成，使得排故手册与其他相关手册链接在一起，方便维护人员查找相关信息。

3. CMM

通常飞机制造商负责飞机生产，而其他系统如发动机、起落架等部件由专门的供应商生产。这些部件的维修手册由其供应商编写。部件维修手册提供的部件维修信息是针对在车间内开展的维护，而非航线维护。手册给出了部件详细的分解、组装、清洗、检测、排故、校核、公差等技术信息。CMM 一般与翻修手册放在一起，用于车间中对飞机各种部件进行翻修的技术参考。

4. MMEL

主最低设备清单由飞机生产厂商的飞行工程部门制定，由厂商发布，但发布前要由飞机生产商所在国的航空管理局方如美国联邦航空局、中国民用航空管理局(CAAC)核准。MMEL 列出了飞机放行时，允许性能降低或不工作项目(设备)，但前提是必须在 MMEL 中规定的时间限制内对其进行修复。通常这些设备或系统属于那些机组人员同意在其性能降低或不工作的情况放行飞机，但最终是否放行，机组有决定权。主最低设备清单给出了该型号飞机的所有设备的放行信息。航空公司根据自己机队飞机的情况，依照航空公司要求对 MMEL 进行裁剪制定自己的最低设备清单。航空公司在制定 MEL 时，要考虑航空器的构型、运行程序和运行条件，制定后的 MEL 需经局方批准，它是航空公司实施飞机适航放行、保证运行安全的重要文件，MEL 的建立可最大程度地降低非计划事件对飞机运行的影响。

5. IPC

IPC 用来展现飞机发动机的零部件组成和位置关系，常用的 IPC 有以下几种：

(1) 飞机生产厂家提供的飞机图解零件目录(AIPC)；

(2) 发动机厂家提供的发动机图解零件目录(EIPC)；

(3) 部件生产厂家提供的部件图解零件目录(IPL)。

IPC 中会显示组件、子组件和备用零件件号，若 SB 对零件做过改装，IPC 也会给出零件的互换性，并以改装前和改装后的形式给出零件。

AIPC 以零件图的形式列出飞机安装的所有可更换部件和装配位置。在 IPC 中利用飞机系列号、注册号来给出零部件的有效性，基于 ATA 章节号码查找零部件。它在实际应用中主要有两个功能：① 提供部件的位置识别和装配关系信息，方便航线维护工作；② 为航材部门备件计划提供信息，通过 IPC 手册可以查到与零件相关的件号、数量、有效性、生产厂家等信息。

对于发动机而言，IPC 通常按子系统-部件列出该部件、组件拆装所涉及的所有发动机可更换部件；但在 72 章中，零部件是按具体某项任务给出的，而不是只包含该子系统所含的零部件，即把该部件车间分解时涉及的所有部件（可能会涉及其他系统的部件）都列出，它是发动机手册的伴随文件，用来标识发动机的可更换部件。

6. MPD

该手册为用户提供了对该飞机进行维护和勤务的维护任务，其包含由管理机构强制要求的和飞机生产厂家推荐的定期维修任务。MPD 主要包含 MRBR 的维修任务、来自审定维修要求的维修任务和适航限制的定期维修任务。CMR 是在飞机设计审定期间确定要进行的定期维护/检查任务，主要是用来检查有安全影响的重大失效情况。该失效与一个或多个其他特定失效或事件结合起来，会引起危险性或灾难性后果。ALI 是与结构检查有关的针对疲劳损伤以及损伤扩展而制定的维修任务。MPD 给出了所有推荐的定期维修任务和维修时间间隔，以及完成维修任务所需工时。工时不包含接近、面板打开等消耗的时间。该手册用于帮助运营人制定自己的定期维修方案。临时性的维修要求由服务信函（service letter）、服务通告和适航指令发布，这些内容也会被加入运营人的维修方案中。

7. DDG

放行偏离指南由飞机制造商的飞机维修手册部门编写，其与 MMEL 协同，用于指导在按 MMEL 规定放行前，应该进行的必要维护工作，使那些故障保留项目处于合适的构型状态，以保障安全飞行，如拔跳开关、挂警示牌等，防止意外操作这些部件（系统）。由于在 MMEL 中不包含详细的放行飞机所需的准备和维护步骤，DDG 给出了这些维护工作指导。DDG 一般出现在 AFM（Air Flight Manual）的附录中，或者与 MEL 一起出现。其中包括所有 CDL 项目的图示，以及系统影响和飞行员性能影响的相关信息。

8. CDL

CDL 与 DDG 类似，也是用于某些部件缺失或不工作的情况下放行飞机，列出除了那些不影响飞机安全飞行的，放行时可缺少的飞机部件。但 CDL 所涉及的是飞机外表面的部件，如飞机各系统的盖板、封严、进近面板、货舱门、整流罩，以及这些舱门的指示和警告系统等，如果它们出现了裂纹、松动、丢失等现象，放行飞机的条件。CDL 项目不影响飞机的适航性，但飞机气动性能可能会受到影响，可能会有放行条件。这些项目都有规定的修复时间。CDL 是 MEL 手册的一部分。

9. 服务通告

服务通告是飞机、发动机和部件制造厂发布的技术文件，为了解决使用中出现的问题或提高飞机、发动机或部件性能和维修性等。服务通告可能涉及零部件替换、特殊检查、更改寿命限制等，SB 的实施是客户选择的。通常 SB 内容包括如下几部分：① SB 目的，计划信息、有效性；② SB 下发的原因；③ SB 实施指导，如勤务、调整、改装或检查的详细程序说明；④ 估计完成此工作所需工时数。SB 不是强制性的，运营商可以有选择的完成。一般厂商给 SB 划分不同的级别，对影响飞行安全的 SB 会经局方以 AD 的形式下发给用户。

10. 发动机维修管理手册

发动机厂商发布的用来帮助营运人管理发动机维修活动的手册，以帮助营运人优化发动机性能和提高发动机可靠性，降低运营成本。通常包括发动机在翼定期维修项目和实施时间间隔以及制定发动机返厂修理方案的建议。以便营运人为自己机队发动机制定定期维修计划和返厂大修方案。

11. 发动机手册

发动机手册是发动机大修车间使用的一种手册，主要包括发动机寿命件控制，发动机、单元体、组件分解组装程序，清洗、检查、测试、排故和标准施工等内容。

12. 动力装置装配手册

提供发动机快速更换所需要的各种工具、零件、部件、耗材，以及发动机快速更换所涉及的标准施工和需要进行的测试程序。动力装置装配手册包含了按构型标准把发动机厂商提供的发动机组装成飞机动力装置的所有必要信息。

13. 适航指令

飞机是否适航直接影响飞行安全，直接关系到坐飞机的旅客和购买飞机的航空公司的利益，因此，飞机适航性尤为重要。在 FAR 或 CCAR 中规定有适航管理条例。AD 是适航部门发布的重要管理条例，用来纠正产品（飞机、发动机、螺旋桨等）中存在或潜在的不安全问题。当适航管理部门发现安全问题时会下发 AD，或者厂家下发解决某些问题的 SB 由适航部门下发为 AD。AD 可能是指定的检查、改装、飞行条件或限制，只有实施了 AD 后相应的飞机或部件才能继续飞行。中国民用航空局发布的适航指令写作 CAD，即 CAAC 把适用于飞机注册号为 B 字头 AD 转换为 CAD。

适航指令可以分为两类：

（1）紧急的，即立即遵照执行；

（2）在一定时间内执行。

适航指令通常包括下列内容：

（1）对存在的不安全状态的说明；

（2）AD 所适用的对象；

（3）纠正措施；

（4）完成日期；

（5）获得辅助信息的途径以及符合适航指令的备用方法。

适航指令是强制性的，除非授予了具体的豁免条件，否则必须遵照执行。确保实施所有相关的适航指令是飞机所有者和运营者的责任。在规定的期限内未执行相应的 AD，则该飞机或部件是不适航的。

14. 咨询通告

咨询通告是适航部门发布的各种适航管理工作的政策,以及某些具有普遍性的技术问题的解释性、说明性、推荐性或者指导性文件。用来帮助运营商满足管理条例要求,其不是法规条例,只是给出满足管理条例的建议方法。例如,AC-61R1-3民用航空器部件修理人员执照考试大纲和AC-147-2民用航空器维修基础培训大纲等。

15. 工卡

工卡(维修工作单)是航空公司维修工作的指令性文件,用于指导维护人员开展具体维修工作。工卡由工程部门基于飞机厂家提供的工卡编写,主要包括维修工作的技术指令、施工标准和注意事项以及维修活动所需的工序和检验要求。把飞机维修手册中涉及拆装、测试、勤务等维修项目的内容提取出来,填入工卡表单中,以便于机械人员在不使用AMM的情况下使用。飞机制造商如波音公司也编写了客户化的工卡(图5.11),但对于航空公司来说,当对飞机做定检工作时,可能会涉及不同工作任务组合,而这些任务可能会涉及相同的工作,如打开接近面板、跳开关的断开/闭合等,为了避免不必要的重复工作,航空公司基于厂家的工卡编写自己的工卡,以适合具体工作需要。工卡通常包括表头和内容两大部分。表头包括航空公司名称、飞机类型、飞机号、维修站名称、工作指令号、工卡卡号、工卡标题、接近区域、版本号、工卡执行人员、日期等。内容包括开展工作所需工装设备、工具、部件和耗材、工作程序。图5.12是某航空公司的工卡。

16. 工程指令

当维修工作不是例行的维修任务(定检、航前、航后、过站等)时,这些工作任务都以工程指令的形式下达,如基于发布的SB、SIL、AD或机队运行可靠性数据等开展的维修工作都要以维修工程指令的形式给出,EO由工程技术部门负责编写和审核。

5.3.2 飞机技术文件编写规范

不同技术文件的编写内容、信息编码方式、出版格式等都有标准要求,当前民航飞机发动机技术文件的编写有两个标准,即美国航空运输协会(ATA)和欧洲航空航天与防务工业协会(ASD)分别制定的ATA iSpec2200和S1000D标准。

1. ATA iSpec2200

ATA标准是民用航空界一直在使用的技术出版物标准,其规定了各类技术文件所涵盖的内容、范围、编码原则以及展现形式等。ATA手册的章节编码按ATA100规定编写。ATA100把飞机划分为“机体”和“动力装置”两大部分,“机体”又划分为总体、系统、结构三部分;动力装置划分为螺旋桨/旋翼和发动机两部分。ATAl00把飞机的每一个系统用章来代表,而节代表该系统下面的了系统。章编号的范围为第05章到第91章。第1章到第4章是预留给客户的,用于客户编制的维修手册等。主要(章)系统有:5~12章为“总体”类;20~49章为“飞机系统”类内容;51~57章为“飞机结构”内容;60~65章为“螺旋桨/弦翼”类内容;70~91章为“发动机”相关内容。章节编号参见图5.13。

TASK CARDS

AIRLINE CARD NO.		TITLE	BOEING CARD NO.
		HIGH PRESSURE TURBINE - LEFT ENGINE	**72-001-00-01**
DATE	TASK **BORESCOPE**		RELATED CARD
TAIL NUMBER	WORK AREA **L ENGINE**	VERSION **1.1** THRESHOLD **4 A** REPEAT **4 A**	APPLICABILITY AIRPLANE **ALL** ENGINE **ALL**
STATION	SKILL **ENGIN**		
		ACCESS **5737 5746 S5041**	ZONE **506**

Borescope inspect the left engine high pressure turbine nozzle guide vanes and blades.

A. References

Reference	Title
AMM 71-11-02 P/B 201	FAN COWL PANELS - MAINTENANCE PRACTICES (OPENING AND CLOSING)
AMM 72-00-00 P/B 201	ENGINE - MAINTENANCE PRACTICES
AMM 72-00-00 P/B 701	ENGINE - CLEANING/PAINTING
AMM 74-21-02 P/B 401	SPARK IGNITER - REMOVAL/INSTALLATION
AMM 74-21-02-004-001-C00	Spark Igniter Removal (P/B 401)
AMM 74-21-02-404-009-C00	Install the Spark Igniter (P/B 401)
AMM 78-31-00 P/B 201	THRUST REVERSER SYSTEM - MAINTENANCE PRACTICES

B. Tools/Equipment

Reference	Description
COM-2195	Set - Borescope Rigid, Olympus (Part #: 856A1320P04, Supplier: 58828, A/P Effectivity: 737-300, -400, -500)
COM-2196	Set - Borescope Fiber, 6 mm diameter (Part #: 856A1321P05, Supplier: 58828, A/P Effectivity: 737-300, -400, -500) (Part #: 856A1321P06, Supplier: 58828, A/P Effectivity: 737-300, -400, -500) (Opt Part #: 856A1321P03, Supplier: 58828, A/P Effectivity: 737-300, -400, -500)
COM-4302	Set - Borescope Rigid, Wolf (Part #: 856A1320P05, Supplier: 58828, A/P Effectivity: 737-300, -400, -500)
COM-4303	Set - Borescope Rigid, Lenox (Part #: 856A1320P06, Supplier: 58828, A/P Effectivity: 737-300, -400, -500)
COM-4304	Set - Borescope Rigid, ITI USA (Part #: 856A1320P07, Supplier: 58828, A/P Effectivity: 737-300, -400, -500)
SPL-2197	Light Source - Borescope, Lenox (150W) (Part #: 856A1322P02, Supplier: 58828, A/P Effectivity: 737-300, -400, -500)
SPL-4305	Light Source - Borescope, Olympus (150W) (Part #: 856A1322P03, Supplier: 58828, A/P Effectivity: 737-300, -400, -500)
SPL-4306	Light Source - Borescope, Wolf (300W) (Part #: 856A1322P04, Supplier: 58828, A/P Effectivity: 737-300, -400, -500)
SPL-4307	Light Source - Borescope, Machida (Part #: 856A1322P07, Supplier: 58828, A/P Effectivity: 737-300, -400, -500)
SPL-4308	Light Source - Borescope, ITI USA (150W) (Part #: 856A1322P08, Supplier: 58828, A/P Effectivity: 737-300, -400, -500)

EFFECTIVITY	SOURCE		
ILF ALL	**MRB**	**HIGH PRESSURE TURBINE - LEFT ENGINE**	
		D6-38278-315	**Page 1 of 42**
		72-001-00-01	**Mar 25/2011**

图 5.11 波音公司的工卡

航空公司徽标 航空公司的名称	
	A/C Type 机种: B737
	A/C Tail No. 飞机号:
	Maint. Station 维修站:
	Work Order 工作指令号:
	Workorder Date 工作指令日期:
Job Card 工卡号: General airplane mechanic 机械 APU COMPT APU 舱	Print Date 打印日期:
37B1213313C	JC SEQ No. 顺序号:

Interval 间隔	Repeat 重复	Man Hours 工时	Labor 人力	Elapsed 停场时间	Revision 修订	Version 版本	Written/Revised By 编写/修订
1A	1A				2001-07-12	R1	

Station 站位	Stringer 桁条	Related Card 相关工卡	Manufacturer Card 厂家工卡	Reviewed By
N/A	N/A	N/A		

Zone 区域	Access Panel 接近盖板	MRS No. MRS 号
101 205 703	1201 3804 3876 S7032	49-91-109

JC Title 工卡标题	SERVICE - APU OIL QUANTITY 勤务-APU 滑油量	Mech 机械员	Insp 检验员

Tools & Equipment 工具和设备:

Not Required
不需

Parts & Material 部件和航材:

	P/N 件号	QTY 数量	DESIGNATION 名称	REMARK 备注
1	MIL-PRF-23699 Type II	AS REQ 按需	Aircraft Turbine Engine Oil 飞机涡轮发动机滑油	

Work Content 工作内容:

CHECK THE APU OIL QUANTITY AND SERVICE APU OIL AS REQUIRED.
检查APU滑油量并按需勤务APU滑油。

1. Fill the APU Oil Tank – Manual Procedure (Fig. 301)
   加注APU滑油箱 – 人工程序（图301）

Aircraft Effectivity 飞机适用范围:	Page 页码
B-2574,B-2575,B-2935,B-2936,B-2946	1 of 8

Completion Date(完成日期):

图 5.12 某航空公司的工卡

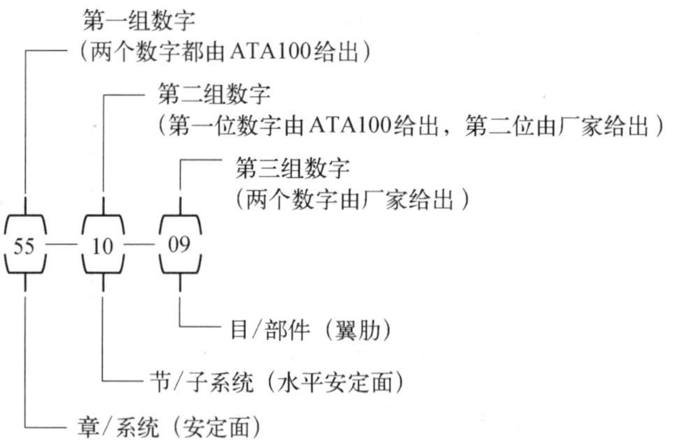

图 5.13　ATA100 章节编号

在指导维修类的技术文件中还会涉及具体的维修任务，为了区别和管理不同的维修任务，ATAiSpec2200 对维修任务也制定了相应的编码系统。在飞机维修手册中，维修任务编码是按 ATOMSS 编制的。AMTOSS 是飞机维修任务定位支持系统（aircraft maintenance task oriented support system）的简称，它采用一组字母和数字组合编码来表达维修工作任务。工作任务是开展某维修工作的具体操作步骤。编码规则见图 5.14。图中 X 代表数字或字母。

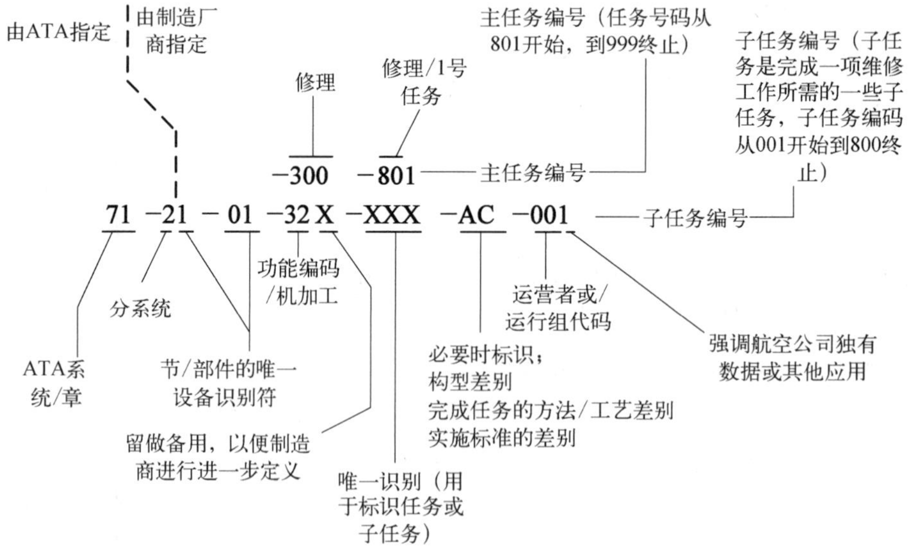

ATOMSS任务编码中的功能码

图 5.14　任务编码系统

在维修任务编码中，功能码在 ATAiSpec2200 中有详细规定，表 5.1 给出了部分功能码的含义。

表 5.1　ATOMSS 任务编码中的功能码(部分)

编　号	备　注
00	拆卸
01	拆卸/打开以便接近
02	拆卸、断开、松动/拆卸组件、部件、项目
03	待定
04	解除工作
05	待定
06	待定
07	删除/删除软件、数据
08	拆卸测试/辅助设备
09	待定
10	清洗
11	化学清洗
12	磨料清洗
13	超声波清洗
14	机械清洗
15	剥除
16	其他清洗
17	冲洗
18	待定
19	待定
20	检查
…	…

在发动机维修中,由于有些维修工作是在发动机上开展,有些维修工作需要把部件从发动机上拆下来进行,因此,在发动机维修技术文件中的维修任务编码还要反映维修时部件的位置。任务编码是按 JEMTOSS(jet engine maintenance task oriented support system)编写的,编码也采用 7 组字母或数字组合形式,即 TASK XX－XX－XX－XXX－XXX－XXX－XXX,其中 X 代表字母或数字。与 AMM 手册中任务编码一样,前三组数字代表 ATA 的章节目的编码结构,第四组是功能编码,第 5 组是任务序号。在实际任务编码时,前 5 组编码都要使用,后面两组编码可根据实际情况选用。第 6 组代表完成任务方法的差异,如部件分解方法有水平分解和垂直分解两种方式;第 7 组编码为手册使用者自己决定是否使用,并编码。如维修任务 72－00－51－02－001 是拆卸涡轮组件,即把涡轮组件从发动机上拆下来;而维修任务 72－51－00－03－000 是分解涡轮组件,即涡轮已从发动机上拆下来后的分解。表 5.2 给出了在发动机手册中功能编码的含义。

表 5.2 发动机手册功能编码

编号	项　目	编号	项　目	编号	项　目
00	**拆卸和分解**	**30**	**修理**	**60**	**勤务/封存/润滑**
01	拆卸发动机	31	焊接和钎焊	61	勤务
02	拆卸发动机单元体	32	机械加工	62	封存
03	分解发动机单元体	33	去镀层和电镀	63	解封
04	分解发动机子组件	34	等离子和火焰喷涂	64	润滑
05	拆卸发动机附件/动力装置部件	35	其他修理	65~69	待定
06	分解附件	36	粘接和塑造	**70**	**功能测试**
07	分解附件组件	37	热处理	71	滑油流量测试
08	拆卸发动机试验设备	38	表面处理	72	进气流量测试
09	分解支承设备	39	机械铆接和扩孔	73	燃油流量测试
10	**清洗**	**40**	**组装和安装**	74	水流量测试
11	化学清洗	41	安装发动机	75	电气测试
12	磨料清洗	42	安装发动机单元体	76	发动机测试
13	超声清洗	43	组装发动机单元体	77	附件测试
14	机械清洗	44	组装发动机组件	78	压力检查
15	待定	45	安装发动机附件/动力装置部件	79	泄漏检查
16	其他	46	组装附件	**80~99**	**其他**
17	泡沫/水冲洗	47	组装附件的子组件	81	故障隔离
18	溶剂试验	48	安装发动机试验设备	82	调整/校准/标定
19	待定	49	组装支承设备	83	校装
20	**检验**	**50**	**物料运输**	84	实施服务通告
21	一般目视检查	51	运输	85	零件号更改/重新标记
22	目视检查/尺寸检查	52	验收	86~87	待定
23	荧光检验	53	包装	88	批准的生产商流程
24	磁力探伤	54	拆包	89	航空公司维护大纲
25	涡流检验	55	贮存	90	待定
26	X 光检验	56	零部件整理/定位	91	专用设备维护
27	超声检验	57	发动机调机/卸载的维护	92	标准设备维护
28	特种检验	58~59	待定	93	工具制造
29	待定			94~98	待定
				99	图示、表格和前言等

2. S1000D 标准

S1000D 是基于公共源数据库(CSDB)的装备技术出版物标准,该标准不但适用于民用航空技术出版物,也适用于其他装备的技术出版物。S1000D 的最大特点是将数据信息模块化,即把装备的技术文档分成不同信息类别,再按系统、子系统和部件定义数据模块,并把所有数据模块都存储在 CSDB 中,而具体出版内容则由出版模块控制,从而使得最后的发布内容和形式与实际数据间相互独立,实现了技术信息内容一次存入,多种发布。发布的形式可根据需要进行控制,常见的发布形式有传统的页面形式、网页形式和交互式电子技术出版物(IETM)。这样在装备技术出版物的制作和发布过程中就可避免相同信息内容的重复编写,从而节约时间和成本,使技术文档的出版和交付更方便、更经济。

基于S1000D编写的技术文档,由于具体内容和展现形式是分开的,因此,展现形式可根据需要自己定义,当然在S1000D规范中对发布样式有一定的规定。数据模块是信息的载体,通过组合数据模块生成需要的文档。把数据模块组合成具体技术文档通过发布数据模块来实施。不同数据模块通过数据模块编码来管理,而有关数据模块编码和编写等内容参考S1000D规范。

5.4 ETOPS维护

ETOPS即双发飞机延程飞行,是FAA在20世纪50年代中期为双发和三发飞机(不包括三发涡轮螺旋桨飞机)建立的飞行规则,即FAR121.161。该规则规定双发和三发飞机飞行的航路中,当一发失效后,飞机要在飞行一小时内到达备降机场,这样就限制了双发飞机所能开设的航线。当时该规则的制定是基于活塞式发动机驱动的双发飞机而言的,但后来随着涡轮喷气式发动机的引入,飞机的性能和安全性得到了很大提高,尤其是B757、B767和A300飞机的出现,航空公司要求放宽双发飞机飞行航线限制,FAA于1985年发布咨询通告AC120－42,允许航空公司在满足某些条件的情况下,把60分钟延长至120分钟;1988年又扩展到180分钟。随着飞机、发动机可靠性的不断提高,和飞机飞行、维修措施的不断改进,ETOPS时间也一直在扩展,如240分钟延程等。2008年6月FAA发布咨询通告AC120－42B,把具有两台以上发动机的飞机运行于改航时间超过180分钟以上的飞行也规定为ETOPS运行。2015年10月15日欧洲航空安全局批准了空客A350－900型飞机的370分钟延程。

为了满足ETOPS飞行,FAA对飞机构型、飞行程序和维护都提出了要求。首先是对飞机的可靠性提出了更高的要求,其中之一就是发动机的可靠性,前面提到的空停率就是指标之一。在飞机维护方面除了正常的维护之外,根据FAA的建议,应该对执行ETOPS飞行的飞机还增加下列维护内容。

1. *离港前的勤务检查*

离港前的勤务检查或称ETOPS勤务检查,要求每次ETOPS飞行前都做,包括正常过站检查内容,发动机滑油消耗量检查(是否有突然变化),以及必要的ETOPS检查项目处于ETOPS状态。

2. *发动机状态监控*

现在发动机厂家都提供发动机状态监控程序,用来监控发动机性能衰退情况,参数超限,以及可能会出现的故障。监控的发动机参数通常包括转子转速、燃油流量、发动机排气温度、发动机转子的振动值以及滑油压力、温度等。在飞行过程中,这些参数被机载的数据采集系统收集并保存。等飞机落地后,把它输入发动机状态监控程序。监控程序会给出这些参数的变化趋势,根据趋势变化情况可分析发动机的问题所在,计划发动机修理方案,采取相应的维护措施,从而预防故障的出现,避免空停、延误、返场、备降等事故的出现，提高飞机签派的可靠性，为 ETOPS 提供保障。若出现数据漂移，可及时发现发动机可能出现的故障，以便及时修理，并有效地防止故障的再次出现，提高飞行可靠性。现在有的航空公司利用通信卫星，在飞机飞行过程中，就直接把采集的数据发送到监控中心，使监控程序能及时跟踪发动机，在飞机落地之前就能给出要出现或已出现的问题，使航空公司能更早地安排维修计划，为保证飞行提供了必要条件。

现在发动机状态监控程序，已经不仅仅只用于 ETOPS 飞行的发动机监控了，其他发动机也已采用了这项监控措施。针对 ETOPS 飞行的发动机，监控方案应能在早期阶段就能发现性能衰退，以便能在其影响安全飞行前就采取纠正措施。另外，监控方案还应能确保发动机的一些有极限值的参数（如转子转速、*EGT* 等）保持一定的裕度，以使万一单发长时间飞行时，在所有允许的功率范围和期望的环境下发动机不会出现超限问题。除了监控发动机工作参数是否正常之外，还应建立发动机空停监控程序，确保空停后采取维护措施恢复发动机，并避免将来空停的再次发生或降低再次发生的可能性。

3. 发动机滑油消耗量监控方案

对 ETOPS 飞机的发动机和 APU 建立基于航段的滑油消耗监控程序，以及时发现滑油消耗的异常变化。坚持记录发动机的每次加油量，从而可计算出发动机滑油消耗量的变化情况。在 ETOPS 飞行之前，比较每个航班的每小时滑油消耗量的变化情况。若出现异常，则应及时找出原因，采取维护措施，然后再放行。因为滑油消耗量的增加表明发动机可能存在漏油现象。发动机状态监控和滑油消耗量的监控共同反映了发动机的健康状态。通常 ETOPS 飞行的飞机，发动机滑油消耗量的警戒值比非 ETOPS 飞行的低。

4. 飞行故障解决方案

即航空公司应建立一套应对飞行故障的解决方案。当发生空停事件、ETOPS 相关重要系统故障或发动机滑油消耗以及状态监控发现异常趋势后，该方案应保证采取恰当、有效的维护措施，在放行之前，对修复系统进行检查，确保修理措施有效。

跟踪影响 ETOPS 飞行的事件，提高可靠性。当对 ETOPS 飞行有影响的系统或部件出现问题后，应及时调查事件或故障的原因，分析引起故障的各种因素，排除人为因素或维护不当所引起的事件，看是否可通过改进维护措施来减少或避免故障再次发生。

5. 避免双发或类似系统同时进行维护工作

对于双发飞机来说，为了避免双发出现同样的问题，以及维护过程中可能会出现的人为差错出现在双发上，从而在飞行过程中造成双发失效，影响飞行安全，FAA 以及飞机厂商都建议，不要同时对两台发动机进行类似或相同的维护工作。这样就要求航空公司做好发动机维修计划，避免停场维护时（定检）对双发的关键系统做相同或类似的工作。这一原则不仅适用于双发飞机，同样也适用于多发飞机的维护问题。但在实际工作中这有可能是无法避免的。这时可采取如下措施：① 把工作人员分成两组，每组负责一台发动机的维护工作；维修工作完成之后，交换检查各自的工作，以确保没有差错；② 有针对性地制定维修后检查单，或做相应的功能检查；③ 加强员工对发动机关键系统和部件的重要性认识。如若磁堵漏装了封严圈，则发动机工作时就会漏滑油等；④ 对于必须同时进行的工作，制定专门的工作程序，以确保工作不出漏洞。这可能包括更多的检查内容、专用的系列工装、工具等。这一原则同样也适用于影响 ETOPS 飞行的飞机其他系统。

6. ETOPS 部件控制方案

建立控制程序，允许在 ETOPS 飞行的飞机上使用 ETOPS 批准的部件。在维护中，若更换零部件，应根据图解零部件目录（IPC）确认零件是否符合 ETOPS 要求。尤其若是借件或从共享库获得部件，一定要求有相应的控制方案确保部件满足 ETOPS。

7. 严格实施厂家对 ETOPS 飞行的飞机各项规定

飞机或发动机厂家都规定有放飞前的 ETOPS 检查内容，对服务通告的实施情况要严格检查，确保关系到 ETOPS 的项目完整实施。建立完善的 ETOPS 维修技术档案，对员工进行有关 ETOPS 维护知识的培训。

8. 基于可靠性管理做好下列工作：

（1）记录所有飞行和地面工作时出现的发动机停车事件；

（2）记录发动机推力不足事件；

（3）发动机非计划换发情况；

（4）发动机引起的航班延误或取消事件、终止起飞事件、备降事件；

（5）机队机龄分布。

从而使得可靠性方案能发现并防止与 ETOPS 相关的重大事件的发生，确保满足 ETOPS 飞行所要求的最低可靠性水平。

把针对 ETOPS 飞机的维护要求用于其他飞机（对非 ETOPS 飞行的双发飞机以及三发和四发飞机），同样也会大大提高飞行的可靠性和安全性。让飞机、发动机保持较好的状态，对故障的快速响应和处理是降低或防止重大故障出现的前提。

5.5　发动机维修管理

发动机维修不仅是一个工程问题，而且还包括各种复杂的规划和管理问题。如前所述，发动机维护包括在翼维护和下发大修，因此，发动机维修管理包括在翼维修管理和返厂大修管理两方面，但这两方是相互交叉的。中国民用航空局颁布了 AC－121－66，对维修计划和管理给出了具体建议；针对航空运营人的维修工程管理又发布了 AC－121－51，用来指导航空运营人编写维修工程管理手册。具体维修管理所涵盖的内容、维修工程管理的组织机构、人员设置等可参考上述文件。

要维修好、管理好发动机，首先了解哪些工作条件对发动机的影响较大，这样才能管理好发动机运行和维护，匹配发动机设计要求和运行。在发动机运行中，对下列因素比较敏感：① 大气温度/飞机重量；② 飞行小时数和飞行循环数；③ 海洋环境和空气中的风沙；④ 高湿度、低使用率；⑤ 跑道杂物和鸟击；⑥ 燃油质量。这些因素影响部件的使用寿命，包括 A 类寿命件的寿命，部件的磨损程度和性能衰退。因此，发动机维修和管理的目的就是要匹配发动机的运行，最大化发动机利用率，最小化运行成本。下面讨论一下如何利用发动机运行和维护活动中获得的信息管理发动机维修活动。

5.5.1　发动机在翼维修管理

视情维修是现代民用航空涡扇发动机所广泛采用的维修方式，发动机在翼期间通过预防性维修,即基于维修大纲定期采取一定的维修措施来保证发动机适航;基于发动机性能状态、损伤状态和寿命件的剩余寿命决定发动机返厂大修,恢复发动机性能,修理损伤部件或更换寿命件,恢复发动机适航状态。

在翼维修包括计划维修和非计划维修(参考 5.1.2 小节),在翼维修管理的目标是把非计划维修降到最低。图 5.15 给出了在翼维修活动,发动机在翼维修逻辑就是通过定期维护和排故开展维修活动(主要维修任务是勤务、检查、修理和部件更换),保持发动机持续适航,并利用计划下发和非计划下发,返厂修理发动机,恢复性能并修复硬件损伤。随着发动机设计和维修技术的发展,越来越多的维修工作可以在翼接近并实施,而不需要发动机分解,这使得发动机的很多故障可以在翼修复,从而大大延长了发动机在翼时间。

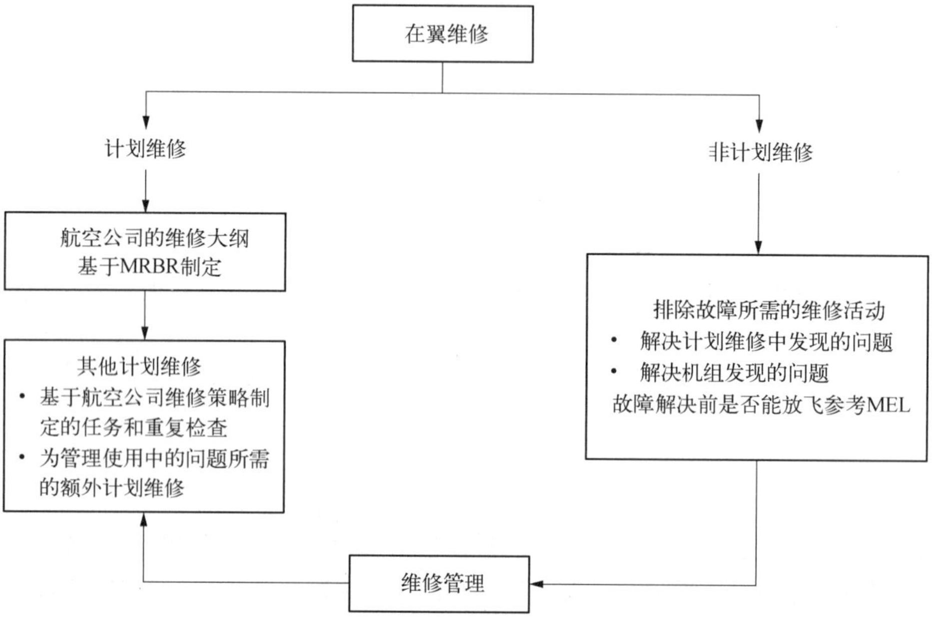

图 5.15　在翼维修流程

在翼维修管理就是规划维修活动,并不断搜集维修数据信息,基于可靠性方案修订维修计划和维修程序或更改维修标准,减少非计划维修,保障发动机安全飞行。在翼维修管理不单单是制定维修任务计划、维修任务的打包分配、分配具体维修任务的工时等(这些通常由生产计划和控制部门负责),更重要的一点是利用可靠性方案监控维修活动的效果,从而不断改进在翼维修方案,减少非计划维修事件的发生。

发动机在翼维修活动的另一部分工作是发动机状态监控,目的是监控和分析发动机主要工作参数和内部硬件的损伤情况,以便在发生严重故障之前,发现可能存在的潜在问题,并为决定最经济的下发送修提供决策数据。

5.5.1.1　在翼监控数据管理和利用

发动机状态监控包括两大部分:发动机工作参数监控和发动机硬件损伤监控。工作参数监控是通过记录并分析参数的变化趋势来判断发动机可能存在的潜在问题和性能衰退情况,硬件损伤是通过定期的孔探检查来确认并判断。发动机工作参数可分为两类,一类是反映发动机性能状态的参数，如转子转速、发动机排气温度、燃油流量等，它们是发动机的气路性能参数，这些参数受飞行条件和发动机功率状态的影响较大，通过对这些参数的变化量大小和变化趋势的分析，可判断存在的故障和性能衰退情况；另一类参数反映了发动机的硬件或附件系统的状态如发动机振动、滑油温度和压力等，这些参数受飞行条件的影响较小，若出现异常则说明有硬件故障，如发动机转子结构损伤或轴承损伤、滑油系统故障等。定期孔探检查是发现发动机内部硬件损伤常用方法，孔探检查不但可查看内部损伤，而且还能分析损伤类型，评估损伤尺寸，并基于维护手册规定的损伤限制评估发动机下发时间。因此，发动机状态监控是在翼管理的重要手段，充分利用监控数据，分析在翼发动机的性能状态和硬件损伤情况，是计划发动机下发的手段之一。

1. 基于监控数据的下发时间预测

监控数据可提供发动机性能衰退信息和发动机内部硬件损伤信息，性能衰退和硬件损伤也是引起发动机下发的主要原因，基于这些参数的变化趋势可预测发动机的下发时间，为计划机队发动机下发提供必要数据。

1）性能衰退引起的下发时间预测

监控并评估发动机性能衰退情况，计划发动机维修措施或规划发动机下发时间是发动机机队管理的重要工作。发动机在工作过程中，热、腐蚀、磨损和疲劳等因素会造成发动机部件性能衰退，尤其是核心机。性能衰退可以表现为压气机、涡轮流通能力的变化、效率下降和发动机工作稳定性变差，这些变化体现在发动机燃油消耗的增加和排气温度（*EGT*）的升高，这两个参数在发动机气路性能监控中可直接得到。*EGT* 的高低反映了发动机产生其额定推力时的效率，随着在翼时间的增加，发动机各部件不断磨损（叶型磨损、叶尖间隙加大和封严泄露等），从而使发动机性能不断衰退，为了产生相同的推力，发动机的耗油量就会加大，*EGT* 不断升高。这又会加速发动机部件的磨损和叶片裂纹的生成、热腐蚀等，从而进一步恶化发动机的性能。为了保障发动机工作安全可靠，基于发动机热端部件的材料和特性，不同发动机厂家都规定了 *EGT* 的最大允许值（红线值），当 *EGT* 接近或达到该值时，发动机就有必要返厂进行性能恢复。

EGTM 是评估发动机性能衰退的一个重要指标。新发动机或刚大修过的发动机产生额定起飞推力时，其排气温度会比红线值低很多，即具有较高的 *EGTM*，但随着在翼时间的延长，*EGTM* 会不断下降。理论上讲，当 *EGTM* 为零时，表明当飞机在海平面高度，以最大起飞推力起飞时，若外界温度等于或大于拐点温度时，*EGT* 就会达到或超过红线值（最大限制值），造成发动机超温。即 *EGTM* 为零时会影响发动机额定起飞推力的使用，因此，航空公司通常会在 *EGTM* 达到零时或之前拆下发动机送厂大修，恢复发动机性能，获得一定的 *EGTM*。因此，*EGTM* 是监控发动机性能衰退的一个重要指标，也是航空公司判断发动机下发的一个指标。

EGTM 衰退是一个复杂的过程，是组成发动机各部件性能衰退的结果。*EGTM* 随飞行时间（循环数）的变化受很多因素的影响，如环境、飞机载荷、发动机飞行小时循环比等，因此，其随飞行时间或循环数的波动较大。通常 *EGTM* 的衰退在发动机在翼期间的不同阶段有不同的规律，新发投入使用的磨合期内（一般在前 1 000～2 000 循环），由于转子与静子之间的配合间隙较小，磨损会快些，相应 *EGTM* 变化快些；当间隙磨合到一定值后，间

隙的变化趋于缓慢，但随着在翼时间的增加，叶型不断磨蚀，在气动负荷、热负荷和离心负荷的影响下叶片几何形状也会缓慢发生变化，空气中的颗粒、污染物等在气流通道中不断沉积，使得表面粗糙度增加，这些因素引起发动机性能衰退，造成 *EGT* 升高，但 *EGT* 变化相对平缓，直到发动机下发大修。图 5.16 给出了典型涡扇发动机 *EGTM* 衰退曲线，横坐标为飞行循环数，纵坐标是 *EGTM* 衰退量，可见发动机刚投入使用初期（前 1 000~2 000 循环）*EGTM* 衰退较快，随后进入相对稳定期，按线性关系衰退。

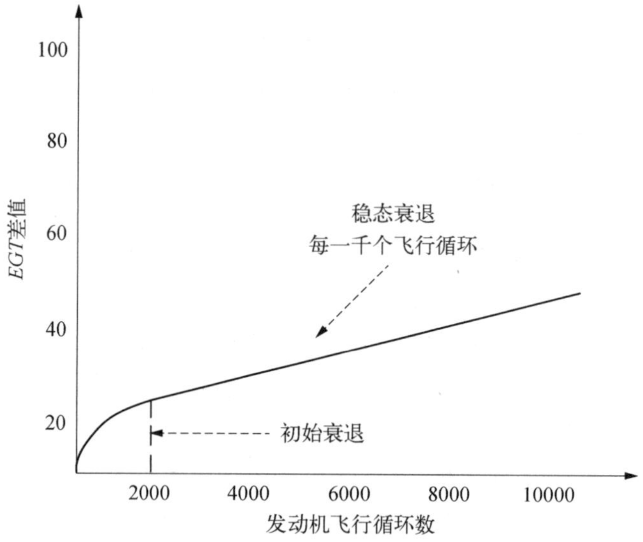

图 5.16　*EGTM* 衰退规律

很多民用涡扇发动机，同一机型，有不同型号和不同的额定起飞推力，如 V2500－A5 发动机，额定起飞推力从 22 000~33 000 磅；CFM56－7B 系列发动机，额定起飞推力从 19 500~27 300 磅。由于额定起飞推力不同，发动机在相应的额定起飞推力时的排气温度也不同，所以，其起始 *EGTM* 和稳定后的 *EGTM* 衰退率也不同。表 5.3 是 CFM56－7B 系列发动机起始 *EGTM* 和稳定后的 *EGTM* 衰退率。

表 5.3　CFM56－7B 发动机起始 *EGTM* 和 *EGTM* 衰退率

发动机型号	－7B18	－7B20	－7B22	－7B24	－7B26	－7B27
起飞推力/磅	19 500	20 600	22 700	24 200	26 300	27 300
初始 *EGTM*/℃	125~130	125~130	105	100	60	55
EGTM 衰退（℃/1 000EFC）	2.5~4.0	2.5~4.0	2.5~4.0	4.0~6.0	4.0~6.0	4.0~6.0

发动机厂商通常会发布其新机型出厂时的起始 *EGT* 裕度，如果知道了发动机 *EGTM* 的衰退率和安装损失，则可预测发动机理论上的最长在翼时间。例如某发动机额定推力是 24 000 磅，起始 *EGTM* 为 100℃，若发动机 *EGTM* 的安装损失是每 1 000 飞行循环 10~15℃，之后 *EGTM* 的衰退率为每 1 000 飞行循环 4~5℃，则按式（5.1）计算，其理论上的最大在翼时间为 18 000~23 500 循环。

$$TOW = FC_{in} + (EGTM_{in} - EGTM_{loss})/EGTM_{rate} \tag{5.1}$$

式中，TOW 是理论最大在翼时间；FC_{in} 是新发动机安装后 $EGTM$ 快速衰退阶段的飞行循环数；$EGMT_{in}$ 是出厂时的 $EGTM$；$EGTM_{loss}$ 是安装初始阶段的衰退量，或称 $EGTM$ 的安装损失；$EGTM_{rate}$ 是初始阶段后的 EGTM 衰退率。

发动机大修可恢复 $EGTM$，在翼清洗也可恢复一定的 $EGTM$。发动机工作过程，空气中的污染物会沉积在气流通道中，从而造成压气机和涡轮效率下降，发动机在翼清洗是去除这些沉积物的有效方法。清洗的方法是发动机在起动机带转状态下，向发动机内喷水或水与清洗剂的溶液，所用水为蒸馏水。通常发动机清洗更多的是去除压气机气流通道的污染物，而涡轮区域由于工作时温度高，沉积在表面的污染物很难靠在翼清洗去掉。不同发动机都有自己的清洗液喷射装置和规定的清洗剂。通过清洗可恢复部分压气机效率，降低燃油消耗，降低排气温度，使 $EGTM$ 得到一定的恢复，延长发动机在翼时间。但由于发动机内部硬件磨损所引起的性能衰退靠水洗是不能恢复的。

在 $EGTM$ 衰退规律的预测方面一些文献做了许多研究工作，也发展了不同的预测模型。常用的 EGT 衰退预测模型有三种：线性模型、二次方模型和幂次方模型。为了考虑不同发动机之间的差异，一种典型的方法是基于对多台发动机历史 $EGTM$ 衰退规律进行聚类，把 $EGTM$ 衰退划分成若干类，按不同类别分别找出其变化规律，然后把要预测发动机的 $EGTM$ 衰退数据与已有聚类对比，找出最接近的类别，并以其衰退规律预测该发动机的 $EGTM$ 的衰退。而这种方法的关键是采样数据是否涵盖了所有类型，并且若计算时采集的数据点较集中，则并不能反映真实衰退情况，若直接进行对比类聚的话，相应的规律不一定能反映真实发动机情况。第二种方法是采用时间序列的回归算法，如回归滑动平均模型(ARIMA)、灰色模型、人工神经网络模型(ANN)、支持向量机组合预测模型等。这种预测结果是一个固定值，不能有效的反映设备剩余寿命的不确定性，也不能反映不同发动机性能衰退的差异。

时间序列回归就是利用数学模型把历史数据表现出来，模型是时间的函数，通常模型可用式(5.2)表示：

$$X = b_0 + b_1 z_1(t) + \cdots + b_k z_k(t) + \varepsilon \tag{5.2}$$

式中，X 代表要分析的变量，如 EGT、$EGTM$ 等；$\{b_i\}$ 是未知系数；$\{z_i(t)\}$ 是时间 t 的函数；ε 是随机误差，其数学期望值 $E(\varepsilon) = 0$，方差 $V(\varepsilon) = \delta^2$。

第三种方法是基于随机过程的预测方法，假设 $EGTM$ 的衰退服从某一随机过程，然后建立退化模型，根据模型导出 $EGTM$ 的分布，当 $EGTM$ 超过设定的阈值时，可以计算出 $EGTM$ 的概率函数，即其预测结果是某一概率分布的密度函数，更能体现出剩余寿命的不确定性。典型的基于随机过程的预测方法有随机系数回归模型、伽马过程模型、逆高斯过程模型、维纳过程模型、马氏链模型等。

外界大气温度、飞行小时/循环比和发动机减推力起飞是影响发动机性能衰退的关键因素，所以在预测 $EGTM$ 衰退规律时应该考虑这些因素的影响。因此，本节后面引入了发动机工作严酷度概念，在建立发动机衰退规律时，引入严酷度，能更加准确地反映实际工作条件对性能衰退的影响。

当然发动机性能衰退不仅反映在 *EGT* 上升和 *EGTM* 下降，其他性能参数也会发生变化，选择多个参数评估发动机健康状态，并预测发动机由于性能衰退而下发也是广泛研究的内容，尤其是随着大数据、机器学习和人工智能技术的发展，不断有人把它们用在发动机健康状态评估和剩余寿命预测上。当利用多参数评估发动机健康状态和预测剩余寿命时，关键是如何从众多的监控参数中选择数据，并把它们融合在一起。因为用来融合的参数若对发动机剩余寿命预测无影响或相关性很小，则融合后预测结果可能会比单参数预测结果更差；另外融合算法的选择也很关键，因为不同参数代表了发动机性能衰退的不同成分信息，融合算法直接影响预测结果。常用融合算法有贝叶斯推理、权重/表决融合、模糊逻辑推理和神经网络融合等。

2）硬件损伤引起的下发时间预测

发动机在实际运行中，经受的损伤主要有低周疲劳、高周疲劳、热-机械疲劳、蠕变、腐蚀、磨蚀、振动和磨损等，这些损伤不但会导致效率下降，而且还会导致部件寿命消耗而失效。在实际工作中发动机部件会受到这些不同失效机理的共同影响，因此，导致部件的寿命大大降低。发动机高压转子的多数工作时间是处于高温、高压和高转速状态下，燃烧室处于高压、高温状态下，因此，发动机硬件损伤主要发生在高压压气机、燃烧室和高压涡轮，尤其是高压涡轮的叶片损伤是影响发动机下发的主要因素之一。定期孔探检查可发现这些损伤并评估它们的大小。基于孔探结果可建立硬件损伤模型，获得损伤发展规律，用以调整孔探时间间隔和预测下发时间。

对于发动机由于硬件损伤而引起的下发时间预测，有不同研究方法。常见的损伤模型建立方法有基于损伤机理而建立物理模型、基于损伤失效统计数据分析建立的损伤概率密度模型和基于数据驱动建立的模型。损伤物理模型的建立需要硬件的具体尺寸数据和发动机工作参数，需要理解损伤机理，针对相应的损伤类型，分别建立物理模型。航空公司缺少具体性能模型和几何数据（模型和数据掌握在发动机生产商手里）等很难建立起准确的物理损伤模型。威布尔分布尤其适用于描述部件的损伤，因此，基于大量损伤数据的统计，经常用威布尔分布来建立硬件损伤的概率模型。把物理模型和损伤概率模型相结合或与基于数据驱动模型结合建立硬件损伤预测方法也是一种常用方法。

外来物损伤（FOD）也会造成下发，这取决于发动机的损伤程度。若损伤不重，如只是风扇叶片损伤，则发动机可经在翼维护后继续飞行。对于现代高涵道比涡扇发动机而言，进入发动机的外来物主要会造成风扇叶片损伤，而进入核心机的概率会小些，主要是这些物质随气流向后流动的过程中，在离心力的作用下会进入外涵道而排出发动机。是否对内涵造成损伤，可通过孔探检查来探测。常见的 FOD 是飞机起飞和着陆过程中的鸟击，所以，发动机取得适航证前都要进行吞鸟试验，以证明风扇叶片的抗鸟击能力。其他 FOD 则可来自冰雹和起飞着陆过程中跑道上的杂物。

外来物损伤而引起的发动机下发属于非计划下发，尤其是鸟击与机场环境、季节等因素有关，与发动机在翼时间无关，所以预测发动机鸟击事件有一定难度。根据中国民航鸟击航空器防范信息网的统计，2015 年全年我国发生鸟击事件 3 816 起，每万架次率为 4.455，这其中鸟击发动机占 37.21%，并且我国鸟击事件发生的季节性规律是春、夏、秋三季高发，尤其是 9 月高发。预测时通常把 FOD 事件的发生率按定值估算。

2. 发动机工作条件和环境对在翼时间的影响

发动机的实际工作条件如减推力起飞的使用、航程的长短和起飞机场温度等因素都会对发动机在翼时间有一定的影响，因此，预测发动机在翼时间时应该考虑这些影响因素。

1）减推力起飞

涡轮部件的寿命对燃烧室出口温度的峰值很敏感，而该峰值取决于起飞推力。大多数飞行可以在减推力下起飞和爬升，从而可延长发动机在翼时间。

减推力起飞即发动机不以最大额定起飞推力起飞，而是以比额定起飞推力低的推力起飞。适航条例规定减推力最大为 25%，即比额定最大起飞推力低 25%。但通常使用范围在 0~20%。减推力起飞通常在起飞重量低于飞机最大起飞重量，跑道长度合适的情况下使用。

发动机功率的高低直接表现在转子转速、气流通道中气体压力和温度上，推力越大则这些参数就越高，而这些参数对发动机性能衰退和硬件损伤都有很大影响，进而影响发动机在翼时间。在允许的情况下，使用减推力起飞以及减推力爬升不但能延长发动机在翼时间，而且还能节省燃油。研究表明，对短航程飞行的发动机来说，减推力的使用对其在翼时间的影响更大些。例如 CFM56－7B28 发动机在某地域飞行时，当减推力 10%时，发动机的平均在翼时间为 18 500 小时，当减推力 15%时，发动机平均在翼时间为 19 500 小时。

2）航程

航程的长短代表了发动机一个工作循环的时长，常用飞行小时/飞行循环比（*FH/FC*）来表示。发动机一个循环包括了起飞、爬升、巡航、下降和着陆过程，其中起飞、爬升时发动机处于高功率状态，发动机部件所承受的各种负荷最大，相应对发动机硬件衰退的影响最大。图 5.17 给出了 *FH/FC* 比分别为 1 和 3 的对比。航程长则高功率在整个循环的占比就低，而对热端部件在翼寿命影响最大的是高功率，因此，其既影响 *EGTM* 的衰退又影响发动机硬件损伤，进而影响在翼时间。图 5.18 是罗罗公司的 RB211－535E4 发动机大修后航程与目标在翼时间之间关系。图中发动机目标在翼时间的估算是以发动机减额定推力 10%~15%来计算的。可见当航程为 4 个飞行小时时，其在翼循环数大约为

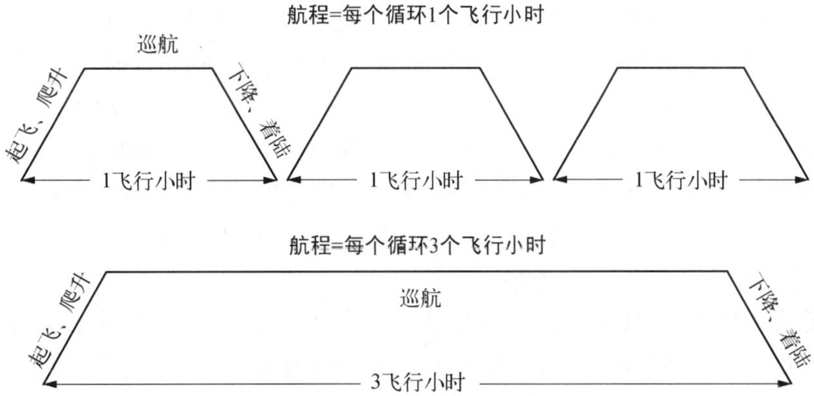

图 5.17　飞行循环和飞行小时

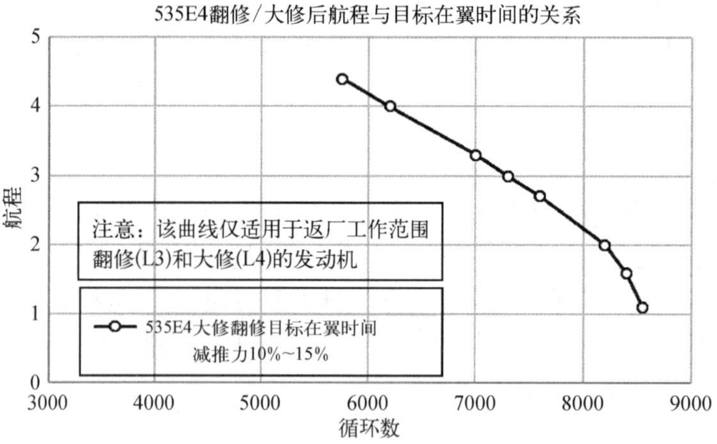

图 5.18　RB211－535E4 发动机航程与目标在翼时间

6 200 个，飞行小时数为 24 800 小时，而当航程为 1 小时时，其飞行循环数和飞行小时数相同，约为 8 500。

同样以 CFM56－7B28 发动机为例，在上述地域飞行时，当 $FH/FC = 2.2$ 时，发动机平均在翼时间为 18 500 小时，而当 $FH/FC = 2.4$ 时，发动机平均在翼时间为 20 000 小时。

另外，发动机寿命件的寿命是按工作循环数给出的，航程短则寿命件飞行小时数就少，相应寿命件的循环数消耗就快，其对发动机下发的影响就越明显。通常情况下，对于短航程飞行的发动机而言，更适合用循环数来衡量其在翼时间，而对于中、长航程飞行的发动机而言，更适合用飞行小时数来衡量其在翼时间。

3）起飞机场温度和工作环境

当环境温度升高时，会造成发动机推力下降，为了保持推力，就需要增加供油，提高涡轮进口温度，从而增加了发动机的性能衰退。空气中的灰尘、沙尘或污染会加速发动机硬件损伤和性能衰退，这是由于空气中的沙尘和工业污染会加速压气机叶片的磨蚀和涡轮叶片冷却孔的堵塞和腐蚀。所以，大气温度高和腐蚀性环境都会缩短发动机的在翼时间。例如 V2500-D5 发动机在中东地域飞行时，其平均在翼时间为 4 500 小时，而在其他相对低的严酷环境下飞行时，平均在翼时间为 8 000 小时左右。

上述几个影响发动机在翼时间的因素通常用发动机工作严酷度（*SF*）来代表。严酷度的定义是发动机实际飞行循环所引起的部件损伤与基准飞行循环引起的部件损伤之比。严酷度反映了发动机的实际工作循环相对基准循环的损伤。严酷度越高，则代表工作循环对发动机的损伤越大。发动机维修业界（MRO）按推力级别把发动机分为低推力和大推力发动机，划分界限是推力为 34 000 磅，低于该值的是低推力发动机，高于该值的是高推力发动机。低推力的发动机用在窄体客机上，高推力的发动机用在宽体客机上。MRO 对发动机基准飞行循环的定义如下：

（1）低推力发动机，10%减额定起飞功率，航程 1.4 小时，外界大气温度 18℃；

（2）高推力发动机，10%减额定起飞功率，航程 4 小时，外界大气温度 18℃。

图 5.19 是 JT9D 发动机的严酷度系数，该图从发动机减推力和航程两方面定义了严

酷度。由于是大推力发动机，当飞行航程为 4 小时，以 10%减推力起飞时，严酷度为 1。从图可见相同航程时，减推力越大，严酷度越低；而在相同减推力的情况下，航程越长，相应的严酷度越低。

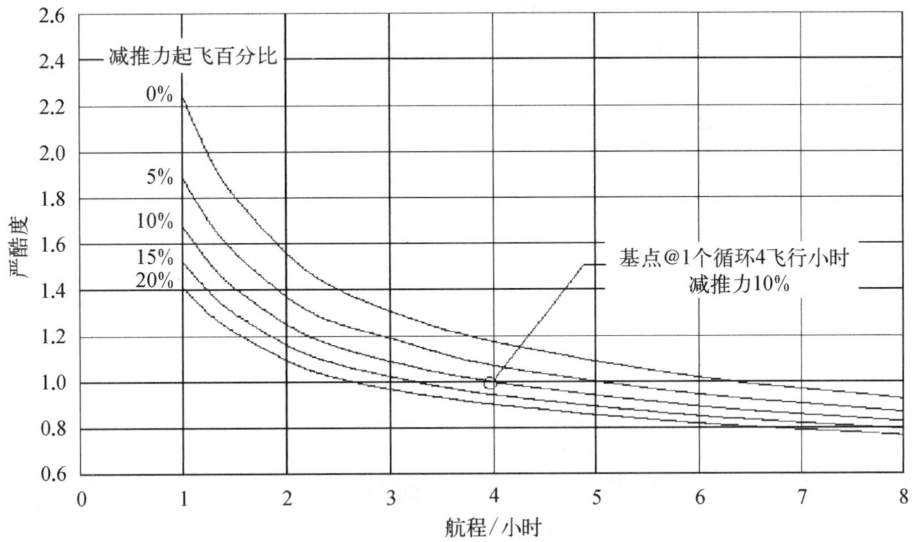

图 5.19　JT9D 发动机的严酷度

严酷度不但可用来修正发动机下发时间，影响发动机的返厂率，MRO 业界还用其来修正发动机大修费用，计算发动机工作状态对大修成本的影响。若知道严酷度为 1 时的 SVR_r 和返厂大修成本 SVC_r，则其他严酷度下的返厂率和返厂大修成本可利用式(5.3)和式(5.4)计算：

$$SVR = SF \times SVR_r \tag{5.3}$$

$$SVC = SF \times SVC_r \tag{5.4}$$

图 5.20 是严酷度对发动机大修成本的影响估算案例。严酷度低，相应大修成本就少。图中标出了严酷度为 1 时，发动机维修成本为 80 美元/飞行小时。当航程为 2.5 飞行小时，减推力 10%的情况下，严酷度为 0.88，相应的发动机维修成本变为 70.4 美元/飞行小时。

计算案例 5.1

JT9D 发动机用户 A 的飞行小时/循环比为 2，平均减额定起飞推力为 10%；用户 B 的飞行小时/循环比是 4，平均减额定起飞推力是 15%。计算用户 A 和 B 维修成本的比值。

解答：从图 5.19 可知：A 用户的飞行条件下，发动机工作严酷度值 $SF_A = 1.22$，B 用户使用条件下发动机工作严酷度值 $SF_B = 0.98$，用户 A 和 B 的维修成本分别为 MC_A 和 MC_B，则有：

$$MC_B = (SF_B/SF_A) \times MC_A = (0.98/1.22) \times MC_A = 0.8MC_A$$

从前面分析可知，影响发动机工作严酷度的主要因素是飞行小时/飞行循环比、减推

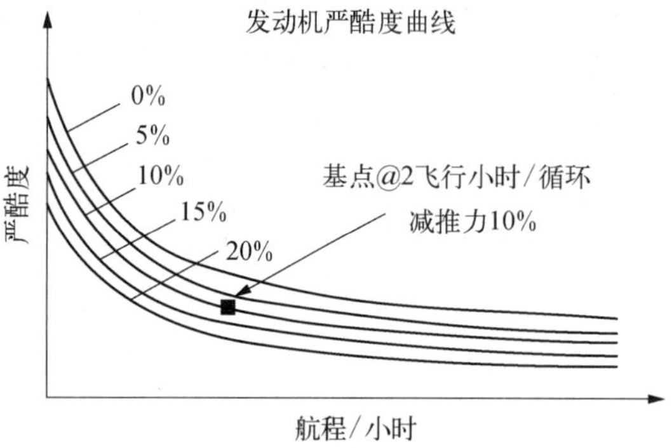

发动机严酷度表
减推力

航程	0%	5%	10%	15%	20%
1	1.850	1.750	1.650	1.550	1.450
1.5	1.350	1.250	1.200	1.150	1.100
2	1.100	1.050	**1.000**	0.950	0.850
2.5	0.980	0.930	0.880	0.830	0.780
3	0.900	0.850	0.800	0.780	0.735
3.5	0.825	0.800	0.775	0.750	0.725
4	0.800	0.775	0.750	0.725	0.715

发动机返厂成本/(美元/飞行小时)
减推力

航程	0%	5%	10%	15%	20%
1	148.0	140.0	132.0	124.0	116.0
1.5	108.0	100.0	96.0	92.0	88.0
2	88.0	84.0	**80.0**	76.0	68.0
2.5	78.4	74.0	70.4	66.4	62.4
3	72.0	68.0	64.0	62.4	58.8
3.5	66.0	64.0	62.0	60.0	58
4	64.0	62.0	60.0	58.0	57.2

图 5.20　严酷度对大修成本的影响

力起飞使用情况、外界大气温度和环境。平均 *FH/FC* 是影响发动机工作严酷度的一个重要参数。同样的发动机飞短航程，其 *SF* 比飞长航程的高，性能衰退要快，所以其在翼时间要短些，单位飞行小时的维修成本高，参见图 5.19 和 5.20。减推力起飞的使用，能降低 *EGT* 和转子转速，从而降低了发动机衰退率，使发动机工作的严酷度降低。由于航程和减推力起飞都能影响发动机衰退，因此，发动机生产商把这两个参数结合起来，计算发动机工作严酷度(*SF*)，如图 5.19 曲线所示。这样用户可以其为参考，评估自己机队发动机的工作状况，预测发动机在翼时间和维修成本。图 5.20 不但给出了航程和减推力起飞对 *SF* 的影响，还给出了对发动机单位飞行小时维修成本的影响。

5.5.1.2　发动机下发规划

基于发动机状态，计划发动机下发时间是发动机管理的重要内容。从第 4 章了解到，发动机大修成本中材料成本占比可到 50%以上，材料成本与在翼时间有关。通常发动机冷端部件在翼耐久性比热端部件好，相应冷端部件的单位飞行小时的大修材料成本随在翼时间增加而下降，但若在翼时间太长而超出单元体的软时限太多时，则这些单元体的在翼性能会下降较多，出现故障的概率大大增加，相应的风险成本会加大；而热端部件的单位飞行小时的大修材料成本随在翼时间的增加而增加。因此，考虑下发时间时，材料成本的变化也是考虑因素。平均在翼时间(或平均返厂时间间隔)(*MTBSV*)是规划发动机下发时要用到的另一个重要参数，比较机队的 *MTBSV* 和厂家提供的 *MTBSV*，可发现机队与其他用户之间的差异，通过分析机队下发原因，采取对应的维护措施，提高自己机队的

MTBSV。基于机队运行可靠性数据,分析在翼时间超出 *MTBSV* 的风险,确定目标在翼时间。发动机下发规划就是利用发动机运行中的各类数据信息,评估机队发动机性能状态,计划发动机下发时间,制定最佳的下发方案,以提高机队运行可靠性,降低维修成本。

1. 影响下发规划的因素

为了管理好机队发动机下发,首先应了解影响下发的因素,然后基于对影响因素的分析,制定合理的下发计划。影响发动机下发的主要因素可分为四种:性能衰退(*EGTM* 衰退)、寿命件到寿、硬件损伤和非计划下发因素。但通常发动机下发因素受飞机的运行条件影响很大,一般短航程飞机的发动机下发由于 *EGTM* 衰退和寿命件到寿因素引起的占多数,而中、长航程运行飞机的发动机,多数是由 *EGTM* 衰退和硬件损伤引起的。图 5.21 给出了发动机下发因素分布。

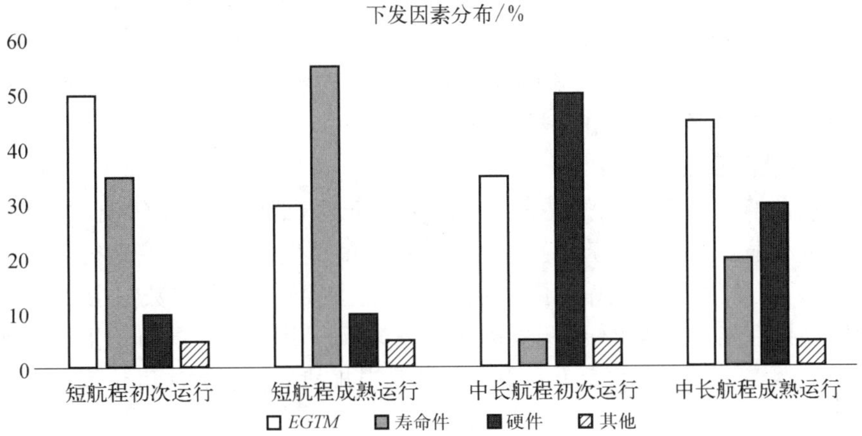

图 5.21　发动机下发因素分布

1）寿命件的剩余寿命

适航规章 CCAR-33R2“航空发动机适航规定”指出发动机寿命件是那些失效后可能导致危害性后果的转子和静子结构件。适航条例规定这些寿命件的使用寿命不能超过适航部门批准的最大寿命。发动机有很多 LLP 件,尤其是那些发动机转子上的旋转部件如压气机和涡轮的盘、轴、盘鼓一体式转子和封严盘等。厂家规定了 LLP 的使用时间(通常为飞行循环数)。由于这些部件损坏后,机匣很难包容,会对发动机安全工作造成影响,因此,到寿的 LLP,不管其状态如何,必须更换,不能继续使用。因此,在发动机返厂大修决策中,何时更换 LLP 是一个重要问题。LLP 的寿命取决于其工作时的应力水平,所以,发动机不同单元体所含 LLP 的寿命会不同。现代民用涡扇发动机的 LLP 寿命通常比较高,大多数 LLP 的寿命在 15 000~30 000 循环范围,如 V2500－A5 发动机多数寿命件是 10 000~20 000 循环。对于租赁的发动机,在租赁合同中可能会有对发动机退租时寿命件有剩余寿命要求,这一条件也会影响发动机下发时间。

LLP 更换需要单元体的深度分解。发动机返厂大修时,不同单元体的修理级别是不同的,而只有当相应的单元体进行大修时,才会深度分解单元体,因此,在规划发动机下发时间和大修方案时,理想情况是单元体大修时,更换相应单元体的寿命件。但往往是为了同时进行 LLP 更换和单元体大修，LLP 件的寿命可能不被用尽，会在到达规定寿命前一段时间更换，以尽量避免只是由于寿命件到寿而返厂增加大修成本。提前更换时，寿命件的剩余寿命叫做残余寿命。通常情况残余寿命一般为全寿命的 3%~15%。寿命件都很贵重，发动机中所有寿命件的费用约占发动机总成本的 20%以上，这样由于提前更换浪费掉的寿命而产生的成本会增加发动机的大修成本。因此，如何协调寿命件到寿与发动机在翼时间的关系，不但影响了发动机的返厂率，而且也会影响大修成本。在发动机管理中跟踪 LLP 的使用寿命、发动机在翼时间、单元体在翼时间等是一项重要内容。规划发动机下发时，综合考虑 LLP 残余寿命和发动机大修后的期望在翼时间，评估 LLP 寿命对换发时间的影响，优化 LLP 件的提前更换时间是发动机送修管理的一项内容。

对于租赁的发动机，计划 LLP 件更换时还需要考虑发动机退租条件，通常租赁合同中有退租时 LLP 件剩余寿命要求，这时就更需要考虑最佳的更换 LLP 件的时间。

另外，为了降低维修成本，发动机大修时在机队内不同发动机之间换装 LLP 件也是规划如何更换 LLP 件时要考虑的一个因素。

2）发动机性能衰退

发动机性能监控系统监控气路参数（如转子转速、燃油流量、排气温度等）相对于基线值的偏差量和偏差的变化趋势，这些参数偏差的短期变化反映了发动机可能存在某些故障，偏差的长期变化趋势则代表了发动机性能衰退程度。在这些数据中，EGTM 经常被用来判断发动机性能衰退程度，预测发动机下发时间。燃油消耗量的变化用来评估发动机在翼的燃油经济性。利用 5.5.1.1 中 EGTM 衰退规律的预测方法可估算由于性能衰退而引起的下发时间。

据 CFM 公司统计，其 CFM56-3 发动机第二次下发时，发动机性能衰退和 LLP 件到寿占比可达 73%（2009 年数据）。

3）硬件损伤

与 LLP 件不同，发动机其他硬件（如叶片、燃烧室等）的修理和更换是视情的，即根据损伤程度决定是否修理或更换。这就需要发动机状态监控手段能有效地探测到与硬件衰退相关的现象，判断、预测发动机下发。而其他非计划下发因素如外来物损伤、系统故障、发动机振动等问题，随机性强，较难预测。

现代高涵道比民用涡扇发动机通常会额定在不同起飞推力级别上，从而用于不同的飞机机型上，如 V2500－A5 和 CFM56－7B 发动机等。表 5.4 给出了 CFM56－7B 发动机的几个典型额定起飞推力和所对应的飞机机型，可见额定起飞推力最大的是 27 300 磅的 CFM56－7B27。由于 CFM56－7B27 的起飞推力最高，所以其性能衰退要比其他快，基于表 5.3 其衰退率为 4~6℃/1 000FC，其由于性能衰退的首次下发时间的估计值约为 9 000 循环，而该核心机的 LLP 为 17 600 循环。但其他推力级别的发动机（7B20、7B22、7B24 和 7B26）在核心机 LLP 到寿前很少出现由于性能衰退而导致的下发，当 LLP 到寿或接近极限时，都仍有一定的 *EGTM*。根据 CFMI 公司针对 CFM56－7B 的统计，从 2010 年至 2013 年期间，总共下发台数为 1 709 台，其中 LLP 引起的下发占 284 台，热端部件（包括燃烧室部件、高低压涡轮）损伤引起的下发 562 台，由于性能衰退引起的下发占 55 台。

也就是说，对于现代涡扇发动机而言，由于发动机的设计最大起飞推力高，而实际应用中，额定起飞推力低，发动机的性能保持能力较强，因此，性能衰退可能不再是主要下发原因。

表 5.4　CFM56－7B 发动机额定起飞推力

发动机型号	额定起飞推力/磅	适用飞机机型
CFM56－7B20	20 600	B737－600/700/700IGW
CFM56－7B22	22 700	B737－600/700/700IGW
CFM56－7B24	24 200	B737－700/700IGW/800/900
CFM56－7B26	26 400	B737－800/900
CFM56－7B27	27 300	B737－800/900

除了上述主要下发因素之外，计划下发时还要考虑下列因素。

1）发动机日常运行和维护中发现的问题

运行中出现的问题可从机组报告获得，其记录了飞行中出现的一些问题。这些问题可能包括以下方面：

（1）发动机电子控制器（EEC）记录的故障信息；

（2）飞行员的故障报告（喘振、起动缓慢等）；

（3）航线及基地维修故障报告（滑油消耗高、振动大、滑油/燃油泄漏等）。

表 5.5 为机组或航线和基地维修故障报告的典型内容，除了要了解这些故障信息之外，还应收集所有相关数据，将报告的故障信息与相应发动机的运行性能联系起来，使每台发动机处于持续监视状态，直到成功采取纠正措施。

表 5.5　机组/航线和基地维修-故障观察表

发动机序列号	航线和基地和机组报告记录
123002	*EGT* 过高；50 个循环轴承检查；EEC 记录右发超限
123009	50 个循环轴承检查；滑油中有金属屑
123017	高高度机场加速慢；左发 EEC/燃油计量组件
123019	*EGT* 过高；巡航 *EGT* 偏高 40℃；50 个循环轴承检查
123022	爬升过程振动过高
123025	200 个循环轴承检查
123029	计算滑油消耗量过高
123034	*EGT* 过高；100 个循环轴承检查

而维护过程发现的问题主要来自 EEC 存储的故障信息和孔探检查所发现的损伤。这些信息反映了发动机日常运行中出现的主要问题和损伤情况，故障信息不但会影响发动机日常飞行，而且也是导致下发的因素。在制定大修方案时，应针对主要故障采取修正措施，以免今后重复出现。制定详细的孔探检查内容列表是跟踪这一信息的一种方法，对出现明显气路损伤的发动机可将其加入"观察单"中。通常维护部门的职责是保存这些记录。然后，维修计划工程技术人员利用这些信息评估发动机的下发决策和规划送修工作范围。维修计划人员和动力装置工程师负责不断监控和评估发现的硬件损伤程度，以

确定采取相应的维修活动。

在下面的例子中，如表 5.6 所示，给出了机队发动机孔探检查损伤列表，其列出了发现的损伤和孔探日期。根据检查中发现的损伤程度和其他因素（包括商务考虑），再制定下发计划。

表 5.6　孔探检测观察表

发动机序列号	上次孔探检测结果	下次孔探检测时间
123002	3 个涡轮第一级动叶 65%叶尖前缘过早烧蚀；所有动叶叶盆表面硫化	02.00.04
123009	1 个燃油喷嘴上发现微小裂纹，材料丢失；前缘腐蚀，所有动叶发现有材料丢失	02.12.12
123022	1 个风扇动叶的叶根平台封严磨损	02.12.25
123025	低压压气机上发现小裂口；少数燃油喷嘴发现裂纹	02.11.25
123034	高压压气机 7 级动叶前缘有裂口；50%的高压涡轮一级动叶前缘处有磨蚀，叶盆后缘上部区域有表面烧伤	02.11.26

对于在翼无法修理的硬件损伤，若超限则发动机必须下发送修。对于发动机内部硬件损伤如压气机、涡轮叶片和燃烧室的损伤可基于定期孔探检查结果和手册的损伤限制，判断损伤是否超限而下发。基于大量损伤数据的积累还可以分析这些部件的平均在翼时间或损伤扩展速度，利用 5.5.1.1 小节中的下发时间预测方法估算下发时间。

2）AD 和一些重要的 SB

适航指令是强制性的，若无法在翼实施，则需要在其规定时间内下发；对于一些重要的 SB，如警告级别的 SB，若无法在翼实施，也需要下发。基于 AD 和 SB 的实施时间要求可确认下发时间。

3）发动机运行可靠性数据

运行可靠性低，说明发动机故障率高，相应引起的风险成本也增加，这也是发动机下发修理的原因之一，通过修理恢复其可靠性水平。

4）发动机各单元体的在翼时间（工作循环数）和发动机利用率

有的发动机厂家会给出发动机单元体大修的建议时间，即软时限，其是制定单元体大修方案的重要依据。当单元体在翼累积飞行时间超过软时限时，该单元体的性能和可靠性会下降较多，出现故障的概率会增加，相应风险成本会加大。单元体大修后，其累积的工作时间要清零，修后重新累积工作时间；若单元体修理级别低，则修后其在翼工作时间不清零，要继续累积。

常用的衡量发动机在翼时间的参数有两个：飞行小时数和飞行循环数。飞行小时数即发动机飞行了多少小时；飞机从起飞到降落代表一个循环。寿命件的寿命通常用循环数衡量，而飞行小时数用来比较成本的变化，即单位飞行小时的维修成本。发动机利用率常用飞行小时数来表示，即每天或每年飞行多少小时。飞行小时越多，飞机的利用率就越高。现在大多数窄体客机如 A320 系列和 B737NG 系列飞机，每天飞行在 8~10 个小时，循环小时比在 1.4~2。由于 LLP 的寿命常用飞行循环数来限制，因此，同样的发动机由于飞行小时/循环比不同，则其对 LLP 寿命的影响也不同。

5）发动机大修出厂的试车报告

发动机大修后出厂之前的最后一道程序是试车台试车，检验大修后发动机的性能是否满足要求。试车后给出性能报告，主要性能参数包括修正到海平面高度和 15℃标准天气条件下的起飞推力、最大连续推力、转子转速、转子振动值等。表 5.7 是 V2500 发动机大修试车性能参数总结。

表 5.7　发动机试车台性能参数总结

发动机序列号：12345	飞行小时数：21 394	飞行循环数：7 551	客户 B6	W. o.：50. 555. 100

性能（标准天气条件，15℃）						起飞状态机械性能				
	推力/磅	*EPR*	N_{1K}/(r/min)	EGT_K/℃	SFC_K/(磅/小时·磅)	滑油压力 2069PsiD		N_2 测量值	14 442 r/min	
起飞	30 650	1. 612	5 395	545	0. 376	滑油温度 129℃				
最大连续	26 220	1. 471	4 982	491	0. 349	滑油消耗 0. 1 升/小时				
EPR 修正因子级别：10						瞬态		加速：5. 7 秒		减速：4. 5 秒
发动机手册阈值检查：										
检查 10	TASK 71－00－00－700－010－800(33K)					振动		转速/(r/min)	风扇振动－1	风扇振动－2
						起飞	N_1	5 472	0. 05	0. 04
N_1 裕度：1. 2%　N_2 裕度：1. 73%							N_2	14 442	0. 08	0. 07
						最大连续	N_1	5 080	0. 09	0. 11
距 *EGT* 阈值上限的 *EGTM*（发动机热端不翻修）					39℃		N_2	14 129	0. 03	0. 03
距 *EGT* 阈值下限的 *EGTM*（发动机热端翻修）					31℃					
海平面/30℃ *EGTM*（发动机热端不翻修）					57℃					
海平面/30℃ *EGTM*（发动机热端翻修）					49℃					

注：N_{1K} 代表 N_1 修正值，EGT_K 代表 *EGT* 修正值，SFC_K 代表 *SFC* 修正值。

在试车台试车过程中，除了记录发动机推力、排气温度等参数之外，还会记录发动机各站位传感器的参数，给出气路性能参数，参见表 5. 8。利用这些参数可以评估修后发动机各单元体性能恢复情况，结合大修方案分析修理效果，从而知道修后各单元体的性能恢复情况，为发动机在翼性能监控和下次发动机大修方案制定提供参考。

表 5. 8　起飞功率状态下发动机试车台气路参数（V2500－A5 发动机）

发动机型号：V2533－A5 序列号：V11XXX 推力：区间 A				日期：10/08/07 时间：13:52:29	
A－*EPR*－0	1. 632 5 *EPR*	B－*EPR*－0	1. 632 6 *EPR*	F_n	28 953. 5 lbs
A－*MOT*	129. 6℃	B－*MOT*	129. 9℃	*HUM*－out	81. 51%
A－N_1	5 557. 6 r/min	B－N_1	5 557. 6 r/min	*HUM*－inside	79. 54%
A－N_2	14 581. 4 r/min	B－N_2	14 581. 6 r/min	N_1	5 554. 1 r/min
A－N_{2C26}	80. 70%	B－N_{2C26}	80. 70%		
A－$P_{t12.5}$	24. 300 0 PsiA	B－$P_{t12.5}$	24. 300 0 PsiA	N_2	14 586. 4 r/min

续 表

发动机型号：V2533－A5　　　　日期：10/08/07
序列号：V11XXX　　　　时间：13:52:29
推力：区间 A

A－P_{t2}	14.3373 PsiA	B－P_{t2}	14.3364 PsiA		
A－P_{t25}	40.4481 PsiA	B－P_{t25}	40.4383 PsiA	*OAT*	28.3℃
A－P_{t49}	23.4157 PsiA	B－P_{t49}	23.4166 PsiA	P_{t2}Cell	14.3337 PsiA
A－P_{BARO}	14.3211 PsiA	B－P_{BARO}	14.3244 PsiA		
A－P_{S3}	466.0478 PsiA	B－P_{S3}	466.0420 PsiA	P_{t2} RH	14.3432 PsiA
A－T_{t2}	27.901℃	B－T_{t2}	27.975℃	P_{t2} LH	14.3401 PsiA
A－T_{t25}	141.1℃	B－T_{t25}	141.1℃	P_{t49} CELL	23.4211 PsiA
A－T_{t3}	609.4℃	B－T_{t3}	608.1℃	P_{4SCAV}－C	111.9 PsiG
A－T_{t49}	576.2℃	B－T_{t49}	576.3℃	P_{BARO}	14.3664 PsiA
A－*VSV*	76.09%	B－*VSV*	76.01%	P_S CELLF	－0.0289 PsiG
A－*Wf*	11511.71 ppH	B－*Wf*	11511.71 PPH *	P_{S2} CELL	9.5270 PsiA
A－T_{Wf}	72.7℃	B－T_{Wf}	63.9℃		
A－VBV_{25}	97.98%	B－VBV_{25}	97.77%		

注：P_{BARO} 为大气压力；CELL 为试车台；RH 为右通道；LH 为左通道；VBV_{25} 为 2.5 级可调放气活门；P_{4SCAV} 为 4 号轴承回油压力；P_S CELLF 为试车台测量的发动机进口前大气压力；P_{S2} CELL 为试车台测量的风扇进口静压；*HUM*－out 为试车台外湿度 *HUM*－inside 为试车台内湿度；MOT 为主滑油温度。

利用发动机模型和表 5.8 中的数据评估各单元体性能状态。参见第 3 章发动机性能评估。

最后，尽可能将所有的与发动机在翼性能有关的信息汇总到一起生成在翼“观察单”，如表 5.9 所示。利用“观察单”中的信息可以更好地帮助制定发动机的下发计划和送修工作范围。

表 5.9　发动机在翼观察单

发动机序列号	ΔEGT	起飞 EGTM	HPT 循环数与软时限的偏差	自上次返厂 HPT 循环数	孔探检查 HPT	自上次返厂 HPC 循环数	HPC 循环数与软时限的偏差	寿命件剩余循环数	上次返厂性能标记	要实施的 AD、ASB 和 SB	系统部件指示标记	百循环性能衰退	机组报告和电子信息	距预计下发日期的天数
5603	**－5**	5	**－1637**	2568	X	2568	**－238**	8550	$\boldsymbol{P_{t3}+}$		**SVA 3.0 B**	0.6	X	**60**
5607	**－2**	7	**－206**	720		720		10225				**1.7**		**95**
5612	**0**	8	**－2711**	3634	X	2851	**－1312**	9305	$\boldsymbol{P_{S3}-}$	X		1.3	X	**35**
5620	**－2**	5		710		710		9936				**1.7**		**120**
5618								56	$\boldsymbol{N_1-N_2-}$		***EGT/Wf***	0.8		**待定**

注：小时循环比大约为 4.29
空白单元表示不可用、不适应或不相关
$\Delta EGT=EGT-$当外界大气温度为 38℃ 时 $EGTM$ 为 0 时的 EGT

* 1 PPH＝1 pound per hour＝0.453592 kg/h。

2. 下发规划

机队中每台发动机都有自己的下发时间，基于实际情况合理安排每台发动机的下发时间，做到既保证飞机安全飞行，又降低运营成本。在规划发动机下发时，除了前面讲的影响因素之外，在实际规划时还要考虑下列因素：

1）发动机备发数量和发动机租赁

只有飞机在飞行，才能给航空公司带来收益。发动机下发后，要想飞机不停飞，就得有可用发动机装上飞机，才能保证飞机继续飞行。这就需要航空公司有一定的备发数量，或临时租赁发动机。备发会占用大量资金，给承运人造成一定的成本压力。恰当的备发数量是即保证飞机不缺发，又尽量少占用资金的前提；另外，发动机租赁可帮助航空公司解决备发不足问题。因此，是否有发动机可用，也是机队下发规划要考虑的问题。

2）发动机梯次规划

基于发动机性能监控数据、故障状态、寿命件剩余寿命和硬件损伤信息，规划好在翼发动机的梯次，避免集中下发，从而减缓财务压力和周转压力是机队下发规划时要考虑的问题。

3）发动机大修厂负荷

大修厂负荷并不能直接影响发动机下发，但它会影响发动机在大修厂的停留时间。如果大修厂负荷比较满，没有空位，则发动机下发后，会增加发动机等待时间，造成发动机修理的周转期长，相应发动机不在翼的时间就长，这期间机队其他发动机下发的台数或概率就大，从而使机队对备发数量的需求增加。因此，合理安排下发时间，缩短发动机周转期，有利于降低机队运营成本。

4）资金预算

即有无资金支付大修费用。如有资金限制，下发的发动机会得不到及时修理，延长发动机不在翼时间。

在所讨论的影响发动机下发的因素中，LLP件、发动机损伤、AD、SB执行情况是影响下发的主要因素，尤其是由LLP、发动机损伤和AD确定的下发时间会影响发动机安全工作，所以，这些因素所决定的下发时间是不能超过的，只能提前。其他下发因素则是次要的，因此在考虑下发时间时可做一定调整。

对于LLP件，应合理规划残余寿命，对降低大修费用起重要作用，尤其是对用于短程飞行的发动机而言就更为重要。把其与发动机的下发时间或与修后期望的在翼时间结合，评估LLP寿命对换发时间的影响，优化LLP件的提前更换时间，尽量避免单独由于LLP到寿而返厂，降低大修费用。

综合上述要考虑的各方面的信息，评估发动机的性能状态，利用数学方法，规划发动机下发时间。下发规划属于多目标组合优化问题，在这方面人们已经做了许多研究，在尽可能考虑多个影响因素条件下，建立下发规划模型，采用不同算法来优化问题，如启发式算法、随机事件仿真等。

下面的规划案例给出了如何利用上面因素计划发动机下发的一个例子。首先对机队中性能差或需要关注的发动机，基于上述影响下发因素进行列表，并按各因素的影响程度分级，参见表5.10。

表 5.10　下发影响因素列表

发动机系列号	飞机号/发位	时寿件	机组/航线报告	目视检查	AD/SB	单元体小时循环数	可靠性	在翼 EHM	维修成本	燃油消耗	试车分析	下发日期
		主要下发因素										
123002	B10XY/1	A	B	A	B	C	B	C	C		C	10
123006	B30XY/2	B	C	A		A	C		C	C	B	30
123004	B70XY/1	C			B	B	B	A		C	B	55
123009	B20AB/2	C	A	C	C	A		B	B	B		75
123003	B30YY/1		A		C			C		B	B	100
123007	B70XY/2				B		B		C		B	120
123008	B10XY/2				A	C		B	B	C		140
123001	B20AB/1		C		A		B	B	C		C	160

A 必须实施
B 应该实施
C 可以实施

辅助因素考虑
- 备发
- 大修厂余位
- 发动机梯次
- 发动机租赁
- 资金限制

在这里把 LLP、机组/航线报告、目视检查报告(发动机硬件损伤)和 AD/SB 列为主要因素,其他为次要因素,把备发、大修厂余位、发动机梯次、发动机租赁和资金限制作为辅助因素考虑。根据各因素分析每台发动机的风险,并评估每台其下发时间,然后基于不同因素的优先级,优化下发时间,避免某时间段出现下发高峰对备发和资金需求的压力。在这些下发因素中,有些因素导致的下发是要严格遵守的,如 LLP、硬件损伤和 AD 指令造成的下发,而有些因素造成的下发是可调整的。在处理这些下发因素时,按各因素的影响程度,划分它们实施的优先等级,实施等级分为必须实施(A)、应该实施(B)和可以实施(C)。然后基于上述影响因素,对机队中各台发动机打分,之后综合所有因素得分,并把其归一化,按归一化后的值对发动机进行先后顺序排序,并估算其下发时间,见表 5.10。

另一种简单的方法是对机队中的发动机按表 5.10 中各影响因素,不考虑实施的优先等级,只是计数是否实施(包括 A、B、C),然后按计数值大小从高到低排序发动机,这样计数值最高为 10。比如表 5.10 中系列号为 123002 的发动机,所有 10 个条目中只有飞机/发动机燃油消耗一项不需做工作,其他项目都需要实施,所以,其计数为 9,排在第一位。同样可统计出其他发动机计数值。这种排队方法,没考虑不同因素的影响程度。但也可把那些需要关注的发动机找出来,然后再针对相应各台发动机实际数据,评估其下发时间。

基于上述发动机维修规划考虑因素,评估每台发动机的性能风险也是机队管理经常采用的方法之一。把机队中的发动机按性能风险级别排序,对失效风险高的发动机予以特别关注。发动机性能风险评估的准确程度取决于所获得的发动机数据。表 5.11 列出了系列号为 123002 发动机的具体数据实例。

表 5.11　发动机状态信息

飞机 B10XY－1 的发动机，系列号 123002		
下 发 因 素	描　　述	数　　据
寿命件	寿命件最小剩余循环	T1 盘/1 357
机组/航线报告	机组故障报告故障	无
目视检查报告	孔探检查报告	52 片 T1 动叶有白斑(50 循环)
AD/ASB/SB	下次返厂要执行的 1～4 级 SB 下次返厂要执行的 5～8 级 SB	待定 HPT 第一级导向叶片改型和动叶片热障涂层
单元体循环/小时数	相对硬时限(或软时限)的循环数	所有单元体/1 857 循环
可靠性	—	—
在翼健康监控	起飞 $EGTM$	+34℃
	巡航 ΔEGT(相对阈值)	+4
	巡航性能衰退	1.5℃/100 循环(均值)
	状态监控系统指示	相对于变化区间，N_1 过高
	巡航 EGT 指数排名	3
	在翼附加工作	检查 N_1 指示 检查风扇 FOD
维修成本	—	—
飞机/发动机燃油	飞机燃油消耗排名	5
试车数据分析	上次返厂时间	1994.08
	上次返厂 $P_{t2.5}$	过高
	上次返厂 P_{S3}	平均值
	上次返厂 $\Delta N_1-\Delta N_2$	过高(N_2 低)
	上次返厂 $EGTM$	25
	上次返厂单元体修理/翻修	除风扇外，所有其他单元体

注：T1 代表高压涡轮第一级。

为了突出那些重要、影响大的信息，表中用红旗把它们标注出来，以供评估人员参考。如第一级高压涡轮寿命件还剩下 1 357 个循环，孔探检查中发现有 52 片高压涡轮第一级涡轮叶片有白斑点(过热造成)，基于维护手册规定发动机可以继续在翼工作 50 个循环等。在这里叶片损伤起主要作用，是导致下发的因素。

对列表中各因素按不同权重评分，分析机队中的每台发动机具体数据，可获得每台发动机的风险数值，参见图 5.22。在评估机队中各台发动机风险系数时，不同因素的权重值有不同取法，不同航空公司可能有自己的考量，重要是给出的风险系数应能代表发动机的状态。在机队管理过程中，应不断总结评估经验，关联以往发动机的性能状态与发生事故之间的联系，不断改进评估精度。

风险系数代表了发动机发生事故的概率，风险系数越高，则表明出现问题的概率越大。确认了机队中每台发动机的风险系数后，即可规划发动机的在翼维修活动和下发时间，这些规划不一定正好与发动机的日常维护检查、定检时间吻合，但应该与飞机的维修

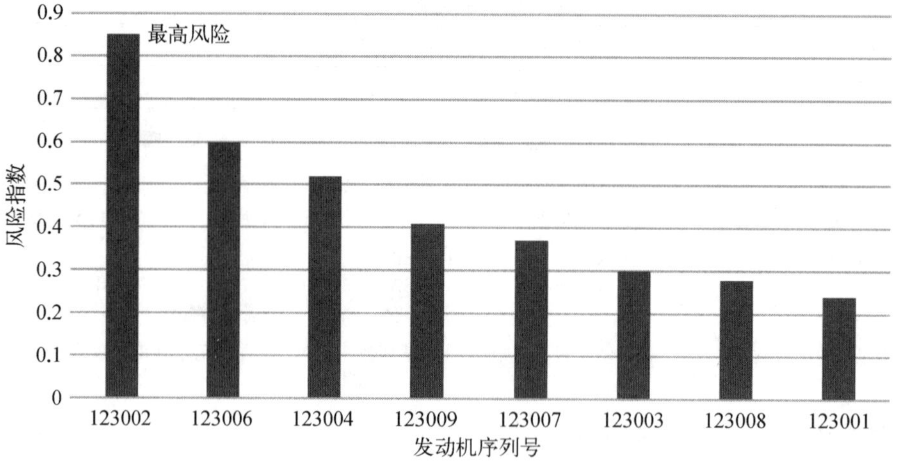

图 5.22 发动机风险指数

规划一致,这样便于安排具体的检查、维修时间。在风险评估时,还要分析比较维修费用与发动机继续在翼使用所产生的费用,选择合理的下发时间。

5.5.1.3 发动机在翼维修管理流程

要实现第1章提到的发动机机队管理目标,应从下面几个方面开展机队管理。

1. 数据搜集

搜集发动机使用数据和维修数据,具体数据参见表5.9。

2. 评估每台发动机的健康状态,基于其性能状态和损伤状态找出需要关注的发动机。把这些发动机排序,结合辅助因素规划下发并制定合理的维修方案,实现维修成本、间接成本和燃油成本的降低,达到降低单位座里程费用的目的。具体流程参见图5.23。

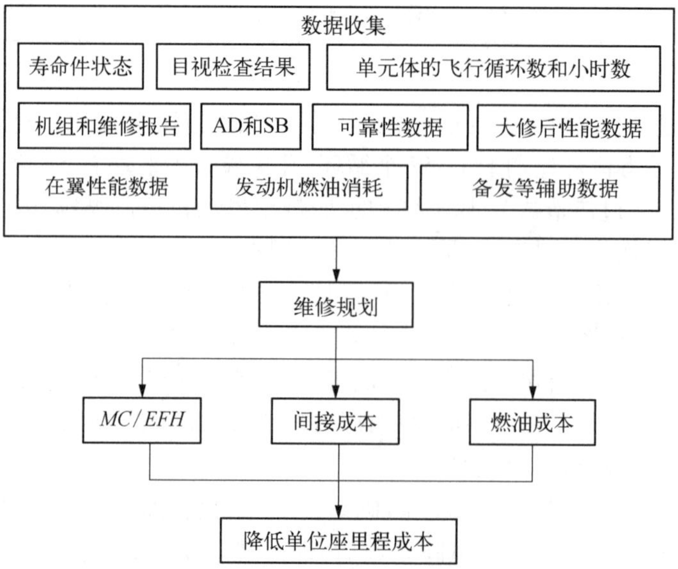

图 5.23 发动机在翼管理

5.5.2　发动机大修管理

5.5.2.1　发动机维修管理准则

为了实现发动机机队管理目标，有效管理发动机运行中由OD事件所造成的风险成本，合理规划发动机返厂并制定大修方案，在现代发动机维修管理中，有三个常用的准则：软时限、硬时限和视情维修。因为在发动机设计和定期维修方案制定时，已经考虑这些维修准则，因此，充分理解这些准则有利于发动机维修管理。

1. 软时限

软时限是针对发动机单元体建议的大修时间，其是基于单元体性能衰退程度和可靠性水平给出的，是指自新部件开始或从上次大修后累积的工作时间到达了单元体的预防维修时间，这时若发动机返厂修理，基于机会维修的理念，应该对该单元体进行分解大修。即软时限是对单元体进行翻修的最低时间，相应的维修成本最佳。有的厂家会在发动机维修管理手册或维修计划指导中给出单元体的软时限，作为航空公司制定发动机返厂维修方案的参考。表5.12为普惠发动机PW4000单元体软时限样例。

表5.12　PW4000发动机软时限

单　元　体	推荐软时限(循环/小时)	性能、运行和耐久性方面的收益
风扇叶片/减振凸台润滑	A检/500小时	增加风扇颤振裕度；抑制风扇振动
风扇叶片/LPC单元体	5 000/20 000	增加 EGT 和 N_1 裕度；降低巡航燃油消耗率
风扇机匣/中介机匣单元体	5 000/20 000	保持机匣耐久性和足够的喘振裕度
HPC单元体	4 000/16 000	增加 $EGTM$；降低巡航燃油消耗率；提高LPC和HPC喘振裕度
扩压器、燃烧室、涡轮导向器组件	4 000/16 000	保持扩压器的整体性；气路性能恢复；降低燃油消耗率
HPT单元体	2 000/16 000* 4 000/16 000*	防止HPT第一级动叶断裂；提高HPC喘振裕度；改善 $EGTM$ 和巡航燃油消耗率
LPT单元体	4 000/16 000	改善 $EGTM$ 和巡航燃油消耗率
涡轮排气机匣	4 000/16 000*	确保4号轴承腔的有恰当的供油量和回油量

* 循环/小时数随发动机型号和减推力级别的不同而变化(参考PW4000 MPG)

软时限只是厂家建议的单元体修理时间，并不是必须执行的时间。这样软时限是允许超过的，即单元体的在翼工作时间可以超出软时限。但软时限代表了单元体的在翼工作能力，若超出软时限继续在翼工作，发动机出现问题的风险会增加。从表5.12中可见对于高压压气机(HPC)单元体，累积工作时间达到4 000循环或16 000小时，对其进行翻修不但可提高 EGT 裕度、降低燃油消耗，而且还可提高低压和高压压气机的喘振裕度。若此时不对其进行翻修，则压气机就会容易发生喘振。

因此，软时限是辅助分析判断单元体修理级别的一个准则，在制定单元体的修理级别时应充分考虑发动机单元体的在翼时间、软时限、寿命件的剩余寿命和目标在翼时间，确定是否对单元体进行大修。在保持发动机具有一定的在翼可靠性和性能的前提下，为了减少发动机下发次数，降低大修成本，可相对软时限适当缩短或延长单元体的大修时间，优化大修修理方案。航程的长短、减推力的使用、改装标准和热端部件的寿命等都会对软时限产生影响。

2. 硬时限

硬时限是部件使用时间限制,若超过该时间,部件发生失效或故障的风险会超出可接受的水平。对整台发动机而言,若规定了硬时限,则当发动机在翼工作时间到规定的寿命后,应下发大修。有硬时限下发规定的发动机,其下发管理比较简单,当机队引进某种新机型时,若运行可持续性还不确定时,硬时限这种方法是一种较好的初始方法。但硬时限不是经济有效的管理下发方法。现代民用发动机整机不再设置下发的硬时限,而是通过发动机的实际状况决定何时下发。在现代民用航空发动机上,转子部件如压气机和涡轮的盘、轴等一旦损坏,很难被包容,很可能给飞行安全带来影响,因此,规定了它们的使用寿命,到规定寿命必须更换,以保障发动机安全工作。因此,这些有固定寿命的部件是影响下发的因素。

3. 视情维修

基于发动机状态判断是否下发大修。发动机的状态可从性能参数变化和硬件损伤来判断,即基于连续不断的气路性能监控、硬件损伤检查测量和系统检查判断发动机健康状况。气路性能参数反映了发动机性能衰退状态,日常维护中发现的问题和孔探检查获得的内部损伤数据反映了发动机硬件损伤和系统的状态,基于这些数据评估在翼发动机的状态,决策是否下发,决定大修范围。

对于现代民用涡扇发动机而言,在设计时其采用了上述准则,这样在规划发动机下发和制定大修方案时,对不同的部件和单元体采用对应的维修策略。除了要考虑这些准则之外,还应注意下列因素:

(1) 冷端部件和热端部件的单位飞行小时的维修成本(*MC/FH*)。通常冷端部件的单位飞行小时的维修成本随发动机在翼时间的延长而下降,而热端部件则正相反,参见图5.24所示(图中横坐标代表发动机在翼时间,纵坐标代表 *MC/FH* 或小时费用或失效风险)。这主要是冷、热端部件的损伤机理不同,从而造成发动机返厂大修时,冷端部件报废的材料成本随在翼时间增加并不像热端部件的材料成本增加明显。但是对于冷端部件来说,其在翼时间若超出了规定的软时限,则该单元体失效的风险会增加,性能衰退会加快;对于热端部件来说就需要优化其 *MC/FH* 与发动机在翼时间的关系,尽可能在保持较低 *MC/FH* 的同时,延长发动机在翼时间,该时间可以以 *MTBSV* 为参考。

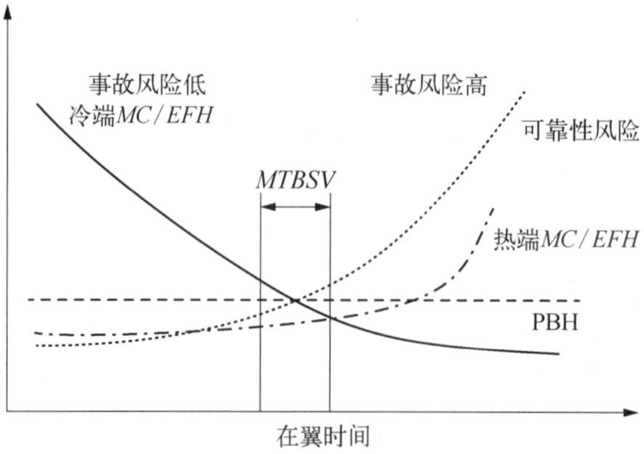

图 5.24　在翼时间与 *MC/FH* 的关系

(2) 按飞行小时付费(PBH)是现在发动机厂商或发动机大修供应商提供的一种发动机维修服务方式。不同的发动机厂商都提供这种小时付费服务方式,如罗罗公司的

"TotalCare"、通用电气的"OnPoint Solutions"等,但它们服务内容不仅局限于发动机大修,还扩展到其他服务如提供备发、备件和现场支援等。例如罗罗公司的"TotalCare"提供下列服务:① 发动机运行支持,包括技术支持、资产管理和航线支持;② 修理和大修,包括计划的发动机返厂、非计划发动机下发修理和发动机修理;③ 信息管理,包括发动机健康状态监控、发动机管理和技术出版物。

在 PBH 模式下,通常服务商提供备发和某些附件,并承担合同期内发生的发动机各种可能的维修和大修,航空公司按固定费率和实际飞行小时数付费,发动机大修由承包商负责。具体费率取决于服务内容和发动机运行情况等。对航空公司而言,其带来的好处是费率固定,发动机维修费用可预测,降低了财务风险。显然,下列与发动机运行和维护相关的因素会影响费率:发动机工作条件、航班飞行小时/飞行循环比和发动机维修策略。因此,不管是从服务提供商还是从航空公司的角度来说,准确估算发动机使用期间的维修费用相当重要。

(3) *MTBSV* 代表了机队中发动机的平均在翼时间。它是航空公司在翼管理发动机维修的一个重要指标,与其他机队或发动机厂商给出的 *MTBSV* 对比,可分析存在的差异并寻找原因。由于发动机实际飞行航程的长短和减推力的使用对发动机在翼时间有影响,所以,在对比时要注意其他用户的发动机实际运行情况和厂家建议的发动机在翼时间所对应的减推力和典型航程。分析查找影响 *MTBSV* 的根本因素,通过修订维修活动或选择实施厂家的服务通告增加 *MTBSV*。在延长发动机在翼时间时,应根据飞机实际运行情况,评估发动机在翼时间超出 *MTBSV* 的风险。

图 5.24 中可靠性风险曲线代表了发动机运行风险随在翼时间的变化关系。显然在发动机下发时间低于 *MTBSV* 时,风险较低,而高于 *MTBSV* 时,风险增加较快。因此,在决定发动机下发和大修方案时,要充分考虑上述准则和影响因素,合理规划下发和制定大修方案,在控制运行风险的前提下,延长发动机在翼时间,降低维修成本。

5.5.2.2　返厂大修管理

返厂大修管理的目标就是基于发动机实际状况,制定合理的大修方案,从发动机使用寿命周期的角度出发,降低总的返厂大修费用。在发动机大修管理中,大修方案的制定是一项重要任务,大修方案直接影响修后发动机性能恢复程度、在翼时间、大修费用和使用寿命周期内的返厂次数。有关大修方案的制定和大修成本计算参考第 4 章内容。为了不断改进大修方案的制定流程,提高大修方案的效益,寻找最佳返厂时间,在返厂大修管理中还应开展如下工作:

(1) 记录发动机每次返厂大修内容和方案,以及返厂时各单元体的累积在翼工作时间,各单元体零部件的报废量和修理费用,建立大修级别、修理内容、零部件报废与在翼时间的关系,为今后大修方案制定提供参考;

(2) 基于发动机大修试车性能数据,记录每次返厂修理的性能恢复情况、修后发动机实际在翼时间,分析大修方案的修理效果;

(3) 记录实际发生的大修费用和送修时的预计费用,分析造成差异原因,为今后大修预算提供参考;

(4) 基于发动机实际在翼状态,优化在翼时间和大修费用,形成适合自己机队情况的发动机下发规划和大修方案制定流程，提高发动机在翼性能，降低发动机维修费用。

发动机大修后，通常大修厂会提供下列技术文档：① 发动机试车台试车数据；② 发动机 LLP 件寿命列表；③ AD 和 SB 实施列表；④ 单元体时间列表；⑤ 车间发现报告；⑥ 报废件和更换件记录等。这些信息不但代表了发动机大修后的性能状态，而且也为下次返厂提供了参考数据。

5.5.2.3 大修成本管理

对航空公司而言，了解影响发动机维修费用的因素是降低运营成本的关键。

1. 大修成本组成

发动机返厂大修成本主要包括材料成本、工时费用、委托修理费用和寿命件成本。材料成本主要是压气机、涡轮叶片和紧固件等的费用。工时主要花在分解、组装和部件修理。委托修理指一些大修厂自身不能开展的某些特殊修理，需要其他厂家来维修。寿命件成本是发动机修理时更换寿命件的费用，它们价格较高，但通常寿命较长，并非每次返厂都更换。表 5.13 是普惠公司统计给出的 JT8D－200 发动机大修成本中上述各成本因素的占比情况。由于发动机大修费用受工作条件影响，表中的数据是基于下列条件给出的：① 发动机飞行小时/循环比是 1.4；② 使用 5%减推力起飞；③ 成熟期发动机下发大修，即非首次下发大修。

表 5.13　JT8D－200 发动机大修费用

单位飞行小时成本组成	-217A	-217C	-219
维修材料成本	$38.60	$38.60	$41.40
人工成本	$19.00	$18.20	$19.00
外委维修成本	$10.00	$9.60	$10.00
小计(不包括寿命件)	**$67.60**	**$66.40**	**$70.40**
寿命件	$13.40	$13.20	$13.20
总计	**$81.00**	**$79.60**	**$83.60**

从表中可见，材料成本占多半。因此，优化发动机在翼时间，管理好发动机大修材料成本，是降低发动机大修成本的关键。在机队管理过程中，对于影响发动机维修成本的上述因素进行研究，分析发动机大修策略对维修成本的影响，优化大修方案和返厂时间间隔，降低维修成本。

从以下几个方面分析大修策略对大修成本的影响：

(1) 部件报废与修理的决策，即对损伤的部件是修理还是报废。通常部件更换的费用要高于修理的费用；

(2) 冷端部件的翻修策略，如冷端部件的翻修时间，其大修时，对叶片如何处理，是更换还是继续使用等；

(3) 热端部件的大修管理，即热端部件翻修时间间隔，叶片修理和报废策略等；

(4) 寿命件的更换策略，即可提前多少循环报废寿命件，或残余寿命决策；

(5) SB 实施策略，SB 的实施会增加大修成本，因此，做好 SB 评估，尤其是那些能提高发动机在翼时间和性能的 SB 是重点研究对象，因为这些 SB 的实施有利于降低维修成本。

2. 发动机工作参数和环境对大修成本的影响

影响发动机在翼时间的因素,也会影响发动机大修费用。因此,对发动机管理者而言了解这些影响因素,加强发动机运行管理,可以降低发动机维修成本。这些参数主要是发动机减推力起飞使用情况、起飞时的大气温度和航程的长短。参考 5.5.1.1 小节。下面以案例形式说明,在考虑这些工作因素时,如何估算返厂大修成本。

某涡扇发动机额定起飞推力为 27 500 磅,假设其基准工作条件是: 航程 2 小时,10% 减额定起飞推力,首次下发时飞行了 20 000 小时,首次返厂的平均返厂率是 0.05/1 000 飞行小时,且返厂性能恢复成本是 1 600 000 美元。若飞机实际有两种飞行方案:

(1) 每年飞行 3 000 小时,航程 1 小时,减额定推力 20%,飞行环境: 热/干燥;

(2) 每年飞行 3 000 小时,航程 2.5 小时,减额定推力 5%,飞行环境: 磨蚀性大气环境。

不同航程和减额定起飞推力下,该发动机工作严酷度值见表 5.14。

表 5.14　考虑起飞推力和航程的严酷度表

严酷度值						
减额定推力		0	5%	10%	15%	20%
航程	1.0	1.85	1.75	1.65	1.55	1.45
	1.5	1.35	1.25	1.20	1.15	1.10
	2.0	1.10	1.05	1.00	0.95	0.85
	2.5	0.98	0.93	0.88	0.83	0.78
	3.0	0.90	0.85	0.800	0.78	0.735
	3.5	0.825	0.800	0.775	0.750	0.725
	4.0	0.800	0.775	0.75	0.725	0.715

从前面的介绍知道,在基准条件下飞行时,发动机单位飞行小时的返厂性能恢复成本为

$$MC/FH = SVC \times SVR = 1\,600\,000 \times 0.05/1\,000 = 80\ \text{美元 / 飞行小时}$$

由于工作环境对发动机工作严酷度也会产生影响,如空气中的沙尘、风沙等会加速压气机叶片的磨蚀或造成涡轮叶片冷却孔的堵塞,从而影响发动机返厂大修成本,考虑这些因素后,对单位飞行小时返厂性能恢复成本的调整可用式(5.5)计算。

$$\frac{MC_A}{FH} = \frac{MC_B}{FH} \times SF \times F_E \tag{5.5}$$

式中,MC_B/FH 是基准条件下的单位飞行小时返厂性能恢复成本;SF 是发动机工作严酷度;F_E 是环境影响系数。

从表 5.14 可知,飞行方案一的严酷度是 1.45,飞行方案二的严酷度是 0.93。环境影响系数分别是环境温度适中时,F_E 为 1,飞行方案一的环境影响系数为 1.1,飞行方案二

的环境影响系数是1.2。所以,基于式(5.5)调整后的单位飞行小时返厂性能恢复成本分别如下。

方案一:

$$MC_A/FH = 80 \times 1.45 \times 1.1 = 127.6 \text{ 美元/小时}$$

方案二:

$$MC_A/FH = 80 \times 0.93 \times 1.2 = 89.28 \text{ 美元/小时}$$

这样知道了基准返厂大修成本后,基于发动机实际工作严酷度值以及环境影响系数,即可估算不同工作条件下发动机返厂大修成本,从而为发动机大修费用管理提供数据参考。

尤其需要指出的是减推力起飞对发动机大修成本的影响还是比较大的,尤其是对短航程运行(低 *FH/FC*)的发动机而言,就更加明显。表5.15给出普惠公司JT9D发动机使用10%减额定起飞推力对大修成本的影响。JT9D是大推力涡扇发动机,用于宽体客机,适合长距离飞行。可见同样的减推力,2小时航程和6小时航程对比,对前者的影响更大些。这主要是因为,当飞行小时/飞行循环比低时,循环数限制了部件的寿命。

表5.15 JT9D发动机减推力起飞对大修成本影响

航　　程	2小时	4小时	6小时
0减额定起飞推力,热端部件 *MMC/EFH*	$134	$99	$89
10%减额定起飞推力,*MMC* 的节约	29%	19%	12%
10%减额定起飞推力,*MMC/EFH* 节约量	$38	$19	$11
10%减额定起飞推力,*MMC/EFH*	$96	$80	$78

表5.15是普惠公司针对该JT9D发动机的大修成本的分析结果。CFMI公司针对其发动机大修费用分析表明,尽管起飞时间(少于5分钟)在整个航段的占比很低,但起飞所致的维修费用至少占发动机维修费用的45%,因此,从维修的角度讲,航空公司加强起飞控制,优化起飞过程,合理选择减推力起飞,对延长发动机在翼时间,降低发动机维修成本会起到重要作用。

3. 大修材料成本管理

大修材料成本占发动机大修成本的50%以上,同时也是受航空公司发动机大修策略影响较大的一个重要影响因素,因此,监控大修材料成本的变化情况,优化下发时间,可实现降低大修成本的目的。这就需要跟踪发动机大修材料成本与发动机在翼时间,建立材料成本与在翼时间的关系,从而寻找最佳的返厂时间。

建立发动机大修数据库,记录返厂大修发动机每个单元体修理时叶片报废率、在翼时间等是大修材料管理的一项重要内容。图5.25是某数据库的记录页面,该页面显示的是该发动机高压涡轮(HPT)的具体数据,包括HPT自大修后的工作循环数/小时数、工作叶片和静子叶片的报废率。这样有了部件报废率和自上次大修后的在翼时间,就可计算出单位飞行小时的材料成本。若每个单元体的数据都记录了,就可获得整台发动机的大修

HPT需求数据输入			
发动机型号	PW2037	自大修HPT循环数	4162
发动机序列号	123456	自大修HPT小时数	11116
自上次翻修HPT循环数	2340	HPT动叶报废率/%	73
自上次翻修HPT小时数	6250	HPT静叶报废率/%	32
推荐数据输入			
自上次翻修HPT 1B 循环数	2340	自上次翻修HPT 2B 循环数	2340
自大修HPT 1B 循环数	4162	自大修HPT 2B 循环数	4162
自上次翻修HPT 1V 循环数	2340	自上次翻修HPT 2V 循环数	2340
自大修HPT 1V 循环数	4162	自大修HPT 2V 循环数	4162
HPT 1B 报废率/%	61	HPT 2B 报废率/%	12
HPT 1V 报废率/%	21	HPT 2V 报废率/%	11
HPT 改装序列号	654321	日期	91/9/18
其他参考	孔探失效检查		

注：图中 1B、2B 代表第一、二级工作叶片，1V、2V 代表第一、二级静子叶片。

图 5.25　发动机大修数据库记录页面

材料成本。

若大修材料成本数据较多，则可获得不同在翼时间所对应的大修材料成本变化情况，从而决策最佳的翻修时间。普惠公司对 JT9D－7R4 发动机进行了研究，研究条件包括：发动机工作条件（减推力起飞使用情况，航程长短、起飞环境温度）和返厂时高压压气机的维修策略（高压压气机翻修时报废所有工作叶片，更换 20%的静子叶片），从而获得了该发动机维修材料成本随在翼时间的变化关系。图 5.26 给出了高压压气机和高压涡轮单位飞行小时的大修材料成本（*MMC/EFH*）随在翼时间的变化曲线，可见随着在翼时间的增加，高压压气机的 *MMC/EFH* 不断减少，而高压涡轮的 *MMC/EFH* 不断增加，两者相加的得到 *MMC/EFH* 在 3 000 循环时最低，即针对该发动机来说，在相应的研究条件下，3 000 循环时发动机返厂大修，材料成本最低。

当然不同发动机对冷端部件的修理原则以及对损伤部件（如叶片等）的修理和报废原则不同，都会影响大修材料成本。因此，不是所有的发动机都会出现明显的类似图 5.26 中的最佳时间点。

4. 最佳下发时间

在规划发动机的返厂时间时，在翼状态监控可以帮助做出高效的维修决策。通过在翼状态监控可以优化寿命周期成本，在满足适航法规要求的前提下，避免非计划下发。维修方案规划人员应该针对每台发动机寻找最佳下发时间（或返厂时间间隔 *MTBSV*）。

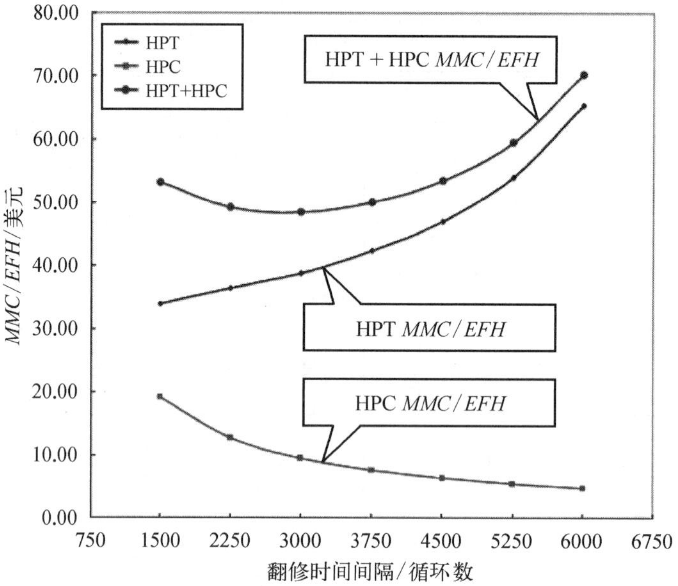

图 5.26　单元体大修材成本分析

为了说明这种最佳下发时间的重要性，下面介绍针对某机队 JT9D－7R4D 发动机所做的研究结果。研究目的是帮助 JT9D－7R4D 机队营运人确定发动机冷、热端最佳翻修时间。研究中考虑的主要因素有：燃油消耗、维修成本(*MC*)和资金成本。研究条件如下：

(1) 航程 4 小时，起飞减推力 10%，起飞环境温度 12.2℃，飞机利用率 324 小时/月；

(2) HPC 的 *MC* 包括每次返厂大修时更换所有 HPC 工作叶片和 20%的静子叶；维修人员工时费是 50 美元/(人・小时)，并按当时的油价计算燃油费用。

研究结果参见图 5.27。可见对于这个机队的 JT9D－7R4D，最佳下发送修时间约为 3 000 循环。返厂维修包括冷端和热端翻修。该最佳时间点将随营运人、发动机运行条

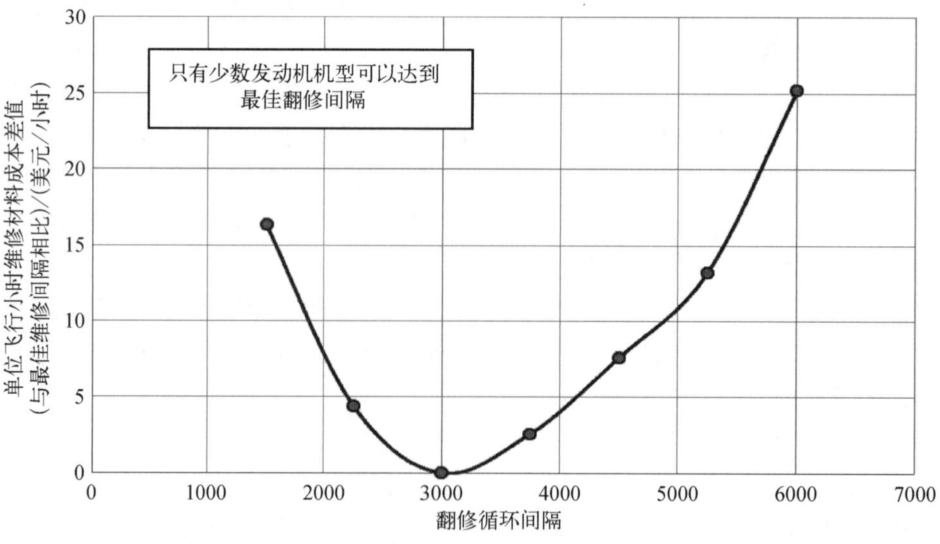

图 5.27　返厂材料成本-最佳返厂维修间隔

件、发动机成熟度以及发动机类型的变化而变化。

当低于最佳下发时间返厂维修时，由于研究条件中规定，每次返厂都报废 HPC 动叶和 20%的静子叶片，所以冷端部件分摊到每个飞行小时的维修成本会增加；但 HPT 叶片报废数会减少，所以热端部件分摊到每个飞行小时的维修成本就会减少，另外，相较最佳时间返厂，发动机燃油消耗也稍少；但由于冷端 *MMC/EFH* 的增加比热端 *MMC/EFH* 和燃油消耗的减少要多，所以最终发动机的单位飞行小时维修成本还会相较最佳时间点时高。

当大于最佳返厂时间下发送修时，尽管冷端部件分摊到单位飞行小时的维修成本减少了，但 HPT 叶片报废数量的增加起主导作用，从而导致发动机的单位飞行小时维修成本增大。

需要注意的是当机队发动机下发的最主要原因是 HPT 性能退化，或者修理时若 HPT 叶片的报废量大于 50%时，则表明下发时间可能超出了图示的最佳返厂时间。

5. 延迟下发对维修成本的影响

长时间在翼运行的发动机性能会发生衰退，进而使得燃油消耗升高，甚至可能会缩短飞机的飞行距离。另外，如果发动机运行时间超过了最佳返厂时间间隔，则发动机的单位飞行小时维修材料成本（*MMC/EFH*）也会增加。下面以 JT9D－7R4D 发动机为例，说明不同下发时间对维修成本的影响。作为发动机管理者应确定其机队发动机的 HPC 和 HPT 的最佳返厂大修时间，以降低维修成本。

从图 5.27 可知，JT9D－7R4D 发动机的最佳下发时间是 3 000 循环（或 12 000 小时）。下面以第 3 章中表 3.14 中列出系列号为 5607 的发动机来说明维修材料成本的变化。如果该发动机在 3700 循环（超过最佳大修间隔 700 循环）执行下发计划，从图 5.27 可知，多出 700 循环会使 *MMC/EFH* 增加约 2.50 美元。这是由于发动机有更多涡轮叶片报废引起的。

表 5.16 给出了 3 000 循环下发时，高压涡轮材料成本的计算，可知在最佳下发时间下发时，*MMC/FH* 为 38.97 美元/小时。在此基础上增加 2.50 美元，则新的 *MMC/EFH* 为

表 5.16　3 700 个循环下发时 *MMC/EFH*

	单价/美元	部件个数	单套价格/美元	平均寿命/小时	(*MMC/EFH*)/美元
1TV	2 010	66	132 660	20 000	6.63
1TB	1 660	116	192 560	15 000	12.84
2TV	2 100	90	189 000	20 000	9.45
2TB	1 820	138	251 160	25 000	10.05
总计			765 380		38.97

最优成本
@3000 循环

发动机#5607	基本 *MMC/EFH*		增加		总 *MMC/EFH*
12000 小时下发	38.97	+	0	=	38.97 美元
14800 小时下发	38.97	+	2.50	=	41.47 美元

41.47 美元。但值得注意的是，商家的航材每年都要提价，该研究是 20 世纪 80 年代的价格，时至今日，涡轮叶片的价格应该涨了很多。

系列号为 5607 的发动机延长在翼时间后，对维修材料成本的影响计算如下：

(1) 在 12 000 小时(3 000 次循环)下发，则 *MMC/EFH* 为 38.97 美元。

若发动机按 3 000 循环下发，再继续飞行 700 循环，则总的材料成本为

$$(3\,000+700)\times4\times38.9=576\,756 \text{ 美元。}$$

(2) 如果发动机在翼额外运行 2 800 小时(700 循环)，即在 14 800 小时(3 700 循环)下发，则 *MMC/EFH* 将升至每小时 41.47 美元，则总维修材料成本为

$$(3\,000+700)\times4\times41.47=613\,756 \text{ 美元。}$$

上面计算过程参见图 5.28。

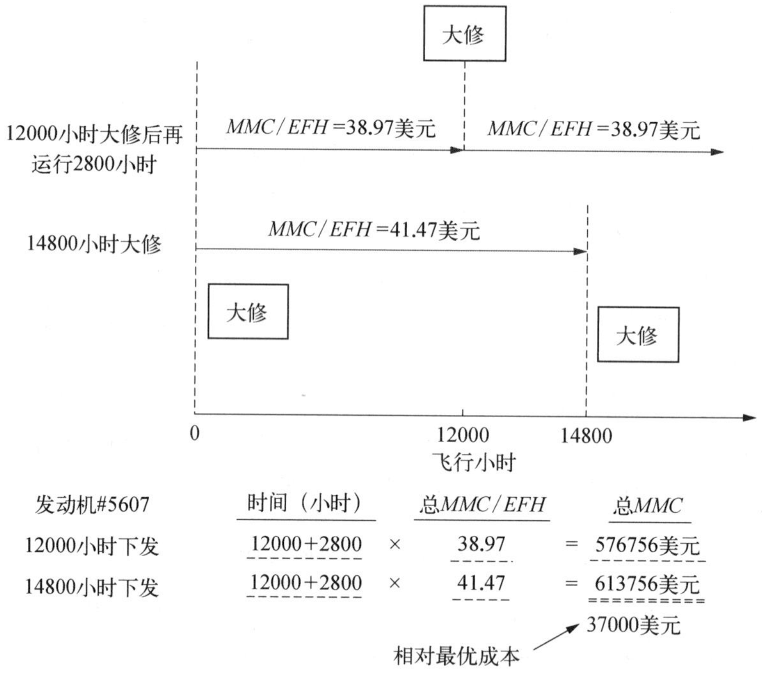

图 5.28　增加 700 个循环后下发成本计算

即延长了 700 循环后下发，实际 *MMC* 增量为 37 000 美元。这其中没计算额外的燃油成本。另外，由于在翼时间的延长，发动机在翼发生意外事件的概率会增加，因此，相应的风险成本也会增加。

这种比较是在有备发可用的假定条件下进行的，并且备发能够正常运行 3 000 个循环。如果考虑备发的租赁情况，则分析过程将有很大的差异。

6. 提前下发对维修成本的影响

下面利用第 3 章表 3.14 中的系列号为 5603 的发动机和图 5.27 中的 *MMC/EFH* 来分析提前下发的影响。如果在 2 600 个循环(低于最佳下发时间 400 循环)执行下发计划，则发动机的 *MMC/EFH* 会增加。

从图 5.27 来看，比 3 000 次循环低 400 循环下发返厂，应该会使 *MMC/EFH* 增加约 1.40 美元。这是由于提前下发大修而导致的压气机叶片寿命损失远远大于由于继续使用 400 额外循环而导致的涡轮叶片寿命损失。

在 38.97 美元的基础上增加 1.40 美元，新的 *MMC/EFH* 为 40.37 美元，如表 5.17 所示。

表 5.17　2 600 个循环下发的 *MMC/EFH*

	单价 /美元	部件个数	单套价格 /美元	平均寿命/ 小时	(*MMC/EFH*) /美元
1TV	2 010	66	132 660	20 000	6.63
1TB	1 660	116	192 560	15 000	12.84
2TV	2 100	90	189 000	20 000	9.45
2TB	1 820	138	251 160	25 000	10.05
总计			765 380		38.97

最优成本
@3000 循环

发动机#5603	基本 *MMC/EFH*		增量		总 *MMC/EFH*
12000 小时下发	38.97	+	0	=	38.97 美元
10400 小时下发	38.97	+	1.40	=	40.37 美元

系列号为 5603 的发动机缩短在翼时间后，对维修材料成本的影响计算如下：

（1）在 12 000 小时（3 000 次循环）时下发，则 *MMC/EFH* 每小时 38.97 美元，相应下发时的总材料成本为 467 640 美元，这样，飞到 10 400 小时（提前 400 循环下发）对应的维修材料成本为

$$(3\,000 - 400) \times 4 \times 38.97 = 405\,288 \text{ 美元。}$$

（2）如果提前 400 循环下发系列号为 5603 的发动机，即比图 5.27 曲线的最低时间点早，则 *MMC/EFH* 将升至每小时 40.37 美元，相应的维修材料成本为

$$(3\,000 - 400) \times 4 \times 40.37 = 419\,848 \text{ 美元。}$$

这样提前下发维修材料成本增加了 15 560 美元，计算过程参见图 5.29。

7. 燃油成本估算

在制定最佳维修间隔时另外一个需要考虑的因素是燃油流量的相对水平。对于长时间运行的发动机，由于燃油消耗率水平相对较高，在制定下发计划时应该考虑提前下发。下面以案例说明发动机燃油成本计算。

图 5.30 是 JT9D－7R4D 发动机机燃油流量相对基线值的偏差与自上次热端大修后发动机在翼时间之间的关系，大约在 3 000 循环时，燃油流量偏离基线值大约为 6%。使用这一时间点作为进行 HPC 和 HPT 翻修的最佳时间，则燃油流量偏差超过 6%的任何发动机飞行时都会产生额外的燃油成本。

下面以第 3 章表 3.14 中序列号为 5607 的发动机为例，阐述下发规划时如何考虑燃油消耗的增加。查看表 3.14 中的数据，该发动机排名第 2，其燃油流量与基线的偏差为

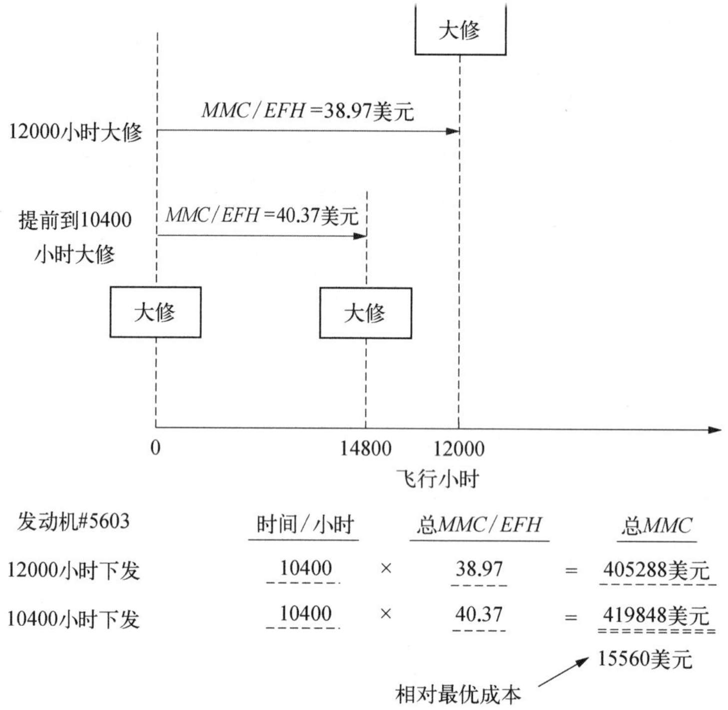

图 5.29　提前 400 个循环下发成本计算

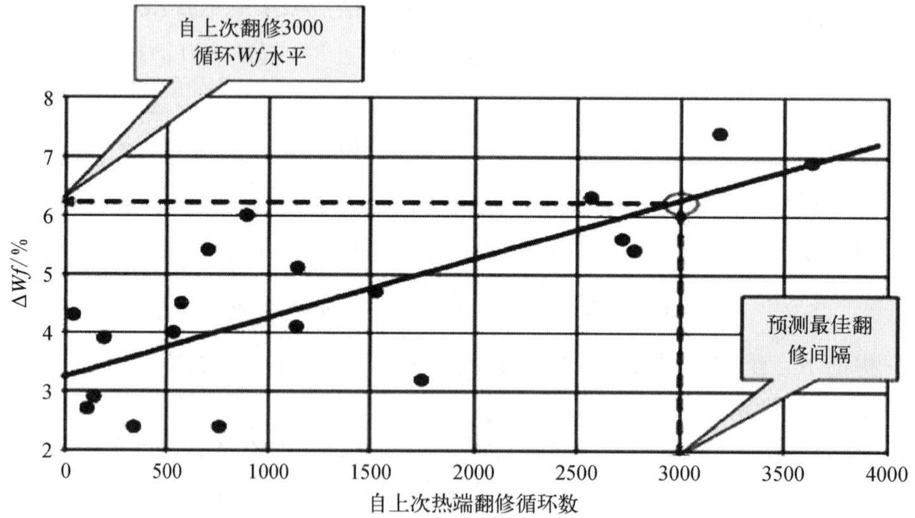

图 5.30　燃油流量衰退规律

7.4%，比图 5.30 所示的下发返厂大修后发动机平均燃油流量与基线偏差的均值(3.3%)高出 4.1%。自上次 HPC 和 HPT 大修以来，该发动机已经飞行了 3 192 个循环。如果运营商决定此时不送修发动机，而是继续保持在翼飞行 500 循环(平均飞行小时/循环比是 4，即 2 000 小时)，则相对于此时下发大修后的发动机，将产生大约 43 000 美元的额外燃油成本，计算所需参数见表 5.18。

表 5.18　发动机 5607 的燃油成本分析

名　　称	数　据
发动机序列号	5607
当前燃油流量水平(相对于基线)	7.4%
翻修后发动机平均燃油流量水平	3.3%
超出的燃油流量	4.1%
发动机巡航时平均燃油消耗量	4 500 磅/小时
自上次 HPT 翻修后在翼循环/小时	3 192/13 427
每加仑燃油价格	1.00 美元
继续在翼循环/小时	500/2 000

额外燃油成本 = 超出的燃油流量 × 平均巡航燃油消耗量 × 燃油价格 × 飞行小时数

$$\Delta Wf = 4.1\% \times 4\,500 \times \frac{1}{6.8} \times 1.00 \times 2\,000 = 54\,000 \text{ 美元}$$

计算中 1 加仑燃油重 6.8 磅。

在这里未来 500 个循环的额外燃油成本估算不包括：

(1) 随着发动机继续衰退,燃油消耗率水平不断增加;

(2) 发动机热端部件的进一步损坏;

(3) 与非计划下发相关的潜在成本;

(4) 与不正常发动机事件相关的风险成本。

5.6　发动机备发管理

5.6.1　备发管理的基本概念

发动机备发的目的是为了保证发动机机队周转、更换和送修的需要。备发数量不能过多,也不能过少。备发数量过多则会导致发动机持有成本增加,这些成本主要包括:发动机的购买资金、仓储费、相关的人工成本、保管费和税费、材料过剩或过期有关的费用。持有成本常以所占年采购成本的比例进行统计,典型营运人的发动机持有成本一般占采购成本的 25%～35%不等。但备发数量过少,则不能保证飞机正常运行,影响航班的正常率,也会导致相应的缺发成本增加,这主要包括:发动机租赁和运输费、发动机更换的人工费用、受影响乘客的安置补偿费、航空公司的声誉损失等。缺发成本一般也按年进行统计,它直接受机队发动机备发数量的影响,当备发数量为零时,缺发成本最高;备发数量足够多时,缺发成本几乎为零。备发总成本与备发数量的关系如图 5.31 所示。

航空公司都希望以最少的备发数量来保证整个机队的正常运营,发动机返厂率直接影响备发数量。但发动机机队的返厂率在一定的时间范围内往往是波动的,返厂率处于峰值时,则意味着机队达到下发高峰,此时需要大量的备发进行替换,往往会造成备发数量不足;而当返厂率处于谷底时,此时并不需要大量的备发进行替换,又会造成备发数量

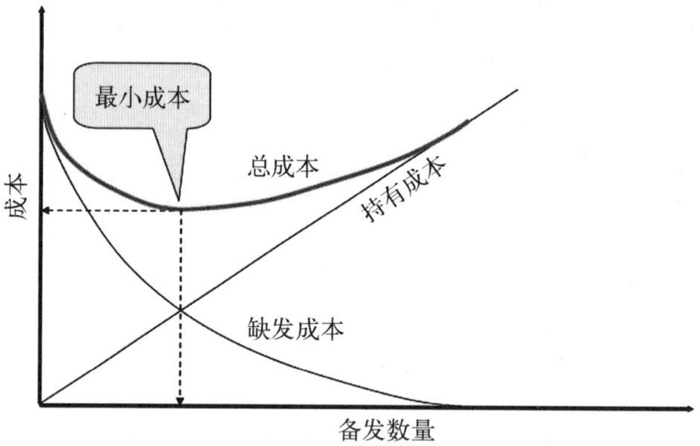

图 5.31 发动机备发量与成本的关系

过剩。如何确定最佳的备发数量,往往需要从两个方面进行考虑:

一方面是与发动机的设计有关,如发动机固有可靠性、热端部件的耐久性、发动机的性能保持能力以及维修性等,它们会影响到发动机的平均在翼时间、发动机、部件和系统的故障率、非计划换发率,以及单元体的更换率、翻修次数、寿命件的寿命等;另一方面与机队规模和发动机的使用有关,包括飞机数量、每架飞机的发动机台数、飞机年利用率(即飞机年平均飞行小时数)、发动机梯次计划和意外损坏等情况。

5.6.2 备发数量确定方法

恰当的机队备发数量,对保障机队正常运行,降低运营成本至关重要。下面介绍几种常见的备发算法。

5.6.2.1 基于计划的备发数量确定方法

1. 条件和符号意义

(1) 条件:发动机有一定的在翼工作时间限制,在翼工作时间应梯次安排。

(2) 符号意义:$S_{备}$为备份发动机数(台);$S_{架}$为机队飞机数量(架);$T_{年飞}$为单架飞机平均年飞行小时数(h);T_{BO}为发动机两次大修间时间间隔(h)(发动机平均在翼时间);$T_{大修}$为发动机大修工期,指发动机从飞机上拆下到大修后返回飞机为止的总时间(月);$S_{单机}$为每架飞机的发动机台数,或一个基数发动机;$S_{系}$为提前更换系数,与发动机质量、使用维修水平和工作环境有关。

2. 备发台数计算

当发动机下发送修后,计算备发数可转换为:计算在一个发动机大修工期内,机队还会有多少台发动机要下发送修。大修工期时段后再更换发动机时,翻修过的发动机已陆续返回,作为备份发动机,因此,第一个大修工期内的备份发动机数即为总备份发动机数。具体推导如下。

(1) 飞机飞行累计梯次间隔时间:$T_{BO}/S_{架}$;

(2) 在一个发动机大修工期时段内飞机飞行时间:$T_{年飞}\ T_{大修}/12$(月);

(3) 在发动机一个大修工期内,需换发台数$S_{备}$等于在一个发动机大修工期内飞机飞行时间除以飞机飞行累计梯次间隔时间,再乘以每架飞机发动机台数。即

$$S_{备} = (T_{年飞} T_{大修} S_{架} S_{单机})/(12T_{BO}) \tag{5.6}$$

(4) 上式是理想的发动机备发数。考虑在实际使用中，有的发动机会因质量问题提前返厂，或因使用、维修不当、工作环境恶劣提前下发大修，需乘上一个大于1的系数$S_{系}$，该系数应当根据实际情况选取，对航空发动机，建议选1.05~1.2。即

$$S_{备} = (S_{系} T_{年飞} T_{大修} S_{架} S_{单机})/(12T_{BO}) \tag{5.7}$$

该公式说明，备份发动机的数量与飞机架数、每架飞机每年平均飞行小时数、发动机大修工期、每架飞机的发动机数成正比；与大修间隔时间成反比；与发动机质量、使用维修水平和使用环境有关。此公式完全适用于有翻修期的机载部件或设备。

这种备发数的确定方法只是针对发动机的平均在翼时间而言，实际调度计划会受到很多客观因数的影响，所以其确定的备发数量不是最合理的。

5.6.2.2　普惠公司备发数量确定方法

首先估计算机队每年发动机停飞天数（TTIP），然后计算机队平均每天发生停飞的强度（AIP），最后利用泊松分布计算其置信度，基于置信度确定备发数量。详细计算过程如下。

(1) 机队每年的发动机停飞天数（*TTIP*）：

$$TTIP = SVN \times (TAT + TPT) \tag{5.8}$$

$$SVN = SVR \times FL.AC \times AC.EN \times AC.H \tag{5.9}$$

式中，*SVN* 为发动机机队年平均返厂次数；*TAT* 为周转时间，即发动机在大修厂的时间；*TPT* 为运输时间；*SVR* 为机队发动机平均返厂率；*FL.AC* 为机队飞机数量；*AC.EN* 为每架飞机的发动机数量；*AC.H* 为飞机的平均年利用率；

(2) 平均到每天机队停飞强度：

$$AIP = \frac{TTIP}{365} \tag{5.10}$$

(3) 利用泊松分布，计算备发数量

由于机队发动机的换发事件除计划外，还具有一定的随机性，因此可利用泊松分布和 *AIP* 确定机队所需备发数量。

根据泊松定理，在某一时刻整个机队有 k 台发动机下发的概率为

$$p(k) = \frac{AIP^k}{k!}e^{-AIP},\ k = 0,\ 1,\ 2,\ \cdots \tag{5.11}$$

这样，若有 k 台发动机下发，对应所需要的备份发动机即为 k 台。若置信度为95%，即若机队在任意时刻不缺少发动机的概率为不低于95%的备发台数为 N，则有 N 台备发的累积概率应满足式(5.12)：

$$P(X \leqslant N) \approx P(X=0) + P(X=1) + \cdots + P(X=N) = \sum_{k=0}^{N} \frac{AIP^k e^{-AIP}}{k!} \geqslant 95\% \tag{5.12}$$

计算案例 5.2

假设某一机队运营情况如下，机队发动机平均返厂率 *SVR* 为每 1 000 小时 0.105 8 次，年利用率为每年 3 942 小时，机队规模为 10 架飞机，每架飞机装 3 台发动机，大修周转时间 *TAT* 为 40 天，运输时间 *TPT* 10 天，求所需的备发数量。

解：

按照式(5.8)，机队每年的发动机停工天数 *TTIP* 为

$$TTIP = (0.1058/1000) \times 10 \times 3 \times 3942 \times (40 + 10) = 625.60$$

基于式(5.10)平均每天机队停飞强度 *AIP* 为

$$AIP = 625.6/365 = 1.71396$$

基于(5.11)式计算不同缺发数量时的概率：

$$P(0) = \frac{(1.714)^0}{0!}e^{-1.714} = 0.18$$

$$P(1) = \frac{(1.714)^1}{1!}e^{-1.714} = 0.30877$$

$$P(2) = \frac{(1.714)^2}{2!}e^{-1.714} = 0.264611$$

$$P(3) = \frac{(1.714)^3}{3!}e^{-1.714} = 0.151178$$

$$P(4) = \frac{(1.714)^4}{4!}e^{-1.714} = 0.064778$$

基于式(5.12)计算累积概率，且取置信度为 95%：

$$P(0) + P(1) + P(2) + P(3) + P(4) = 96.9\% > 95\%$$

可以得到调整后的机队备发数量为 4 台时，能够以大于 95%的置信度，即 4 台备发即可满足机队需要。

5.6.2.3 GE 的备发数量确定方法

另一种常用的计算备发的方法是 *AIP* 和综合指数，数学表达式为

$$备发数量 = AIP + IN\sqrt{AIP} \tag{5.13}$$

其中，*AIP* 与方法 2 中的 *AIP* 计算方法相同。

IN(index number)是一个综合指数，其与保障水平(置信度)有关，代表预测需求量适合于当前运营和生产能力的一个指标。表 5.19 给出了不同保障水平所对应的 *IN* 值。

表 5.19　*IN* 与保障率水平对照表

IN	保障水平
0.84	80
1.13	85
1.28	90
1.75	95
2.12	97
3.50	100

计算案例 5.3

假设某一机队运营情况如下,机队发动机平均返厂率(*SVR*)为每 1 000 小时 0.2 次,机队所有飞机的年总飞行时间为 140 000 小时,大修周转时间 30 天,运输时间忽略不计,机队所需的保障水平为 95%,求所需的备发数量。

解:

基于计算公式(5.9)和式(5.10):

$$SVN = 140\,000 \times 0.2/1\,000 = 28 \text{ 次 / 年}$$

$$AIP = SVN \times TAT/365 = 28 \times 30/365 = 2.3$$

当保证水平为 95%时,查表 5.18 可得 *IN*=1.75,基于式(5.13)所需备发数量为

$$\text{备发数量} = AIP + IN\sqrt{AIP} = 2.3 + 1.75 \times \sqrt{2.3} = 4.94 = 5$$

计算案例 5.4

假设某一机队运营情况如下,机队的备发数量为 10 台,机队所有飞机的年总飞行时间为 200 000 小时,大修周转时间 40 天,运输时间忽略不计,机队目前的保障水平为 95%,*IN* 为 1.75,求机队发动机平均返厂率(*SVR*)。

解:

基于式(5.13)所需备发数量为

$$\text{备发数量} = AIP + IN\sqrt{AIP} = 10\text{,则当备发为 10 台时 } AIP = 5.81$$

基于式(5.8)、(5.9)和(5.10)有

$$AIP = SVN \times TAT/365$$

则

$$SVN = AIP \times 365/TAT = 5.81 \times 365/40 = 53$$

$$SVR = 53 \times 1\,000/200\,000 = 0.265$$

5.6.2.4　仿真计算法

前面的备发计算都是基于发动机平均返厂率进行计算的,发动机运行情况不同,其下发的次数和分布也不相同,因此,可利用随机事件仿真方法计算或分阶段规划发动机备发台数。在仿真过程中,需要建立发动机下发事件的分布函数(硬件损伤下发、性能衰退下发,偶然因素下发等),然后基于机队飞机实际运行情况(如每天飞行小时数/循环数,年

利用率,发动机使用寿命周期)建立仿真模型,仿真过程中还可以考虑大修厂维修能力的影响。在仿真过程中,可把仿真时间分成不同阶段,分别计算每阶段所需备发台数。仿真流程参见图 5.32。

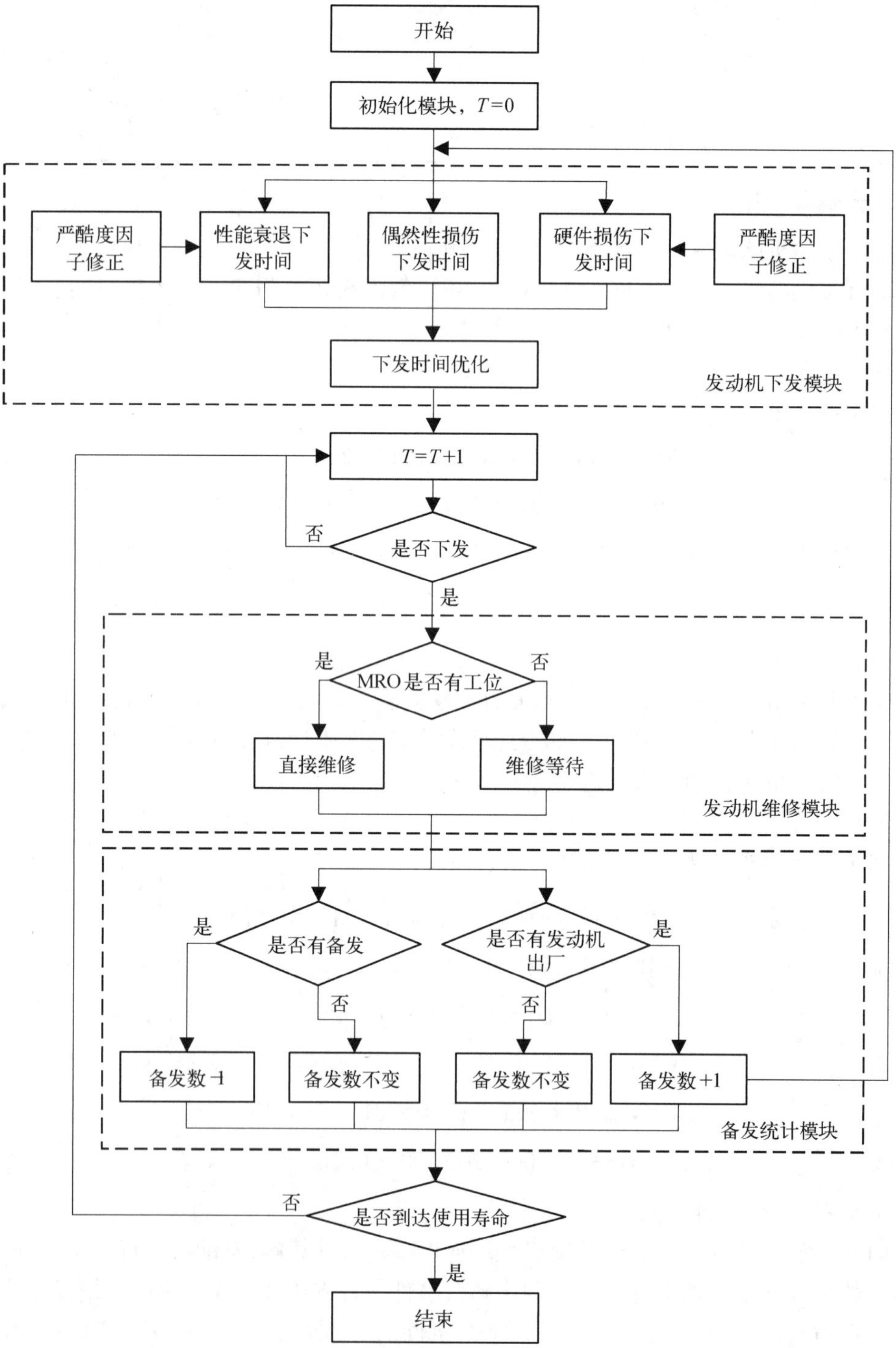

图 5.32　备发计算仿真流程

5.6.3 降低备发数量的方法

降低备发数量的方法除了在设计和使用方面进行优化，提高发动机可靠性之外，也可从维修的角度对发动机进行控制，以达到提高发动机利用率的目的。其中一个主要的措施就是控制发动机大修的周转时间（*TAT*），在前面的分析中也可以发现，周转时间对机队停飞强度有较大直接的影响。但周转时间的降低还涉及发动机运营商（或客户）与发动机大修服务提供商（MRO）之间的利益权衡。发动机运营商希望提高发动机的利用率，同时降低维修成本，这自然会要求发动机大修服务商能在最短时间修理完成发动机修理，同时还要保证所修理的发动机品质高，成本低；而从发动机大修服务提供商的角度来看，降低周转时间和提高质量会带来成本上行的压力，如提高修理技术并开发新的维修能力、增加备件库存，减少转包和备件供应周期等。发动机的大修周转时间因发动机的型号不同而异，同时其还受到当前的修理技术水平的限制。图 5.33 给出了 MRO 成本与 *TAT* 之间的关系，目前民航发动机大修业界的"最佳"*TAT* 为 30~45 天。

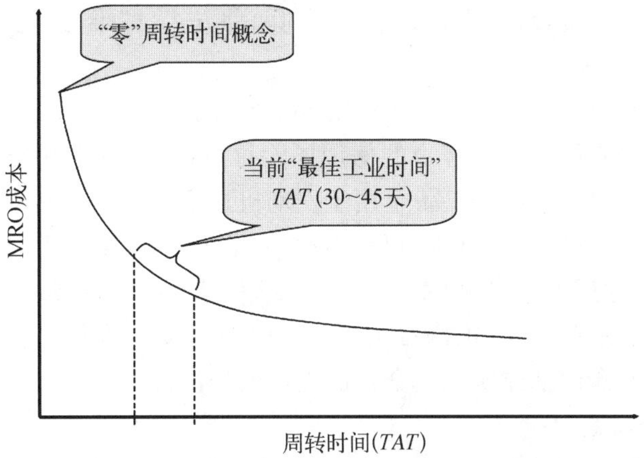

图 5.33　周转时间和大修厂成本间的关系

发动机大修过程虽然很复杂，不同类型的发动机也可能会存在有很大的差异。但其主要的大修过程基本相似，表 5.20 列举了某型发动机的主要大修步骤及其所需的时间。其中单元体的修理时间占比最大，发动机需要等各单元体完成修理后才能组装。据发动机大修企业实践经验，目前控制大修周转时间的关键是更好地管理单元体的等待时间。而单元体的等待时间可以从 8 班次到 40 班次不等，因此优化各单元体的修理时间，对缩短 *TAT* 至关重要。

民用航空发动机基本都是采用单元体结构设计，如果能够充分利用单元体之间的互换性，会在很大程度上降低发动机的大修周转时间。例如 PW4000 系列发动机的一个优点是，不同发动机的单元体满足替换的通用性要求。但需要注意的是，将一个单元体从原发动机上拆下并装在另一台发动机上时，应确保其 SB 标准一致，还需要对其进行严格的试车来评估发动机的状态，确定单元体之间是否兼容良好。

表 5.20　发动机大修流程及工时

大修流程	所需工时(1 工班=8 小时)
分解/检查	约 7 个工班
单元体修理(存在等待)	8~40 个工班
组装/试车	约 10 个工班

5.6.4　发动机租赁

5.6.4.1　常用术语

在发动机租赁管理过程中,会涉及发动机价值评估或租赁发动机的维修费用评估等问题,其中经常用到下列术语。

1. 发动机维修储备金

租赁飞机和发动机以分担资金需求是航空公司运行中经常采用的一项措施,在世界飞机机队范围内,租赁机队的规模越来越大,而作为飞机、发动机的拥有者,即出租方非常关心其资产的价值,尤其是发动机在翼运行后其剩余价值与发动机的维修状态密切相关,为了保障发动机的维修资金,出租方会采用下列两种方式,即维修储备金和发动机飞行小时协议(engine flight-hour agreements)。

所谓维修储备金就是要求承租方付一定的发动机维修储备金,为将来发动机维修积累资金。是否收取维修储备金与客户的信用风险评价有关,这取决于出租方对承租方进行的财务尽职调查结果。这部分储备金用于发动机返厂性能恢复和寿命件更换。费用标准可按飞行小时和/或飞行循环计算,可按月付费,也可在租期结束时一次性付款。按月付费,当发动机需要返厂大修时,出租方应该已经积累一定的资金承担返厂费用;租期结束付费,对出租方来说有一定的维修费用风险。收取发动机维修储备金的目的就是保障发动机各单元体和寿命件都能实现其全寿命周期的经济性。

2. 发动机维修状态

发动机维修状态是影响发动机价值的一个重要因素,其反映了组成发动机的各单元体和寿命件的状态,取决于飞机类型和机龄,发动机维修状态可代表飞机总市场价值的大部分。发动机返厂大修后,获得一定修理效果,而维修状态可用来评估发动机维修效果的剩余状态。量化维修状态信息的关键是发动机主单元体相对于其上次或下次返厂的时间,经常用到下面三个业界标准术语来描述发动机维修状态:全寿命、半寿命和零寿命状态。它们也是发动机价值评估中常用术语。

(1) 全寿命状态(full-life)是指发动机刚完成大修(性能恢复),寿命件具有规定的全寿命值。“全寿状态”是一个理论上的状态,实际中很少见到全寿的状态,这主要是因为不同单元体的寿命件的寿命限制可能是不同的,而且通常也不是一次性全部更换,而是在不同时间段进行。如果有维修储备金作保障,则发动机可被等效地视为“全寿命状态”。这是因为已收取的维修储备金、LLP 的剩余寿命和发动机的在翼剩余寿命三者的价值总和正好相当于一台全寿发动机的价值。

(2) 半寿命状态(half-life)是指发动机各单元体的性能处于两次大修(性能恢复)之

间,寿命件剩余一半寿命。半寿命状态也是一个理论值,它并不等同于发动机正处于其可用寿命的一半,用来描述发动机的实际维修状态的价值。

(3) 零寿命状态(zero-life)是指发动机的某些参数指标已超出允许限制值,只能返厂翻修后才能继续使用。另外,此时其寿命件的剩余寿命很低或接近为零。这种状态也叫"耗尽状态(run-out)",发动机在"耗尽状态"下的价值与其维修费用紧密相关,整体而言,维修费用在发动机价值中占的比重越大,则其"耗尽状态"下的价值就越低。但对于那些正处于淘汰中的型号,发动机的"耗尽状态"价值更多的是由其核心机决定的。

5.6.4.2 租赁方式

为了降低运营成本和提高资金的利用率,目前,航空公司更多地选择租赁的方式来满足备发的需求。对于发动机而言,除了与飞机一样的融资租赁和经营租赁之外,还有"以小时计费租赁""共享库服务"和"发动机全面保障服务"等方法。

1. 发动机融资性租赁(financial lease)

一般由航空公司确定发动机的型号,甚至直接与制造厂签好发动机购买协议,再由租赁公司出资把发动机购买下来,然后租给航空公司使用。在租赁期限内,航空公司付给租赁公司月租金。在租赁期结束时,航空公司还需要付一笔残值(如果双方在租赁协议中已确定此残值的话),租赁公司把发动机的所有权移交给航空公司。这实际上是一种租买的形式。发动机的融资租赁的期限一般都比较长,可以为5~10年。

2. 发动机经营性租赁(operating lease)

由租赁公司把发动机租给航空公司使用。在租赁期限内,航空公司付给租赁公司月租金,在租赁期结束时,航空公司把发动机归还给租赁公司。发动机的经营性租赁有长期租赁和短期租赁。长期租赁的期限一般为2~7年,短期经营性租赁在几个月至2年。

3. 发动机的出售与回租(sale & leaseback)

航空公司把现存的发动机出售给租赁公司,然后租赁公司再把发动机回租给航空公司使用。回租的方式可以是融资性租赁或者是经营性租赁(一般采用经营性租赁)。这个方法能够让航空公司立即得到一笔现金。如果是经营性回租,则在租赁期结束后,航空公司将发动机归还给租赁公司,将不会有残值的风险,也省去了处理旧发动机的麻烦。

4. 发动机以小时计费租赁(power by the hour)

一般是在航空公司紧急需要发动机的时候,向出租方租用发动机,此时发动机按每天和每小时的使用情况来收费。通常航空公司需要付每天的租费以及按小时或循环数的付费。

5. 发动机共享库服务(pooling service)

出租方把可供出租的发动机放在某一个地方,可以面向服务于若干个航空公司,与几个航空公司同时签订共享库服务的协议。一旦某航空公司需要租用发动机,出租方立即将发动机提供给航空公司使用,当使用完之后,立即将发动机归还给出租方。这个方法能保障航空公司随时可以得到发动机使用,而不用的时候,可以减少租金支出。航空公司在参加共享库服务时,需要支付较少的费用(使用保障费),发动机使用时,按正常的租金收费。

6. 发动机全面保障服务(total engine care-tec)

发动机全面保障服务(TEC)是向航空公司提供一种发动机的租赁与发动机的管理相结合的服务。发动机全面保障服务协议将由出租方向航空公司保障在任何时候的发动机租用,同时按航空公司的要求提供发动机的管理,例如,发动机的维修、监控、送修等全面的管理服务。服务费由双方在协议中确定。

对于上述六种发动机的融资方法各有各的优缺点,如表 5.21 所示,可以从成本的角度对其做一个比较。

表 5.21　各种融资方法的成本元素

直接购买	融资性租赁	经营性租赁	出售与回租	按小时计费租赁	共享服务库	全面保障服务
购买成本	月租金	月租金	出售价格(收入)	每天或每月的租金	使用保障月费或年费	发动机租赁费
资金利息	残值	小时或循环使用费	回租的月租金	小时或循环使用费	正常的日或月租金	管理服务费
发动机折旧费	维修费用	日常维修费用	维修费用	日常维修费用	小时或循环使用费	维修费用
维修费用					日常维修费用	

5.6.4.3　租赁费用

各种不同的融资方式有不同的费用,它们的计算方法也是不同的,这里主要介绍一下经营性租赁或融资性租赁的费用的要素和计算方法。当租赁一台发动机时,其租赁费用的高低一般有如下几个影响要素。

1. 发动机价格(P)

价格是最重要的因素,新发动机与旧发动机的价格有时差别会很大。如果飞机是经营性租赁,为了降低租金,不妨租旧发动机。

2. 租赁期限(N)

通常租赁期限长,每月的租金就越便宜。

3. 利率(I)

利率是影响租金的重要因素,利率越高,租金越贵。

4. 残值(R)

发动机残值是指租赁期限结束时发动机的剩余价值,各种不同型号的发动机的残值会大不一样,取决于市场。

5. 租金支付方式

租金是按月还是按季来支付,是月(季)初支付还是月(季)末支付,都会影响租金的高低。

确定了上述各项因素之后,租金(LR)即可用公式(5.14)进行计算:

$$LR = \left(P - \frac{R}{(1 + I)^{n}}\right) \times \frac{I}{1 - (1 + I)^{-n}} \tag{5.14}$$

以 B737－300 飞机的一台 CFM56－3C1 发动机为例,假如价格为 350 万美元,现时年利率为 8%，租赁期限分别为 5、7、10 年，在不同残值 60%、50%、40%时，其每月末支付的租金如表 5.22 所示。

表 5.22　不同租赁时间的租金

租 赁 期 限	5 年	7 年	10 年
残值	60%	50%	40%
每月租金(元)	42 400	38 900	34 800

思 考 题

1. 简述维修成本的组成和维修成本影响因素。
2. 简述维修时间间隔对维修材料成本的影响。
3. 在机队管理中，计划发动机下发时，考虑哪些因素？
4. 发动机减推力起飞有哪些好处？
5. 发动机备发中的缺发成本和持有成本包括哪些？
6. 已知某 PW4000 发动机机队有飞机 15 架，每架 2 台发动机，年利用率为 3 000 小时，机队平均的小时循环比为 3 : 1，不执行减推力起飞时的单位飞行小时的维修成本为 400 元/小时，试根据下图计算执行 10%减推力起飞时单位飞行小时维修成本的节省以及整个机队一年维修成本的节省。

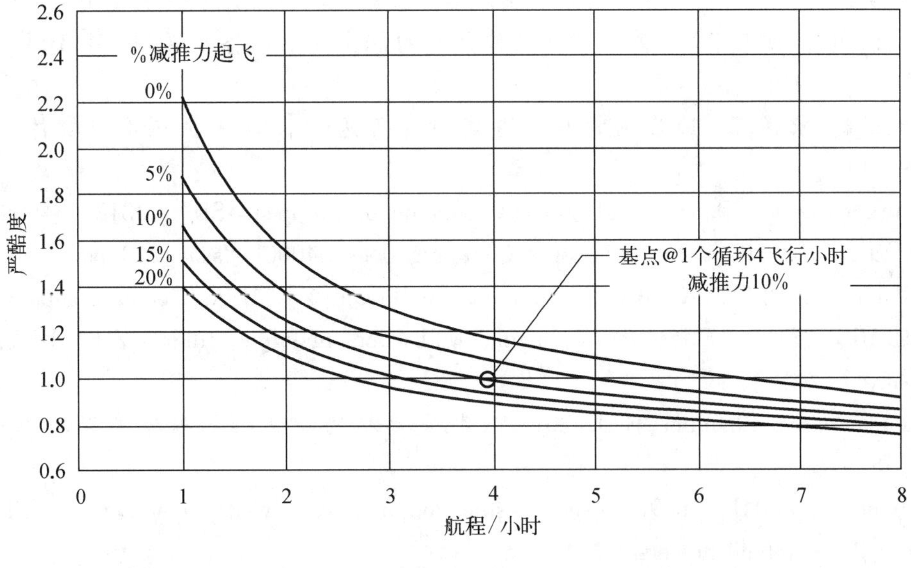

7. 已知某机队有 10 架飞机，每架飞机有 3 台发动机。飞机年利用率为 3 942 小时，机队的平均返厂率为 0.105 8/千飞行小时，每次返厂翻修时间为 50 天：

(1) 计算机队的 *AIP* 值；

(2) 基于泊松分布，计算备发率为 95%时的备发台数。

8. 根据已知条件和历史返厂率(见下表),估算机队5年的维护成本。

已知条件	数据	单位
发动机台数	50	台
发动机平均返厂成本	800	万元/次
机队年利用率	3 500	小时/年
过去5年间的平均返厂率	0.078	次/千飞行时

按下表填写计算结果:

计算项目	结果	单位
返厂时间间隔		小时
每台发动机每年返厂次数		次/年-台
机队每年返厂次数		次/年-机队
机队一年大修预算		万元/年
机队5年大修预算		万元/5年

参考文献

何立武,1996. 备份航空发动机和教练机数量计算方法[J]. 航空学报,17(3): 383-384.

焦景堂,2003. 航空可靠性工程进展[M]. 北京: 航空工业出版社.

韦昀,2003. 利用统计技术确定航空公司备发数量[J]. 民航科技,2003(4): 48-49.

严善法,1996. 发动机各种融资方法介绍[J]. 民航经济与技术,1996(10): 15-18.

赵洪利,段朝鹏,2020. 基于离散事件仿真的航空发动机备发规划[J]. 计算机仿真,37(2): 102-106.

赵洪利,张猛,2021. 发动机机队备发仿真研究[J]. 计算机应用与软件,38(1): 87-92,142.

AeroSpace and Defence Industries Association of Europe(ASD), 2018. S4000P[EB/OL]. [2018-08-01]. http://www. s4000p. org/docs/S4000P_Issue_2. 0. pdf.

Boeing, 2018. 737NG Aircraft Maintenance Manual[Z]. USA, Boeing Company.

CFMI, 2014. CFM56 - 7B engine workscope planning guide [Z]. USA, CFMI Company.

Jerome Greer Chandler,孙立,2012. 飞机发动机的租赁[J]. 航空维修与工程,2012(5): 36-37.

Hanumanthan H, 2009. Severity estimation and shop visit prediction of civil aircraft engines[J]. cranfield university.

Pratt Whitney, 2009. PW4000-112 Engine fleet management[Z]. USA, Pratt whitney Company.

Rolls Royce, 2011. Engine management programme(RB211 - 535E4)[Z]. UK, Rolls Royce Company.

第6章 服务通告管理

为了帮助用户管理好发动机机队，发动机生产商出版了一系列技术出版物，如发动机维修管理手册［不同发动机厂商名称不同，如普惠公司的《维修计划指导》（*Maintenance Planning Guide*）、罗罗公司的《发动机管理大纲》（*Engine Management Programme*）和CFMI公司的《发动机大修方案计划指导》（*Workscope Planning Guide*）等］、服务通告和适航指令等。在发动机机队管理过程中，应充分利用厂家提供的技术文件，解决发动机日常运行、维修和大修中的问题，最大化发动机性能、优化发动机送修方案、提高机队运行可靠性、降低总运营成本。

服务通告是发动机制造商在发动机服役过程中对由于产品生产工艺、使用材料、制造缺陷产生的质量问题，发布的检查要求、使用限制、产品召回、修理或改装措施等技术文件，是制造商确保机队安全性、经济性、可靠性和维修性的重要手段之一。航空公司需依据服务通告要求的措施进行相关技术工作，改善产品在使用中的各种性能，消除产品使用中出现的不安全状态，以提高航空产品的安全性能。不同服务通告解决的问题不同，目的也不同，归纳起来，利用SB可达到下列主要目的：

(1) 告知存在的问题和解决方案；

(2) 提高发动机耐久性；

(3) 提高部件的通用性；

(4) 提高发动机（部件）性能或性能保持能力；

(5) 提高发动机、部件的维护性等。

对于影响安全或适航性的问题需要航空公司采取措施时，则由适航部门以适航指令的形式发布。

6.1 服务通告类别

6.1.1 SB与AD的区别

AD是当航空产品（飞机、发动机、螺旋桨和其他设备）存在安全问题时，适航管理部门（如FAA、CAAC等）颁发的解决该问题的指令性文件，以通告飞机运营者或所有者飞机存在的潜在安全风险，以及解决这些风险所要采取的措施，如检查、改装、修理或继续工作的条件和限制。服务通告是生产厂家为改进产品而下发给用户的通告。SB包含了一些厂家的建议信息,并且发布厂家认为,用户应该在一定的时间范围内实施这些建议,以解决可能存在的影响飞行安全的问题,或者是来自厂家的一些改进措施。SB 的建议措施包括检查、更换某个部件,以某种规定的方式进行维护或在某些规定的条件下限制工作等。

当存在安全隐患时,厂家会下发警告级 SB(ASB),这种 SB 不单是改进产品,而是解决不安全因素。这种 SB 可能会导致适航部门下发 AD 指令。AD 是强制性的,飞机运营者或所有者必须实施。SB 不是适航部门下发,其实施没有强制性要求,所以,为了更好地管理 SB 的实施,厂家把 SB 种类进行了划分。通常厂家把 SB 分为强制性 SB、警告级 SB、建议实施级 SB、可选实施级 SB 和一般性信息级别的 SB 等。尽管厂家有强制性 SB,但该 SB 的实施并不等同于 AD 的强制性。联邦航空管理条例 43 部附录 D(FAR Part 43 Appendix D)详细说明了飞机需要进行与飞机维护手册或 100 小时检查一致的维护,即可以在不实施厂家的服务通告的情况下继续服役,前提是没有对应的 AD。但这并不意味着飞机运营者或所有者可以完全忽略 SB,因为不管是生产商还是用户都希望飞机安全飞行,而厂家之所以发布 SB,就是因为他们认为实施该 SB 能保证其飞机、发动机或部件更安全。但对飞机运营者来说,实施 SB 就意味着成本,不管是更换部件,还是进行检查或某种专项维护,要实施 SB 所建议的措施,飞机运营者就需要以部件(材料)或人力的形式投入资金。因此,当安全不是关键问题时,飞机运营者在实施 SB 时,就很有必要对 SB 进行评估,做投资收益分析,也就是比较 SB 实施成本与实施后获得的收益,以辅助决策是否实施该 SB。

6.1.2 SB 类别

从 SB 的作用划分,可把 SB 分为四大类:提高发动机可靠性、提高发动机在翼时间、提高发动机性能、提高维修性和指导检查类 SB。但 SB 的关键是客户的实施,这样才能实现 SB 所希望达到的目的。由于不同厂家对 SB 种类的划分稍有不同,可参考具体厂家对 SB 的分类。基于对 SB 的实施要求,通常可把 SB 划分为有强制性实施时间要求的 SB、厂家建议实施的 SB 和客户可选择实施的 SB。

(1) 有强制性时间要求的 SB,时间的规定有下列几种情况:① 在下次航班前实施,即收到厂家下发的 SB 后,在飞下一航班前实施 SB 内容;② 在一定飞行小时(循环)前实施等。

(2) 建议实施的 SB 主要有以下几种:① 当飞机首次停场能开展 SB 规定的维修内容时实施;② 当发动机返厂大修时实施,即不管是什么原因返厂,厂家都建议实施相应的 SB;③ 当实施 SB 需要接近的区域能接近时实施,通常是发动机分解到能接近到 SB 所涉及的区域时实施;④ 当单元体被分解到零部件级别时实施。

(3) 客户选择实施的 SB。随着服役时间的增加,型号证(TC)持有者找到改进产品原始设计的方法,从而提高飞机的性能或降低维护成本。这些改进的方法通常以 SB 的形式发布给客户,当然这种类型的 SB 的实施需要支付额外的费用。客户可以自行决定是否实施此类服务通告。

需要注意的是不同公司对服务通告的类别定义也有所不同。比如波音公司将服务通告定义为 Alert、Special Attention 和 Standard 3 个级别；GE/CFMI 定义服务通告 9 个等级，并按照重要性进行数字分类，数值越大，等级越低，通常 1 级、2 级和 3 级服务通告涉及发动机安全影响/重大经济影响。普惠公司将服务通告分为 8 个等级。1~3 级都明确规定了执行 SB 的时间，也是属于对安全性有重大影响的 SB。

6.2　服务通告管理

从 SB 的种类和内容可知，实施 SB 主要是为了排除存在的问题、提高发动机性能和可靠性等。尽管有些 SB 厂家有强制实施要求，但适航部门没有强制性实施要求。有一点要认识到的是 SB 的实施会带来一定的益处，同时也需要付出一定的成本。因此，作为飞机发动机运营者或所有者应管理好 SB 的实施，通过 SB 的实施实现下列目标：

（1）增加发动机的在翼时间，降低发动机的返厂率；

（2）在降低或保持发动机单位飞行小时维修成本的同时，增加发动机在翼时间；

（3）提高发动机可靠性，降低发动机空停率；

（4）匹配各单元体的返厂率；

（5）解决发动机运行中存在的安全问题。

为了监控 SB 的实施情况，应建立一套 SB 实施管理系统，记录机队中每台发动机的 SB 实施状态，从而掌握每台发动机的技术状态。尤其是某些改装类 SB 的实施可能会涉及发动机构型的改变，因此，每台发动机的 SB 实施状态是按发动机系列号来记录的。监控 SB 的实施状况，评估 SB 实施效果是机队管理的一项重要工作。典型的航空公司 SB 管理系统包括 SB 的接收管理、SB 文件处理单管理、分发管理、评估管理、审查管理、存档管理、执行跟踪管理、监控警告、技术手册更改程序等。

1. SB 接收管理

相关机型负责人从 SB 的颁发单位接收、录入与本机型相关的 SB（记入服务通告接收记录单）。

2. SB 文件处理单管理

对接收到的 SB 进行处理，完成基本信息的录入，生成工程文件处理单。

3. SB 分发管理

对工程文件处理单进行确认，生成相应的表单报表并分发给相应的项目经理，然后项目经理再转发给相应的工程师。

4. SB 评估管理

系统责任工程师负责 SB 的评估工作，并完成服务通告评估单。典型 SB 评估单参见图 6.1 所示。

SB 都有一定的适用范围，系统责任工程师应首先判断该 SB 是否适用于自己管辖的机队。图 6.2 所示为波音 757 飞机 RB211－535E4 发动机的燃油调节器的服务通告，SBFFG021－73－032。从图中可以看出，该 SB 是对 Woodward 燃油调节器的部分件号的调节器适用，并不针对所有 Woodward 的燃油调节器。另外，RB211－535E4 发动机的燃油调节器有两个型号，另一型号是 Lucas。如果系统责任工程师发现自己的机队里面不涉及

服务通告评估单　　　　　评估单编号：

<table>
<tr><td>服务通告编号</td><td>版次</td><td>改装号</td><td>ATA 章节</td><td>生产厂家</td><td>颁发日期</td></tr>
<tr><td></td><td></td><td></td><td></td><td></td><td></td></tr>
<tr><td colspan="5">适用性：</td><td>级别：</td></tr>
<tr><td colspan="6">评估结果：☐ 执行　☐ 适用不执行　☐ 不适用　☐ 已完成</td></tr>
<tr><td colspan="6">标题：</td></tr>
<tr><td colspan="6">内容简介：</td></tr>
<tr><td colspan="6">处理意见：
签名：　　　　日期：</td></tr>
<tr><td colspan="6">室主管意见：
签名：　　　　日期：</td></tr>
</table>

图 6.1　SB 评估单

A. Effectivity

(1) Aircraft

(a) Boeing 757

(b) Tupolev TU204

(2) Engine

(a) Rolls-Royce RB211-535E4-37, 535E4-37/10, 535E4-37/11, 535E4-37/12, 535E4-37/14, 535E4-37/16, 535E4-37/17, 535E4-37/19 Engines. Rolls-Royce RB211-535E4-B-37, 535E4-B-37/15, and 535E4-B-37/21 Engines.

(b) Rolls-Royce RB211-535E4-B-75 Engines.

(3) Fuel Flow Governor

Woodward Governor (Company)	Rolls-Royce
P/N 8062-517	(P/N FFG021AE)
P/N 8062-519	(P/N FFG021AE)
P/N 8062-521	(P/N FFG021AE)
P/N 8062-522	(P/N FFG021AE)
P/N 8062-523	(P/N FFG021AF)
P/N 8062-524	(P/N FFG021AF)
P/N 8062-525	(P/N FFG021AF)
P/N 8062-526	(P/N FFG021AE)
P/N 8062-530	(P/N FFG021BA)
P/N 8062-540	(P/N FFG021BA)

图 6.2　SB 的适用性

这些件号，则不需要执行此 SB。

在判断完 SB 的适用性以后，系统责任工程师需对 SB 是否执行进行评估。一般来说，强制性服务通告由于涉及安全性问题，因此通常评估为“执行”。对于非强制性服务通告，根据其对安全性或可靠性的影响程度进行综合评估后决定是否“执行”。还需要注意的是有些新发布的SB与之前颁发的SB功能上可能会出现重叠，在这种情况下如果之前的SB已经执行了，那么新的SB可以不执行。

5. SB审查管理

科室主管或者项目经理负责对系统责任工程师提供的SB评估结果进行检查和审核。工程部总经理负责对SB的评估结果进行最终审核。

6. SB存档管理

对于审核完毕的SB评估单需要进行资料管理，完成资料的存档。

7. SB执行跟踪管理

SB的执行是由航空公司维修单位或者外委的维修单位实施。无论采取哪种控制流程，都需要将执行的记录反馈到航空公司的维修工程系统中以便实时展示SB的执行状态。在发动机的履历本里面专门有一项就是记录当前发动机执行SB的状态情况。当放行人员接受一台发动机放行工作时，放行人员应该在网上找到该发动机的AD/SB执行清单。放行人员需要准确、完整地完成发动机的AD/SB状态核查工作。确保相关的AD/SB都已经执行，满足适航要求方可放行发动机。图6.3所示为发动机SB状态清单的部分条目。

Modification Status Report　　　　**MRO name and logo**

Eng. Type: PW4000　**Version: PW4056(-3)**　**Item: Engine**　**S/N: ******　**Customer: ******

Requirement	R/I	Subject	Cat	Type	Subassy	R Status	Remark
SBE PW4ENG72-251	00	HPC LOOP CLAMP BRACKET REPL.	4	MOD	HPC STATOR	CUST.CONF	SIA SB-STATUS
SBE PW4ENG72-252	01	PT2.5 SENSING TUBE REPL.	4	MOD	ENGINE	PERF.PRO	
SBE PW4ENG72-253	01	BEARING #1.5 RETAINER BOLT REPL.	5	MOD	INT. CASE	CUST.CONF	SIA SB-STATUS
SBE PW4ENG72-254	01	9-15 STAGE BLADE LOCK CHANGE	7	MOD	HPC DRUM	CUST.CONF	SIA SB-STATUS
SBE PW4ENG72-255	02	HPT 1.&2. STG DUCT SEGMENT W. TOP LAYER	8	MOD	HPT	CUST.CONF	SIA SB-STATUS
SBE PW4ENG72-256	03	NEW 5/6 STG LPT BLADES	7	MOD	LPT	CUST.CONF	ESA SB-STATUS 12.08.2014
SBE PW4ENG72-257	02	2ND STG HPT BLADES	7	MOD	HPT	CUST.CONF	SIA SB-STATUS
SBE PW4ENG72-258	00	CLAMPS FOR EEC HARN.	5	MOD	ENGINE	PERF.PRO	
					QEC	CUST.CONF	SIA SB-STATUS
					HPC STATOR	CUST.CONF	SIA SB-STATUS
SBE PW4ENG72-260	00	P&W SUPPLIED BRACKET	7	MOD	HPC STATOR	CUST.CONF	SIA SB-STATUS
SBE PW4ENG72-261	01	INC.HPT CASE AND DUCT DEGMENT	8	MOD	HPT	CUST.CONF	SIA SB-STATUS
SBE PW4ENG72-262	01	CASE AND VANE ASSEMBLY	8	MOD	FAN CASE	CUST.CONF	ESA SB-STATUS 12.08.2014
SBE PW4ENG72-265	01	#3 COOLING DUCT BOLTS	5	MOD	DIFF. CASE	CUST.CONF	SIA SB-STATUS
SBE PW4ENG72-269	02	HPC INLET GUIDE VANE REPL.	5	MOD	HPC STATOR	CUST.CONF	SIA SB-STATUS
SBE PW4ENG72-270	00	REPL. OF DIFF-CASE BOLTS	7	MOD	DIFF. CASE	CUST.CONF	SIA SB-STATUS
SBE PW4ENG72-271	00	REPL. OF FLANGE K BOLTS	7	MOD	ENGINE	PERF.PRO	SIA SB-STATUS
SBE PW4ENG72-272	00	4TH STAGE STATOR REPL.	7	MOD	LPC	CUST.CONF	SIA SB-STATUS

图6.3　SB状态清单(部分)

8. SB监控警告

根据收集到的数据，如航线/基地维修记录、生产执行单、部件构型影响单、部件送修单、工程评估单等进行对比分析，将需要的数据结果反馈到SB状态记录单中，如果对比数据出现比较严重的偏差或者异常，系统可产生告警信息，相关职能部门进行纠偏。

9. 相关技术手册更改

SB实施(尤其是改装类SB)后可能会涉及相关技术手册的内容，因此及时修订相关技术手册是实施航空公司机队持续适航性控制的重要环节，严格控制从发出 SB 决策到机队所有飞机都完成改装这一过程中飞机实际状态与手册构型之间的差异，最终达到手册的内容与机队状态的完全一致，从而保证技术手册的现行有效性。

图 6.4 和图 6.5 给出了(紧急)服务通告管理流程，图中 EO 为工程指令。

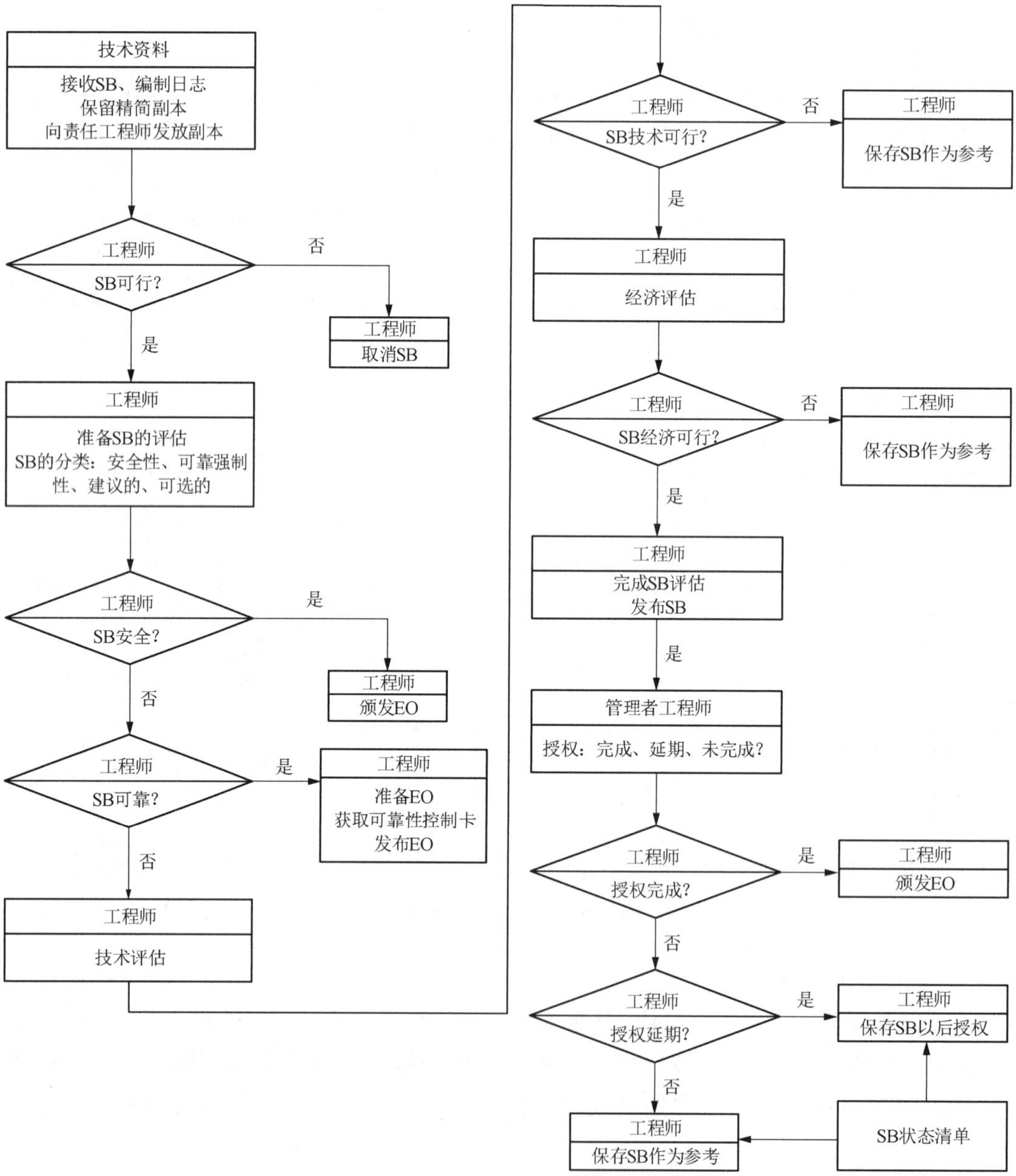

图 6.4 服务通告管理流程图

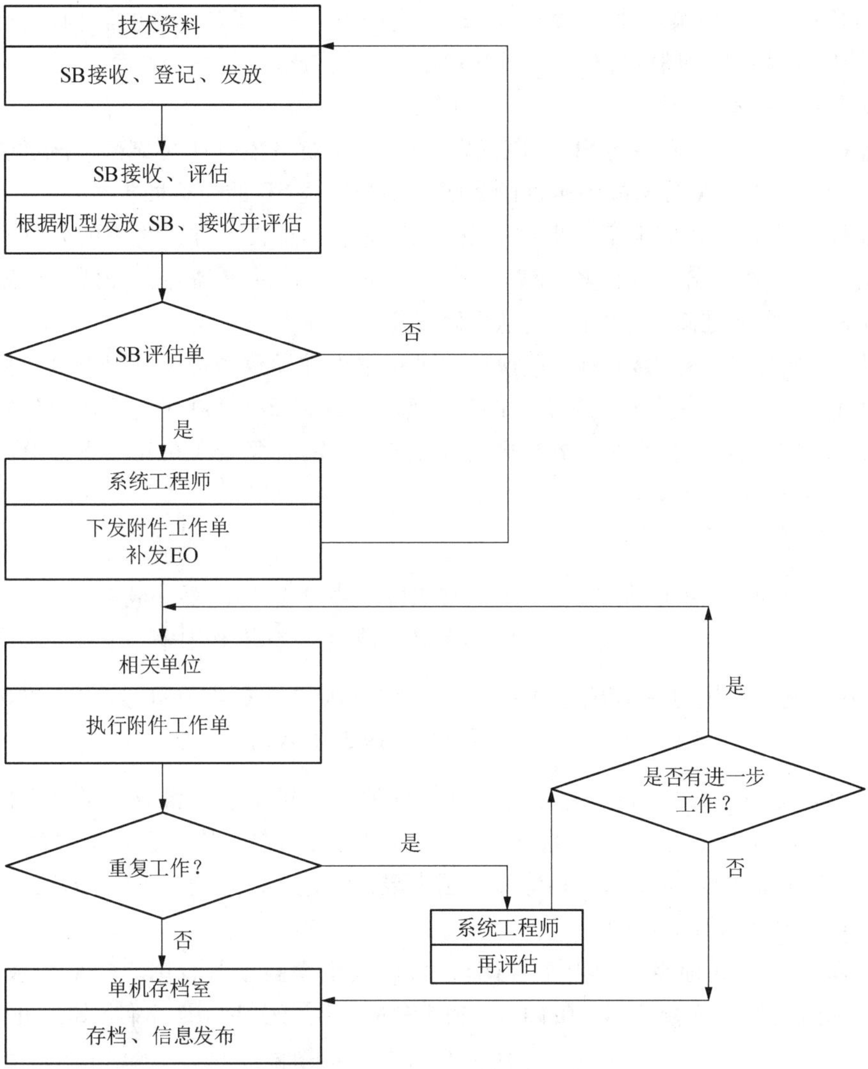

图 6.5　紧急服务通告工作流程图

6.3　服务通告评估

6.3.1　SB 评估内容

实施 SB 前应做好评估，AC121－51 要求航空公司建立服务通告/服务信函等技术文档的评估体系，AC121－51 中维修工程技术管理给出了 SB 评估涵盖的范围。对服务通告的评估，首先是其适用性，再看其有无安全影响。通常可以从安全性、可靠性和经济性 3 个方面来评估 SB。

6.3.1.1　安全性

安全性即 SB 是否有安全影响，以及对安全的影响程度。可基于厂家对 SB 类别的定义来评估其对安全的影响。如前面划分 SB 类别中第一种,其对安全的影响比较大,这些 SB 一般给出实施的时间限制,对于这类 SB 应该全部实施。

6.3.1.2 可靠性

对能提高发动机可靠性的 SB 应该优先实施,从而提高发动机可靠性,降低间接成本。从机队运行可靠性数据分析故障事件的影响程度和实施 SB 的投资回报。

可靠性的提高会降低不正常事件的发生率,基于不正常事件发生率的变化和不正常事件的成本评估风险成本的变化,计算收益。另外可靠性的提高还会降低非计划维修工作的发生次数,带来维修工时的降低,从而降低维修成本。

风险成本的计算参见第 1 章。假设单次不正常事件导致的费用是 15 000 美元。从图 6.6 可知,该航空公司当前不正常事件的发生率是 0.031 5/1 000 飞行小时,SB 实施后的目标值是 0.01/1 000 飞行小时。若机队规模是 20 架飞机,每架飞机每年飞 3 000 小时,则机队每年风险成本的降低量为 19 350 美元。

风险成本变化计算过程如下:

$$\text{机队一年的风险成本} = \text{不正常事件发生率} \times \text{单次事件成本} \times \text{机队飞机架数} \times \text{飞机年利用率}$$

$$\text{则 SB 实施前后风险成本降低额} = (0.031\,5/1\,000 - 0.01/1\,000) \times 20 \times 3\,000 \times 15\,000 = 19\,350 \text{ 美元}$$

基于机队运行可靠性数据,建立可靠性目标值或不正常事件警戒值是可靠性管理常用的方法(参见第 2 章)。图 6.6 是 A 航空公司和所有用户平均非正常事件(OD)(终止起飞、返航和备降)的发生率变化趋势图。图中数据是过去 4 年每 12 个月的滚动平均值,设定 OD 事件的目标值是 0.01。

从图 6.6 可见,A 航空公司当前的 OD 事件的发生率高于所有用户的平均水平,也明显高于目标值。作为 A 航空公司的工程部门首先应找出引起 OD 事件(如终止起飞、返

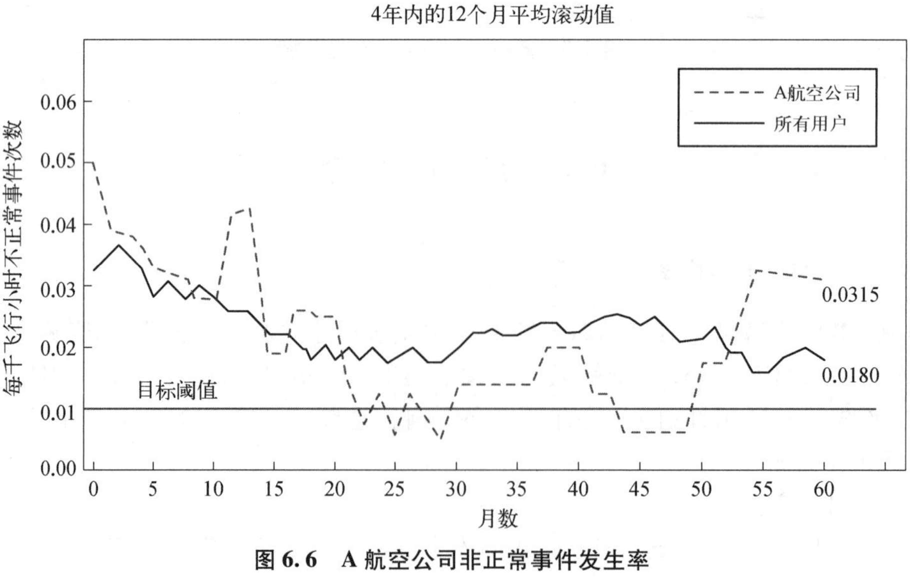

图 6.6 A 航空公司非正常事件发生率

航、备降等)的故障,再分析这些故障的根本原因,基于引起故障的根本原因确认解决问题的关键 SB,评估 SB 实施收益。表 6.1 以 PW4060 发动机为例,列出了引起飞机 OD 事件的故障。

表 6.1　A 航空公司 PW4060 系列发动机 OD 事件统计

发动机: PW4060 运营商: A 航空公司	排序	发动机原因引起的 OD 事件-故障原因	发生次数
	1	涡轮第二级工作叶片	3
	2	压气机第五级工作叶片	2
	2	外来物损伤	2
	4	压气机第六级工作叶片	1
	4	高压压气机损伤	1
	4	反馈机构-旋转可变差分传感器	1
	4	燃油计量组件	1
	4	大修-维修时间到期	1
	4	喘振-温度未超限	1
	4	管路-主滑油油滤	1
		其他	0
		总计	14

从表 6.1 可见涡轮第 2 级工作叶片、压气机第 5 级工作叶片引起的问题比例较高。因此,重点分析这些叶片出现了什么问题,是什么原因导致叶片出现故障,检查是否有对应的 SB 解决这些问题。对于改装类 SB,可把 SB 的实施加入发动机大修方案中,分析大修成本的变化情况。对比大修成本与这些事件所带来的风险成本,分析实施 SB 收益。对可靠性事件进行收益分析时,应全面考虑事件的风险成本和实施 SB 后对维修成本的影响。因为 SB 实施不但排除了引起发动机可靠性事件发生的根本原因,提高了发动机运行的可靠性,降低了飞机运行的间接成本,而且也会影响维修成本。如图 6.7 所示,SB 实施前某时间段可靠性事件产生的费用为 21 000 美元,而实施 SB 的费用是 158 801 美元,实施 SB 后风险成本降为 53 美元,这样看,SB 的实施成本远高于风险事件引起的成本,但由于 SB 实施,发动机的在翼时间延长了,因而带来维修成本的降低,其带来的收益是 2 263 061 美元,这样总的收益是 2 104 207 美元。

也有学者从可靠性理论的角度出发,建立了执行 SB 前后的失效率以及寿命预测模型。通过对比执行 SB 前后的部件失效寿命来评估部件的可靠性,进而为航空公司或者维修单位的 SB 实施决策提供依据。

6.3.1.3　经济性

SB 经济性分析可通过分析比较实施 SB 的收益与实施费用,分析投资回报,以决定是否实施 SB。从 SB 实施的角度看,SB 可分为两大类,即检查和改装。检查类 SB 用来指导开展具体的检查工作,涉及的成本主要是工时和耗材,而改装类服务通告包括零部件更换或改装,涉及的成本主要包括零部件成本、耗材成本和人力成本。由于零部件成本较高,相应改装成本也高。国外有研究表明,SB 的实施成本是 SB 本身成本的 7~13 倍。因此,SB 实施前,除了评估可靠性、安全性等带来的利益之外,对实施费用的评估也是 SB 管理

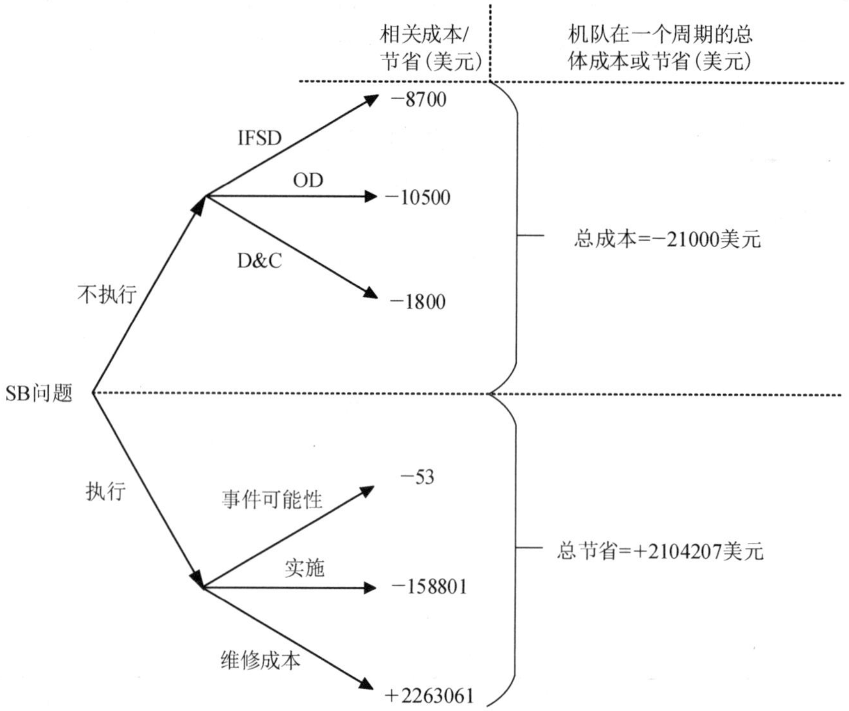

图 6.7　SB 实施收益分析

的重要内容。

1. 优化材料成本

如果把发动机零部件报废的百分比写成在翼时间的函数,那么基于第 5 章发动机维修成本管理的相关方法,可以给出发动机每飞行小时维修材料成本(*MMC/EFH*)与在翼时间的函数关系。

典型的冷端部件 *MMC/EFH* 相对于在翼时间的分布如图 6.8 所示。从这个曲线图可以看出,发动机在翼时间越长,*MMC/EFH* 将越低。发动机机队管理的一个基本要求就是

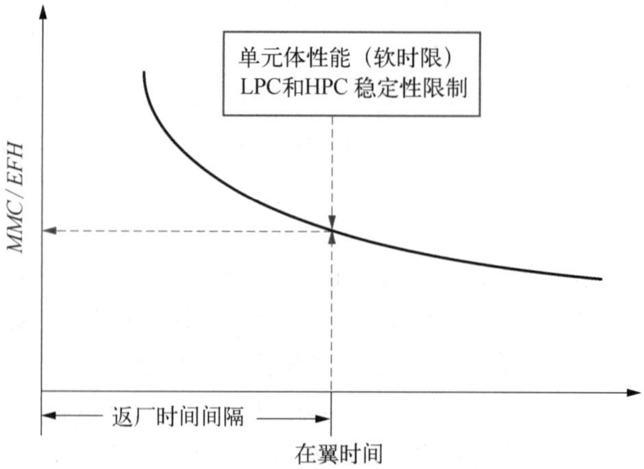

图 6.8　在翼时间对冷端部件 *MMC/EFH* 的影响

尽可能延长发动机的在翼时间。该曲线表明,此目标可以通过延长冷端部件的在翼时间来实现。

考虑到在翼性能和运行可靠性,大多数类型发动机的单元体都有自己的翻修阈值(软时限)。对于冷端部件,这个阈值是基于单元体性能稳定性来建立的。发动机运营商通过该阈值来决定单元体的翻修时间间隔。

在发动机管理中,确定发动机下发的原因,并分析其与下发相关的返厂率。一旦发动机下发的原因与返厂率(*SVR*)相关联,就可以针对相关的单元体制定合适的服务通告管理方案,以实现: ① 降低返厂率;② 保持或降低发动机单位飞行小时的维修材料成本(*MMC/EFH*);③ 延长发动机的在翼时间;④ 匹配各个单元体的返厂率;⑤ 降低空停率;⑥ 解决发动机在运行过程中的安全问题等。

确定下发原因以后就需要执行相关的服务通告来减少返厂率(或延长在翼时间),如图6.9所示。

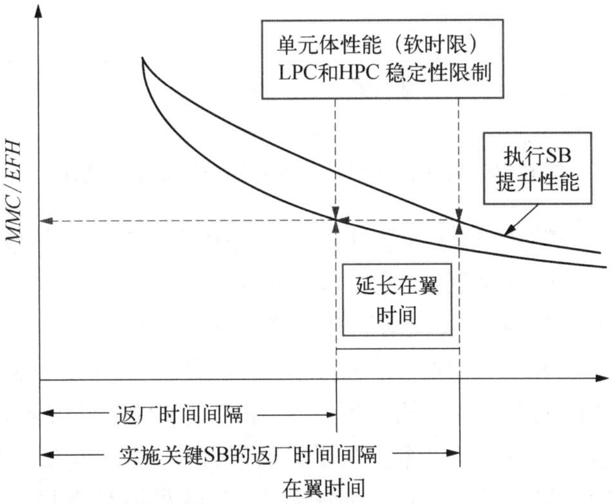

图6.9　在翼时间对冷端部件 *MMC/EFH* 的影响

通常而言,决定是否实施SB取决于投资收益率(*ROI*)。评估 *ROI* 最简单的方法就是评估延长的在翼时间和实施SB的成本之间的关系。在大多数情况下,延长在翼时间带来的成本节省比实施SB的成本要大得多。需要注意的是此处的SB是指对经济性有影响的SB,不包括影响安全的SB。安全性是不容易进行经济性量化的参数,同时安全类SB会有关联的AD适航文件要求,通常需要全部执行。

为了说明如何优化 *MMC/EFH*,在此以94英寸型号的PW4000发动机作为示例。为简单起见,只考虑发动机的高压压气机(HPC)。

下面列出了为优化94英寸型号的PW4000发动机HPC在翼时间而发布的一些SB:

(1) HPC工作叶片锁片(提高耐久性,SB72-373);

(2) HPC第5级工作叶片(消除断裂失效模式,SB72-557);

(3) HPC新标准(提升性能,SB 72-483至486,SB72-474和477)。

实施这些SB之后,会使发动机在翼时间延长,从而降低 *MMC/EFH* 和返厂率,提升部件可靠性。

热端部件是发动机气路中最昂贵的部分,并且其寿命对在翼时间非常敏感,通常热端部件的 *MMC/EFH* 随着发动机在翼时间的增加而增加,如图 6.10 所示。

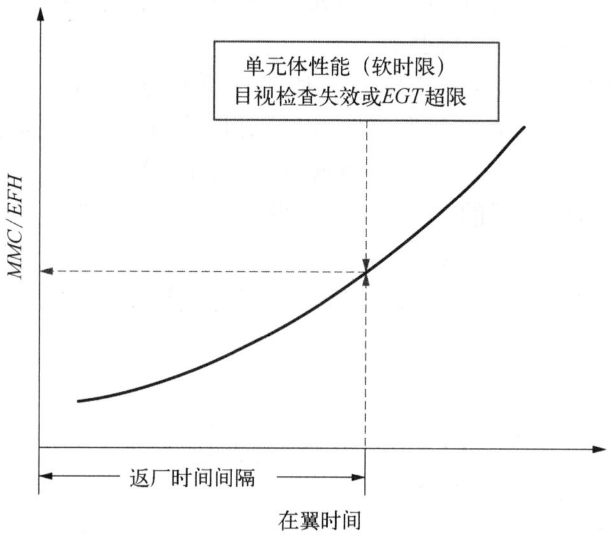

图 6.10　在翼时间对热端部件 *MMC/EFH* 的影响

理想情况下,希望零部件能够工作到 100%的使用寿命然后再报废。但是在大多数的情况下零件在其整个使用寿命消耗之前,其损伤就达到一定的限制水平。而是否达到限制值主要由孔探检查发现,或通过发动机排气温度(*EGT*)超限来反映。

作为 SB 管理计划的一部分,必须密切监控热端部件。其中一种监控工作就是第 5 章发动机大修管理中所讲的建立发动机数据库,记录热端部件返厂大修时零件报废数量,建立零件部件报废数量与在翼时间关系。基于该关联开展各种 SB 的投资回报分析以及作为零部件库存管理的衡量工具。对热端部件实施 SB 的目标是延长发动机在翼时间的同时保持或者减少 *MMC/EFH*。

下面同样以 94 英寸型号的 PW4000 发动机为例,列举一些延长热端部件的在翼时间的 SB:

(1) HPT 叶尖封严(SB72－255);

(2) 提高 HPT 第一级工作叶片抗鼓包发生能力(SB72－466);

(3) 引入 HPT 新工作叶片和热障涂层(SB72－496)。

实施这些 SB 以后,可使发动机热端部件的在翼时间延长 2 000 个循环。为了评估实施 SB 的投资回报率,同样利用上述发动机数据库,持续记录零部件寿命与在翼时间的关系,从而获得返厂率与零件寿命、部件报废率与在翼时间以及 *MMC/EFH* 与返厂率之间的关系,如图 6.11 所示。

在服务通告的管理过程中,对各单元体 SB 的实施评估不是各自独立的,而是相互关联的,应该把它们看作一个整体来考虑,这样才能实现通过各单元体 SB 的实施,提高发动机的整体性能,延长发动机在翼时间,降低返厂率。下面以 94 英寸型号的 PW4000 系列发动机为例来说明，通过热端部件和冷端部件服务通告联合评估来优化发动机返厂率的重要性。

如果为了提高热端的耐久性，发动机执行了 SB 72－466，但没实施任何与 HPC 性能提升有关的 SB(如 SB72－483 至 486 等)，这样由于 HPC 的问题仍然存在，发动机返厂率将会仍然很高。尽管由于执行了 SB 72－466，HPT 的在翼时间可能会增加，但 HPC 仍对返厂起主要作用。因此，在 SB 管理过程中应该避免仅实施最关键单元体的 SB 来优化发动机维修成本，必须同时考虑其他单元体对返厂率的影响，从而实现 SB 实施的最大效益。

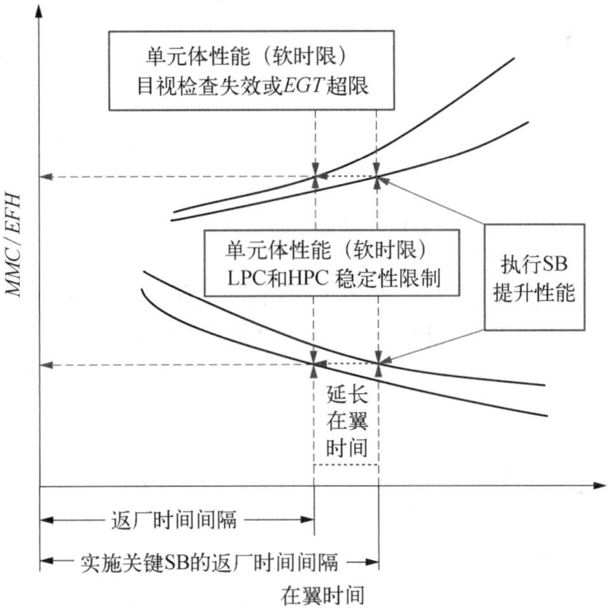

图 6.11　通过执行 SB 优化返厂率(延长在翼时间)

2. 监控返厂率，优化大修成本

通过实施关键性 SB，优化发动机返厂率，进而达到降低发动机维修成本的目的。具体操作方法如下。

基于发动机厂家提供的平均返厂率值，监控自己机队的返厂率。与平均返厂率对比，根据发动机实际运行状态和维修活动，设置合适的返厂率目标值，分析引起发动机下发的因素，实现：

(1) 确定导致返厂高的最主要因素，找出返厂的排列靠前的因素(如前 5 项)；

(2) 确定这些主要因素的根本原因；

(3) 基于根本原因查找厂商发布的相关服务通告，以纠正存在的问题。

根据 *MC/EFH* 收益分析服务通告的投资回报(*ROI*)，如下所示。在大多数情况下，提高可靠性带来的益处大于执行服务通告的成本。发动机单位飞行小时的维修成本效益可以通过实施 SB 后改善的预期返厂率来估算，参见图 6.12。

通过将 *MC/EFH* 的变化乘以机队规模和年度利用率，可以从预期的 *MC/EFH* 效益中得出特定机队每年维修成本节省的估计。例如，一个由 20 台 PW4060 发动机(10 架

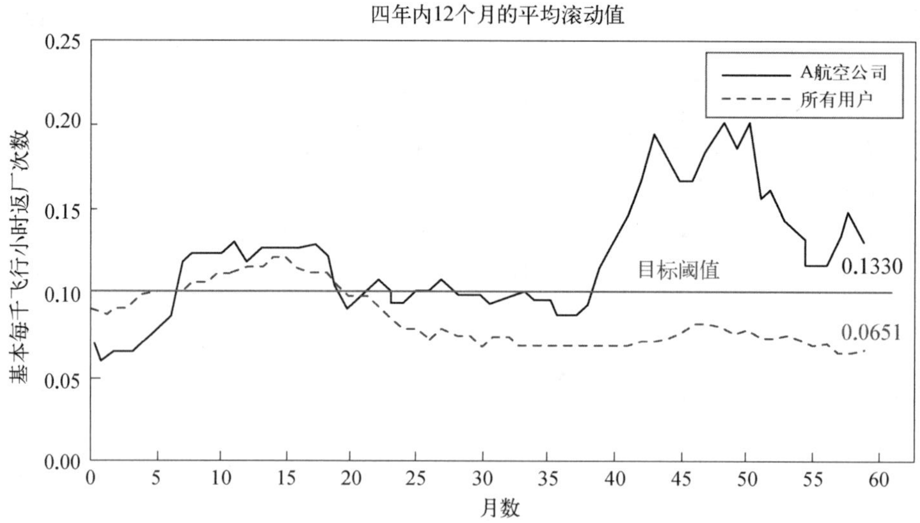

图 6.12　某发动机返厂率监控

B767 飞机)组成的机队,每年飞行 4 000 小时,当 *MC/EFH* 减少 39.60 美元/*EFH* 时,每年将节省大约 320 万美元。这种益处可能在发动机寿命周期的后期出现。通过发动机每飞行小时维修成本的估计,可以评估实施特定服务通告的投资回报。其他因素,如燃油节省和租赁合同,也是实施服务通告投资回报分析要考虑的一部分内容。需要注意的是,在比较机队返厂率与业界平均返厂率之前,营运人必须比较机队的小时循环比与业界平均小时循环比的差别。如果营运人的小时循环比与业界平均水平显著不同,那么由此产生的返厂率差异没有任何意义。

一旦确定返厂率高于预期,下一步就是确定导致返厂率高的最主要原因。表 6.2 列出了上一个示例 PW4060 机队中引起发动机返厂的最主要原因。为了进行比较,表中只给出了对所有运营商的机队和特定运营商的机队返厂影响较大的原因。

表 6.2　PW4060 返厂率监控

发动机: PW4060 运营商: A	排序	发动机返厂原因描述	发生次数
	1	第二级涡轮工作叶片	14
	2	第一级涡轮工作叶片	8
	3	例行维修/翻修	4
	4	发动机升级-改装	3
	4	发动机到寿-大修	2
	6	第五级压气机工作叶片	2
	6	2.5 放气活门作动机构	2
	6	第六、七级 HPC 罩环	2
	6	推力衰退和功率低	2
	6	第一级涡轮静子叶片	2
		其他	17
		总计	59

续　表

发动机：PW4060 运营商：全部用户	排序	发动机返厂原因描述	发生次数
	1	第二级涡轮工作叶片	62
	2	例行维修/翻修	37
	3	第一级涡轮工作叶片	35
	4	HPC 性能衰退	25
	5	发动机升级-改装	21
	6	2.5 放气活门作动机构	21
	7	发动机到寿-大修	20
	8	第五级压气机工作叶片	18
	9	推力衰退和功率低	13
	10	第十一、十二级压气机静子叶片	12
		其他	200
		总计	464

在这个例子中可以看出，运营商 A 发动机返厂的主要原因与全部营运人机队的平均返厂原因不相同，这主要是由该运营商的飞机飞行条件、环境和维修活动的差异引起的。一旦运营商确定了影响返厂的最主要因素，优化发动机维修成本的下一步将是确定这些最主要问题中的根本原因。需要注意的是，尽管该运营商的机队没有出现所有机队范围的主要问题，但并不意味着其应该忽视这些问题。他们应该考虑自己机队没有出现这些故障的缘由，或者只是很幸运没有遇到这类故障。这也是预防性维修计划的一部分。

有些 SB 的执行还可以带来发动机性能的改进，比如说燃油消耗率的下降。例如执行 SB 改装后使部件或系统的重量降低，进而对燃油的消耗产生较大的影响。假设燃油的价格是 1 美元每加仑，燃油比重是 6.8 磅/加仑。实施 SB 之前平均每台发动机的燃油消耗是 5 000 磅每小时，飞机的利用率是 3 500 小时，机队的规模是 20 架飞机，每架飞机有 2 台发动机，若执行 SB 后燃油的消耗率会下降 2%，则机队执行 SB 后每年产生的燃油消耗的节省为 2 058 824 美元。

计算过程：

$$\text{机队一年的燃油节省} = \text{燃油消耗率差值} \times \text{燃油价格} \times \text{机队飞机架数} \times \text{飞机发动机数} \times \text{飞机年利用率}$$

$$\text{则实施 SB 后燃油费的节省} = 2\% \times 5\,000/6.8 \times 1 \times 3\,500 \times 20 \times 2 = 2\,058\,824 \text{ 美元。}$$

6.3.2　SB 实施成本估算

在对实施服务通告进行成本分析时，首先需要明确成本的组成和成本的计算方法。SB 成本评估可以从实施 SB 的零部件成本、工时成本和对运营成本、维修成本和性能提高带来的燃油经济性影响几个方面开展。成本分析其实是一个多目标决策过程。总体来说，服务通告成本主要有 6 个方面：

(1) 实施 SB 的零部件成本;

(2) 实施 SB 延长在翼时间,降低定期(计划)维修的成本;

(3) 实施 SB 提升可靠性,减少非计划维修的成本;

(4) 风险成本的降低;

(5) 零部件性能的改进可以降低备件成本;

(6) 部分 SB 的执行可以改变飞机重心或者减轻飞机的重量使得燃油消耗率降低,从而减少燃油消耗成本。

1. 零部件成本

零部件成本主要是针对改装类的 SB,涉及零部件的更换。零部件的更换根据飞机实际运行的情况以及部件的位置,可以分为在翼更换和返厂更换。简单的估算可以认为零部件成本由工时成本、材料成本和停场成本 3 个部分构成。具体的计算公式如下:

$$零部件成本 = 工时 \times 工时费率 + 材料费用 + 停场时间 \times 停场费率$$

上式中,工时既可以是在翼改装工作的工时,也可以是部件返厂送修所需的拆换工时,具体参考 SB 中对实施时间的要求以及机队运行的实际情况;工时费率设定为 160 元/工时,参考民航发[2007]159 号文件;按照修理方式的不同,材料费用既可以是工作包费用,也可以是部件送修费用;停场时间按照日历日计算,指的是单独停场天数或定检延长停场天数;停场费率主要包括飞机折旧、保险、营运费用、金融手续和利息、管理费等。以波音 737-800 为例,单机停场费率大约为每天 15 万元。

2. 定期(计划)维修成本

计划维修是为了预防故障及其严重后果,保持航空器及其装备可靠性而采取的各种定期维修措施的统称,也叫例行维修。其内容和维修间隔在飞机维修方案中都有规定,并按照预定计划开展。实施 SB 可以提高可靠性,延长发动机的在翼时间,进而减少计划维修工作的成本。一般认为,计划维修成本主要由工时费用和执行维修工作需要消耗的材料费用两部分组成。在计算计划维修成本的节省时需要考虑与计划维修相关的所有成本在执行 SB 前后的差值。具体的计算方法如下:

$$单位小时计划维修成本 = (工时 \times 工时费率 + 材料费用) / 维修时间间隔$$

$$计划维修成本差值 = (执行\ SB\ 前单位小时计划维修成本 - 执行\ SB\ 后单位小时计划维修成本) \times 单机年度运行平均时间$$

其中,工时可参考航空公司或者维修单位维修方案项目;根据民航局相关文件说明,设定工时费率为 160 元/工时;材料费用按照工卡的要求由航材部门进行统计给出;维修时间间隔在航空公司或维修单位的维修方案有具体说明;单机年度运行平均时间以小时计算,可以参考机队历年的运行数据。

3. 非计划维修成本

非计划维修或称为非例行维修,维修内容和时间间隔带有随机性,不能在事前做出确切安排的维修统称为非例行维修。如果某个 SB 的实施可以提高相应部件的可靠性,进而影响与该部件相关的非例行维修工作在服役运行过程中出现的频率,或者能够影响在翼以及返厂执行维修工作的工时，那么在计算维修成本的节省时也需要将这部分的差异计算在内。同例行维修工作一样，通常认为该项成本主要包含工时费用和相关材料费用。具体的计算方法如下（不考虑维修工时改变的影响）：

单位小时非例行维修成本 =（排故工时 × 排故工时费率 + 故障件送修费用）× 故障率

非例行维修成本差值 =（执行 SB 前单位小时非例行维修成本 − 执行 SB 后单位小时非例行维修成本）× 单机年度运行平均时间

其中，排故工时由责任工程师参考测试和换件工时进行估计；设定工时费率为 180 元/工时；故障件送修费用由航材部门按照 SB 涉及的部件件号统计给出；单机年度运行平均时间与例行维修成本单机年度运行平均时间一样。

4. 风险成本

由于航空器故障、缺陷发生时间的不确定性，引起航班不正常（空中停车、延误、取消、备降、中断起飞、返航等）而造成的经济损失统称为风险成本。包括机组成本、燃油成本、旅客成本等方面，属于飞机间接运营成本。如果实施 SB 可以降低空停率、延误率或平均故障延误时间，那么就需要计算发生风险成本的差值。具体计算方法如下：

单位小时风险成本 = 单位飞行小时事故率 × 单次事故平均成本

风险成本差值 =（执行 SB 前单位小时风险成本 − 执行 SB 后单位小时风险成本）× 单机年度运行平均时间

其中，单位飞行小时事故率代表某个机队在一段时间内（比如 42 个月）每一千个小时的平均事故次数（包括空停率、延误率、取消率等等）；单次事故平均成本为一段时间内发生的空停、延误、取消等事件造成的经济成本损失的平均值；单机年度运行平均时间同上。

5. 备件成本

为了确保飞机的有效运行，减少由于维修工作而造成的飞机停飞和航班延误/取消，航材部门必须提供合适数量的航空器材以备不时之需。备件数量的需求计算可以参考 5.6 节的内容。由于 SB 的实施，使得发动机的维修时间间隔发生变化，进而也会影响相关零部件甚至发动机的备件数量，因此在进行成本分析时也需要考虑这部分成本的节省。具体的计算公式如下：

备件成本差值 = 备件需求数量差异 × 部件当前目录价格 ÷ 机队数量 ÷ 折旧年限

6. 燃油消耗成本

如果实施 SB 可以降低发动机的整体重量，改变飞机的结构重心或者直接降低发动机的燃油消耗率，那么可以通过燃油成本估算分析计算燃油成本的节省：

燃油成本节省 = 燃油消耗率差值 × 燃油价格 × 单机年度运行平均时间

其中，燃油消耗率差值参考服务通告内容；燃油价格的确定可参考当前市场价格；单机年度运行平均时间同上。

通过对实施 SB 影响的成本组成分析，在不考虑货币时间价值的条件下，可以应用简单投资收益方法对服务通告的经济性指标进行评估。简单投资收益率(ROI)是衡量项目投资盈利能力的静态指标之一，通常情况下简单投资收益率是指项目投产后的年净收益 R 与初始投资 I_0 之比，记为 ROI。计算公式为

$$ROI = \frac{R}{I_0}$$

一般情况下，当求出的简单投资收益率大于或等于其行业(或部门)的基准投资收益率时，认为该项目(或方案)是可以接受的。该方法简单、直观、易于掌握且随生产变化的改变不大，是当前航空公司普遍采用的 SB 评估方法。在应用简单投资收益率对 SB 进行评估时，初始投资 I_0 为零部件成本，年净收益 R 包括例行维修成本、非例行维修成本、风险成本、备件成本和燃油消耗成本的节省。

选择飞机常用租赁期限 9 年为经济性判断平衡点。如果 $ROI \geqslant 1$，意味着 9 年内可收回实施 SB 的投资成本，因此认为执行服务通告是经济可行的。反之，如果 $ROI < 1$，评估结果为不执行 SB。

下面采用简单收益率方法对 SB 的评估进行举例说明，波音 737NG 飞机的服务通告 3214446－36－1870，提出需要改进高压级引气活门可靠性，以减少活门碟片与活门腔体的磨损。

(1) 实施 SB 的零部件费用大约 1 600 美元。

(2) 定检的引气系统健康状态测试工作包含测试高压级引气活门，但是服务通告改装对此例行工作没有影响。

(3) 引气系统故障涉及部件多，排除故障需要时间较长，仅对于高压级引气活门的排故修理费用为平均 3 000 美元。由高压级引气活门引起的平均拆换率为 0.06 次/千飞行小时，预计改装工作提升部件可靠性水平，拆卸率可以下降到 0.048 次/千飞行小时。

(4) 高压引气活门的事故率为 0.014 次/千循环。

(5) 高压级引气活门新件价格为 45 419 美元，80 架飞机的机队规模需求备件数量 9 个，改装提升部件性能，备件需求数量减少为 7 个，财务折旧年限 18 年。

(6) 服务通告改装对燃油消耗率没有影响。

整理上述成本信息如表 6.3 所示，最终计算出投资收益率 $ROI = 1.8$，投资收益率 ROI 大于 1，因此，判定此服务通告改装是经济的，最终评估结果决定执行此项服务通告。

表 6.3　服务通告成本评估表

成本项		改装前	改装后	备注
A 零部件成本	工时/小时	N/A	2	
1 660	工时费率/(美元/小时)	N/A	30	
	材料费用/美元	N/A	1 600	
	停场时间/天	N/A	0	
	停场费率/(美元/天)	N/A	25 000	
B 例行维修成本节省	工时/小时	2	2	

续　表

成　本　项		改装前	改装后	备　注
0	工时费率/(美元/小时)	30	30	
	材料费用/美元	0	0	
	维修间隔	5 400	5 400	
	单机年度平均时间	3 000	3 000	
C 非例行维修成本节省	排故工时/小时	6	6	
1 040.04	排故工时费率/(美元/小时)	35	35	
	故障件送修费用	3 000	3 000	
	故障率/(次/千小时)	0.06	0.048	
	单机年度平均时间	3 000	3 000	
D 风险成本节省	事故率	0.014	0	
1 890	单次事故平均成本/美元	5 000	5 000	
	单机年度平均时间	3 000	3 000	
E 备件节约成本	数量	9	7	
63	价格	45 419	45 419	
	机队数量	80	80	
	折旧年限	18	18	
F 燃油消耗节约成本	重量变化	N/A	0	
0	燃油消耗率变化	N/A	0	
	燃油价格	N/A	550	
	单机年度平均时间	N/A	3 000	
简单投资收益率(*ROI*) = 1.8				*ROI*>1 执行此 SB

思　考　题

1. SB 有哪些级别?
2. 如何开展 SB 评估?
3. 已知 SB72－788 是与涡轮第二级导向器相关的服务通告,执行此通告可以避免因为涡轮二导引起的返厂,试对该 SB 进行评估(写出演算过程)。假设条件为:发动机平均返厂大修成本为 28 000 000 元,飞机年利用率为 5 300 小时,平均飞行小时/循环比为 8,发动机返厂率为 0.090 1/1 000 飞行小时。涡轮第二级导向器引起的返厂占比 11.25%,机队共有 68 台发动机需要执行该 SB,实施 SB 每台发动机的维修材料成本为 3 500 000 元,计算时忽略人工成本。

参考文献

吴志文,付维方,2014. 可靠性增长的贝叶斯方法在服务通告改装件寿命预测中的应用[J]. 航空维修与工程,2014(2):50－52.

张金柱,李曙光,2016. 服务通告全面成本评估[J]. 航空维修与工程,2016(1):

40－42.

张雁丰,2007. 民航服务通告评估系统开发[D]. 天津：中国民航大学硕士学位论文.

Pratt Whitney, 2019. Engine fleet management[Z]. USA, Pratt Whitney Company.

附录 A
缩略词

英文缩写	英文全称	中文
AC	advisory circular	咨询通告
ACARS	aircraft communications addressing and reporting system	飞机通讯寻址与报告系统
ACC	active clearance control	主动间隙控制
AD	airworthiness directive	适航指令
AGB	accessary gearbox	附件齿轮箱
AGB	accessory gearbox or angle gearbox	附件齿轮箱/角齿轮箱
AIP	average in process	飞机停飞强度
Alt	altitude	高度
AMM	aircraft maintenance manual	飞机维修手册
ANN	artificial neural network	人工神经网络
AOG	aircraft on ground	飞机停飞
APU	auxilary power unit	辅助动力装置
ARIMA	autoregressive integrated moving average model	整合移动平均自回归模
ATA	Air Transport Association of America	美国航空运输协会
(A)SB	(alert) service bulletin	(警告级)服务通告
ASD	Aerospace and Defenc Industries Association of Europe	欧洲航空航天与防务工业协会
BTU	British Thermal units	英制热量单位
CAAC	Civil Aviation Administration of China	中国民用航空管理局
CASS	continuing analysis and surveillance system	持续分析和监控系统
CCAR	Chinese Civil Aviation Regulations	中国民航规章
CHM	core heavy maintenance	核心机大修
CPR	core performance restoration	核心机性能恢复
CSDB	common source database	公共源数据库
CSLSV	cycle since last shop visit	自上次返厂修理至今的工作循环数
CSN	cycles since new	自新累计循环数
CSO	cycle since overhaul	自大修工作循环数
CSR	cycle since repair	自修理后的工作循环数
DC	diffuser case	燃烧室扩压器机匣
D&C	delay & cancellation	航班延误/取消
D/CC	diffuser/combustionchamber	扩压器/燃烧室

续 表

英文缩写	英 文 全 称	中 文
DDG	dispatch deviation guide	放行偏离指导手册
ECAM	electronic centralised aircraft monitor	飞机中央电子监控系统
EEC	electronic engine control	电子式发动机控制器
(E)FH	(engine) flight hour	(发动机)飞行小时
EGT	exhaust gas temperature	排气温度
EGTM	exhaust gas temperature	排气温度裕度
E(M)M	engine(maintenance management) manual	发动机(维修管理)手册
eMMP	electronic Maintenance Management Plan	维修管理计划手册
EMP	Engine Management Programme	发动机管理大纲
EO	engineering order	工程指令
EPR	engine pressure ration	发动机压比
ETOPS	extended operations or extended range operations with two-engine airplanes	双发飞机延程飞行
FAA	Federal Aviation Administration	(美国)联邦航空管理局
FADEC	full authority digital electronic control	全功能数字式电子控制
FAR	Federal Aviation Regulations	联邦航空管理条例
FC	flight cycle	飞行循环
FF	fuel flow	燃油流量
FIM	fault isolation manual	故障隔离手册
FOD	foreign object damage	外来物损伤
FRM	fault report manual	故障报告手册
HM	heavy maintenance	大修
HPC	high pressure compressor	高压压气机
HPT	high pressure turbine	高压涡轮
HSHM	hot section heavy maintenance	热端部件大修
HSO	hours since overhaul	大修后工作小时数
HSR	hot section refurbishment	热端部件翻修
IC	intermediate case	中介机匣
IETM	interactive electronic technical manual	交互式电子技术出版物
IFSD	inflight shutdown rate	空停率
IPC	illustrated parts catalog	图解零件目录手册
IPL	illustrated parts list	部件图解零件目录
ISMO	in-service maintenance optimizetion process	装备服役期间维修优化流程
JAR	Joint Airworthiness Requirements	联合适航条例
LB(lb)		英制重量单位磅
LLP	life limited parts	寿命件,时寿件
LPC	low pressure compressor	低压压气机
LPT	low pressure turbine	低压涡轮
LRUs	line replaceable units	航线可更换组件

续 表

英文缩写	英 文 全 称	中 文
MC	maintenance cost	维修成本
MCC	maintenance control center	维修控制中心
(M)MEL	(main) minimum equipment list	(主)最低设备清单
MGB	main gearbox	主齿轮箱
MMC	maintenance material cost	维修材料成本
MMEL	master minimum equipment list	主最低设备清单
MPD	maintenance planning document	维修计划文件
MPG	Maintenance Planning Guide	维修计划指导
MRBR	maintenance review board report	维修审查委员会报告
MRO	maintenance repair and overhaul	维修业界
MSG	maintenance steering group	维修指导小组
MSI	maintenance significant item	重要维修项目
MSR	module standard repair	单元体大修
MTBF	mean time between failure	平均故障间隔时间
MTBO	mean time between overhanuls	平均大修时间间隔
MTBR	mean time between removals	平均拆换时间
MTBSV	mean time between shop visit	平均返厂时间间隔
MTBUR	mean time between unscheduled removal	平均非计划拆换时间间隔
MTTF	mean time to failure	平均故障时间
N/A	not applicable	不适用
NFF	no fault found	无故障返回次数
1NGV	first Nozzle guide vanes	第一级涡轮导向器
OAT	outside air temperature	外界大气温度
OATL	outside air temperature limit	外界温度限制值
OCPR	overall compressor pressure ratio	压气机总增压比
OD	operational discrepancy	飞机运行非正常事件
OEMs	orinagal equipment manufactures	原始设备制造商
O/L	operating line	工作线
PBH	power by the hour	按飞行小时付费
PMA	parts manufacturer approval	零部件批准制造
PPBM	power plant buildup manual	动力装置装配手册
PR	pressure ratio	压比
QAR	quick access recorder	快速存储记录器
RCC	ring case configuration	高压压气机后机匣改装
ROI	return on investment	投资收益率
RPM	revenue passenger mile	付费乘客里程
SB	service bulletin	服务通告
SF	severity factor	严酷度
SR	specific range	燃油里程

续 表

英文缩写	英 文 全 称	中 文
SVC	shop visit cost	返厂大修成本
SVR	shop visit rate	返厂率
TAT	total air temperature	总温
TAT	turn around time	大修厂周转时间
TC	total cycle	总循环数
TC	type certificate	型号证
TCC	turbine clearance control	涡轮机冷却系统
TER	turbine expression ratio	涡轮落压比
TGB		转换齿轮箱
TN	turbine nozzle	高压涡轮第一级喷嘴环
TRC	technical review committee	技术审查委员会
TSLSV	time since last shop visit	自上次返厂修理至今的工作时间/工作循环数
TSM	trouble shooting manual	排故手册
TSN	time since new	自新累计时间
TSO	time since overhaul	自大修工作时间
TSR	time since repair	自修理后的工作时间
TT	total time	总时间
TTIP	total time in process	发动机停飞天数
UCL	upper control limit value	上限控制值
URR	unscheduled removal rate	非计划拆换率
VBV	variable bleed valve	可调放气活门
VSV	variable stator vanes	可调静子叶片
WPG	Workscope Planning Guide	发动机大修方案计划指导

注：普惠公司用 AGB 代表角齿轮箱，附件齿轮箱叫做主齿轮箱（MGB）；CFMI 公司用 AGB 代表附件齿轮箱。

附录 B
中位秩表

排序	样本数									
	1	2	3	4	5	6	7	8	9	10
1	50.0	29.2	20.6	15.9	12.9	10.9	9.4	8.3	7.4	6.6
2		70.7	50.0	38.5	31.3	26.4	22.8	20.1	17.9	16.2
3			79.3	61.4	50.0	42.1	36.4	32.0	28.6	25.8
4				84.0	68.6	57.8	50.0	44.0	39.3	35.5
5					87.0	73.5	63.5	55.9	50.0	45.1
6						89.0	77.1	67.9	60.6	54.8
7							90.5	79.8	71.3	64.4
8								91.7	82.0	74.1
9									92.5	83.7
10										93.3

排序	样本数									
	11	12	13	14	15	16	17	18	19	20
1	6.1	5.6	5.1	4.8	4.5	4.2	3.9	3.7	3.5	3.4
2	14.7	13.5	12.5	11.7	10.9	10.2	9.6	9.1	8.6	8.2
3	23.5	21.6	20.0	18.6	17.4	16.3	15.4	14.5	13.8	13.1
4	32.3	29.7	27.5	25.6	23.9	22.4	21.1	20.0	18.9	18.0
5	41.1	37.8	35.0	32.5	30.4	28.5	26.9	25.4	24.1	22.9
6	50.0	45.9	42.5	39.5	36.9	34.7	32.7	30.9	29.3	27.8
7	58.8	54.0	50.0	46.5	43.4	40.8	38.4	36.3	34.4	32.7
8	67.6	62.1	57.4	53.4	50.0	46.9	44.2	41.8	39.6	37.7
9	76.4	70.2	64.9	60.4	56.5	53.0	50.0	47.2	44.8	42.6
10	85.2	78.3	72.4	67.4	63.0	59.1	55.7	52.7	50.0	47.5
11	93.8	86.4	79.9	74.3	69.5	65.2	61.5	58.1	55.1	52.4
12		94.3	87.4	81.3	76.0	71.4	67.2	63.6	60.3	57.3
13			94.8	88.2	82.5	77.5	73.0	69.0	65.5	62.2
14				95.1	89.0	83.6	78.8	74.5	70.6	67.2
15					95.4	89.7	84.5	79.9	75.8	72.1
16						95.7	90.3	85.4	81.0	77.0
17							96.0	90.8	86.1	81.9
18								96.2	91.3	86.8
19									96.4	91.7
20										96.5